INHALT UND MASS

VON

KARL MAYRHOFER

ORD. UNIV.-PROF. DER MATHEMATIK, WIRKL. MITGLIED DER ÖSTERREICHISCHEN AKADEMIE DER WISSENSCHAFTEN IN WIEN

MIT 17 FIGUREN

WIEN
SPRINGER-VERLAG
1952

ISBN-13: 978-3-211-80267-0 e-ISBN-13: 978-3-7091-7806-5
DOI: 10.1007/978-3-7091-7806-5

Softcover reprint of the hardcover 1st edition 1952

Vorwort.

Die Maßtheorie Carathéodory's geht von einem axiomatisch erklärten äußeren Maß der n-dimensionalen Punktmengen aus und legt dann innerhalb dieser Mengen die meßbaren fest; das äußere Maß einer meßbaren Menge ist ihr Maß. Daneben tritt die Theorie, welche den Inhalts- und Maßbegriff als solchen axiomatisch einführt und ausbaut, ohne ein von vornherein gegebenes äußeres Maß heranzuziehen. Bei beiden Theorien können große Teile dahin verallgemeinert werden, daß an Stelle der Mengen Somen aus einem Boole'schen σ-Verband treten.

Das vorliegende Buch geht im ersten Kapitel nach der zweiten Methode vor und behandelt im fünften jenen Teil der Theorie der äußeren und inneren Maße, welcher als außerhalb des ersten Kapitels liegt; insbesondere wird die Stellung der „gewöhnlichen" äußeren Maße innerhalb der ursprünglichen Theorie geklärt. Die Verallgemeinerung auf Somenfunktionen erfolgt im sechsten Kapitel, das der Hauptsache nach eine in sich geschlossene Darstellung der Boole'schen Verbände beinhaltet. Einzelne Fußnoten im ersten Kapitel über die formale Herleitung von Mengenrelationen geben unter einem die Schritte an, welche zur Relation mit Somen an Stelle der Mengen führen. Diese drei abstrakten Kapitel, die bis an die heutigen Grenzen heranreichen und, wie ich glaube, sie mehrfach überschreiten, können unabhängig vom übrigen Teil des Buches gelesen werden; dabei kann man auch mit dem sechsten Kapitel beginnen.

Der Peano-Jordan'sche Inhalt sowie das Borel'sche und Lebesgue'sche Maß werden im zweiten und dritten Kapitel vom elementaren Inhalt der Würfelaggregate einer monotonen Gitterfolge des E_n aus nach den allgemeinen Methoden des ersten Kapitels eingeführt und dann die zentralen Sätze hergeleitet. Dazu kommt eine Anzahl von Beispielen, die z. T. so gewählt sind, daß sie prinzipielle Fragen klären. Der Zugang zu speziellen Problemen steht damit allenthalben offen.

Schließlich bringt das vierte Kapitel die Transformation des Jordanschen Inhalts und des Lebesgue'schen Maßes bei linearen Abbildungen auf Grund der Zerlegung der homogenen linearen Abbildungen in primitive; als Anwendung wird der Inhalt einzelner elementarer Gebilde berechnet. Dazu kommt noch ein Abriß der meßbaren Abbildungen.

Die benötigten Hilfsmittel über abstrakte Mengen sind in einem einleitenden Paragraphen zusammengestellt; dieser Paragraph dürfte auch außerhalb des Buches vielfältig verwendbar sein. Der Anhang ist eine selbständige Theorie der Borel'schen Mengen, die in den Gegenstand des Buches mehrfach hineinspielen. Als Abschluß werden quadrierbare Mengen konstruiert, die nicht nach Borel meßbar sind.

Bei den Arbeiten am Manuskript war ich darauf bedacht, die Begriffe auszuschöpfen, da nur so ein lückenloser Aufbau bei möglichst allgemeinen Sätzen und durchsichtigen Beweisen erreicht werden kann. Einzelne Betrachtungen wurden von den Integralen her veranlaßt, deren Fundament die Inhalte und Maße ja sind. Ich glaube hin und hin Verbesserungen, Verallgemeinerungen oder Neues dem Bestehenden gegenüber erzielt zu haben; zugleich habe ich getrachtet, den Schwierigkeiten des Gegenstandes nicht noch solche der Sprache oder der Symbolik hinzuzufügen. Begriffe und Sätze sind im Druck hervorgehoben und letztere so abgefaßt, daß sie auch beim bloßen Nachschlagen ohne längeres Suchen verständlich sind.

Die Lehrsätze sind in jedem Paragraphen durchnumeriert und werden dort unter ihrer Nummer zitiert; bei einem Satz außerhalb des Paragraphen ist noch die fettgedruckte laufende Nummer hinzugefügt.

Bei den Korrekturarbeiten wurde ich von Herrn H. Hadwiger, Bern, und Frau Dr. Anna Klingst, Linz, unterstützt; ferner hat letztere die Register beigestellt. Außer ihnen beiden bin ich Herrn J. Radon, Wien, für seine Förderung der Drucklegung zu Dank verpflichtet.

Schließlich habe ich dem Springer-Verlag in Wien für die Herausgabe des Buches, seine gediegene Ausstattung und das Entgegenkommen bei meinen Verbesserungsanliegen wärmstens zu danken.

Goisern (Ob.-Österreich), 29. August 1952. **K. Mayrhofer.**

Inhaltsverzeichnis.

I. Abstrakte Inhalte und Maße.

I. Abstrakte Inhalte und Maße.

§ 1. Hilfsmittel aus der Mengenlehre.

Die einfachsten Tatsachen der Mengenlehre seien bekannt. Die jeweiligen Mengen sollen einem festen Grundbereich (Raum) E angehören. Die Gesamtheit $\mathfrak{E}$ der Mengen von E ist dann der Grundbereich der Mengensysteme. Daß a Element der Menge A ist, werde durch $a \in A$ ausgedrückt; daß A (echter oder unechter) Teil von B ist, durch $A \subset B$ oder $B \supset A$. Die leere Menge werde mit O bezeichnet. Enthält die Menge A u. a. die Elemente a, b, c, so werde $A = \{a, b, c, \ldots\}$ gesetzt, u. dgl.

Unter einer *abzählbaren Menge* sei eine endliche oder eine abzählbar unendliche Menge gemeint; hiernach ist eine abzählbare Menge nie leer.

1. Summe, Produkt und Differenz von Mengen. Die Summe oder die Vereinigung bzw. das Produkt oder der Durchschnitt einer endlichen Mengenfolge $(A_1, A_2, \ldots, A_n)$ werde mit

$$A_1 + A_2 + \ldots + A_n = \sum_{\nu=1}^{n} A_\nu \quad \text{bzw.} \quad A_1 A_2 \ldots A_n = \prod_{\nu=1}^{n} A_\nu \tag{1}$$

bezeichnet; entsprechend bei einer unendlichen Mengenfolge $(A_1, A_2, \ldots)$ mit

$$A_1 + A_2 + \ldots = \sum_{\nu=1}^{\infty} A_\nu \quad \text{bzw.} \quad A_1 A_2 \ldots = \prod_{\nu=1}^{\infty} A_\nu. \tag{2}$$

Daneben werden (wie in der Analysis) abgekürzte Symbole verwendet, deren Bedeutung jeweils ersichtlich ist, z. B. $\sum_{\nu}$ oder einfach Σ statt $\sum_{\nu=1}^{n}$ oder auch statt $\sum_{\nu=1}^{\infty}$ und analog beim Produkt. Eine Summe bzw. ein Produkt (1) kann stets auf die Form (2) gebracht werden; man hat in (1) nur mit Gliedern fortzusetzen, die z. B. alle A_1 sind, im Falle der Summe auch mit Gliedern, die alle O sind. Für die betrachteten Summen und Produkte gilt das kommutative und das assoziative Gesetz. Die

Summe und das Produkt eines jeden abzählbaren Mengensystems fällt zusammen mit der Summe bzw. dem Produkt der Folge, die durch irgend eine Numerierung des Systems entsteht; umgekehrt können Summe und Produkt einer Mengenfolge stets als Summe bzw. Produkt eines abzählbaren Mengensystems angesehen werden.

Die Summe und das Produkt einer Doppelfolge $(A_{\mu\nu})$ stimmt überein mit der Summe bzw. dem Produkt irgend einer Umordnung in eine einfache Folge. Für die Summe $\sum\limits_{\mu,\nu} A_{\mu\nu}$ und das Produkt $\prod\limits_{\mu,\nu} A_{\mu\nu}$ von $(A_{\mu\nu})$ gelten die folgenden Umordnungsregeln:

$$\sum_{\mu,\nu} A_{\mu\nu} = \sum_{\mu} (\sum_{\nu} A_{\mu\nu}) = \sum_{\nu} (\sum_{\mu} A_{\mu\nu}), \tag{3}$$

$$\prod_{\mu,\nu} A_{\mu\nu} = \prod_{\mu} (\prod_{\nu} A_{\mu\nu}) = \prod_{\nu} (\prod_{\mu} A_{\mu\nu}); \tag{4}$$

dabei können einzelne Zeilenfolgen von $(A_{\mu\nu})$ endlich sein, ferner bloß endlich viele Zeilenfolgen auftreten. Diese Regeln liegen einigen häufig benützten Umformungen zugrunde, z. B.

$$\Sigma A_\nu + \Sigma B_\nu = \Sigma (A_\nu + B_\nu), \quad \Pi A_\nu \,.\, \Pi B_\nu = \Pi (A_\nu B_\nu),^1 \tag{5}$$

$$\Sigma A_\nu = \Sigma S_\nu \text{ mit } S_\nu = A_1 + A_2 + \ldots + A_\nu \quad (S_\nu \subset S_{\nu+1}), \tag{6}$$

$$\Pi A_\nu = \Pi P_\nu \text{ mit } P_\nu = A_1 A_2 \ldots A_\nu \quad (P_\nu \supset P_{\nu+1}). \tag{7}$$

Von nun an sei unter einer *Mengenfolge* schlechthin stets eine unendliche Mengenfolge gemeint. In den Gliedern einer endlichen oder unendlichen Mengenfolge hat man abzählbar viele Mengen.

Die Differenz $A - B$ eines Mengenpaares (A, B) besteht aus jenen Elementen von A, die nicht zu B gehören. $A - B$ heißt auch der *Rest von B in A*, im Falle $B \subset A$ auch das *Komplement von B in A*. Durch

$$A - B = A - A\,B = (A + B) - B \tag{8}$$

wird eine Differenz jedes Mal in eine Differenz übergeführt, bei welcher der Subtrahend ein Teil des Minuenden ist.

Daß $A \subset B$ ist, wird durch jede der folgenden Gleichungen ausgedrückt: $A + B = B$, $A\,B = A$, $A - B = O$; daß A, B fremd sind, durch jede der folgenden: $A\,B = O$, $A - B = A$.

Durch

$$A = A\,B + (A - B) \tag{9}$$

wird A in einen in B liegenden und einen zu B fremden Teil gespalten. Ferner wird durch

[1] Hier hat ν bei A und bei B natürlich dieselben Werte zu durchlaufen.

$$A + B = A\,B + (A - B) + (B - A) \tag{10}$$

$A + B$ in drei getrennte (disjunkte, d. h. paarweise fremde) Teile zerlegt.

Weiters führt

$$A + B = A + (B - A) \tag{11}$$

die Summe $A + B$ in eine Summe mit getrennten Summanden über[2]. Dasselbe leistet

$$\Sigma A_\nu = A_1 + \sum_{\nu \geqq 2} (A_\nu - A_\nu^*) \text{ mit } A_\nu^* = A_1 + \ldots + A_{\nu-1} \text{ für } \nu \geqq 2 \tag{12}$$

für eine Summe mit abzählbar vielen Gliedern. Ist (A_ν) insbesondere monoton ansteigend[3], so geht (12) über in

$$\Sigma A_\nu = A_1 + \sum_{\nu \geqq 2} (A_\nu - A_{\nu-1}) \qquad (A_\nu \subset A_{\nu+1}). \tag{13}$$

Wird im allgemeinen Falle ΣA_ν zunächst nach (6) umgeformt und dann (13) angewendet, so kommt

$$\Sigma A_\nu = A_1 + \sum_{\nu \geqq 2} (S_\nu - S_{\nu-1}) \text{ mit } S_\nu = A_1 + \ldots + A_\nu. \tag{14}$$

Ferner kann der Durchschnitt $A\,B$ durch iterierte Subtraktion gebildet werden:

$$A\,B = A - (A - B).\text{[4]} \tag{15}$$

Das Komplement $E - A = A'$ von A bezüglich des Grundbereiches E heißt das *Komplement von* A schlechthin; offenbar ist $(A')' = A$. Weiters gilt:

$$\text{aus } A \subset B \text{ folgt } A' \supset B'; \tag{16}$$

$$(A + B)' = A'\,B', \quad (A\,B)' = A' + B'; \tag{17}$$

$$A - B = A\,B' = (A' + B)'\text{[5]} = E - [(E - A) + B]. \tag{18}$$

Nach (18) kann die Subtraktion auf Komplementbildung und Addition zurückgeführt werden. Ferner ergibt (18):

$$(A + B)' = A' - B, \; (A - B)' = A' + B, \tag{19}$$

$$A' - B' = A'\,B = B - A. \tag{20}$$

2. Rechenregeln für Mengen. Außer den in **1** angegebenen Regeln über Mengen kommen noch die folgenden in Betracht. Man bestätigt

---

[2] $(A - B) + B = A$ gilt also genau dann, wenn $B \subset A$ ist; ferner $(A + B) - B = A$ nach (8) genau dann, wenn A, B fremd sind.

[3] Eine endliche oder unendliche Mengenfolge (A_ν) heißt (*monoton*) *ansteigend*, wenn stets $A_\nu \subset A_{\nu+1}$, (*monoton*) *absteigend*, wenn stets $A_\nu \supset A_{\nu+1}$ ist.

[4] $A - (A - B) = B$ gilt also genau dann, wenn $B \subset A$ ist.

[5] Wegen $A\,B' = (A')'\,B'$ und der ersten Gleichung (17).

sie durch Vergleich der jeweiligen linken und rechten Seite, z. T. kann man sie aus bereits vorhandenen folgern[1].

a) *Monotoniegesetze. Aus* $A_\nu \subset B_\nu$ ($\nu = 1, \ldots, n$ *oder* $\nu = 1, 2, \ldots$) *folgt* $\Sigma A_\nu \subset \Sigma B_\nu$ *sowie* $\Pi A_\nu \subset \Pi B_\nu$.

Aus $A \subset B$ *folgt* $A - C \subset B - C$ *sowie* $C - A \supset C - B$.

b) *Distributivgesetze der Multiplikation und der Addition. Es gilt*

$$(A + B)\, C = A\, C + B\, C. \tag{1}$$

Hieraus folgt, daß man endlich viele Summen von je endlich vielen Mengen ebenso wie Summen von Zahlen miteinander multiplizieren darf. Weiters gilt für eine Summe mit abzählbar vielen Gliedern A_ν

$$(\Sigma A_\nu)\, C = \Sigma A_\nu\, C. \tag{2}$$

Dies zusammen mit **1** (3) gibt bei abzählbar vielen A_μ sowie B_ν

$$\sum_\mu A_\mu \,.\, \sum_\nu B_\nu = \sum_{\mu,\nu} A_\mu\, B_\nu. \tag{3}$$

Ferner ist nach a) bzw. (2)

$$\Sigma A_\nu\, B_\nu \supset \Sigma (A_\nu\, \Pi B_\mu) = \Sigma A_\nu \,.\, \Pi B_\nu. \tag{4}$$

Falls $A_\nu \subset A_{\nu+1}$, $B_\nu \subset B_{\nu+1}$ ist (wobei ν beide Male dieselben Werte durchläuft), vereinfacht sich (3) zu

$$\Sigma A_\nu \,.\, \Sigma B_\nu = \Sigma A_\nu\, B_\nu.$$

Vertauscht man in (1) *die Rolle von Addition und Multiplikation, so entsteht wieder eine richtige Formel:*

$$A\, B + C = (A + C)\,(B + C).\text{[2]} \tag{5}$$

Hieraus folgt, daß auch die bei (1) angegebene Regel „dualisiert" werden darf. Z. B. ist

$$A\, B + C\, D = (A + C)\,(A + D)\,(B + C)\,(B + D).$$

Weiters gilt für ein Produkt mit abzählbar vielen Gliedern A_ν dual zu (2)

$$\Pi A_\nu + C = \Pi (A_\nu + C), \tag{6}$$

ferner dual zu (3) bzw. (4)

$$\prod_\mu A_\mu + \prod_\nu B_\nu = \prod_{\mu,\nu} (A_\mu + B_\nu), \tag{7}$$

$$\Pi (A_\nu + B_\nu) \subset \Pi (A_\nu + \Sigma B_\mu) = \Pi A_\nu + \Sigma B_\nu. \tag{8}$$

---

[1] Vgl. **100**.

[2] Die Wurzel dieser Dualität wird im § 24 ersichtlich werden (s. insbes. **101**, Satz 6). Formal ergibt sich (5), indem man in (1) alle Mengen durch die komplementären ersetzt und dann **1** (17) anwendet.

Falls $A_\nu \supset A_{\nu+1}$, $B_\nu \supset B_{\nu+1}$ ist (wobei ν beide Male dieselben Werte durchläuft), vereinfacht sich (7) zu

$$\Pi A_\nu + \Pi B_\nu = \Pi (A_\nu + B_\nu).$$

Allgemeinere Distributivgesetze für die Addition und Multiplikation werden im Folgenden nicht benötigt.[3]

Weiters ist

$$A (B - C) = A B - A C = A B - C. \tag{9}$$

Hiernach ist wegen $A - B \subset A$

$$(A - B) (A - C) = (A - B) - C. \tag{10}$$

c) *Distributivgesetze der Subtraktion. Sichtlich ist*

$$(A + B) - C = (A - C) + (B - C). \tag{11}$$

Allgemeiner gilt für eine Summe mit abzählbar vielen Gliedern A_ν

$$\Sigma A_\nu - C = \Sigma (A_\nu - C). \tag{12}$$

Aus (12) und a) folgt z. B.

$$\Sigma A_\nu - \Sigma B_\nu \subset \Sigma (A_\nu - B_\nu). \tag{13}$$

Weiters gilt

$$A B - C = (A - C) (B - C) \tag{14}$$

und allgemeiner für ein Produkt mit abzählbar vielen Gliedern A_ν

$$\Pi A_\nu - C = \Pi (A_\nu - C).^4 \tag{15}$$

Die Gleichungen (9) können mittels (14) fortgesetzt werden.

d) *Restregeln. Diese lauten im einfachsten Falle*:

$$A - (B + C) = (A - B) (A - C), \tag{16}$$

$$A - B C = (A - B) + (A - C). \tag{17}$$

Allgemeiner gilt für abzählbar viele B_ν

$$A - \Sigma B_\nu = \Pi (A - B_\nu), \tag{18}$$

$$A - \Pi B_\nu = \Sigma (A - B_\nu). \tag{19}$$

Dies kann kurz so ausgesprochen werden: Rest einer Summe gleich Produkt der Reste; Rest eines Produktes gleich Summe der Reste. Mit $A = E$, $B_\nu = A_\nu$ gehen (18), (19) in die folgende Verallgemeinerung von **1** (17) über:

---

[3] Die allgemeinsten Formen s. z. B. *H. Hahn*, Reelle Funktionen I, Leipzig 1932, p. 10.

[4] Dies ergibt sich mittels **1** (18) so: $\Pi A_\nu - C = (\Pi A_\nu) C' = \Pi (A_\nu C') = \Pi (A_\nu - C)$. Ähnlich kann man (12) beweisen.

$$(\Sigma A_\nu)' = \Pi A_\nu', \tag{20}$$

$$(\Pi A_\nu)' = \Sigma A_\nu'; \tag{21}$$

dabei entsteht z. B. (21), indem man (20) mit A_ν' statt A_ν bildet und dann zum Komplement übergeht.

e) *Klammerregeln. Es ist*

$$A - (B + C) = (A - B) - C = (A - C) - B, \tag{22}$$

$$A - (B - C) = (A - B) + A\,C. \tag{23}$$

Die Gleichungen (22) kann man aus (16) und (10) entnehmen; sie berechtigen

$$A - (B + C) = A - B - C = A - C - B \tag{24}$$

zu setzen. (23) ergibt sich nach **1** (18), der obigen Formel (17) und nochmals **1** (18) so:

$$A-(B-C) = A-BC' = (A-B)+(A-C') = (A-B)+AC. \tag{25}$$

Für $A = B$ stimmt (23) mit **1** (15) überein.

f) *Produktumformungen.* Mittels (19) kann **1** (15) auf Produkte mit abzählbar vielen Faktoren ausgedehnt werden:

$$\Pi A_\nu = A_1 \Pi A_\nu = A_1 - (A_1 - \Pi A_\nu) = A_1 - \Sigma (A_1 - A_\nu). \tag{26}$$

Wird ΠA_ν nach **1** (7) in ein Produkt mit absteigenden Faktoren umgeformt und dann (26) angewendet, so entsteht

$$\Pi A_\nu = A_1 - \Sigma (A_1 - P_\nu) \text{ mit } P_\nu = A_1 A_2 \ldots A_\nu; \tag{27}$$

jetzt bilden die Glieder der Summe eine a n s t e i g e n d e Folge.

Wird $\Sigma (A_1 - P_\nu)$ nach **1** (13) umgeschrieben, so entsteht aus (27), da $(A_1 - P_\nu) - (A_1 - P_{\nu-1}) = P_{\nu-1} - P_\nu$ für $\nu \geqq 2$ ist (nach (23)),

$$\Pi A_\nu = A_1 - \sum_{\nu \geqq 2} (P_{\nu-1} - P_\nu); \tag{28}$$

jetzt sind also die Glieder der Summe g e t r e n n t. Insbesondere ist nach (28)

$$\Pi A_\nu = A_1 - \sum_{\nu \geqq 2} (A_{\nu-1} - A_\nu), \text{ falls } A_\nu \supset A_{\nu+1}. \tag{29}$$

g) Man setzt (s. Fig. 16, p. 244)

$$A \dot{+} B = (A + B) - A\,B, \tag{30}$$

oder nach **1** (10)

$$A \dot{+} B = (A - B) + (B - A), \tag{31}$$

oder nach **1** (18)

$$A \dot{+} B = A\,B' + B\,A'. \tag{32}$$

Sichtlich ist

$$A \underset{\cdot}{+} O = A, \; A \underset{\cdot}{+} A = O. \tag{33}$$

Die Operation $A \underset{\cdot}{+} B$ *ist kommutativ und assoziativ; ferner ist die Multiplikation distributiv bezüglich* $A \underset{\cdot}{+} B$.

Zunächst ist nämlich nach (30)

$$A \underset{\cdot}{+} B = B \underset{\cdot}{+} A. \tag{34}$$

Ferner ist nach (31)

$$(A \underset{\cdot}{+} B) \underset{\cdot}{+} C = [(A \underset{\cdot}{+} B) - C] + [C - (A \underset{\cdot}{+} B)].$$

Drückt man rechts $A \underset{\cdot}{+} B$ an erster Stelle nach (31) und an zweiter nach (30) aus, so kommt

$$(A \underset{\cdot}{+} B) \underset{\cdot}{+} C = \{[(A - B) + (B - A)] - C\} + \{C - [(A + B) - A\,B]\}$$

oder

$$(A \underset{\cdot}{+} B) \underset{\cdot}{+} C = (A - B - C) + (B - C - A) + (C - A - B) + A\,B\,C.$$

Durch zyklisches Vertauschen geht die linke Seite wegen (34) in $A \underset{\cdot}{+} (B \underset{\cdot}{+} C)$ über und die rechte in sich selbst. Man hat also

$$A \underset{\cdot}{+} (B \underset{\cdot}{+} C) = (A \underset{\cdot}{+} B) \underset{\cdot}{+} C. \tag{35}$$

Jede dieser beiden Summen wird mit $A \underset{\cdot}{+} B \underset{\cdot}{+} C$ bezeichnet.

Schließlich ist nach (31)

$$(A \underset{\cdot}{+} B)\,C = [(A - B) + (B - A)]\,C = (A\,C - B\,C) + (B\,C - A\,C)$$

oder

$$(A \underset{\cdot}{+} B)\,C = A\,C \underset{\cdot}{+} B\,C. \tag{36}$$

Ich führe noch

$$A + B = A \underset{\cdot}{+} B \underset{\cdot}{+} A\,B \tag{37}$$

an. Nach **1** (10) und (30) ist nämlich

$$A + B = [(A - B) + (B - A)] \underset{\cdot}{+} A\,B$$

und hierin die eckige Klammer $= A \underset{\cdot}{+} B$ nach (31). Insbesondere ist

$$A + B = A \underset{\cdot}{+} B, \text{ falls } A\,B = O.$$

Ferner gilt für irgend zwei Mengen A, B

$$A - B = A \underset{\cdot}{+} A\,B,$$

wie man sieht, wenn man die rechte Seite nach (31) entwickelt. Insbesondere ist hiernach

$$A - B = A \underset{\cdot}{+} B, \text{ falls } B \subset A. \tag{38}$$

3. Limesmengen von Mengenfolgen. Zu einer unendlichen Mengenfolge (A_ν) gehört stets ein eindeutig bestimmter *oberer* und *unterer Limes*. Der obere Limes, in Zeichen $\overline{\operatorname{Lim}}_{\nu} A_\nu$ oder kurz $\overline{A}$, ist die Menge aller

Elemente aus E, die zu unendlich vielen A_ν gehören, und der untere, in Zeichen $\underline{\mathrm{Lim}}_\nu A_\nu$ oder $\underline{A}$, die Menge aller, die zu fast allen A_ν gehören. $\overline{A}$, $\underline{A}$ können sichtlich in der folgenden Weise durch Additionen und Multiplikationen aus den A_ν hergeleitet werden:

$$\overline{A} = \prod_1^\infty V_\nu \quad \text{mit } V_\nu = A_\nu + A_{\nu+1} + \cdots, \tag{1}$$

$$\underline{A} = \sum_1^\infty D_\nu \quad \text{mit } D_\nu = A_\nu A_{\nu+1} \cdots. \tag{2}$$

Ferner ist $\underline{A} \subset \overline{A}$. Eine „endliche Änderung" von (A_ν) kann $\overline{A}$ sowie $\underline{A}$ nicht beeinflussen.

Falls $\overline{A} = \underline{A}$ ist, heißt die Folge (A_ν) *konvergent* und die Menge $\overline{A} = \underline{A}$ ihr *Limes*, in Zeichen $\mathrm{Lim}_\nu A_\nu$. Mit (A_ν) ist auch jede Teilfolge (C_ν) konvergent und stets $\mathrm{Lim}\, C_\nu = \mathrm{Lim}\, A_\nu$.

Daß $\mathrm{Lim}\, A_\nu = A$ ist, bedeutet: jedes Element von A gehört zu fast allen A_ν (d. h., $A \subset \underline{A}$); jedes Element des Komplementes A' von A gehört zu höchstens endlich vielen A_ν (d. h., $\overline{A} \subset A$), oder also zu fast allen Komplementen A_ν'.

Hiernach gilt mit $\mathrm{Lim}\, A_\nu = A$ stets $\mathrm{Lim}\, A_\nu' = A'$.

Sei nun $\mathrm{Lim}\, A_\nu = A$, $\mathrm{Lim}\, B_\nu = B$. Mittels unserer Kennzeichnung des Limes ergibt sich unmittelbar (wenn man **1** (17) beachtet):

$$\mathrm{Lim}\,(A_\nu + B_\nu) = A + B, \quad \mathrm{Lim}\,(A_\nu B_\nu) = A B. \tag{3}$$

Da ferner für die Komplemente von B_ν, B, wie gerade bemerkt, $\mathrm{Lim}\, B_\nu' = B'$ ist, gilt nach (3): $\mathrm{Lim}\,(A_\nu B_\nu') = A B'$, oder gleichbedeutend

$$\mathrm{Lim}\,(A_\nu - B_\nu) = A - B. \tag{4}$$

Ist insbesondere stets $A_\nu = A$ (und damit $\mathrm{Lim}\, A_\nu = A$), ferner wie bisher $\mathrm{Lim}\, B_\nu$ vorhanden, so entsteht aus (3), (4)

$$\mathrm{Lim}\,(A + B_\nu) = A + \mathrm{Lim}\, B_\nu, \quad \mathrm{Lim}\,(A B_\nu) = A\, \mathrm{Lim}\, B_\nu, \tag{5}$$

$$\mathrm{Lim}\,(A - B_\nu) = A - \mathrm{Lim}\, B_\nu. \tag{6}$$

Ist stets $B_\nu = B$ und $\mathrm{Lim}\, A_\nu$ vorhanden, so entsteht aus (4)

$$\mathrm{Lim}\,(A_\nu - B) = \mathrm{Lim}\, A_\nu - B. \tag{7}$$

Für eine ansteigende Folge (A_ν) werden die V_ν bzw. D_ν in (1); (2)

$$V_\nu = A_1 + A_2 + \cdots, D_\nu = A_\nu, \text{ also } \overline{A} = \underline{A} = \sum_1^\infty A_\nu.$$

Entsprechend gilt für eine absteigende Folge (A_ν)

$$V_\nu = A_\nu,\ D_\nu = A_1 A_2 \ldots,\ \text{also}\ \overline{A} = \underline{A} = \prod_1^\infty A_\nu.$$

Eine monotone Mengenfolge (A_ν) *ist somit stets konvergent; und zwar ist*

$$\operatorname{Lim} A_\nu = \sum_1^\infty A_\nu \quad (A_\nu \subset A_{\nu+1}), \qquad \operatorname{Lim} A_\nu = \prod_1^\infty A_\nu \quad (A_\nu \supset A_{\nu+1}). \tag{8}$$

Die zu irgend einer Folge (A_ν) gehörigen V_ν, D_ν bilden eine absteigende bzw. ansteigende Folge; nach (8) *ist daher auch*

$$\overline{A} = \operatorname{Lim} V_\nu,\ \underline{A} = \operatorname{Lim} D_\nu. \tag{9}$$

Da die in **1** (6), (7) auftretenden S_ν, P_ν eine ansteigende bzw. absteigende Folge bilden, **1** (6), (7) nach (8) ergibt

$$\sum_1^\infty A_\nu = \operatorname{Lim} S_\nu, \tag{10}$$

$$\prod_1^\infty A_\nu = \operatorname{Lim} P_\nu. \tag{11}$$

4. σ- und δ-Systeme. Ein Mengensystem heißt ein *σ-System*, wenn es neben jeder Mengenfolge auch ihre Summe (oder gleichbedeutend, neben jedem abzählbaren Mengensystem auch seine Summe) enthält. Ferner ein *δ-System*, wenn dasselbe statt für die Summe für den Durchschnitt gilt. Z. B. ist das System $\mathfrak{G}$ der offenen Punktmengen etwa der Ebene ein σ-, jedoch kein δ-System, ferner das System $\mathfrak{F}$ der abgeschlossenen Mengen (also der Komplemente der offenen) ein δ-, jedoch kein σ-System.

Allgemein gilt: *Bilden die Mengen B ein σ-System (δ-System), so bilden bei beliebig gewähltem A die Mengen $A - B$ ein δ-System (σ-System).* Dies entnimmt man aus **2** (18) bzw. **2** (19).

Ist $\mathfrak{M}$ irgend ein Mengensystem, so sei $\mathfrak{M}_\sigma$ das System der Summen je abzählbar vieler Mengen aus $\mathfrak{M}$ und $\mathfrak{M}_\delta$ das der Durchschnitte. Der Übergang von $\mathfrak{M}$ zu $\mathfrak{M}_\sigma$ heißt der *σ-Prozeß*, der von $\mathfrak{M}$ zu $\mathfrak{M}_\delta$ der *δ-Prozeß*. Da die Summe von abzählbar vielen Mengen aus $\mathfrak{M}_\sigma$ stets Summe von abzählbar vielen Mengen aus $\mathfrak{M}$ ist, und demnach zu $\mathfrak{M}_\sigma$ gehört, ist $\mathfrak{M}_\sigma$ ein σ-System; entsprechend ist $\mathfrak{M}_\delta$ ein δ-System. Beide Systeme umfassen $\mathfrak{M}$, oder sind, wie man sagt, Mengensysteme „über $\mathfrak{M}$". Ferner muß jedes σ-System über $\mathfrak{M}$ das System $\mathfrak{M}_\sigma$ umfassen. *$\mathfrak{M}_\sigma$ ist also das „kleinste" σ-System über $\mathfrak{M}$; entsprechend ist $\mathfrak{M}_\delta$ das kleinste δ-System über $\mathfrak{M}$.*

Daß $\mathfrak{M}$ selber ein σ- bzw. ein δ-System ist, kann durch $\mathfrak{M} = \mathfrak{M}_\sigma$ bzw. $\mathfrak{M} = \mathfrak{M}_\delta$ ausgedrückt werden. Dies besagt ja, daß der σ- bzw. der δ-Prozeß aus $\mathfrak{M}$ nicht hinausführt, wie es die Definition des σ- bzw. δ-Systems verlangt. Daß sich ein System $\mathfrak{M}$ beim σ-Prozeß reproduziert, drückt man auch so aus: $\mathfrak{M}$ ist „abgeschlossen" bezüglich des σ-Prozesses; entsprechend beim δ-Prozeß und bei ähnlichen Verfahren.

Der Durchschnitt irgend welcher σ-Systeme ist sichtlich wieder ein σ-System, der von δ-Systemen ein δ-System.

Ist $\mathfrak{N}$ das System der Komplemente (in E) der Mengen aus $\mathfrak{M}$, so ist $\mathfrak{N}_\delta$ das System der Komplemente der Mengen aus $\mathfrak{M}_\sigma$. Dies entnimmt man aus **2** (20).

Ein Mengensystem, das σ- und δ-System zugleich ist, heiße ein *σ, δ-System*; z. B. das System aller Teile irgend einer Menge.

Zu jedem Mengensystem $\mathfrak{M}$ kann man sofort σ, δ-Systeme angeben, die $\mathfrak{M}$ umfassen, z. B. das System aller Mengen des Grundbereiches E oder das System aller Teile der Vereinigung der einzelnen Mengen von $\mathfrak{M}$. Da der Durchschnitt irgend welcher σ, δ-Systeme, nach dem vorhin Bemerkten, wieder ein σ, δ-System ist, muß der Durchschnitt aller σ, δ-Systeme über $\mathfrak{M}$ ein σ, δ-System über $\mathfrak{M}$ sein, das in jedem solchen System enthalten ist. *Auf diese Weise wird also die Existenz eines* (eindeutig bestimmten) *kleinsten σ, δ-Systems über $\mathfrak{M}$ gesichert.* Dieses System ist das „Borel'sche System über $\mathfrak{M}$". Seine Konstruktion erfolgt in **1** des Anhanges.

5. Mengenringe. Ein Mengensystem heißt ein *Ring*, wenn es neben je zwei (und damit neben je endlich vielen) Mengen auch deren Summe und deren Produkt enthält.

Ein Ring, der zugleich ein σ-System ist, heißt ein *σ-Ring*. Ein solcher enthält also neben je abzählbar vielen Mengen auch deren Summe und neben je endlich vielen auch deren Produkt. Ein Ring, der zugleich ein δ-System ist, heißt ein *δ-Ring*. Z. B. ist das in **4** betrachtete System $\mathfrak{G}$ ein σ-, aber kein δ-Ring, und das System $\mathfrak{F}$ ein δ-, aber kein σ-Ring. Ein σ, δ-System ist offenbar σ- und δ-Ring zugleich.

Ein Ring $\mathfrak{R}$ geht durch den σ-Prozeß in einen σ-Ring $\mathfrak{R}_\sigma$ über. $\mathfrak{R}_\sigma$ ist der kleinste σ-Ring über $\mathfrak{R}$.

$\mathfrak{R}_\sigma$ ist nämlich nach **4** zunächst ein σ-System. Ferner gehört neben je zwei Mengen A, B auch ihr Produkt $A\,B$ zu $\mathfrak{R}_\sigma$. Denn es ist $A = \Sigma A_\mu$, $B = \Sigma B_\nu$ mit abzählbar vielen A_μ bzw. B_ν aus $\mathfrak{R}$, also $A\,B = \sum\limits_{\mu,\nu} A_\mu B_\nu$ (s. **2** (3)). Die Glieder $A_\mu B_\nu$ dieser Summe gehören zu $\mathfrak{R}$ (da $\mathfrak{R}$ ein Ring ist) und damit die Summe selber zu $\mathfrak{R}_\sigma$. Das System $\mathfrak{R}_\sigma$ ist also ein σ-Ring. Ferner muß $\mathfrak{R}_\sigma$ als kleinstes σ-System über $\mathfrak{R}$ der kleinste σ-Ring über $\mathfrak{R}$ sein.

Analog sieht man, *daß der δ-Prozeß den Ring $\mathfrak{R}$ in den kleinsten δ-Ring über $\mathfrak{R}$ überführt.* Die Rolle von **2** (3) übernimmt jetzt **2** (7).

Zu jedem Mengensystem $\mathfrak{M}$ gibt es einen kleinsten Ring, der $\mathfrak{M}$ umfaßt. Diesen erhält man so: man bildet das System $\mathfrak{M}^*$ der Produkte je endlich vieler Mengen aus $\mathfrak{M}$ und dann das System $\mathfrak{R}$ der Summen je endlich vieler solcher Produkte. $\mathfrak{R}$ umfaßt $\mathfrak{M}$ und ist zunächst ein Ring. Denn sind A, B zwei Mengen aus $\mathfrak{R}$, also $A = \sum\limits_1^m A_\mu$, $B = \sum\limits_1^n B_\nu$ (A_μ, $B_\nu \in \mathfrak{M}^*$), so gehört sichtlich $A + B$ zu $\mathfrak{R}$; ferner auch $A\,B$ wegen $A\,B = \sum\limits_{\mu,\nu} A_\mu\, B_\nu$ ($\mu = 1, \ldots, m$; $\nu = 1, \ldots, n$). Da jeder Ring über $\mathfrak{M}$ das System $\mathfrak{R}$ umfassen muß, ist $\mathfrak{R}$ der kleinste Ring über $\mathfrak{M}$. — Übrigens kann man auch zunächst die Summen und dann die Produkte bilden; jetzt ist **2** (7) (an Stelle von **2** (3)) heranzuziehen.

6. Mengenkörper. Ein Mengenring, der neben jedem Mengenpaar auch dessen Differenz enthält, heißt ein *Mengenkörper*. Ein Körper ist also abgeschlossen bezüglich Addition und Multiplikation je endlich vieler und bezüglich Subtraktion je zweier Mengen. *Andererseits ist ein Mengensystem $\mathfrak{M}$ bereits ein Körper, wenn es neben jedem Mengenpaar (A, B) seine Summe $A + B$ und im Falle $B \subset A$ seine Differenz $A - B$ enthält.* Hieraus folgt nämlich schon, daß stets $A - B$ und $A\,B$ zu $\mathfrak{M}$ gehören, wegen **1** (8) bzw. **1** (15). *Man könnte auch verlangen, daß neben jedem Mengenpaar (A, B) seine Differenz und im Falle fremder A, B seine Summe zu $\mathfrak{M}$ gehören*, wegen **1** (11) bzw. **1** (15). Ein nicht leerer Körper enthält stets die leere Menge, da mit A auch $A - A = O$ zu ihm gehört[1].

Die in **4** und **5** betrachteten Ringe $\mathfrak{G}$, $\mathfrak{F}$ sind keine Körper, da die Differenz zweier offenen bzw. zweier abgeschlossenen Mengen nicht wieder offen bzw. abgeschlossen zu sein braucht. Wohl ist z. B. das System der endlichen sowie das der beschränkten ebenen Punktmengen ein Körper, wenn die leere Menge den Systemen zugerechnet wird.

Ein Mengenkörper heiße *geschlossen*, wenn er eine „größte" Menge R enthält (so daß also jede seiner Mengen Teil von R ist). Fügt man zu

[1] Dagegen braucht ein Ring die leere Menge nicht zu enthalten, z. B., wenn er aus einer einzelnen Menge $A \neq O$ besteht.

den Mengen A eines nicht geschlossenen Körpers $\mathfrak{K}$ eine Menge R hinzu, die sie alle umfaßt, etwa ihre Vereinigung oder den Grundbereich E, ferner alle Komplemente $R - A$, so entsteht ein geschlossener Körper $\mathfrak{K}'$ über $\mathfrak{K}$. $\mathfrak{K}'$ enthält nämlich mit jedem Mengenpaar auch seine Summe und seine Differenz. Dies entnimmt man aus (s. etwa **1** (19) und **1** (17))

$$(R - A) + B = R - (A - B),\ (R - A) + (R - B) = R - A\,B$$

bzw. aus (s. **2** (22), **2** (23) und etwa **1** (20))

$$(R - A) - B = R - (A + B),\ B - (R - A) = A\,B,^{2}\ (R - A) - (R - B) = B - A,$$

wenn A, B beliebige Mengen aus $\mathfrak{K}$ sind. Ferner ist R die größte Menge von $\mathfrak{K}'$.

Zu jedem Mengensystem $\mathfrak{M}$ gibt es einen kleinsten Körper, der $\mathfrak{M}$ umfaßt. Diesen erhält man so: Man bildet zunächst den kleinsten Ring $\mathfrak{R}$ über $\mathfrak{M}$ (s. 5) und fügt (nötigenfalls) die leere Menge hinzu; hierdurch entstehe der Ring $\mathfrak{R}_0$. Das System $\mathfrak{K}$, das aus den Summen je endlich vieler Differenzen von Mengen aus $\mathfrak{R}_0$ besteht, ist dann der kleinste Körper über $\mathfrak{M}$.

$\mathfrak{K}$ umfaßt nämlich $\mathfrak{M}$; ferner muß jeder Körper über $\mathfrak{M}$ das System $\mathfrak{K}$ enthalten. Es bleibt also noch zu zeigen, daß $\mathfrak{K}$ ein Körper ist, d. h., daß mit $A, B \in \mathfrak{K}$ auch $A + B$, $A - B \in \mathfrak{K}$ ist.

Die Mengen A, B haben die Form

$$A = A_1 + \dots + A_m \text{ mit } A_\mu = L_\mu - M_\mu \text{ und } L_\mu, M_\mu \in \mathfrak{R}_0,$$
$$B = B_1 + \dots + B_n \text{ mit } B_\nu = P_\nu - Q_\nu \text{ und } P_\nu, Q_\nu \in \mathfrak{R}_0.$$

Hiernach ist sichtlich $A + B \in \mathfrak{K}$. Um zu sehen, daß auch $A - B \in \mathfrak{K}$ ist, beachte ich:

$$(L - M) - (P - Q) = [(L - M) - P] + (L - M)\,Q = = [L - (M + P)] + (L\,Q - M), \tag{1}$$

$$(L - M)\,(P - Q) = (L - M)\,P - Q = (L\,P - M) - Q = = L\,P - (M + Q); \tag{2}$$

dabei wurde insgesamt **2** (9), (22), (23) (z. T. mehrfach) verwendet. Nun ist nach **2** (12) bzw. **2** (18)

$$A - B = \sum_\mu A_\mu - \sum_\nu B_\nu = \sum_\mu (A_\mu - \sum_\nu B_\nu) = \sum_\mu \prod_\nu (A_\mu - B_\nu).$$

Hierin ist $A_\mu - B_\nu$ wegen (1) Summe zweier Differenzen von Mengen

---

[2] Dieser Fall kann auch außeracht bleiben, da nie $R - A \subset B$ ist. Hieraus würde ja $R \subset A + B$ und damit $R = A + B$ folgen. Dann wäre aber $\mathfrak{K}$ bereits geschlossen. Insbesondere fällt eine neue Menge nie mit einer alten zusammen.

aus $\mathfrak{R}_0$, also $\prod_\nu (A_\mu - B_\nu)$ wegen (2) Summe endlich vieler solcher Differenzen und damit auch $A - B$. Dies besagt aber, daß $A - B \in \mathfrak{K}$ ist.

Besteht $\mathfrak{M}$ *aus endlich bzw. abzählbar unendlich vielen Mengen, so gilt dies auch vom kleinsten Ring* $\mathfrak{R}$ *sowie vom kleinsten Körper* $\mathfrak{K}$ *über* $\mathfrak{M}$. Dies folgt sofort aus der Konstruktion von $\mathfrak{R}$ bzw $\mathfrak{K}$ mittels einfachster Mächtigkeitsbetrachtungen.

7. σ- und δ-Körper. Ein Körper, der zugleich σ-System ist, heißt ein *σ-Körper*, und der zugleich δ-System ist, ein *δ-Körper*. *Ein σ-Körper* $\mathfrak{K}$ *ist stets auch ein δ-Körper*, da neben jeder Folge (A_ν) aus $\mathfrak{K}$ nach **2** (26) auch ΠA_ν zu $\mathfrak{K}$ gehört. Z. B. bilden die abzählbaren linearen Punktmengen zusammen mit O einen σ-Körper. Umgekehrt braucht aber ein δ-Körper kein σ-Körper zu sein, wie schon das System der beschränkten linearen Punktmengen zeigt.

Dagegen gilt: *Ein δ-Körper* $\mathfrak{K}$, *der eine größte Menge R besitzt, ist stets auch ein σ-Körper.* Ist nämlich (A_ν) eine beliebige Folge aus $\mathfrak{K}$, so gehört auch die Folge (A_ν') mit $A_\nu' = R - A_\nu$ zu $\mathfrak{K}$; zugleich ist $A_\nu = R - A_\nu'$. Damit ergibt **2** (19)

$$\Sigma A_\nu = \Sigma (R - A_\nu') = R - \Pi A_\nu'.$$

Hieraus entnimmt man, da $\mathfrak{K}$ ein δ-Körper ist, daß ΣA_ν zu $\mathfrak{K}$ gehört.

Ein σ-Körper ist abgeschlossen bezüglich der Addition und der Multiplikation je abzählbar vieler Mengen, also nach **3** (1), (2) auch bezüglich der Limesbildung von Mengenfolgen, ferner bezüglich der Subtraktion je zweier Mengen. Andererseits ist ein Mengensystem bereits ein σ-Körper, wenn es neben je abzählbar vielen Mengen auch deren Summe und neben je zwei Mengen A, B mit $B \subset A$ auch $A - B$ enthält. Nach **1** (12) kommt dies auf dasselbe hinaus, daß das System neben je abzählbar vielen getrennten Mengen deren Summe und neben jedem Mengenpaar dessen Differenz enthält.

Ein nach **6** *konstruierter geschlossener Körper* $\mathfrak{K}'$ *über einem nicht geschlossenen σ-Körper* $\mathfrak{K}$ *ist wieder ein σ-Körper.* Es gehört nämlich jede Summe der Form ΣA_ν sowie $\Sigma (R - A_\nu) = R - \Pi A_\nu$ mit $A_\nu \in \mathfrak{K}$ zu $\mathfrak{K}'$ (letztere, da $\mathfrak{K}$ auch δ-Körper ist) und daher mit je abzählbar vielen Mengen aus $\mathfrak{K}'$ auch deren Summe.

Führt man an einem Körper $\mathfrak{K}$ den σ- oder den δ-Prozeß aus, so entsteht der kleinste σ- bzw. δ-Ring über $\mathfrak{K}$; diese Ringe brauchen durchaus keine Körper zu sein.

Analog zur Existenz des kleinsten σ, δ-Systems über irgend einem Mengensystem $\mathfrak{M}$ (s. **4**) *stellt man die Existenz eines (eindeutig bestimmten)* *kleinsten σ-Körpers über* $\mathfrak{M}$ *fest*; dabei ist zu beachten, daß der Durchschnitt beliebiger σ-Körper wieder ein σ-Körper ist. Insbesondere bilden die Mengen, die durch eine Summe abzählbar vieler Mengen aus $\mathfrak{M}$ überdeckt werden können (also alle Teile der einzelnen Mengen aus $\mathfrak{M}_\sigma$), einen σ-Körper über $\mathfrak{M}$. Da dieser den kleinsten σ-Körper über $\mathfrak{M}$ umfassen muß, *kann jede Menge des kleinsten σ-Körpers über* $\mathfrak{M}$ *durch abzählbar viele Mengen aus* $\mathfrak{M}$ *(d. h. durch eine Menge aus* $\mathfrak{M}_\sigma$*) überdeckt werden.*

Die Konstruktion des kleinsten σ-Körpers über $\mathfrak{M}$ erfolgt in 2 des Anhangs. Dabei ergibt sich, *daß der kleinste σ-Körper über einem Körper* $\mathfrak{K}$ *das Borel'sche System über* $\mathfrak{K}$ *ist* (Anhang, Satz 5).

§ 2. Additive Inhalte.

Die Elementargeometrie, etwa der Ebene, ordnet gewissen Figuren A einen „Inhalt" $i(A)$ zu. Sieht man die Figuren A als ebene Punktmengen an, so erscheint der Inhalt $i(A)$ als eine Mengenfunktion. Diese hat jedenfalls die folgenden Eigenschaften.

1. Da die Vereinigung zweier Figuren, die einen Inhalt besitzen, wieder eine Figur mit Inhalt ist, enthält der Definitionsbereich $\mathfrak{k}$ von $i(A)$ mit je zwei Mengen A, B auch deren Summe $A + B$. Da ferner eine Figur mit einem Inhalt entsteht, wenn man aus einer Figur mit Inhalt einen echten Teil mit Inhalt herausnimmt, enthält $\mathfrak{k}$ mit je zwei Mengen A, B, für die $B \subset A$, $B \neq A$ ist, auch die Differenz $A - B$. — Wird die leere Menge den Figuren mit Inhalt zugerechnet, so kann man dies alles so aussprechen: der Definitionsbereich von $i(A)$ ist ein Mengenkörper.

2. Es ist stets $i(A) \geqq 0$.

3. $i(A)$ ist additiv, d. h., sind A, B zwei fremde Figuren aus $\mathfrak{k}$, so ist stets $i(A + B) = i(A) + i(B)$.

Der Inhaltsbegriff, der in diesem § entwickelt wird, entsteht durch eine Abstraktion, der die genannten Eigenschaften des elementaren Inhalts ebener Figuren zugrunde liegen. Dabei sind Mengen irgend eines Grundbereiches E zugelassen.

8. Inhaltsaxiome. Es sei $i(A) = i$ eine eindeutige, reelle Mengenfunktion, die endliche Werte sowie den Wert ∞ annehmen kann. Die Funktion i heißt eine (*additive*) *Inhaltsfunktion* oder kurz ein (*additiver*) *Inhalt*, wenn sie die folgenden Forderungen erfüllt:

I. *Der Definitionsbereich* $\mathfrak{k}$ *von* i *ist ein Mengenkörper.*

II. *Es ist stets* $i(A) \geqq 0$, *ferner* $i(O) = 0$.

III. *i ist additiv auf* $\mathfrak{k}$, d. h., für je zwei fremde Mengen A, B aus $\mathfrak{k}$ ist

$$i(A + B) = i(A) + i(B). \tag{1}$$

Man beweist sofort durch Induktion, *daß* (1) *auf endlich viele getrennte* $A_\nu \in \mathfrak{k}$ *erweitert werden kann:*

$$i(A_1 + \ldots + A_n) = i(A_1) + \ldots + i(A_n). \tag{2}$$

Die Erweiterung auf abzählbar viele getrennte $A_\nu \in \mathfrak{k}$, deren Summe zu $\mathfrak{k}$ gehört, braucht dagegen nicht mehr möglich zu sein (s. **13**).

Eine Menge heißt *meßbar bezüglich des Inhaltes* i oder kurz *i-meßbar*, wenn sie zum Definitionsbereich von i gehört; besteht kein Zweifel, auf welchen Inhalt sich die Meßbarkeit bezieht, so sagt man einfach *meßbar*. Die nicht meßbaren Mengen, sind dann alle übrigen Mengen des Grundbereiches.

Ist $i(A) = 0$, so heißt A eine *Nullmenge bezüglich* i oder eine *i-Nullmenge*, gegebenenfalls einfach eine *Nullmenge*. Z. B. ist die leere Menge stets eine solche.

9. Folgerungen aus den Inhaltsaxiomen. Für einen auf dem Körper $\mathfrak{k}$ erklärten Inhalt i gelten die folgenden einfachen Sätze:

a) *Die Funktion i ist (monoton) ansteigend*, d. h., ist $A \subset B$ $(A, B \in \mathfrak{k})$, so ist $i(A) \leqq i(B)$.

Aus $B = A + (B - A)$ folgt nämlich mittels 8 (1)

$$i(B) = i(A) + i(B - A) \qquad (A \subset B), \tag{1}$$

also wegen II $i(B) \geqq i(A)$.

b) *Für zwei Mengen A, B aus* $\mathfrak{k}$ *gilt stets die „Summenungleichung"*

$$i(A + B) \leqq i(A) + i(B). \tag{2}$$

Dies folgt aus $A + B = A + (B - A)$ mittels 8 (1) und a).

Man beweist sofort durch Induktion, *daß* (2) *auf endlich viele* $A_\nu \in \mathfrak{k}$ *erweitert werden kann:*

$$i(A_1 + \ldots + A_n) \leqq i(A_1) + \ldots + i(A_n). \tag{3}$$

Die Erweiterung auf abzählbar viele $A_\nu \in \mathfrak{k}$, deren Summe zu $\mathfrak{k}$ gehört, braucht dagegen nicht mehr möglich zu sein (s. **13**).

c) Aus (1) entnimmt man: *Ist* $A \subset B$ *und* $i(A)$ *endlich, so gilt*

$$i(B - A) = i(B) - i(A). \tag{4}$$

Ist dagegen $i(A) = \infty$, so ist nach a) auch $i(B) = \infty$; in diesem Falle wird also die rechte Seite von (4) sinnlos. *Aus* $i(B - A) = 0$ $(A \subset B)$ *kann man jedoch stets* (wegen (1)) *auf* $i(B) = i(A)$ *schließen.*

Sind A, B irgend zwei Mengen aus $\mathfrak{k}$ und $i(A)$ endlich, so gilt

$$i(B - A) \geqq i(B) - i(A). \tag{5}$$

Dies folgt aus $B - A = B - AB$ mittels (4) und a).

d) *Für zwei Mengen A, B aus $\mathfrak{k}$ gilt stets die „Symmetrieformel"*

$$i(A) + i(B) = i(A + B) + i(AB). \tag{6}$$

Dies gilt nämlich zunächst, falls $i(AB) = \infty$ ist, da dann alle Glieder in (6) nach a) den Wert ∞ haben. Ist $i(AB)$ endlich, so folgt (6) aus $A + B = A + (B - AB)$ mittels 8 (1) und (4).

Aus (6) kann man z. B. neuerdings die Ungleichung (2) entnehmen. Ferner, daß 8 (1) auch dann gilt, wenn A und B genau eine Nullmenge gemeinsam haben[1].

e) Nach a) *und II ist jeder meßbare Teil einer Nullmenge wieder eine solche.* Insbesondere ist der Durchschnitt NA einer Nullmenge N und einer meßbaren Menge A eine Nullmenge, ebenso die Differenz zweier Nullmengen. Nach der Schlußbemerkung von d) bzw. nach (4) *ist also*

$$i(A + N) = i(A) + i(N) = i(A), \tag{7}$$

$$i(A - N) = i(A - NA) = i(A). \tag{8}$$

Da nach (7) die Summe zweier Nullmengen wieder eine Nullmenge ist und dasselbe für die Differenz gilt, *bilden die Nullmengen für sich einen Mengenkörper*, den *Nullkörper von i*.

Damit beweist man durch Induktion im Anschlusse an die letzte Bemerkung in d), *daß* 8 (2) *auch dann noch gilt, wenn die A_ν sich zu zweien in einer Nullmenge schneiden.*

f) *Für abzählbar viele Mengen A_ν aus $\mathfrak{k}$, die zu zweien höchstens eine Nullmenge gemeinsam haben und deren Summe S zu $\mathfrak{k}$ gehört, ist stets*

$$i(S) \geqq i(A_1) + i(A_2) + \dots . \tag{9}$$

Dies gilt nämlich zunächst, falls endlich viele A_ν vorliegen (und zwar mit $=$). Bei unendlich vielen beachte man, daß

---

[1] Mit irgend welchen Mengen $A_1, \dots, A_n$ kann man (analog zu den symmetrischen Grundfunktionen der Algebra) die *symmetrischen Grundmengen*

$$S_1 = A_1 + \dots + A_n, \; S_2 = A_1 A_2 + A_1 A_3 + \dots + A_{n-1} A_n, \dots,$$
$$S_n = A_1 A_2 \dots A_n$$

bilden. Sind die A_ν meßbar, so gilt stets

$$i(A_1) + \dots + i(A_n) = i(S_1) + \dots + i(S_n).$$

Dies beweist man im Anschlusse an (6) durch Induktion. Siehe *F. Hausdorff*, Grundzüge der Mengenlehre, Leipzig 1914, p. 451.

$$i(S) \geqq i(A_1 + \ldots + A_n) = i(A_1) + \ldots + i(A_n) \qquad (n = 1, 2, \ldots)$$

ist, was bei $n \to \infty$ die Behauptung (9) ergibt.

10. Äußerer und innerer Inhalt. Es sei i wieder ein Inhalt auf $\mathfrak{k}$, ferner M eine Menge, die durch eine Menge aus $\mathfrak{k}$ überdeckt werden kann. Unter dem *äußeren* bzw. *inneren Inhalt von M* (*bezüglich i*) versteht man

$$\bar{i}(M) = \inf i(\bar{A}), \tag{1}$$

$$\underline{i}(M) = \sup i(\underline{A}), \tag{2}$$

wobei $\bar{A}$ alle meßbaren Obermengen und $\underline{A}$ alle meßbaren Teilmengen von M zu durchlaufen hat.

Bildet man $\bar{i}(M)$, $\underline{i}(M)$ für jede Menge M, die durch eine Menge aus $\mathfrak{k}$ überdeckt werden kann, so entstehen zwei nicht negative Mengenfunktionen, die der *zu i gehörige äußere* bzw. *innere Inhalt* oder besser die *Außen-* bzw. *Innenfunktion von i* heißen. Der Definitionsbereich $\mathfrak{L}$ besteht beide Male aus den Teilen der einzelnen Mengen aus $\mathfrak{k}$, ist also ein Mengenkörper, der den Körper $\mathfrak{k}$ umfaßt. Insbesondere ist nach (1), (2) wegen der Monotonie von i

$$\bar{i}(M) = \underline{i}(M) = i(M) \text{ für } M \in \mathfrak{k}. \tag{3}$$

Ist die Funktion i endlich, so sind auch $\bar{i}$, $\underline{i}$ endlich. Während $\bar{i}$ und $\underline{i}$ die beiden ersten Inhaltsaxiome erfüllen, braucht dies für das dritte nicht mehr der Fall zu sein[1].

a) *Es ist stets* $\underline{i}(M) \leqq \bar{i}(M)$.

Aus $\underline{A} \subset M \subset \bar{A}$ ($\underline{A}, \bar{A} \in \mathfrak{k}$) folgt ja $i(\underline{A}) \leqq i(\bar{A})$ und hieraus nach (1), (2) die Behauptung. Dabei kann das $<$ wirklich auftreten[1].

b) *Die Funktionen* $\bar{i}$, $\underline{i}$ *sind monoton ansteigend*: ist $L \subset M$, so ist $\bar{i}(L) \leqq \bar{i}(M)$ und $\underline{i}(L) \leqq \underline{i}(M)$.

Die erste dieser Ungleichungen ergibt sich im Anschlusse an (1), wenn man beachtet, daß eine Obermenge von M zugleich Obermenge von L ist. Analog die zweite.

c) *Zerlegt man eine meßbare Menge A in die beiden fremden Teile L, M aus* $\mathfrak{L}$, *so gilt*

$$i(A) = \bar{i}(L) + \underline{i}(M). \tag{4}$$

---

[1] Es sei i der lineare Jordan'sche Inhalt (s. **44**), ferner L die Menge der rationalen und M die der irrationalen Punkte des Intervalles $0 \leqq x \leqq 1$. Bezeichnet man dieses Intervall mit I (so daß also $L + M = I$ ist bei fremden L, M), so gilt

$$\bar{i}(L) = \bar{i}(M) = 1, \ \underline{i}(L) = \underline{i}(M) = 0; \ \bar{i}(I) = \underline{i}(I) = i(I) = 1.$$

Beweis Für einen beliebigen meßbaren Teil C von M gilt wegen $A - C \supset L$[2]

$$i(A) = i[(A - C) + C] = i(A - C) + i(C) \geqq \bar{i}(L) + i(C);$$

dabei wurde beim letzten Schritt (3) und b) beachtet. Geht man rechts mit $i(C)$ zum Supremum über, so kommt

$$i(A) \geqq \bar{i}(L) + \underline{i}(M). \tag{5}$$

Ähnlich gewinnt man die entgegengesetzte Beziehung. Für eine beliebige meßbare Obermenge C von L gilt wegen $A - C \subset M$:

$$i(A) \leqq i(C + A) = i[C + (A - C)] = i(C) + i(A - C) \leqq i(C) + \underline{i}(M).$$

Geht man rechts mit $i(C)$ zum Infimum über, so kommt

$$i(A) \leqq \bar{i}(L) + \underline{i}(M). \tag{6}$$

Aus (5) und (6) entnimmt man (4).

Ist $\bar{i}(M)$ für ein betrachtetes $M \in \mathfrak{L}$ endlich, d. h., kann M durch eine meßbare Menge A endlichen Inhalts überdeckt werden, so ist nach (4)

$$\underline{i}(M) = i(A) - \bar{i}(A - M). \tag{7}$$

Hierdurch wird der innere Inhalt im betrachteten Falle auf den äußeren zurückgeführt[3].

11. Symmetrie- und Summenformeln. Es seien weiter $\bar{i}$, $\underline{i}$ auf $\mathfrak{L}$ die Außen- bzw. Innenfunktion eines Inhaltes i auf $\mathfrak{k}$.

a) *Für irgend zwei Mengen L, M aus $\mathfrak{L}$ gelten die „Symmetrieformeln"*

$$\bar{i}(L + M) + \bar{i}(LM) \leqq \bar{i}(L) + \bar{i}(M), \tag{1}$$

$$\underline{i}(L + M) + \underline{i}(LM) \geqq \underline{i}(L) + \underline{i}(M). \tag{2}$$

Für beliebige meßbare Obermengen A, B von L bzw. M gilt nämlich wegen $L + M \subset A + B$, $LM \subset AB$ nach **10** b) und **10** (3) bzw. **9** (6)

---

[2] Daß $A - C \supset L$ ist, ergibt sich formal so: Es ist $A = L + M$ bei fremden L, M; ferner ist $C \subset M$ und damit fremd zu L. Also gilt $A - C = (L - C) + (M - C) = L + (M - C) \supset L$.

[3] Man kann (7) auch zur Definition von $\underline{i}(M)$ verwenden, falls der äußere Inhalt bereits definiert und $\bar{i}(M)$ endlich ist; es ist dann aber die Unabhängigkeit von $\underline{i}(M)$ von der Wahl der überdeckenden Menge A nachzuweisen.

Hierzu entwickelt man die Theorie des äußeren Inhaltes bis zur Formel **11** (18). Sind dann A_1, A_2 meßbare Obermengen von M endlichen Inhalts, so wähle man eine dritte, A_0, die A_1, A_2 umfaßt (z. B. $A_0 = A_1 + A_2$). Damit gilt wegen **11** (18)

$$i(A_0) - \bar{i}(A_0 - M) = i[A_1 + (A_0 - A_1)] - \bar{i}[(A_1 - M) + (A_0 - A_1)] = \\ = i(A_1) - \bar{i}(A_1 - M)$$

und ebenso mit A_2 statt A_1. Hierdurch ist die Unabhängigkeit bereits bewiesen.

$$\bar{i}(L+M)+\bar{i}(LM) \leqq i(A+B)+i(AB)=i(A)+i(B).$$

Geht man rechts zur unteren Grenze über, so entsteht (1). — Der Beweis von (2) verläuft analog; an Stelle der Obermengen A, B treten jetzt Teilmengen.

Aus (1), (2) entnimmt man die folgenden „Summenungleichungen": *Für irgend zwei Mengen L, M aus $\mathfrak{L}$ gilt*

$$\bar{i}(L+M) \leqq \bar{i}(L)+\bar{i}(M), \tag{3}$$

ferner für zwei Mengen L, M aus $\mathfrak{L}$ mit $\underline{i}(LM)=0$

$$\underline{i}(L+M) \geqq \underline{i}(L)+\underline{i}(M). \tag{4}$$

Man beweist sofort durch Induktion, *daß* (3) *stets auf endlich viele $M_\nu \in \mathfrak{L}$ ausgedehnt werden kann, ebenso* (4) *z. B. dann, wenn der Durchschnitt je zweier M_ν durch eine Nullmenge überdeckt werden kann.*

Die Übertragung von (3) auf abzählbar unendlich viele M_ν, deren Summe in $\mathfrak{L}$ liegt, braucht nicht mehr möglich zu sein (s. **13** (4) sowie **15**[4]). *Dagegen kann* (4) *auf abzählbar viele M_ν erweitert werden, falls der Durchschnitt je zweier durch eine Nullmenge überdeckt werden kann und ihre Summe S zu $\mathfrak{L}$ gehört:*

$$\underline{i}(S) \geqq \underline{i}(M_1)+\underline{i}(M_2)+\ldots. \tag{5}$$

Dies folgt im Falle unendlich vieler M_ν aus $\underline{i}(S) \geqq \underline{i}(M_1+\ldots+M_n) \geqq \geqq \underline{i}(M_1)+\ldots+\underline{i}(M_n)$ bei $n \to \infty$.

Mittels (3) *ergibt sich, falls $\bar{i}(M)$ endlich ist,*

$$\bar{i}(L-M) \geqq \bar{i}(L)-\bar{i}(M). \tag{6}$$

Wegen $L = LM + (L-M)$ ist ja

$$\bar{i}(L) \leqq \bar{i}(LM)+\bar{i}(L-M) \leqq \bar{i}(M)+\bar{i}(L-M).$$

Ferner ergibt sich mittels (4): *Ist $M \subset L$ und $\underline{i}(M)$ endlich, so gilt*

$$\underline{i}(L-M) \leqq \underline{i}(L)-\underline{i}(M).$$

Wegen $L = M + (L-M)$ ist ja

$$\underline{i}(L)-\underline{i}(M) \geqq [\underline{i}(M)+\underline{i}(L-M)]-\underline{i}(M)=\underline{i}(L-M).$$

Bezeichnet man bei endlichem $\underline{i}(M)$ die *„Diskrepanz"* $\bar{i}(M)-\underline{i}(M)$ *von M* mit $d(M)$, so folgt aus (3), (4) unmittelbar

$$d(L+M) \leqq d(L)+d(M);$$

dabei muß $\underline{i}(L+M)$ endlich und $\underline{i}(LM)=0$ sein.

b) *Zu einer Menge $M \in \mathfrak{L}$ darf man eine Nullmenge N addieren sowie von ihr subtrahieren, ohne den äußeren und inneren Inhalt zu ändern:*

$$\bar{i}(M + N) = \bar{i}(M), \tag{7}$$
$$\bar{i}(M - N) = \bar{i}(M), \tag{8}$$
$$\underline{i}(M + N) = \underline{i}(M), \tag{9}$$
$$\underline{i}(M - N) = \underline{i}(M). \tag{10}$$

Die Gleichung (7) gilt, da nach **10** b) bzw. (3) bzw. **10** (3)

$$\bar{i}(M) \leqq \bar{i}(M + N) \leqq \bar{i}(M) + \bar{i}(N) = \bar{i}(M)$$

ist. Mittels (7) ergibt sich (8) so:

$$\bar{i}(M - N) = \bar{i}[(M - N) + N] = \bar{i}(M + N) = \bar{i}(M). \tag{11}$$

Um (10) zu beweisen, beachte ich zunächst $\underline{i}(M - N) \leqq \underline{i}(M)$. Andererseits gilt für eine beliebige meßbare Teilmenge A von M wegen **9** (8)

$$\underline{i}(M - N) \geqq i(A - N) = i(A).$$

Geht man rechts zur oberen Grenze über, so entsteht $\underline{i}(M - N) \geqq \underline{i}(M)$. Insgesamt gilt also (10). Schließlich gewinnt man (9) mittels (10) durch ein zu (11) analoges Verfahren.

c) *Können die Mengen L, M aus $\mathfrak{L}$ durch fremde, meßbare Mengen A bzw. B überdeckt werden, so gilt*

$$\bar{i}(L + M) = \bar{i}(L) + \bar{i}(M), \tag{12}$$
$$\underline{i}(L + M) = \underline{i}(L) + \underline{i}(M). \tag{13}$$

Die Voraussetzung ist bereits erfüllt, wenn L durch eine zu M fremde, meßbare Menge A überdeckt werden kann.

Ist nämlich B' irgend eine meßbare Obermenge von M, so haben A und $B = B' - A$ die in der Voraussetzung genannten Eigenschaften[1].

Ich beweise zunächst (12). Für eine beliebige meßbare Obermenge C von $L + M$ gilt

$$i(C) \geqq i[C(A + B)] = i(CA) + i(CB) \geqq \bar{i}(L) + \bar{i}(M). \tag{14}$$

Geht man links zur unteren Grenze über, so entsteht $\bar{i}(L + M) \geqq \geqq \bar{i}(L) + \bar{i}(M)$. Dies zusammen mit (3) ergibt (12).

Analog kann man (13) beweisen. Für eine beliebige meßbare Teilmenge C von $L + M$ gilt

$$i(C) = i[C(A + B)] = i(CA) + i(CB) \leqq \underline{i}(L) + \underline{i}(M).^2 \tag{15}$$

---

[1] Es ist zunächst $L \subset A$; ferner ist $M \subset B$ wegen $MB = M(B' - A) = MB' - A = M$. Daneben sind A und $B' - A$ fremd sowie meßbar.

[2] Daß $CA \subset L$ ist, sieht man formal so:

$$AC \subset A(L + M) = AL + AM = L.$$

Hieraus folgt $\underline{i}(L+M) \leqq \underline{i}(L) + \underline{i}(M)$. Dies zusammen mit (4) ergibt (13).

Man beweist sofort durch Induktion, daß die Gleichungen (12), (13) *auf endlich viele $M_\nu \in \mathfrak{L}$ erweitert werden können, falls sich die M_ν durch getrennte, meßbare Mengen überdecken lassen:*

$$\bar{i}\,(\sum_1^n M_\nu) = \sum_1^n \bar{i}\,(M_\nu), \tag{16}$$

$$\underline{i}\,(\sum_1^n M_\nu) = \sum_1^n \underline{i}\,(M_\nu). \tag{17}$$

Die Erweiterung auf abzählbar viele M_ν braucht dagegen nicht mehr möglich zu sein (s. **13** (4) sowie **15**[4]).

Ferner gelten die Gleichungen (12), (13) *auch dann, wenn der Durchschnitt $A\,B$ der überdeckenden Mengen A, B eine Nullmenge ist.*

Mit der Abkürzung $A\,B = N$ gilt nämlich

$$L + M = (L - N) + (M - N) + (L + M)\,N.$$

Hieraus folgt, da die Summanden rechts bzw. durch die getrennten, meßbaren Mengen $A - N$, $B - N$, N überdeckt werden können, nach (16) bzw. (17) bereits die Behauptung; man hat nur (8) bzw. (10) und **10** b) zu beachten.

Schließlich beweist man durch Induktion, *daß die Gleichungen* (16), (17) *auch dann gelten, wenn der Durchschnitt je zweier überdeckenden Mengen eine Nullmenge ist.*

d) Durch Spezialisierung von (12), (13) entstehen einige häufig benützte Formeln.

Ist A meßbar und $M \in \mathfrak{L}$ zu A fremd, so gilt

$$\bar{i}\,(A + M) = i\,(A) + \bar{i}\,(M), \tag{18}$$

$$\underline{i}\,(A + M) = i\,(A) + \underline{i}\,(M). \tag{19}$$

A ist ja eine zu M fremde, meßbare Obermenge von $L = A$.[3]

Ist A ein meßbarer Teil von M, so ist nach (18, (19)

$$\bar{i}\,(M) = i\,(A) + \bar{i}\,(M - A), \tag{20}$$

$$\underline{i}\,(M) = i\,(A) + \underline{i}\,(M - A). \tag{21}$$

Dies ergibt, falls noch $i\,(A)$ endlich ist,

$$\bar{i}\,(M - A) = \bar{i}\,(M) - i\,(A), \tag{22}$$

---

[3] Die Gleichungen (18), (19) gelten auch noch, wenn A und M genau eine Nullmenge N gemeinsam haben, wegen $A + M = (A - N) + M$ nach (18) bzw. (19) und **9** (8).

$$\underline{i}(M - A) = \underline{i}(M) - i(A). \tag{23}$$

Ist ferner A meßbar, so gilt für jedes $L \in \mathfrak{L}$

$$\bar{i}(L) = \bar{i}(L A) + \bar{i}(L - A), \tag{24}$$

$$\underline{i}(L) = \underline{i}(L A) + \underline{i}(L - A). \tag{25}$$

Es ist nämlich $L = L A + (L - A)$, ferner A eine zu $L - A$ fremde, meßbare Obermenge von $L A$.

Schließlich gilt in den Symmetrieformeln (1), (2) *das Gleichheitszeichen, wenn $L = A$ meßbar ist:*

$$\bar{i}(A + M) + \bar{i}(A M) = i(A) + \bar{i}(M), \tag{26}$$

$$\underline{i}(A + M) + \underline{i}(A M) = i(A) + \underline{i}(M). \tag{27}$$

Wegen $A + M = A + (M - A)$ ist nämlich nach (18)

$$\bar{i}(A + M) = i(A) + \bar{i}(M - A).$$

Addiert man beiderseits $\bar{i}(A M)$, so entsteht wegen (24) die Gleichung (26). Analog gewinnt man (27). — Die Symmetrieformel **9** (6) ist ein Sonderfall von (26) sowie von (27).

e) *Für zwei fremde Mengen L, M aus $\mathfrak{L}$ ist*

$$\bar{i}(L + M) \geqq \bar{i}(L) + \underline{i}(M), \tag{28}$$

ferner für irgend zwei Mengen L, M aus $\mathfrak{L}$

$$\underline{i}(L + M) \leqq \bar{i}(L) + \underline{i}(M). \tag{29}$$

Ist nämlich B ein beliebiger meßbarer Teil von M, so gilt wegen (18)

$$\bar{i}(L + M) \geqq \bar{i}(L + B) = \bar{i}(L) + i(B).$$

Geht man rechts mit $i(B)$ zur oberen Grenze über, so entsteht (28). — Ist ferner A eine beliebige meßbare Obermenge von L, so gilt wegen (19)

$$\underline{i}(L + M) \leqq \underline{i}[A + (M - A)] = i(A) + \underline{i}(M - A) \leqq i(A) + \underline{i}(M).$$

Geht man rechts mit $i(A)$ zur unteren Grenze, so entsteht (29).

Ist $L + M = A$ meßbar, so folgt aus (28), (29) wegen **10** (3) neuerdings die Gleichung **10** (4).[4]

f) Der Vollständigkeit halber führe ich noch die folgende (weiters nicht benötigte) Ungleichung an: *Für zwei fremde Mengen L, M aus $\mathfrak{L}$ mit endlichem $\bar{i}$ gilt* (vgl. (3), (4))

$$\underline{i}(L + M) - \underline{i}(L) - \underline{i}(M) \leqq \bar{i}(L) + \bar{i}(M) - \bar{i}(L + M). \tag{30}$$

Beweis. Nach Wahl von $\varepsilon > 0$ überdecke ich L, M durch meßbare Mengen $\bar{A}$ bzw. $\bar{B}$, so daß

[4] Die Gleichungen (28) und **10** (4) gelten noch, falls L, M genau eine Nullmenge gemeinsam haben (vgl. [3]).

$$i(\bar{A}) < \bar{i}(L) + \varepsilon,\quad i(\bar{B}) < \bar{i}(M) + \varepsilon \tag{31}$$

ist. Wegen $\bar{i}(L + M) \leqq i(\bar{A} + \bar{B}) = i(\bar{A}) + i(\bar{B}) - i(\bar{A}\,\bar{B})$ gilt nach (31)

$$i(\bar{A}\,\bar{B}) < \bar{i}(L) + \bar{i}(M) - \bar{i}(L + M) + 2\,\varepsilon. \tag{32}$$

Ferner schreibe ich $L + M$ eine meßbare Menge C ein, so daß

$$i(C) > \underline{i}(L + M) - \varepsilon \tag{33}$$

ist, und setze

$$\underline{A} = C - \bar{B},\quad \underline{B} = C - \bar{A}.$$

Es gilt dann

$$\underline{A} \subset L,\quad \underline{B} \subset M,\quad \underline{A} + \underline{B} \subset C,\quad \underline{A}\,\underline{B} = 0, \tag{34}$$

$$C - \underline{A} \subset \bar{B},\quad C - \underline{B} \subset \bar{A}. \tag{35}$$

Aus (35) folgt mittels **2** (16)

$$C - (\underline{A} + \underline{B}) = (C - \underline{A})(C - \underline{B}) \subset \bar{A}\,\bar{B}.$$

Dies zusammen mit (33), (34) ergibt

$$\begin{aligned} i(\bar{A}\,\bar{B}) &\geqq i[C - (\underline{A} + \underline{B})] = i(C) - i(\underline{A}) - i(\underline{B}) > \\ &> \underline{i}(L + M) - \underline{i}(L) - \underline{i}(M) - \varepsilon. \end{aligned} \tag{36}$$

Aus (32), (36) folgt bei $\varepsilon \to 0$ die Behauptung (30).

g) Mittels (3), (4) ergeben sich sofort die beiden folgenden „Stetigkeitseigenschaften" von $\bar{i}$ bzw. $\underline{i}$:

Es sei ε irgend eine positive Zahl. Ist $\bar{i}(L)$ endlich, so gilt

$$\bar{i}(L + M) - \bar{i}(L) < \varepsilon,\quad \textit{falls}\ \bar{i}(M) < \varepsilon. \tag{37}$$

Sind L, M fremd und $\underline{i}(L)$ endlich, so gilt

$$\underline{i}(M) < \varepsilon,\quad \textit{falls}\ \underline{i}(L + M) - \underline{i}(L) < \varepsilon.\,[5] \tag{38}$$

12. Relativfunktionen. Es sei i auf $\mathfrak{k}$ ein betrachteter Inhalt und R eine gewählte Menge aus $\mathfrak{L}$. Der Durchschnitt $A\,R$ einer meßbaren Menge A mit R heiße eine *in R (relativ-) meßbare Menge.* Sichtlich bilden die in R meßbaren Mengen einen geschlossenen Körper $\mathfrak{R}$, der R als größte Menge enthält. Neben den Mengen aus $\mathfrak{R}$ heißen die Mengen aus $\mathfrak{k}$ *absolut-meßbar*. Ein absolut-meßbarer Teil von R ist stets relativ-meßbar.

---

[5] Daß sich (37) nicht auf $\underline{i}$ und (38) nicht auf $\bar{i}$ übertragen zu lassen braucht, zeigt das folgende Beispiel: Es sei i der eindimensionale Jordan'sche Inhalt (s. **44**), ferner L die Menge der rationalen und M die der irrationalen Punkte aus $0 \leqq x \leqq 1$. Dann ist

$$\underline{i}(L + M) - \underline{i}(L) = 1,\ \text{trotz}\ \underline{i}(M) = 0,$$
$$\bar{i}(M) = 1,\ \text{trotz}\ \bar{i}(L + M) - \bar{i}(L) = 0.$$

Zwei fremde Mengen aus $\mathfrak{k}$ schneiden R in zwei fremden, relativ-meßbaren Mengen. Umgekehrt gibt es zu je zwei fremden relativ-meßbaren Mengen L, M zwei fremde Mengen aus $\mathfrak{k}$, die R in L bzw. M schneiden. Es gibt nämlich zunächst zwei (nicht notwendig fremde) Mengen A, B aus $\mathfrak{k}$, so daß $L = A\,R$, $M = B\,R$ ist. Wegen

$$(B - A)\,R = B\,R - A\,R = M - L = M$$

sind dann A, $B - A$ fremde Mengen aus $\mathfrak{k}$ im Sinne der Behauptung.

Bildet man $\bar{i}\,(L)$, $\underline{i}\,(L)$ für alle Mengen $L \in \mathfrak{R}$, so entsteht die *äußere* bzw. *innere Relativfunktion von i bezüglich R* (deren Definitionsbereich also $\mathfrak{R}$ ist). Da zwei fremde, relativ-meßbare Mengen L, M, wie eben bemerkt, durch zwei fremde, absolut-meßbare Mengen überdeckt werden können, gelten für L, M die Gleichungen **11** (12), (13). Damit hat man den

Satz 1. *Jede äußere und jede innere Relativfunktion eines Inhaltes ist eine Inhaltsfunktion.*

Von den Relativfunktionen $\bar{i}\,(L)$, $\underline{i}\,(L)$ mit $L \in \mathfrak{R}$ sind die Funktionen $\bar{i}\,(A\,R)$, $\underline{i}\,(A\,R)$ mit $A \in \mathfrak{k}$ zu unterscheiden. *Auch sie sind* (etwa nach Satz 1) *Inhaltsfunktionen, aber mit dem Definitionsbereich* $\mathfrak{k}$.

§ 3. Volladditive Inhalte und Maße.

13. Definition des volladditiven Inhalts. Eine Mengenfunktion $i\,(A)$ heißt ein *volladditiver* (oder *total-* oder *absolut-additiver*) *Inhalt*, wenn sie neben I, II die folgende Forderung erfüllt:

III'. i ist volladditiv auf $\mathfrak{k}$, d. h., für je abzählbar viele getrennte Mengen $A_\nu \in \mathfrak{k}$, deren Summe S zu $\mathfrak{k}$ gehört, ist

$$i\,(S) = \Sigma\, i\,(A_\nu). \tag{1}$$

Es kommt auf das gleiche hinaus, wenn man verlangt, daß (1) bloß für je abzählbar unendlich viele getrennte $A_\nu \in \mathfrak{k}$ gelten soll. Da *III'* stärker als *III* ist, ist jeder volladditive Inhalt eine Inhaltsfunktion überhaupt.

Für einen volladditiven Inhalt i kann die Summenungleichung **9** (2) *auf abzählbar viele* $A_\nu \in \mathfrak{k}$, *deren Summe S in* $\mathfrak{k}$ *liegt, erweitert werden*:

$$i\,(S) \leqq \Sigma\, i\,(A_\nu). \tag{2}$$

Es kann nämlich S als Summe von abzählbar vielen getrennten $A_\nu' \in \mathfrak{k}$ mit $A_\nu' \subset A_\nu$ dargestellt werden; nach **1** (12) hat man nur zu setzen:

$$A_1' = A_1,\ A_\nu' = A_\nu - (A_1 + \dots + A_{\nu-1}) \text{ für } \nu \geqq 2. \tag{3}$$

Damit wird wegen der Volladditivität bzw. der Monotonie von i

$$i(S) = i(\Sigma A_\nu') = \Sigma i(A_\nu') \leqq \Sigma i(A_\nu).$$

Ist umgekehrt i ein (additiver) Inhalt und gilt (2) für je abzählbar (unendlich) viele getrennte $A_\nu \in \mathfrak{k}$, deren Summe S in $\mathfrak{k}$ liegt, so muß i bereits volladditiv sein. Bei getrennten A_ν gilt ja für jeden Inhalt die Ungleichung **9** (9), was zusammen mit (2) auf (1) führt.

Daß ein Inhalt nicht volladditiv zu sein braucht, zeigt das folgende

Beispiel 1.[1] Das Intervall $0 \leqq x < 1$ werde durch sukzessives Halbieren in $1, 2, 2^2, \ldots$ je gleichlange Intervalle der Form $a \leqq x < b$ zerlegt. Jede Vereinigung von endlich vielen dieser Intervalle heiße ein „Aggregat"; dazu komme noch die leere Menge O. Die Aggregate bilden einen Mengenkörper $\mathfrak{k}$. Denn mit A, B ist sichtlich auch $A + B$ ein Aggregat; ferner im Falle $B \subset A$ auch $A - B$. Letzteres sieht man, indem man A sowie B als Summe von getrennten Intervallen darstellt, die durch eine und dieselbe Zerlegung geliefert werden. Insbesondere ist $\mathfrak{k}$ der kleinste Körper über dem System $\mathfrak{J}$ der ursprünglichen Intervalle, da jeder Körper über $\mathfrak{J}$ die Aggregate enthalten muß.

Versteht man nun unter $i(A)$ die Gesamtlänge des Aggregates A, falls A nicht bei $x = 1$ endet, dagegen den um 1 größeren Wert, falls dies zutrifft, und setzt man noch $i(O) = 0$, so ist $i(A)$ ein Inhalt auf $\mathfrak{k}$. Dieser ist aber nicht volladditiv. Denn für die Aggregate $A_\nu = [1 - 1/2^{\nu-1}, 1 - 1/2^\nu)$[2] gilt

$$i(\sum_1^\infty A_\nu) = 2, \quad \sum_1^\infty i(A_\nu) = 1. \tag{4}$$

Beispiel 2.[3] Es seien $x_1, x_2, \ldots$ die irgendwie numerierten rationalen Punkte der x-Achse, ferner $I_{\mu\nu}$ das Intervall $x_\mu \leqq x < x_\nu$. Jede Summe A von endlich vielen Intervallen $I_{\mu\nu}$ hat sichtlich genau eine „Normaldarstellung", d. h. eine Darstellung als Summe endlich vieler paarweise fremden $I_{\mu\nu}$ ohne gemeinsame Begrenzungspunkte. Die Summen A zusammen mit O bilden einen Körper $\mathfrak{k}$, und zwar den kleinsten über dem System $\mathfrak{J}$ der $I_{\mu\nu}$, da jeder Körper über $\mathfrak{J}$ diese Summen sowie O enthält.

Jedem Punkte x_ν werde nun eine positive Zahl α_ν als „Gewicht" zugeordnet und dabei die α_ν so gewählt, daß $\Sigma \alpha_\nu < \infty$ ist. Damit

[1] *O. Haupt - G. Aumann*, Differential- und Integralrechnung III, Berlin 1938, p. 10.

[2] Die Intervalle $a \leqq x \leqq b$, $a \leqq x < b$, $a < x \leqq b$, $a < x < b$ bezeichne ich der Reihe nach mit $[a, b]$, $[a, b)$, $(a, b]$, (a, b).

[3] *C. Carathéodory*, Sitzgb. Akad. Wiss. München 1938, p. 27/69 (insbes. p. 53).

kann man auf $\mathfrak{k}$ zwei (endliche) Mengenfunktionen i_1 und i_2 erklären: $i_1(A)$ sei die Summe der Gewichte α_ν jener Punkte x_ν, die im Inneren oder im linken Endpunkt der Intervalle $I_{\mu\nu}$ der Normaldarstellung von A liegen; $i_2(A)$ sei die Summe der Gewichte α_ν jener Punkte x_ν, die im Inneren oder im rechten Endpunkt derselben Intervalle $I_{\mu\nu}$ liegen; ferner sei $i_1(O) = i_2(O) = 0$. Man stellt leicht fest, daß i_1 sowie i_2 Inhaltsfunktionen sind, ferner, daß i_1 volladditiv ist, i_2 dagegen nicht.

14. Grenzwertsätze für volladditive Inhalte.

Satz 1. *Es sei i ein volladditiver Inhalt und (C_ν) eine ansteigende Folge meßbarer Mengen, deren Limes $S = \Sigma C_\nu$ ebenfalls meßbar ist* (s. **3** (8)). *Dann gilt*

$$i(S) = \lim_{\nu\to\infty} i(C_\nu). \tag{1}$$

Nach **1** (13) ist nämlich $S = C_1 + (C_2 - C_1) + (C_3 - C_2) + \ldots$; dabei sind die Glieder rechts getrennt und meßbar. Da i volladditiv ist, gilt also $i(S) = i(C_1) + i(C_2 - C_1) + \ldots$ oder

$$i(S) = \lim_{\nu\to\infty} i[C_1 + (C_2 - C_1) + \ldots + (C_\nu - C_{\nu-1})] = \lim_{\nu\to\infty} i(C_\nu).$$

Ist umgekehrt i ein Inhalt, für den stets (1) *gilt, so ist i volladditiv.*

Man hat zu zeigen, daß für jede Folge getrennter, meßbarer A_ν, deren Summe S meßbar ist, die Gleichung **13** (1) gilt. In der Tat, bildet man (1) mit $C_\nu = A_1 + \ldots + A_\nu$, so ergibt sich (s. **3** (10))

$$i(S) = i(\operatorname{Lim} C_\nu) = \lim i(C_\nu) = \Sigma\, i(A_\nu).$$

Aus Satz 1 folgt: *Für irgend eine Folge meßbarer A_ν, deren Summe S meßbar ist, gilt (bei volladditivem i)*

$$i(S) = \lim_{\nu\to\infty} i(A_1 + \ldots + A_\nu). \tag{2}$$

Dies entsteht ja aus (1), indem man dort $C_\nu = A_1 + \ldots + A_\nu$ setzt und **3** (10) beachtet.

Mittels (2) ergibt sich nach der Bemerkung am Ende von **9** e), *daß* **13** (1) *bestehen bleibt, wenn der Durchschnitt je zweier A_ν eine Nullmenge ist.*

Satz 2. *Es sei i ein volladditiver Inhalt und (C_ν) eine absteigende Folge meßbarer Mengen, deren Limes $D = \Pi C_\nu$ ebenfalls meßbar ist; ferner sei $i(C_n)$ bei passendem n endlich*[1]. *Dann gilt*

[1] Damit ist gleichbedeutend, daß $\lim i(C_\nu)$ endlich sei. — Ohne diese Voraussetzung braucht (3) nicht zu gelten, wie das folgende Beispiel zeigt. Es sei i der eindimensionale Jordan'sche Inhalt, ferner C_ν die Menge der Punkte $x \geqq \nu$. Die C_ν bilden eine absteigende Folge mit leerem Durchschnitt; zugleich ist stets $i(C_\nu) = \infty$. Jetzt ist $i(D) = 0$, $\lim i(C_\nu) = \infty$.

$$i(D) = \lim_{\nu \to \infty} i(C_\nu). \tag{3}$$

Beim Beweise darf man $n = 1$ annehmen. — Wegen

$$D = C_1 - \sum_1^\infty (C_1 - C_\mu)$$

(s. **2** (26)) gilt nach (2), da die Summe einen endlichen Inhalt haben muß,

$$i(D) = i(C_1) - i\left[\sum_1^\infty (C_1 - C_\mu)\right] = i(C_1) - \lim_{\nu \to \infty} i(C_1 - C_\nu), \tag{4}$$

woraus man (3) entnimmt.

Ist umgekehrt i ein endlicher Inhalt, für den stets (3) *gilt, so ist i volladditiv. Es reicht sogar schon hin, daß* (3) *nur für jene* (*absteigenden*) *Folgen* (C_ν) *zutrifft, deren Limes leer ist.*

Es folgt nämlich bereits aus der letzten Bedingung, daß für jede Folge getrennter, meßbarer A_ν, deren Summe S meßbar ist, die Gleichung **13** (1) gilt. Da die Mengen $C_\nu = S - (A_1 + \ldots + A_\nu)$ eine absteigende Folge meßbarer Mengen mit leerem Limes bilden (s. **3** (6), (10)), ergibt die genannte Bedingung $\lim i(C_\nu) = 0$ und damit **13** (1), da i endlich ist.

Aus Satz 2 folgt: *Für irgend eine Folge meßbarer Mengen A_ν, deren Durchschnitt D meßbar und für die i* ($A_1 A_2 \ldots A_n$) *bei passendem n endlich ist, gilt* (*bei volladditivem i*)

$$i(D) = \lim_{\nu \to \infty} i(A_1 A_2 \ldots A_\nu). \tag{5}$$

Dies entsteht ja aus (3), indem man dort $C_\nu = A_1 A_2 \ldots A_\nu$ setzt und **3** (11) beachtet.

15. Summenformeln. Relativfunktionen. Ich betrachte weiter einen volladditiven Inhalt i auf $\mathfrak{k}$.

a) *Können die abzählbar vielen Mengen $M_\nu \in \mathfrak{L}$ durch getrennte, meßbare Mengen A_ν überdeckt werden und liegt ferner $S = \Sigma M_\nu$ in $\mathfrak{L}$, so gilt* (vgl. **11** (17))

$$\underline{i}(S) = \Sigma\, \underline{i}(M_\nu). \tag{1}$$

Für eine beliebige meßbare Teilmenge C von S ist nämlich $C = \Sigma\, C M_\nu$; dabei sind die $C M_\nu$ getrennt, ferner meßbar wegen $C M_\nu = C A_\nu$.[1] Da i volladditiv ist, gilt also

$$i(C) = i(\Sigma\, C M_\nu) = \Sigma\, i(C M_\nu) \leqq \Sigma\, \underline{i}(M_\nu).$$

[1] Letzteres ergibt sich formal so: aus $C = \Sigma\, C M_\mu$ folgt

$$A_\nu C = A_\nu \Sigma\, C M_\mu = \sum_\mu C(A_\nu M_\mu) = C M_\nu.$$

Geht man links zum Supremum über, so kommt $\underline{i}(S) \leqq \Sigma\, \underline{i}(M_\nu)$. Beachtet man daneben **11** (5), so hat man (1).

Die Gleichung (1) *gilt auch dann noch, wenn der Durchschnitt je zweier* A_ν *eine Nullmenge ist und die Vereinigung dieser Durchschnitte mit einer Nullmenge* N *überdeckt werden kann.*

Führt man nämlich (entsprechend **13** (3)) die getrennten Mengen

$$A_1' = A_1,\ A_\nu' = A_\nu - (A_1 A_\nu + \cdots + A_{\nu-1} A_\nu) \qquad (\nu \geqq 2)$$

ein, so steht in der Klammer eine Nullmenge N_ν. Setzt man nun (mit $N_1 = O$)

$$M_\nu' = A_\nu' M_\nu = M_\nu - N_\nu, \text{ also } M_\nu = M_\nu' + M_\nu N_\nu,$$

so wird

$$S = \Sigma M_\nu' + \Sigma M_\nu N_\nu \subset \Sigma M_\nu' + N \text{ mit } M_\nu' \subset A_\nu' \text{ und } \Sigma M_\nu' \in \mathfrak{L}.$$

Dies zusammen mit **11** b) und dem zuerst Gezeigten ergibt

$$\underline{i}(S) \leqq \underline{i}(\Sigma M_\nu' + N) = \underline{i}(\Sigma M_\nu') = \Sigma\, \underline{i}(M_\nu') = \Sigma\, \underline{i}(M_\nu).$$

Beachtet man daneben **11** (5), so hat man wieder (1).

Insbesondere gilt nach (1) *für abzählbar viele getrennte, meßbare* A_ν, *deren Summe* S *zu* $\mathfrak{L}$ *gehört,*

$$\underline{i}(S) = \Sigma\, i(A_\nu). \qquad (2)$$

Dies kann auf Grund der letzten Bemerkung noch etwas verallgemeinert werden.

Die innere Relativfunktion $\underline{i}(L)$ von i bezüglich einer Menge $R \in \mathfrak{L}$ (wobei also $L = A R$ mit $A \in \mathfrak{k}$ ist), ist nach **12**, Satz 1 zunächst eine Inhaltsfunktion. Diese ist jetzt volladditiv. Ist nämlich (L_ν) eine Folge getrennter, in R meßbarer Mengen, deren Summe S ebenfalls in R meßbar ist, so gibt es zunächst absolut-meßbare A_ν, so daß $L_\nu = A_\nu R$ ist. Bildet man gemäß **13** (3) die zugehörigen A_ν', so ist auch $L_\nu = A_\nu' R$; dabei sind die A_ν' absolut-meßbar und getrennt. Ferner gehört S jedenfalls zu $\mathfrak{L}$. Nach (1) ist also $\underline{i}(S) = \Sigma\, \underline{i}(L_\nu)$, w. z. z. w. Man hat somit den

Satz 3. *Jede innere Relativfunktion eines volladditiven Inhalts ist wieder ein volladditiver Inhalt.*

Nach der Bemerkung am Ende von **12** ist $\underline{i}(A R)$ als Funktion von A auf $\mathfrak{k}$ eine Inhaltsfunktion. Nach Satz 3 *ist jetzt auch diese Funktion volladditiv*[2].

[2] Dies besagt: Für jede Folge getrennter $A_\nu \in \mathfrak{k}$, deren Vereinigung V zu $\mathfrak{k}$ gehört, ist $\underline{i}(V R) = \Sigma\, \underline{i}(A_\nu R)$.

Daß die Relativfunktion $\underline{i}(L)$ bezüglich R volladditiv ist, besagt mehr: für jede Folge getrennter $A_\nu \in \mathfrak{k}$, für welche $\Sigma A_\nu R = A R$ bei passendem $A \in \mathfrak{k}$ gilt, ist $\underline{i}(A R) = \Sigma\, \underline{i}(A_\nu R)$ – dabei braucht aber nicht $A = V$ zu sein.

Wendet man die Sätze 1 und 2 auf eine Relativfunktion $\underline{i}(L)$ an, so gelangt man zu Grenzwertsätzen für $\underline{i}$. Ich führe nur den folgenden an:

Satz 4. *Es sei i ein volladditiver Inhalt auf $\mathfrak{k}$ und (L_ν) eine ansteigende Folge von Mengen aus $\mathfrak{L}$, deren Limes $S = \Sigma L_\nu$ ebenfalls zu $\mathfrak{L}$ gehört; ferner sei $L_\nu = A_\nu S$ mit $A_\nu \in \mathfrak{k}$. Dann gilt*

$$\underline{i}(S) = \lim_{\nu \to \infty} \underline{i}(L_\nu). \tag{3}$$

Die L_ν bilden nämlich eine ansteigende Folge von in S meßbaren Mengen, deren Limes S ebenfalls in S meßbar ist. Somit gilt (3) nach Satz 1, angewendet auf die Relativfunktion $\underline{i}(L)$ bezüglich S.

Aus Satz 4 entnimmt man die folgende Verallgemeinerung von Satz 1: *Ist (C_ν) eine ansteigende Folge meßbarer Mengen, deren Limes S zu $\mathfrak{L}$ gehört, so gilt*

$$\underline{i}(S) = \lim_{\nu \to \infty} i(C_\nu). \tag{4}$$

Hiernach hat man noch: *Für irgend eine Folge meßbarer A_ν, deren Summe S zu $\mathfrak{L}$ gehört, ist* (vgl. **14** (2))

$$\underline{i}(S) = \lim_{\nu \to \infty} i(A_1 + \ldots + A_\nu). \tag{5}$$

Schließlich kann mittels (5) der Satz 2 so verallgemeinert werden: *Ist (C_ν) eine absteigende Folge meßbarer Mengen mit dem Limes D und $i(C_n)$ bei passendem n endlich, so gilt*

$$\overline{i}(D) = \lim_{\nu \to \infty} i(C_\nu).^{3} \tag{6}$$

Nimmt man nämlich wieder $n = 1$ an, so gilt entsprechend **14** (4) nach **10** (4) bzw. nach (5)

$$\overline{i}(D) = i(C_1) - \underline{i}\left[\sum_1^\infty (C_1 - C_\mu)\right] = i(C_1) - \lim_{\nu \to \infty} i(C_1 - C_\nu),$$

woraus man (6) entnimmt.

b) *Unter den bei* (1) *gemachten Voraussetzungen gilt für $\overline{i}$*

$$\overline{i}(S) \geqq \Sigma\, \overline{i}(M_\nu). \tag{7}$$

Dies gilt nämlich für endlich viele M_ν nach **11** (16) (und zwar mit $=$). Im Falle unendlich vieler ergibt die Monotonie von $\overline{i}$ bzw. **11** (16)

$$\overline{i}(S) \geqq \overline{i}\left(\sum_1^n M_\nu\right) = \sum_1^n \overline{i}(M_\nu);$$

bildet man rechts den limes für $n \to \infty$, so entsteht (7).

---

[3] Man beachte, daß stets $D \in \mathfrak{L}$ ist.

Die Beziehung (7) *gilt auch dann noch, wenn die überdeckenden* A_ν *zu zweien genau eine Nullmenge gemeinsam haben* (da auch jetzt **11** (16) angewendet werden kann).

Einfache Beispiele zeigen, daß in (7) das $>$ wirklich auftreten kann[4]. Dem entspricht, *daß eine äußere Relativfunktion eines volladditiven Inhalts nicht mehr volladditiv zu sein braucht*[5].

Unter einschränkenden Voraussetzungen kann (7) zur Gleichung verschärft werden. Ich behaupte: *Können die abzählbar vielen Mengen* $M_\nu \in \mathfrak{L}$ *durch getrennte, meßbare Mengen* A_ν *überdeckt werden, deren Vereinigung* V *einen endlichen Inhalt hat, so gilt mit* $S = \Sigma M_\nu$ (vgl. **11** (16))

$$\bar{i}(S) = \Sigma\, \bar{i}(M_\nu).^{6} \tag{8}$$

Beweis. Man darf annehmen, daß unendlich viele M_ν vorliegen. Da die Mengen $M_1, \ldots, M_n, M_{n+1} + M_{n+2} + \ldots$ bzw. durch die getrennten, meßbaren Mengen $A_1, \ldots, A_n, A_{n+1} + A_{n+2} + \ldots$ überdeckt werden, ist nach **11** (16)

$$\bar{i}(S) = \sum_{1}^{n} \bar{i}(M_\nu) + \bar{i}(M_{n+1} + M_{n+2} + \ldots). \tag{9}$$

Ferner ist

$$\bar{i}\Big(\sum_{n+1}^{\infty} M_\nu\Big) \leqq i\Big(\sum_{n+1}^{\infty} A_\nu\Big) = \sum_{n+1}^{\infty} i(A_\nu).$$

Hierin strebt der Reihenrest rechts bei $n \to \infty$ gegen 0, da i volladditiv und $i(V)$ endlich ist. Also folgt aus (9) bei $n \to \infty$ die Gleichung (8).

Nach der Bemerkung am Ende von **12** und nach (8) gilt sichtlich der

Satz 5. *Für einen endlichen, volladditiven Inhalt* i *auf* $\mathfrak{k}$ *ist jede Funktion* $\bar{i}(A\,R)$ *bei festem* $R \in \mathfrak{L}$ *und auf* $\mathfrak{k}$ *variablem* A *wieder ein endlicher, volladditiver Inhalt.*

Hieraus folgt schließlich mittels des Satzes 1 sofort der

Satz 6. *Es sei* i *ein endlicher, volladditiver Inhalt und* M *eine Menge aus* $\mathfrak{L}$. *Ist dann* (A_ν) *eine ansteigende Folge von Mengen aus* $\mathfrak{k}$, *deren Limes zu* $\mathfrak{k}$ *gehört und* M *überdeckt, so gilt*

---

[4] Es sei i der (volladditive) eindimensionale Jordan'sche Inhalt, ferner $M_\nu = \{x_\nu\}$, wobei $x_1, x_2, \ldots$ die irgendwie numerierten rationalen Punkte aus $[0, 1]$ sind. Dann ist $\bar{i}(S) = 1$, $\Sigma\, \bar{i}(M_\nu) = 0$.

[5] Dies zeigt ebenfalls das Beispiel in [4] mit $R = S$ und $L_\nu = \{x_\nu\}$.

[6] S liegt jedenfalls in $\mathfrak{L}$. — *Es kommt auf dasselbe hinaus, wenn man nur verlangt, daß* V *meßbar und* $\bar{i}(S)$ *endlich ist.* Ist nämlich C eine meßbare Obermenge von S endlichen Inhalts, so sind $C\,A_\nu$ getrennte, meßbare Obermengen der M_ν, deren Vereinigung $C\,V$ einen endlichen Inhalt hat.

$$\bar{i}(M) = \lim_{\nu \to \infty} \bar{i}(A_\nu M).$$

Die Anwendbarkeit der beiden letzten Sätze wird durch die folgende Bemerkung erhöht. Ist i auf $\mathfrak{k}$ irgendein Inhalt, so bilden die Mengen aus $\mathfrak{k}$ mit endlichem i einen Teilkörper $\mathfrak{k}^*$ von $\mathfrak{k}$. *Betrachtet man also i als Funktion auf $\mathfrak{k}^*$, so liegt ein endlicher Inhalt vor.*

16. Maßfunktionen. Ein volladditiver Inhalt, dessen Definitionsbereich ein σ-Körper ist, heißt eine *Maßfunktion* oder kurz ein *Maß*. Ein Maß $m(A) = m$ ist also dadurch gekennzeichnet, daß es die folgenden Postulate erfüllt:

I′. *Der Definitionsbereich $\mathfrak{k}$ von m ist ein σ-Körper.*

II. *Es ist stets $m(A) \geqq 0$, ferner $m(O) = 0$.*

III′. *m ist volladditiv auf $\mathfrak{k}$.*

Daß ein volladditiver Inhalt noch kein Maß zu sein braucht, zeigt z. B. der Jordan'sche Inhalt (s. **44**), ferner der in **13**, Beisp. 2 konstruierte Inhalt i_1.

Für ein Maß m auf $\mathfrak{k}$ sind wegen I′ Summe und Durchschnitt einer jeden Folge meßbarer Mengen (und damit auch deren Grenzmengen (s. **3** (1), (2)) ebenfalls meßbar. *Ferner ist der Nullkörper von m ein σ-Körper*, wie sich sofort mittels **14** (2) ergibt.

Der äußere und innere Inhalt einer Menge M bezüglich des Maßes m heißt das *äußere* bzw. *innere Maß von M*; es ist mit $\overline{m}(M)$ bzw. $\underline{m}(M)$ zu bezeichnen (s. **10** (1), (2)). Bei variablem M sind $\overline{m}(M)$, $\underline{m}(M)$ die Außen- bzw. Innenfunktion von m, die man auch das *äußere* bzw. *innere Maß bezüglich* m nennt; der Definitionsbereich $\mathfrak{L}$ von $\overline{m}$ und $\underline{m}$ (der also aus allen Teilen der einzelnen Mengen von $\mathfrak{k}$ besteht) ist jetzt sichtlich ein σ-Körper.

a) *Bei Maßen kann die Summenungleichung* **11** (3) *auf abzählbar viele Summanden erweitert werden*:

$$\overline{m}(S) \leqq \Sigma\, \overline{m}(M_\nu) \text{ mit } S = \Sigma\, M_\nu,\ M_\nu \in \mathfrak{L}.^{1} \tag{1}$$

Beweis. Dies gilt zunächst sicher, wenn einer der Summanden rechts den Wert ∞ hat. — Seien also alle $\overline{m}(M_\nu)$ endlich. Dann gibt es zu jedem $\varepsilon > 0$ meßbare Mengen A_ν mit

$$A_\nu \supset M_\nu,\ m(A_\nu) < \overline{m}(M_\nu) + \frac{\varepsilon}{2^\nu} \quad (\nu = 1, 2, \ldots);$$

[1] Daß dies selbst bei einem volladditiven Inhalt nicht zu gelten braucht, zeigt das Beispiel in **15**[4].

zugleich ist $A = \Sigma A_\nu$ eine meßbare Obermenge von S. Also gilt wegen **13** (2)

$$\overline{m}(S) \leqq m(A) \leqq \Sigma m(A_\nu) \leqq \Sigma \overline{m}(M_\nu) + \varepsilon.$$

Hieraus folgt bei $\varepsilon \to 0$ die Behauptung (1).

Betreffs $\underline{m}$ s. **11** (5).

b) *Lassen sich die abzählbar vielen Mengen $M_\nu \in \mathfrak{L}$ mit der Summe S durch meßbare Mengen überdecken, die getrennt sind, oder allgemeiner, die zu zweien nur eine Nullmenge gemeinsam haben, so ist* (vgl. **11** (16), (17))

$$\overline{m}(S) = \Sigma \overline{m}(M_\nu), \tag{2}$$

$$\underline{m}(S) = \Sigma \underline{m}(M_\nu). \tag{3}$$

Dies gilt nach (1) und **15** (7) bzw. nach **15** (1).

c) Die in $R \in \mathfrak{L}$ meßbaren Mengen $A R$ $(A \in \mathfrak{k})$ bilden jetzt sichtlich einen σ-Körper $\mathfrak{R}$. Ferner ist die äußere Relativfunktion $\overline{m}(L)$ von m bezüglich R und ebenso die innere $\underline{m}(L)$ volladditiv. Sind nämlich $L_\nu = A_\nu R$ $(A_\nu \in \mathfrak{k})$ abzählbar viele getrennte Mengen aus $\mathfrak{R}$, so werden diese durch die zu den A_ν nach **13** (3) gehörigen A_ν' überdeckt. Da die A_ν' getrennt und meßbar sind, gilt also (2), (3) mit $M_\nu = L_\nu$. Damit hat man den

Satz 7. *Jede äußere und jede innere Relativfunktion eines Maßes ist eine Maßfunktion.*

Nach Satz 7 *sind auch $\overline{m}(A R)$, $\underline{m}(A R)$ für jedes $R \in \mathfrak{L}$ Maßfunktionen, und zwar auf $\mathfrak{k}$.*

d) Ist der Definitionsbereich eines Inhaltes i nicht geschlossen, so kann i stets zu einem Inhalt mit einem geschlossenen Definitionsbereich erweitert werden, und ebenso für ein Maß. Genauer gilt der

Satz 8. *Es sei i ein Inhalt mit einem nicht geschlossenen Körper $\mathfrak{k}$ als Definitionsbereich, ferner $\mathfrak{k}'$ ein nach* **6** *konstruierter geschlossener Körper über $\mathfrak{k}$.*

Setzt man für jedes $A \in \mathfrak{k}'$

$$i'(A) = \sup i(C) \text{ für alle } C \in \mathfrak{k} \text{ mit } C \subset A, \tag{4}$$

so ist i' ein Inhalt auf $\mathfrak{k}'$, der auf $\mathfrak{k}$ mit i übereinstimmt.

Ist i volladditiv, so gilt dies auch von i'; ist i ein Maß, so auch i'.

Beweis. Zunächst gilt auf $\mathfrak{k}$ $i' = i$ wegen (4) und der Monotonie von i.

Ferner ist i' auf $\mathfrak{k}'$ ein Inhalt. Da i' sichtlich die Forderungen I, II erfüllt, hat man zu zeigen, daß auch III gilt, d. h., für je zwei fremde Mengen A, B aus $\mathfrak{k}'$ ist

$$i'(A + B) = i'(A) + i'(B). \tag{5}$$

Hierzu beachte ich, daß für jedes $M \in \mathfrak{k}'$ und jedes $C \in \mathfrak{k}$ der Durchschnitt $C\,M$ zu $\mathfrak{k}$ gehört. Dies gilt zunächst für $M \in \mathfrak{k}$. Andernfalls gehört nach der Konstruktion von $\mathfrak{k}'$ $R - M$[2] zu $\mathfrak{k}$ und damit auch $C\,M = C - (R - M)$. Ist also C ein beliebiger i-meßbarer Teil von $A + B$, so wird C durch $C = C\,A + C\,B$ in zwei i-meßbare Teile $C\,A = C_1$, $C\,B = C_2$ von A bzw. B zerlegt; umgekehrt ergeben zwei solche Teile C_1, C_2 in $C_1 + C_2$ einen i-meßbaren Teil von $A + B$. Somit ist nach (4)

$$i'(A + B) = \sup i\,(C_1 + C_2), \tag{6}$$

wobei C_1, C_2 die i-meßbaren Teile von A bzw. B zu durchlaufen haben. Da C_1, C_2 stets fremd sind, hat man

$$\sup i\,(C_1 + C_2) = \sup\,[i\,(C_1) + i\,(C_2)] = \sup i\,(C_1) + \sup i\,(C_2).$$

Dies zusammen mit (6) ergibt, wenn man (4) beachtet, die zu beweisende Gleichung (5).

Anschließend zeigt man, daß bei volladditivem i auch i' volladditiv ist, d. h., daß für jede Folge getrennter $A_\nu \in \mathfrak{k}'$, deren Summe S zu $\mathfrak{k}'$ gehört, gilt:

$$i'(S) = \Sigma\, i'(A_\nu). \tag{7}$$

Ist nämlich C ein beliebiger i-meßbarer Teil von S und $C_\nu = C\,A_\nu$, so sind auch die C_ν i-meßbar (s. o.) und getrennt; ferner ist $C = \Sigma\, C_\nu$. Da i volladditiv ist, bzw. nach (4) gilt also

$$i\,(C) = \Sigma\, i\,(C_\nu) \leqq \Sigma\, i'(A_\nu).$$

Hieraus folgt, indem man links zum Supremum übergeht, $i'(S) \leqq \Sigma\, i'(A_\nu)$. Da bereits feststeht, daß i' ein Inhalt ist, gilt nach **9** (9) auch die entgegengesetzte Beziehung und somit (7).

Falls i ein Maß ist, muß auch i' ein Maß sein, da jetzt $\mathfrak{k}'$ ein σ-Körper wird (s. **7**). In diesem Falle kann man auf die Volladditivität von i' auch analog wie oben auf die Additivität schließen, da jetzt $\mathfrak{k}$ ein σ-Körper ist.

Die Außen- und Innenfunktion von i' fallen auf dem Definitionsbereiche $\mathfrak{L}$ von $\bar{i}$, $\underline{i}$ mit $\bar{i}$ bzw. $\underline{i}$ zusammen, da eine neue Menge nie Teil einer alten ist (s. **6**[2]).

17. Grenzwertsätze für Maße. Bei einem Maß m kommen zu den Grenzwertsätzen in **14** noch weitere hinzu.

Satz 9. *Für jede Folge m-meßbarer Mengen A_ν ist*

$$m\,(\underline{\mathrm{Lim}}\, A_\nu) \leqq \underline{\lim}\, m\,(A_\nu). \tag{1}$$

[2] R ist die größte Menge von $\mathfrak{k}'$.

Beweis. Nach **3** (9) ist $\underline{\mathrm{Lim}}\, A_\nu = \mathrm{Lim}\, D_\nu$ mit $D_\nu = A_\nu A_{\nu+1} \cdots$; dabei bilden die D_ν eine ansteigende Folge meßbarer Mengen, deren Limes ebenfalls meßbar ist. Also gilt nach Satz 1

$$m\,(\underline{\mathrm{Lim}}\, A_\nu) = m\,(\mathrm{Lim}\, D_\nu) = \lim m\,(D_\nu). \tag{2}$$

Ferner folgt aus $D_\nu \subset A_\nu$, daß $m\,(D_\nu) \leqq m\,(A_\nu)$ ist, und hieraus

$$\lim m\,(D_\nu) \leqq \underline{\lim}\, m\,(A_\nu). \tag{3}$$

Aus (2), (3) entnimmt man die Behauptung (1).

Satz 10. *Es sei (A_ν) eine Folge m-meßbarer Mengen derart, daß alle A_ν von einem passenden $\nu = n$ an in einer und derselben Menge endlichen Maßes liegen*[1]. *Dann gilt*

$$\overline{\lim}\, m\,(A_\nu) \leqq m\,(\overline{\mathrm{Lim}}\, A_\nu). \tag{4}$$

Beweis. Nach **3** (9) ist $\overline{\mathrm{Lim}}\, A_\nu = \mathrm{Lim}\, V_\nu$ mit $V_\nu = A_\nu + A_{\nu+1} + \cdots$; dabei bilden die V_ν eine absteigende Folge meßbarer Mengen, deren Limes ebenfalls meßbar ist. Zugleich ist $m\,(V_n)$ endlich. Also gilt nach Satz 2

$$m\,(\overline{\mathrm{Lim}}\, A_\nu) = m\,(\mathrm{Lim}\, V_\nu) = \lim m\,(V_\nu). \tag{5}$$

Ferner folgt aus $A_\nu \subset V_\nu$, daß $m\,(A_\nu) \leqq m\,(V_\nu)$ ist, und hieraus

$$\overline{\lim}\, m\,(A_\nu) \leqq \lim m\,(V_\nu). \tag{6}$$

Aus (5), (6) entnimmt man die Behauptung (4).

Satz 11. *Es sei (A_ν) eine konvergente Folge m-meßbarer Mengen, derart, daß alle A_ν von einem passenden an, in einer und derselben Menge endlichen Maßes liegen*[2]. *Dann ist auch die Zahlenfolge $(m\,(A_\nu))$ (eigentlich) konvergent und*

$$m\,(\mathop{\mathrm{Lim}}_{\nu} A_\nu) = \lim_{\nu \to \infty} m\,(A_\nu). \tag{7}$$

Wegen $\mathrm{Lim}\, A_\nu = \underline{\mathrm{Lim}}\, A_\nu = \overline{\mathrm{Lim}}\, A_\nu$ gilt nämlich nach (1) und (4)

$$m\,(\mathrm{Lim}\, A_\nu) \leqq \underline{\lim}\, m\,(A_\nu) \leqq \overline{\lim}\, m\,(A_\nu) \leqq m\,(\mathrm{Lim}\, A_\nu).$$

Dies besagt aber bereits, daß (7) gilt. Ferner muß $\lim m\,(A_\nu)$ endlich sein.

18. Inhalte mit besonderen Eigenschaften. Von den Inhalten (bzw. Maßen) wird im Folgenden fallweise verlangt werden, daß sie eine der hier zusammengestellten Eigenschaften besitzen.

---

[1] Damit ist gleichbedeutend, daß $\lim\limits_{\nu \to \infty} m\,(A_\nu + A_{\nu+1} + \ldots)$ endlich sei. — Ohne diese Voraussetzung braucht (4) nicht zu gelten, wie das Beispiel in **14**[1] zeigt, mit dem Lebesgue'schen Maß (s. **63**) an Stelle des Jordan'schen Inhalts.

[2] Vgl. [1].

Es werde gesagt, ein Inhalt i auf $\mathfrak{k}$ habe die *Zerlegungseigenschaft*, wenn für ihn gilt:

IV. *Jede meßbare Menge kann als Summe von abzählbar vielen (getrennten) meßbaren Teilen endlichen Inhalts dargestellt werden*[1].

Mit IV ist sichtlich gleichwertig, daß jede meßbare Menge mit abzählbar vielen (getrennten) meßbaren Mengen endlichen Inhalts überdeckt werden kann.

Aus IV folgt, daß jede Menge aus $\mathfrak{L}$ durch abzählbar viele getrennte Mengen endlichen Inhalts überdeckt werden kann. i hat jedenfalls die Zerlegungseigenschaft, wenn $\mathfrak{k}$ geschlossen ist und die größte Menge von $\mathfrak{k}$ als Summe von abzählbar vielen meßbaren Teilen endlichen Inhalts dargestellt werden kann.

Ferner werde gesagt, i habe die *Schnitteigenschaft*, wenn gilt:

V. *Zu jeder nicht meßbaren Menge $M \in \mathfrak{L}$ gibt es eine meßbare Menge A endlichen Inhalts, so daß der Durchschnitt $A\,M$ nicht meßbar ist*[2].

Schließlich werde gesagt, i habe die *Teileigenschaft*, wenn gilt:

VI. *Zu jeder nicht meßbaren Menge $M \in \mathfrak{L}$ gibt es eine meßbare Menge A (endlichen oder unendlichen Inhalts), so daß $A\,M$ nicht meßbar und zugleich $\underline{i}\,(A\,M)$ sowie $\overline{i}\,(A - M)$ endlich ist*[2].

Sichtlich folgt aus V *stets* VI. Das Umgekehrte gilt dagegen nicht (s. u. Beisp. 2).

Ferner folgt bei einem Maße aus IV *stets* V (*und damit* VI). Gilt nämlich IV, so kann jede nicht meßbare Menge $M \in \mathfrak{L}$ durch abzählbar viele A_ν endlichen Maßes überdeckt werden. Die Durchschnitte $A_\nu\,M$ können dann nicht alle meßbar sein, da es sonst auch $M = \Sigma\, A_\nu\, M$ wäre. Das Umgekehrte gilt dagegen nicht (s. u. Beisp. 1).

Wie sich ergeben wird, erfüllen der Jordan'sche Inhalt sowie das Lebesgue'sche Maß die Forderungen IV, V, VI (s. **44** bzw. **63**).

Beispiel 1. Dieses gibt ein Maß an, das V aber nicht IV erfüllt (und außerdem vollständig ist, s. **25**, Satz 4).

Der Grundbereich der Mengenbildung bestehe aus den Elementen 1, 2, 3. Seine Mengen werden mit

$$O,\ A_1,\ A_2,\ A_3,\ A_{12},\ A_{13},\ A_{23},\ A_{123} \tag{1}$$

bezeichnet; dabei ist z. B. $A_{12} = \{1, 2\}$. Das Mengensystem

---

[1] Hierdurch wird nur den meßbaren Mengen mit unendlichem Inhalt eine Bedingung auferlegt. — Ferner s. **13** (3).

[2] Hierdurch wird nur den nicht meßbaren Mengen mit unendlichem äußeren Inhalt eine Bedingung auferlegt.

$$\{O, A_1, A_{23}, A_{123}\} \tag{2}$$

ist dann ein σ-Körper. Auf ihm wird durch die Festsetzung

$$m(O) = 0,\ m(A_1) = \infty,\ m(A_{23}) = 1,\ m(A_{123}) = \infty \tag{3}$$

ein Maß m definiert. Der zugehörige σ-Körper $\mathfrak{L}$ besteht dann aus den Mengen (1). Für die nicht meßbaren Mengen aus $\mathfrak{L}$ ist

$$\overline{m}(A_2) = \overline{m}(A_3) = 1,\ \overline{m}(A_{12}) = \overline{m}(A_{13}) = \infty, \tag{4}$$

$$\underline{m}(A_2) = \underline{m}(A_3) = 0,\ \underline{m}(A_{12}) = \underline{m}(A_{13}) = \infty. \tag{5}$$

Da A_{23} eine meßbare Menge endlichen Maßes ist, welche die nicht meßbaren Mengen unendlichen äußeren Maßes, nämlich A_{12}, A_{13}, in einer nicht meßbaren Menge schneidet, nämlich in A_2 bzw. A_3, hat m die Schnitteigenschaft. Die Zerlegungseigenschaft hat m dagegen nicht, da A_{123} nicht in Mengen endlichen Maßes zerlegt werden kann.

Beispiel 2. Dieses gibt ein Maß an, das VI, aber nicht V (und damit auch nicht IV) erfüllt (und außerdem vollständig ist, s. **25**, Satz 4).

Auf dem Körper (2) wird durch die Festsetzung

$$m(O) = 0,\ m(A_1) = 1,\ m(A_{23}) = \infty,\ m(A_{123}) = \infty$$

ein Maß m definiert. Für die nicht meßbaren Mengen aus $\mathfrak{L}$ ist

$$\overline{m}(A_2) = \overline{m}(A_3) = \infty,\ \overline{m}(A_{12}) = \overline{m}(A_{13}) = \infty,$$

$$\underline{m}(A_2) = \underline{m}(A_3) = 0,\quad \underline{m}(A_{12}) = \underline{m}(A_{13}) = 1.$$

Da keine der nicht meßbaren Mengen einen nicht meßbaren Teil endlichen äußeren Maßes hat, kann V nicht erfüllt sein. Dagegen gilt VI. Für A eignet sich nämlich durchwegs A_{123}.[3]

§ 4. Maßgleiche Hüllen und Kerne.

Es liege ein Maß m auf dem σ-Körper $\mathfrak{k}$ vor; seine Außen- und Innenfunktion sei $\overline{m}$ bzw. $\underline{m}$ auf dem σ-Körper $\mathfrak{L}$.

19. Maßgleiche Hüllen. Eine Menge $\bar{A} \in \mathfrak{k}$ heißt eine *maßgleiche Hülle von* $M \in \mathfrak{L}$, wenn für sie gilt:

$$\bar{A} \supset M, \tag{1}$$

$$m(A\,\bar{A}) = \overline{m}(A\,M) \text{ für jedes } A \in \mathfrak{k}. \tag{2}$$

Aus (1), (2) folgt für $A = \bar{A}$, daß

[3] Beispiele für Inhalte, die keine der Forderungen IV, V, VI erfüllen und überdies vollständig sind, s. *K. Mayrhofer*, Sitzgber. Ak. Wiss. Wien **158** (1950), p. 1/36 (insbes. p. 6/8).

$$m(\bar{A}) = \overline{m}(M) \tag{3}$$

ist. — Ich beweise zunächst den folgenden

Satz 1. *Ist $\overline{m}(M)$ endlich, so ist eine Menge $\bar{A} \in \mathfrak{k}$ bereits dann eine maßgleiche Hülle von M, wenn* (1) *und* (3) *gilt.*

Beweis. Für ein beliebiges $A \in \mathfrak{k}$ ist nach **11** (24)

$$\overline{m}(M) = \overline{m}(M\,A) + \overline{m}(M - A), \quad m(\bar{A}) = m(\bar{A}\,A) + m(\bar{A} - A).$$

Hieraus folgt wegen (3)

$$m(\bar{A}\,A) + m(\bar{A} - A) = \overline{m}(M\,A) + \overline{m}(M - A); \tag{4}$$

dabei ist wegen (1)

$$m(\bar{A}\,A) \geqq \overline{m}(M\,A), \quad m(\bar{A} - A) \geqq \overline{m}(M - A). \tag{5}$$

Da $\overline{m}(M)$ endlich sein soll, können die Beziehungen (4) und (5) nur dann zugleich bestehen, wenn in (5) beide Male das Gleichheitszeichen gilt. Damit ist jedenfalls die zu beweisende Gleichung (2) gewonnen[1].

Betreffs der Existenz einer maßgleichen Hülle gilt der

Satz 2. *Eine Menge M endlichen äußeren Maßes hat stets eine maßgleiche Hülle.*

Im Falle $\overline{m}(M) = \infty$ existiert eine solche sicher dann, wenn m die Zerlegungseigenschaft hat.

Unabhängig von der Zerlegungseigenschaft hat jede Menge $M \in \mathfrak{L}$ eine meßbare Obermenge $\bar{A}$, für die (3) *gilt.*

Beweis. Sei $\overline{m}(M)$ endlich. Dann gibt es nach der Definition von $\overline{m}(M)$ (s. **10** (1)) Mengen $C_\nu \in \mathfrak{k}$, so daß

$$C_\nu \supset M, \quad m(C_\nu) < \overline{m}(M) + \frac{1}{\nu} \qquad (\nu = 1, 2, \ldots) \tag{6}$$

ist. *Der Durchschnitt*

$$\bar{A} = C_1\,C_2 \ldots \tag{7}$$

ist dann bereits eine maßgleiche Hülle von M.

$\bar{A}$ gehört nämlich zu $\mathfrak{k}$ und erfüllt zunächst die Ungleichung (1). Ferner folgt aus $M \subset \bar{A} \subset C_\nu$ und aus (6)

$$\overline{m}(M) \leqq m(\bar{A}) \leqq m(C_\nu) < \overline{m}(M) + \frac{1}{\nu} \qquad (\nu = 1, 2, \ldots).$$

Dies ergibt bei $\nu \to \infty$ die Gleichung (3). Nach Satz 1 ist also $\bar{A}$ eine maßgleiche Hülle von M.

---

[1] Die zweite Beziehung (5) ergibt nach Satz 1, daß $\bar{A} - A$ eine maßgleiche Hülle von $M - A$ ist.

Sei nun $\overline{m}(M) = \infty$. Um jetzt zu einer maßgleichen Hülle von M zu gelangen, überdecke ich M durch abzählbar (unendlich) viele getrennte $A_\nu \in \mathfrak{k}$ endlichen Maßes, gemäß der nun vorausgesetzten Zerlegungseigenschaft von m. Setzt man $M_\nu = A_\nu M$, so wird

$$M = \Sigma M_\nu \tag{8}$$

bei durchwegs endlichen $\overline{m}(M_\nu)$. Nach dem bereits Bewiesenen hat jedes M_ν eine maßgleiche Hülle A_ν'. Damit ist auch $\bar{A}_\nu = A_\nu' A_\nu$ nach Satz 1 eine solche wegen

$$\bar{A}_\nu \supset M_\nu, \quad m(\bar{A}_\nu) = m(A_\nu' A_\nu) = \overline{m}(M_\nu A_\nu) = \overline{m}(M_\nu);$$

dabei sind die $\bar{A}_\nu$ getrennt. *Die Menge*

$$\bar{A} = \bar{A}_1 + \bar{A}_2 + \ldots \tag{9}$$

ist dann eine maßgleiche Hülle von M.

$\bar{A}$ gehört nämlich zu $\mathfrak{k}$ und erfüllt zunächst (1) wegen $\bar{A}_\nu \supset M_\nu$ sowie (8), (9). Weiters ist bei beliebigem $A \in \mathfrak{k}$ wegen (9) bzw. (8)

$$A\bar{A} = \Sigma A \bar{A}_\nu, \tag{10}$$

$$A M = \Sigma A M_\nu, \tag{11}$$

ferner, weil $\bar{A}_\nu$ eine maßgleiche Hülle von M_ν ist, nach (2)

$$m(A\bar{A}_\nu) = \overline{m}(A M_\nu). \tag{12}$$

Da nun die Durchschnitte $A\bar{A}_\nu$ getrennt sind, gilt nach (10)

$$m(A\bar{A}) = \Sigma\, m(A\bar{A}_\nu); \tag{13}$$

ferner, da die $A M_\nu$ durch die getrennten, meßbaren Mengen A_ν überdeckt werden, nach (11) und **16** (2)

$$\overline{m}(A M) = \Sigma\, \overline{m}(A M_\nu). \tag{14}$$

Aus (13), (14) folgt aber wegen (12) die Gleichung (2).

Schließlich gilt unabhängig von der Zerlegungseigenschaft von m bei endlichem $\overline{m}(M)$ die Gleichung (3) für jede maßgleiche Hülle $\bar{A}$ von M und bei unendlichem $\overline{m}(M)$ für jede meßbare Obermenge $\bar{A}$ von M überhaupt.

Damit ist Satz 2 in allen Teilen bewiesen.

Aus dem letzten Teil von Satz 2 folgt wegen der Monotonie des äußeren Maßes, *daß es unter den meßbaren Obermengen A von M stets solche kleinsten Maßes gibt; und zwar ist* (vgl. **10** (1))

$$\overline{m}(M) = \min m(A). \tag{15}$$

Ich bemerke noch: *Hat m die Zerlegungseigenschaft, so gilt* (2) *bei meßbarem $\bar{A}$ bereits dann, wenn*

$$m(A\bar{A}) = \overline{m}(AM) \text{ für jedes } A \in \mathfrak{k} \text{ mit endlichem } m \qquad (16)$$

gilt. Ist nämlich C eine Menge vom Maße ∞ und $C = \Sigma A_\nu$ eine Zerlegung von C in abzählbar viele getrennte A_ν endlichen Maßes, so folgt aus (16) und **16** (2)

$$m(C\bar{A}) = \Sigma m(A_\nu \bar{A}) = \Sigma \overline{m}(A_\nu M) = \overline{m}(CM).$$

Falls also (16) gilt, so gilt auch (2).

20. Maßgleiche Kerne. Eine Menge $\underline{A} \in \mathfrak{k}$ heißt ein *maßgleicher Kern von* $M \in \mathfrak{L}$, wenn für sie gilt:

$$\underline{A} \subset M, \qquad (1)$$

$$m(A\underline{A}) = \underline{m}(AM) \text{ für jedes } A \in \mathfrak{k}. \qquad (2)$$

Aus (1), (2) folgt für $A \supset M$, daß

$$m(\underline{A}) = \underline{m}(M), \qquad (3)$$

ist. — Analog zu Satz 1 gilt der

Satz 3. *Ist* $\underline{m}(M)$ *endlich, so ist eine Menge* $\underline{A} \in \mathfrak{k}$ *bereits dann ein maßgleicher Kern von* M, *wenn* (1) *und* (3) *gilt.*

Der Beweis verläuft analog zu dem von Satz 1.

Weiters gilt analog zum ersten und zweiten Teil von Satz 2 der

Satz 4. *Eine Menge M endlichen inneren Maßes hat stets einen maßgleichen Kern.*

Im Falle $\underline{m}(M) = \infty$ *existiert ein solcher sicher dann, wenn m die Zerlegungseigenschaft hat.*

Beweis. Dieser verläuft analog wie bei Satz 2. — Sei $\underline{m}(M)$ endlich. Dann gibt es Mengen $C_\nu \in \mathfrak{k}$, so daß

$$C_\nu \subset M, \ m(C_\nu) > \underline{m}(M) - \frac{1}{\nu} \qquad (\nu = 1, 2, \ldots) \qquad (3')$$

ist. *Die Summe*

$$\underline{A} = C_1 + C_2 + \ldots \qquad (4)$$

ist dann bereits ein maßgleicher Kern von M.

Dies sieht man, indem man analog wie im Anschlusse an **19** (7) vorgeht.

Sei nun $\underline{m}(M) = \infty$. Um jetzt zu einem maßgleichen Kern von M zu gelangen, überdecke ich M durch abzählbar (unendlich) viele getrennte $A_\nu \in \mathfrak{k}$ endlichen Maßes, gemäß der nun vorausgesetzten Zerlegungseigenschaft von m. Setzt man $M_\nu = A_\nu M$, so wird $M = \Sigma M_\nu$ bei durchwegs endlichen $\underline{m}(M_\nu)$. Nach dem bereits Bewiesenen hat jedes M_ν einen maßgleichen Kern $\underline{A}_\nu$; dabei sind die $\underline{A}_\nu$ getrennt. *Die Menge*

$$\underline{A} = \underline{A}_1 + \underline{A}_2 + \cdots \tag{5}$$

ist dann ein maßgleicher Kern von M.

Dies sieht man, indem man analog wie im Anschlusse an **19** (9) vorgeht. — Damit ist Satz 4 bewiesen.

Aus Satz 4 entnimmt man: *Ist $\underline{m}(M)$ endlich, so gibt es unter den meßbaren Teilen A von M stets solche größten Maßes, ist $\underline{m}(M) = \infty$, so jedenfalls dann, wenn m die Zerlegungseigenschaft hat; und zwar ist* (vgl. **10** (2))

$$\underline{m}(M) = \max m(A). \tag{6}$$

Das Maximum tritt immer auf, wenn A ein maßgleicher Kern von M ist.

Analog zur Schlußbemerkung von **19** beweist man: *Hat m die Zerlegungseigenschaft, so gilt* (2) *bei meßbarem $\underline{A}$ bereits dann, wenn*

$$m(A\,\underline{A}) = \underline{m}(A\,M) \text{ für jedes } A \in \mathfrak{k} \text{ mit endlichem } m \tag{7}$$

gilt.

Die beiden folgenden Sätze geben einen Zusammenhang zwischen den maßgleichen Hüllen und Kernen.

Satz 5. *Es sei M eine Menge aus $\mathfrak{L}$ mit endlichem $\overline{m}$, ferner C eine meßbare Obermenge von M mit endlichem m. Ist dann $\bar{A}$ eine maßgleiche Hülle von M, so ist $C - \bar{A}$ ein maßgleicher Kern von $C - M$, und entsprechend mit vertauschter Rolle von Hülle und Kern.*

Ich beweise nur den ersten Teil der Behauptung; der Beweis des zweiten verläuft analog.

Wegen $\bar{A} \supset M$ ist zunächst

$$C - \bar{A} \subset C - M. \tag{8}$$

Ferner gilt nach **19** (2) wegen $C \supset M$

$$m(C - \bar{A}) = m(C) - m(C\,\bar{A}) = m(C) - \overline{m}(M). \tag{9}$$

Hiernach ist wegen **10** (4)

$$m(C - \bar{A}) = \underline{m}(C - M). \tag{10}$$

Da $\underline{m}(C - M)$ endlich ist, besagt (8), (10) nach Satz 3, daß $C - \bar{A}$ ein maßgleicher Kern von $C - M$ ist, w.z.z.w.

Der Satz 5 ermöglicht es, auf die Existenz eines maßgleichen Kerns einer Menge M mit endlichem $\overline{m}$ zu schließen, wenn bekannt ist, daß jede solche Menge eine maßgleiche Hülle hat. Hierzu überdecke man M mit einer Menge C endlichen Maßes und bilde eine maßgleiche Hülle $\bar{A}$ von $C - M$. Dann ist $C - \bar{A}$ ein maßgleicher Kern von $C - (C - M) = M$. Entsprechendes gilt, wenn die Rolle von Hülle und Kern vertauscht wird.

Satz 6. *Hat m die Zerlegungseigenschaft, so gilt die Behauptung von Satz 5 für jede Menge $M \in \mathfrak{L}$ und jede meßbare Obermenge C von M.*

Es genügt wieder, den ersten Teil der Behauptung zu beweisen. — Zunächst bleibt (8) bestehen. An Stelle von (9) tritt bei beliebigem A endlichen Maßes

$$m\,[A\,(C - \overline{A})] = m\,(A\,C) - m\,(A\,C\,\overline{A}) = m\,(A\,C) - \overline{m}\,(A\,M).$$

Dies ergibt an Stelle von (10)

$$m\,[A\,(C - \overline{A})] = \underline{m}\,[A\,(C - M)], \tag{11}$$

d. i. (7) mit $C - \overline{A}$, $C - M$ an Stelle von $\underline{A}$ bzw. M. Wegen der Zerlegungseigenschaft von m besagt also (8), (11), daß $C - \overline{A}$ ein maßgleicher Kern von $C - M$ ist.

Jetzt kann man auf die Existenz eines maßgleichen Kerns irgend einer Menge aus $\mathfrak{L}$ schließen, wenn bekannt ist, daß jede Menge aus $\mathfrak{L}$ eine maßgleiche Hülle hat und ebenso umgekehrt.

21. Regeln für maßgleiche Hüllen und Kerne. *Es sei $\overline{A}$ eine maßgleiche Hülle und $\underline{A}$ ein maßgleicher Kern von M. Ist $\overline{m}\,(M)$ endlich, so gilt:*

$$\underline{m}\,(\overline{A} - M) = \underline{m}\,(M - \underline{A}) = 0, \tag{1}$$

$$\overline{m}\,(\overline{A} - M) = \overline{m}\,(M - \underline{A}) = \overline{m}\,(M) - \underline{m}\,(M). \tag{2}$$

Ist $\overline{m}\,(M) = \infty$, so gilt dies auch, falls m die Zerlegungseigenschaft hat — der zweite Teil von (2) natürlich nur dann, wenn $\overline{m}\,(M) - \underline{m}\,(M)$ einen Sinn hat (d. h., wenn $\underline{m}\,(M)$ endlich ist).

Beweis. Sei $\overline{m}\,(\overline{M})$ endlich. Nach **10** (4) ist

$$m\,(\overline{A}) = \overline{m}\,(M) + \underline{m}\,(\overline{A} - M) = \underline{m}\,(M) + \overline{m}\,(\overline{A} - M).$$

Hieraus folgt wegen $m\,(\overline{A}) = \overline{m}\,(M)$

$$\underline{m}\,(\overline{A} - M) = 0, \quad \overline{m}\,(\overline{A} - M) = \overline{m}\,(M) - \underline{m}\,(M).$$

Ferner gilt nach **11** (20) bzw. (21)

$$\overline{m}\,(M) = m\,(\underline{A}) + \overline{m}\,(M - \underline{A}), \quad \underline{m}\,(M) = m\,(\underline{A}) + \underline{m}\,(M - \underline{A}).$$

Hieraus folgt wegen $m\,(\underline{A}) = \underline{m}\,(M)$

$$\overline{m}\,(M - \underline{A}) = \overline{m}\,(M) - \underline{m}\,(M), \quad \underline{m}\,(M - \underline{A}) = 0.$$

Damit sind alle Gleichungen (1), (2) gewonnen.

Sei nun $\overline{m}\,(M) = \infty$. Jetzt zerlege ich $\overline{A}$ gemäß der Zerlegungseigenschaft von m in abzählbar (unendlich) viele getrennte Teile $\overline{A}_\nu$ endlichen Maßes und setze $\overline{A}_\nu\,M = M_\nu$, $\overline{A}_\nu\,\underline{A} = \underline{A}_\nu$. Dann ist $\overline{A}_\nu$ eine maßgleiche Hülle von M_ν wegen

$$\overline{A}_\nu \supset M_\nu, \quad m\,(\overline{A}_\nu) = m\,(\overline{A}_\nu\,\overline{A}) = \overline{m}\,(\overline{A}_\nu\,M) = \overline{m}\,(M_\nu)$$

und $\underline{A}_\nu$ ein maßgleicher Kern wegen

$$\underline{A}_\nu \subset M_\nu, \quad m(\underline{A}_\nu) = m(\overline{A}_\nu \underline{A}) = \underline{m}(\overline{A}_\nu M) = \underline{m}(M_\nu).$$

Da $\overline{m}(M_\nu)$ endlich ist, gilt (wie bereits gezeigt) für $\nu = 1, 2, \ldots$

$$\underline{m}(\overline{A}_\nu - M_\nu) = \underline{m}(M_\nu - \underline{A}_\nu) = 0,$$

$$\overline{m}(\overline{A}_\nu - M_\nu) = \overline{m}(M_\nu - \underline{A}_\nu) = \overline{m}(M_\nu) - \underline{m}(M_\nu).$$

Beachtet man, daß die Mengen $\overline{A}_\nu - M_\nu$, $M_\nu - \underline{A}_\nu$, M_ν je durch die getrennten, meßbaren $\overline{A}_\nu$ überdeckt werden, so ergibt Summation nach ν wegen **16** (2), (3) die Behauptung im jetzigen Falle[1].

22. Grenzwertsätze für äußere und innere Maße. a) Mittels der maßgleichen Hüllen und Kerne kann man von Grenzwertsätzen über das Maß zu solchen über das äußere bzw. innere Maß gelangen. Hierher gehört zunächst der

Satz 7. *Es sei (M_ν) eine ansteigende Folge von Mengen aus $\mathfrak{L}$ mit dem Limes $S = \Sigma M_\nu$. Dann gilt*

$$\overline{m}(S) = \lim_{\nu \to \infty} \overline{m}(M_\nu).^{1} \tag{1}$$

Beweis. Nach Satz 2 hat jedes M_ν eine meßbare Obermenge $\overline{A}_\nu$, so daß

$$m(\overline{A}_\nu) = \overline{m}(M_\nu) \tag{2}$$

ist. Ferner gilt für $D_\nu = \overline{A}_\nu \overline{A}_{\nu+1} \ldots$ stets $D_\nu \supset M_\nu$, also (s. **3** (2))

$$\underline{\mathrm{Lim}}\, \overline{A}_\nu = \Sigma D_\nu \supset S. \tag{3}$$

Wegen (3), **17**, Satz 9 und (2) ist dann

$$\overline{m}(S) \leqq m(\underline{\mathrm{Lim}}\, \overline{A}_\nu) \leqq \underline{\lim}\, m(\overline{A}_\nu) = \lim \overline{m}(M_\nu). \tag{4}$$

Daneben gilt $\lim \overline{m}(M_\nu) \leqq \overline{m}(S)$ wegen $M_\nu \subset S$. Dies zusammen mit (4) ergibt (1).

Für $\underline{m}$ an Stelle von $\overline{m}$ gilt der entsprechende Satz nicht (s. **73**); hier bleibt es also im allgemeinen bei

$$\underline{m}(S) \geqq \lim \underline{m}(M_\nu).$$

Mittels des Satzes 7 kann **17**, Satz 9 so verallgemeinert werden:

Satz 8. *Es sei (M_ν) irgend eine Folge aus $\mathfrak{L}$. Dann gilt*

---

[1] Es ist z. B. $M - \underline{A} = \Sigma(M_\nu - \underline{A}) = \Sigma(M_\nu - M_\nu \underline{A}) = \Sigma(M_\nu - \overline{A}_\nu M \underline{A}) = \Sigma(M_\nu - \overline{A}_\nu \underline{A}) = \Sigma(M_\nu - \underline{A}_\nu)$.

[1] Für einen volladditiven Inhalt an Stelle von m gilt der entsprechende Satz nicht, wie eine geeignete Abänderung des Beispiels in **15**[4] zeigt: man hat nur $M_\nu = \{x_1, \ldots, x_\nu\}$ zu setzen.

$$\overline{m}\,(\underline{\operatorname{Lim}}\, M_\nu) \leqq \underline{\lim}\, \overline{m}\,(M_\nu). \tag{5}$$

B e w e i s. Dieser verläuft analog wie bei **17**, Satz 9; die Rolle des dort benützten Grenzwertsatzes **14**, Satz 1 übernimmt jetzt der obige Satz 7.

Setzt man $D_\nu = M_\nu\, M_{\nu+1} \ldots$, so ist (D_ν) eine ansteigende Folge aus $\mathfrak{L}$ mit $\underline{\operatorname{Lim}}\, M_\nu$ als Limes (**3** (9)). Daher gilt nach Satz 7

$$\overline{m}\,(\underline{\operatorname{Lim}}\, M_\nu) = \lim \overline{m}\,(D_\nu). \tag{6}$$

Ferner folgt aus $D_\nu \subset M_\nu$, daß $\overline{m}\,(D_\nu) \leqq \overline{m}\,(M_\nu)$ ist, und hieraus $\lim \overline{m}\,(D_\nu) \leqq \underline{\lim}\, \overline{m}\,(M_\nu)$. Dies zusammen mit (6) ergibt (5).

Analog zum Satz 7 beweist man den

Satz 9. *Es sei* (M_ν) *eine absteigende Folge von Mengen aus* $\mathfrak{L}$ *mit dem Limes* $D = \Pi\, M_\nu$; *ferner sei* $\underline{m}\,(M_n)$ *bei passendem* n *endlich. Dann gilt*

$$\underline{m}\,(D) = \lim_{\nu \to \infty} \underline{m}\,(M_\nu).^{2} \tag{7}$$

B e w e i s. Man darf $n = 1$ annehmen. Dann hat jedes M_ν einen maßgleichen Kern $\underline{A}_\nu$; für diesen ist

$$m\,(\underline{A}_\nu) = \underline{m}\,(M_\nu). \tag{8}$$

Ferner gilt für $V_\nu = \underline{A}_\nu + \underline{A}_{\nu+1} + \ldots$ stets $V_\nu \subset M_\nu$, also

$$\overline{\operatorname{Lim}}\, \underline{A}_\nu = \Pi\, V_\nu \subset D. \tag{9}$$

Wegen (9), **17**, Satz 10[3] und (8) ist dann

$$\underline{m}\,(D) \geqq m\,(\overline{\operatorname{Lim}}\, \underline{A}_\nu) \geqq \overline{\lim}\, m\,(\underline{A}_\nu) = \lim \underline{m}\,(M_\nu). \tag{10}$$

Daneben gilt $\lim \underline{m}\,(M_\nu) \geqq \underline{m}\,(D)$ wegen $M_\nu \supset D$. Dies zusammen mit (10) ergibt (7).

Für $\overline{m}$ an Stelle von $\underline{m}$ gilt der entsprechende Satz nicht (s. **73**); hier bleibt es also im allgemeinen bei

$$\overline{m}\,(D) \leqq \lim \overline{m}\,(M_\nu).$$

Mittels des Satzes 9 kann **17**, Satz 10 so verallgemeinert werden:

Satz 10. *Es sei* (M_ν) *eine Folge aus* $\mathfrak{L}$ *derart, daß alle* M_ν *von einem passenden an in einer und derselben Menge endlichen inneren Maßes liegen. Dann gilt*

$$\overline{\lim}\, \underline{m}\,(M_\nu) \leqq \underline{m}\,(\overline{\operatorname{Lim}}\, M_\nu). \tag{11}$$

---

[2] Für einen volladditiven Inhalt an Stelle von m gilt der entsprechende Satz nicht. Setzt man nämlich im Anschlusse an das Beispiel in **15**[4] $M_\nu = [0, 1] - \{x_1, \ldots, x_\nu\}$, so bilden die M_ν eine absteigende Folge, deren Limes D aus den irrationalen Punkten von $[0, 1]$ besteht; es ist also stets $\underline{i}\,(M_\nu) = 1$, aber $\underline{i}\,(D) = 0$.

[3] Die $\underline{A}_\nu$ liegen alle in der Menge $\Sigma\, \underline{A}_\nu$, die endliches Maß hat, da sie in M_1 liegt und $\underline{m}\,(M_1)$ nach der Beweisannahme endlich ist.

Beweis. Dieser verläuft analog wie bei **17**, Satz 10. — Setzt man $V_\nu = M_\nu + M_{\nu+1} + \ldots$, so ist (V_ν) eine absteigende Folge aus $\mathfrak{L}$ mit $\overline{\text{Lim}}\, M_\nu$ als Limes (**3** (9)). Somit gilt nach Satz 9

$$\underline{m}(\overline{\text{Lim}}\, M_\nu) = \lim \underline{m}(V_\nu). \tag{12}$$

Ferner folgt aus $M_\nu \subset V_\nu$, daß $\underline{m}(M_\nu) \leqq \underline{m}(V_\nu)$ ist, und hieraus $\overline{\lim}\, \underline{m}(M_\nu) \leqq \lim \underline{m}(V_\nu)$. Dies zusammen mit (12) ergibt (11).

b) Weitere Grenzwertsätze über $\overline{m}$ und $\underline{m}$ erhält man, indem man für Maße giltige Grenzwertsätze auf die Relativfunktionen von m anwendet (s. **16**, Satz 7). Hierher gehören die beiden folgenden Sätze.

Satz 11. *Es sei (L_ν) eine ansteigende Folge von in R meßbaren Mengen (d. h., $L_\nu = A_\nu R$ mit $A_\nu \in \mathfrak{k}$, $R \in \mathfrak{C}$) mit dem Limes $S = \Sigma L_\nu$. Dann gilt*

$$\underline{m}(S) = \lim_{\nu \to \infty} \underline{m}(L_\nu). \tag{13}$$

In diesem Sonderfalle kann also (1) auf $\underline{m}$ übertragen werden.

Die Gleichung (13) ergibt sich, indem man **14**, Satz 1 auf die innere Relativfunktion von m bezüglich R anwendet. Vgl. **15**, Satz 4.

Satz 12. *Es sei (L_ν) eine absteigende Folge von in R meßbaren Mengen (d. h., $L_\nu = A_\nu R$ mit $A_\nu \in \mathfrak{k}$, $R \in \mathfrak{C}$) mit dem Limes $D = \Pi L_\nu$; ferner sei $\overline{m}(L_n)$ bei passendem n endlich. Dann gilt*

$$\overline{m}(D) = \lim_{\nu \to \infty} \overline{m}(L_\nu). \tag{14}$$

In diesem Sonderfalle kann also (7) auf $\overline{m}$ übertragen werden.

Die Gleichung (14) ergibt sich, indem man **14**, Satz 2 auf die äußere Relativfunktion von m bezüglich R anwendet.

23. Vollzerlegbare Mengen. Eine m-meßbare Menge A heiße *vollzerlegbar*, wenn sie für jedes $\eta > 0$ als Summe abzählbar vieler getrennter, m-meßbarer Teile dargestellt werden kann, deren jeder ein Maß hat, das kleiner als η ist. Falls $m(A)$ endlich ist, so ist dies sichtlich gleichbedeutend damit, daß A als Summe endlich vieler Teile der beschriebenen Art dargestellt werden kann. Mit A ist auch jeder meßbare Teil von A vollzerlegbar. Ist also $\mathfrak{k}$ geschlossen und die größte Menge von $\mathfrak{k}$ vollzerlegbar, so ist jede Menge aus $\mathfrak{k}$ vollzerlegbar. Dies trifft z. B. beim Lebesgue'schen Maße zu. — Ich behaupte:

Satz 13. *Ist A vollzerlegbar und $m(A) > \mu > 0$, so enthält A einen meßbaren Teil vom Maße μ.*

Beweis. Durch sukzessives Aneinanderfügen geeigneter meßbarer Teile $A_1, A_2, \ldots$ von A kann man erreichen, daß ein meßbarer Teil vom Maße μ entsteht.

Hierzu zerlege ich A in abzählbar viele getrennte, meßbare Teile B_ν mit

$$m(B_\nu) < \frac{\mu}{2}; \tag{1}$$

dies ist möglich, da A vollzerlegbar ist. Es gibt dann einen eindeutig bestimmten Index $\nu = i$, so daß

$$m(B_1 + \ldots + B_i) < \mu \leqq m(B_1 + \ldots + B_{i+1}) \tag{2}$$

ist. Setzt man

$$B_1 + \ldots + B_i = A_1, \; \mu - m(A_1) = \mu_1,$$

so gilt wegen (1), (2)

$$0 < \mu_1 < \frac{\mu}{2}. \tag{3}$$

Nun zerlege ich $A - A_1$ in abzählbar viele getrennte, meßbare Teile C_ν mit

$$m(C_\nu) < \frac{\mu_1}{2}. \tag{4}$$

Es gibt dann einen eindeutig bestimmten Index $\nu = k$, so daß

$$m(A_1 + C_1 + \ldots + C_k) < \mu \leqq m(A_1 + C_1 + \ldots + C_{k+1}) \tag{5}$$

ist. Setzt man

$$C_1 + \ldots + C_k = A_2, \; \mu - m(A_1 + A_2) = \mu_2,$$

so gilt wegen (4), (5) und (3)

$$0 < \mu_2 < \frac{\mu_1}{2} < \frac{\mu}{2^2}. \tag{6}$$

Weiters zerlege ich $A - (A_1 + A_2)$ in abzählbar viele getrennte, meßbare Teile D_ν mit

$$m(D_\nu) < \frac{\mu_2}{2}. \tag{7}$$

Es gibt dann einen eindeutig bestimmten Index $\nu = l$, so daß

$$m(A_1+A_2+D_1+\ldots+D_l) < \mu \leqq m(A_1+A_2+D_1 + \ldots + D_{l+1}) \tag{8}$$

ist. Setzt man

$$D_1 + \ldots + D_l = A_3, \; \mu - m(A_1 + A_2 + A_3) = \mu_3,$$

so gilt wegen (7), (8) und (6)

$$0 < \mu_3 < \frac{\mu_2}{2} < \frac{\mu}{2^3}.$$

Fährt man so fort, so entsteht eine Folge getrennter, meßbarer Teile A_ν von A, für die

$$0 < \mu - m(A_1 + \ldots + A_\nu) < \frac{\mu}{2^\nu} \qquad (\nu = 1, 2, \ldots) \tag{9}$$

ist. Die Menge $A_0 = \Sigma A_\nu$ ist meßbar; ferner folgt aus (9) bei $\nu \to \infty$, daß $m(A_0) = \mu$ ist. Die Existenz einer solchen Menge A_0 war aber zu beweisen.

Satz 14. *Hat eine Menge $M \in \mathfrak{L}$ eine vollzerlegbare maßgleiche Hülle $\overline{A}$ und ist $\overline{m}(M) > \mu > 0$, so besitzt M einen Teil vom äußeren Maße μ.*

Hat M einen vollzerlegbaren maßgleichen Kern und ist $\underline{m}(M) > \mu > 0$, so besitzt M einen Teil vom inneren Maße μ.

Um die erste Behauptung zu beweisen, beachte ich, daß $\overline{A}$ nach Satz 13 einen meßbaren Teil A vom Maße μ enthält. Für diesen ist (nach **19** (2))

$$\mu = m(A) = m(A\,\overline{A}) = \overline{m}(A\,M).$$

$A\,M$ ist also ein Teil von M mit dem äußeren Maße μ.

Analog beweist man den zweiten Teil von Satz 14.

Nennt man eine Menge $M \in \mathfrak{L}$ *vollzerlegbar für $\overline{m}$*, wenn sie für jedes $\eta > 0$ als Summe abzählbar vieler getrennter Teile dargestellt werden kann, die alle ein äußeres Maß kleiner als η haben, so gilt noch der

Satz 15. *Ist M vollzerlegbar für $\overline{m}$ und $\overline{m}(M) > \mu > 0$, so hat M einen Teil vom äußeren Maße μ.*

Dies beweist man analog wie den Satz 13. An Stelle von A, m tritt jetzt M bzw. $\overline{m}$; ferner ist Satz 7 sowie **11** (3) zu beachten.

Die Übertragung dieser Betrachtungen auf $\underline{m}$ ist nicht möglich.

§ 5. Vollständige Inhalte und Maße.

Der anschauliche Inhalt etwa der Ebene ist in folgendem Sinne „vollständig": kann man einer Figur M Figuren $\underline{A}$ und $\overline{A}$, denen ein Inhalt zukommt, derart ein- bzw. umschreiben, daß sich die Inhalte von $\underline{A}$ und $\overline{A}$ beliebig wenig unterscheiden, so hat auch M einen Inhalt. Dieser wird dann durch den Inhalt passender $\underline{A}$ sowie passender $\overline{A}$ beliebig genau approximiert. Die Vollständigkeit des anschaulichen Inhalts liegt bereits der Kreismessung des Archimedes zugrunde. Sie soll jetzt auf abstrakte Inhalte übertragen werden.

24. Vollständigkeit eines Inhaltes. Ein Inhalt i heißt *vollständig* (*im Bereiche $\mathfrak{E}$ der Mengen aus E*), wenn für ihn gilt:

VII. *Jede Menge, die zwischen zwei meßbaren Mengen mit beliebig inhaltskleiner Differenz liegt, ist meßbar.*

Anders ausgedrückt: Jede Menge M, für die es zu jedem $\varepsilon > 0$ meßbare Mengen $\underline{A}(\varepsilon) = \underline{A}$, $\overline{A}(\varepsilon) = \overline{A}$ gibt, so daß

$$\underline{A} \subset M \subset \overline{A},\ i(\overline{A} - \underline{A}) < \varepsilon \tag{1}$$[1]

ist, ist meßbar.

Die an M gestellte Forderung kann auch in einer der folgenden Weisen a) bis d) ausgedrückt werden.

Zu jedem $\varepsilon > 0$ gibt es meßbare Mengen $A(\varepsilon) = A$, $C(\varepsilon) = C$, so daß gilt:

a) $A \supset M$, $A - M \subset C$, $i(C) < \varepsilon$[2];
b) $M + C = A$, $i(C) < \varepsilon$;
c) $A \subset M$, $M - A \subset C$, $i(C) < \varepsilon$;
d) $M - C = A$, $i(C) < \varepsilon$.

Vollständig ist z. B. der Jordan'sche Inhalt (s. **44**), ferner das Lebesgue'sche Maß (s. **63**), dagegen nicht der elementare Inhalt der Würfelaggregate (s. **43**) oder das Borel'sche Maß (s. **62**, **63**).

Satz 1. *Jeder Teil einer Nullmenge N eines vollständigen Inhaltes i ist meßbar (und damit eine Nullmenge).*

Für jedes $M \subset N$ gilt nämlich (1) bei beliebigem $\varepsilon > 0$ mit $\underline{A} = O$, $\overline{A} = N$.

25. Vollständigkeit eines Maßes. Ist der betrachtete Inhalt insbesondere ein Maß m, so kann die Vollständigkeit noch anders als bisher ausgedrückt werden. Daß m vollständig ist, bedeutet zunächst nach VII, daß jede Menge M mit der folgenden Eigenschaft meßbar ist:

α) Zu jedem $\varepsilon > 0$ gibt es meßbare Mengen $\underline{A}$, $\overline{A}$, so daß gilt:

$$\underline{A} \subset M \subset \overline{A},\ m(\overline{A} - \underline{A}) < \varepsilon. \tag{1}$$

Neben den Mengen mit der Eigenschaft α betrachte ich die Mengen M mit der folgenden Eigenschaft:

β) Es gibt meßbare Mengen $\underline{B}$, $\overline{B}$, so daß gilt:

$$\underline{B} \subset M \subset \overline{B},\ m(\overline{B} - \underline{B}) = 0. \tag{2}$$

Sichtlich hat jede Menge M mit der Eigenschaft β erst recht die Eigenschaft α. Es gilt aber auch das Umgekehrte. Ist nämlich M eine

---

[1] Falls $i(A)$ endlich ist, darf man hierfür $i(\overline{A}) - i(\underline{A}) < \varepsilon$ schreiben.

[2] Hier kann noch $C \subset A$ verlangt werden, da neben den Beziehungen a) auch die entsprechenden mit AC statt C gelten.

Menge mit der Eigenschaft α, so kann (1) insbesondere für $\varepsilon = \varepsilon_\nu$ $(\nu = 1, 2, \ldots)$ mit $\varepsilon_\nu \to 0$ erreicht werden:

$$\underline{A}_\nu \subset M \subset \overline{A}_\nu, \quad m(\overline{A}_\nu - \underline{A}_\nu) < \varepsilon_\nu. \tag{3}$$

Setzt man nun $\underline{B} = \Sigma\, \underline{A}_\nu$, $\overline{B} = \Pi\, \overline{A}_\nu$, so sind $\underline{B}$, $\overline{B}$ meßbare Mengen, für welche zunächst die erste Beziehung (2) gilt. Es gilt aber auch die zweite. Für jedes ν ist ja $\overline{B} - \underline{B} \subset \overline{A}_\nu - \underline{A}_\nu$ und daher nach (3) $m(\overline{B} - \underline{B}) < \varepsilon_\nu$. Dies ist aber wegen $\varepsilon_\nu \to 0$ nur für $m(\overline{B} - \underline{B}) = 0$ möglich. Für M gilt also β. — Damit hat man den

Satz 2. *Für jedes Maß m fallen die Mengen M mit der Eigenschaft α und die mit der Eigenschaft β zusammen.*

Dies ergibt unmittelbar den

Satz 3. *Ein Maß ist genau dann vollständig, wenn jede Menge meßbar ist, die zwischen zwei meßbaren Mengen liegt, deren Differenz das Maß 0 hat.*

Mittels des Satzes 3 beweist man den

Satz 4. *Ein Maß m ist genau dann vollständig, wenn die Teile einer jeden Nullmenge meßbar (also wieder Nullmengen) sind.*

Die Bedingung ist für die Vollständigkeit von m nach Satz 1 zunächst notwendig. Sie ist aber auch hinreichend. Ist nämlich jeder Teil einer Nullmenge meßbar, so muß jede Menge M mit der Eigenschaft β meßbar sein: es ist ja $M - \underline{B}$ als Teil der Nullmenge $\overline{B} - \underline{B}$ meßbar und damit auch $M = \underline{B} + (M - \underline{B})$. Nach Satz 3 ist also m vollständig.

Der Satz 4 ermöglicht es, mit einem Blicke festzustellen, daß die Maße der beiden Beispiele in **18** vollständig sind.

Weiters gewinnt man den

Satz 5. *Ein Maß m ist genau dann vollständig, wenn jede Menge M mit $\overline{m}(M) = 0$ meßbar (also eine Nullmenge) ist.*

Ist m vollständig, so folgt aus $\overline{m}(M) = 0$ die Meßbarkeit von M nach VII. Folgt umgekehrt aus $\overline{m}(M) = 0$ stets die Meßbarkeit von M, so ist jeder Teil einer Nullmenge meßbar und damit m nach Satz 4 vollständig.

26. Kriterien für die Meßbarkeit. Es sei i auf $\mathfrak{k}$ ein betrachteter Inhalt, ferner $\overline{i}$, $\underline{i}$ auf $\mathfrak{L}$ seine Außen- bzw. Innenfunktion.

Satz 6. *Für die Meßbarkeit einer Menge $M \in \mathfrak{L}$ notwendig ist*

$$\overline{i}(M) = \underline{i}(M). \tag{1}$$

Dies ist hinreichend, falls i vollständig und $\overline{i}(M)$ endlich ist[1].

[1] Keines davon kann entbehrt werden. Daß selbst bei einem vollständigen Maße im Falle $\overline{i}(M) = \infty$ aus (1) nicht die Meßbarkeit von M zu folgen braucht,

Beweis. Daß (1) für die Meßbarkeit von M notwendig ist (und zwar bei jedem Inhalt i), entnimmt man aus **10** (3). — Sei ferner i vollständig und $\bar{i}(M)$ endlich. Dann folgt aus (1) die Meßbarkeit von M. Da $\bar{i}(M)$ endlich ist, gibt es nämlich zu jedem $\varepsilon > 0$ meßbare Mengen $\underline{A}$, $\bar{A}$ mit

$$\underline{A} \subset M \subset \bar{A}, \quad \underline{i}(M) - \frac{\varepsilon}{2} < i(\underline{A}) \leqq i(\bar{A}) < \bar{i}(M) + \frac{\varepsilon}{2}.$$

Dies ergibt aber wegen (1) und **9** (4) die Ungleichungen **24** (1) und damit wegen der Vollständigkeit von i die Meßbarkeit von M.

Mittels des Satzes 6 erhält man sofort den

Satz 7. *Ist i vollständig, so ist eine Menge $M \in \mathfrak{L}$ genau dann Nullmenge, wenn $\bar{i}(M) = 0$ ist.*

Zu Satz 6 gilt die folgende Umkehrung:

Satz 8. *Es sei i endlich. Folgt dann aus* (1) *stets die Meßbarkeit von M, so muß i vollständig sein.*

Andernfalls gäbe es eine nicht meßbare Menge $M \in \mathfrak{L}$ und zu jedem $\varepsilon > 0$ meßbare Mengen $\underline{A}$, $\bar{A}$, so daß **24** (1) gilt; dabei ist jetzt $i(\bar{A} - \underline{A}) = i(\bar{A}) - i(\underline{A})$. Wegen $i(\underline{A}) \leqq \underline{i}(M) \leqq \bar{i}(M) \leqq i(\bar{A})$ müßte also $\underline{i}(M) = \bar{i}(M)$ und damit M meßbar sein, was nicht zutrifft.

Satz 9. *Die meßbare Menge A sei als Summe zweier fremder Teile L, M* aus *$\mathfrak{L}$ dargestellt. Für die Meßbarkeit von L (sowie von M) ist sichtlich notwendig, daß eine jede der folgenden Gleichungen gilt:*

$$i(A) = \bar{i}(L) + \bar{i}(M), \tag{2}$$

$$i(A) = \underline{i}(L) + \underline{i}(M). \tag{3}$$

Umgekehrt folgt aus (2) *sowie aus* (3) *die Meßbarkeit von L (sowie die von M), wenn i vollständig und $i(A)$ endlich ist*[2].

Ist nämlich $i(A)$ endlich, so folgt aus jeder der beiden Gleichungen $\bar{i}(L) = \underline{i}(L)$ nach **10** (4). Ist noch i vollständig, so muß also L (und damit M) meßbar sein nach Satz 6.

Aus **11** (18), (19) entnimmt man: *Für die Meßbarkeit einer Menge $L \in \mathfrak{L}$ ist notwendig, daß die folgenden Gleichungen für jedes zu L fremde*

---

zeigt etwa **18**, Beisp. 1. Daß auf die Vollständigkeit von i nicht verzichtet werden kann, zeigt Satz 8 zusammen mit der Existenz nicht vollständiger, endlicher Inhalte; ein solcher ist etwa der elementare Inhalt der eigentlichen Würfelaggregate einer monotonen Gitterfolge des E_n (s. **43**). Man sieht dies auch, indem man für $\mathfrak{k}$ einen Körper wählt, der nicht mit dem zugehörigen Körper $\mathfrak{L}$ zusammenfällt, und $i = 0$ setzt; jetzt gilt (1) für jedes $M \in L$.

Übrigens kann man zeigen, daß bei endlichem i die Mengen $M \in \mathfrak{L}$, für welche (1) gilt, stets einen Körper bilden (s. **27** b)).

[2] L und M dürfen auch genau eine Nullmenge gemeinsam haben (s. **11** [4]).

$M \in \mathfrak{L}$ gelten:

$$\bar{i}\,(L + M) = \bar{i}\,(L) + \bar{i}\,(M), \tag{4}$$

$$\underline{i}\,(L + M) = \underline{i}\,(L) + \underline{i}\,(M) \tag{5}$$

Umgekehrt folgt aus der Giltigkeit von (4) *oder von* (5) *für jedes zu L fremde $M \in \mathfrak{L}$ die Meßbarkeit von L, falls i vollständig und $\bar{i}\,(L)$ endlich ist.* Wählt man nämlich eine meßbare Obermenge A von L endlichen Inhalts und bildet man (4) oder (5) mit $M = A - L$, so entsteht (2) bzw. (3). Nach Satz 9 ist dann L beide Male meßbar.

Weiters entnimmt man aus **11** (24), (25) den

Satz 10. *Für die Meßbarkeit einer Menge $M \in \mathfrak{L}$ ist (bei irgend einem Inhalt i) notwendig, daß die beiden folgenden Gleichungen für jedes $L \in \mathfrak{L}$ gelten:*

$$\bar{i}\,(L) = \bar{i}\,(L\,M) + \bar{i}\,(L - M), \tag{6}$$

$$\underline{i}\,(L) = \underline{i}\,(L\,M) + \underline{i}\,(L - M).\text{ [3]} \tag{7}$$

Hierzu gilt die folgende Umkehrung: *Ist i vollständig und $\bar{i}\,(M)$ endlich, so folgt aus der Giltigkeit von* (6) *oder von* (7) *für ein einziges meßbares $L = A$ endlichen Inhalts, das M überdeckt, die Meßbarkeit von M.* Für $L = A$ stimmen ja (6), (7) mit (2) bzw. (3) überein, mit M an Stelle von L. Nach Satz 9 ist dann M beide Male meßbar.

Es soll nun näher untersucht werden, wie weit eine Bedingung der Form (6) oder (7) für die Meßbarkeit von M hinreicht, falls L auf einem betrachteten Teilsystem $\mathfrak{S}$ aus $\mathfrak{L}$ variiert; dabei soll insbesondere der Fall $\bar{i}\,(M) = \infty$ einbezogen werden[4]. Es wird sich ergeben, daß $\bar{i}$ und $\underline{i}$ ein abweichendes Verhalten zeigen. Ein erster Unterschied liegt bereits darin, daß (6) für jedes $M \in \mathfrak{L}$ gilt, falls $\bar{i}\,(L) = \infty$ ist (nach **11** (3)), während das Entsprechende bei (7) nicht der Fall zu sein braucht[5]. Man darf hiernach erwarten, daß eine Bedingung der Form (7) bei nicht endlichem i zumindest für $\mathfrak{S} = \mathfrak{L}$ stärker ist als eine der Form (6). — Zunächst gilt der

Satz 11. *Folgt aus der Giltigkeit von* (6) *oder der von* (7) *für alle L irgend eines Teilsystems $\mathfrak{S}$ aus $\mathfrak{L}$ stets die Meßbarkeit von M, so ist i vollständig*[6].

[3] Die Bedingungen (2), (3) sowie (4), (5) sind ein Sonderfall hiervon.

[4] Mittels einer Bedingung der Form (6) hat *C. Carathéodory* in seiner Maßtheorie die Meßbarkeit definiert. Vorlesungen über reelle Funktionen, Leipzig und Berlin 1918, p. 246.

[5] Ist z. B. i der eindimensionale Jordan'sche Inhalt, M die (nicht meßbare) Menge aller rationalen Punkte der Zahlengeraden und L die Zahlengerade selber, so wird $\underline{i}\,(L) = \infty$, $\underline{i}\,(L\,M) + \underline{i}\,(L - M) = 0$. Dasselbe gilt für das Maß in **18**, Beisp. 2 mit $M = A_2$, $L = A_{23}$.

[6] Es kommt auf dasselbe hinaus, wenn man $\mathfrak{S} = \mathfrak{L}$ annimmt.

Beweis. Es sei jede Menge $M \in \mathfrak{L}$, für die (6) für alle $L \in \mathfrak{S}$ gilt, meßbar. Man hat zu zeigen, daß auch jede Menge M meßbar ist, für die es zu jedem $\varepsilon > 0$ meßbare Mengen $\underline{A}$, $\bar{A}$ gibt, so daß **24** (1) gilt. Hierzu beweise ich, daß eine solche Menge M, die ja sicher zu $\mathfrak{L}$ gehört, die Gleichung (6) für jedes $L \in \mathfrak{S}$ erfüllt.

Wegen der Meßbarkeit von $\underline{A}$, $\bar{A}$ ist nach Satz 10 für jedes $L \in \mathfrak{S}$

$$\bar{i}(L) = \bar{i}(L\,\underline{A}) + \bar{i}(L - \underline{A}), \quad \bar{i}(L) = \bar{i}(L\,\bar{A}) + \bar{i}(L - \bar{A}). \tag{8}$$

Ferner gilt

$$\bar{i}(L\underline{A}) + \bar{i}(L - \bar{A}) \leqq \bar{i}(LM) + \bar{i}(L - M) \leqq \bar{i}(L\bar{A}) + \bar{i}(L - \underline{A}). \tag{9}$$

Setzt man zur Abkürzung $\bar{A} - \underline{A} = C$, so hat man

$$L\,\underline{A} = L(\bar{A} - C) = L\,\bar{A} - C, \quad L\,\bar{A} = L(\underline{A} + C) \subset L\,\underline{A} + C.$$

Damit ergibt **11** (18)

$$\bar{i}(L\,\underline{A}) = \bar{i}(L\,\underline{A} + C) - i(C) = \bar{i}(L\,\bar{A} + C) - i(C) \geqq \bar{i}(L\,\bar{A}) - i(C),$$

$$\bar{i}(L\,\bar{A}) \leqq \bar{i}(L\,\underline{A} + C) = \bar{i}(L\,\underline{A}) + i(C).$$ [7]

Hieraus folgt wegen $i(C) < \varepsilon$ (s. **24** (1))

$$\bar{i}(L\,\underline{A}) \geqq \bar{i}(L\,\bar{A}) - \varepsilon, \quad \bar{i}(L\,\bar{A}) \leqq \bar{i}(L\,\underline{A}) + \varepsilon.$$

Schätzt man damit die linke Seite von (9) nach unten und die rechte nach oben ab, so entsteht nach (8)

$$\bar{i}(L) - \varepsilon \leqq \bar{i}(L\,M) + \bar{i}(L - M) \leqq \bar{i}(L) + \varepsilon,$$

woraus (6) bei beliebigem $L \in \mathfrak{S}$ folgt.

Analog schließt man bei (7), womit dann der Beweis beendet ist.

Nach Satz 11 kann also nur dann jede Menge M, die eine Bedingung der Form (6) oder der Form (7) erfüllt, meßbar sein, wenn i vollständig ist. Darüber hinaus muß i im Falle (6) die Schnitteigenschaft und im Falle (7) die Teileigenschaft haben (s. **18**). Neben dem Satze 11 gilt nämlich der

Satz 12. *Folgt aus der Giltigkeit von* (6) *oder der von* (7) *für alle L irgend eines Teilsystems $\mathfrak{S}$ aus $\mathfrak{L}$ stets die Meßbarkeit von M, so hat i im Falle* (6) *die Schnitteigenschaft und im Falle* (7) *die Teileigenschaft*[7].

Beweis. Es sei jede Menge $M \in \mathfrak{L}$, für die (6) für alle $L \in \mathfrak{S}$ gilt, meßbar. Ferner sei M_0 eine gewählte nicht meßbare Menge aus $\mathfrak{L}$. Man hat zu zeigen, daß es eine meßbare Menge A endlichen Inhalts gibt, so daß $A\,M_0$ nicht meßbar ist.

Wegen der Voraussetzung und wegen **11** (3) gibt es ein $L \in \mathfrak{S}$, so daß

---

[7] Die Schlußweise dieser beiden Zeilen ist so gewählt, daß sie auf $\underline{i}$ übertragen werden kann. Sonst könnte das Ergebnis der ersten Zeile sofort aus $L\,\underline{A} = L\,\bar{A} - C$ mittels **11** (6) gefolgert werden.

$$\bar{i}(L) < \bar{i}(L M_0) + \bar{i}(L - M_0)$$

ist; dabei muß $\bar{i}(L)$ endlich sein. Nach der Definition **10** (1) von $\bar{i}$ hat dann L eine meßbare Obermenge A endlichen Inhalts, so daß

$$i(A) < \bar{i}(L M_0) + \bar{i}(L - M_0),$$

und damit erst recht

$$i(A) < \bar{i}(A M_0) + \bar{i}(A - M_0) \tag{10}$$

ist. Dabei kann $A M_0$ nicht meßbar sein, da es sonst auch $A - M_0$ wäre, also

$$i(A) = \bar{i}(A M_0) + \bar{i}(A - M_0)$$

gelten würde, im Widerspruch zu (10). A ist also für M_0 eine Menge, wie es die Schnitteigenschaft verlangt.

Der auf (7) bezügliche Teil der Behauptung wird ganz ähnlich bewiesen[8].

Spezialisiert man das System $\mathfrak{S}$, so können sich für i weitergehende Eigenschaften ergeben. Hierher gehört der

Satz 13. *Folgt aus der Giltigkeit von* (7) *für alle L mit endlichem $\underline{i}$ stets die Meßbarkeit von M, so hat i* (nicht nur die Teileigenschaft sondern sogar) *die Schnitteigenschaft.*

Der Beweis verläuft ebenfalls ganz ähnlich dem bei Satz 12 geführten[8].

Die beiden folgenden Sätze sind Umkehrungen der Sätze 11 bis 13.

Satz 14. *Es sei i ein vollständiger Inhalt mit der Schnitteigenschaft. Dann folgt aus der Giltigkeit von* (6) *sowie aus der von* (7) *für jedes meßbare L endlichen Inhalts die Meßbarkeit von M.*

Erfüllt nämlich M für jedes meßbare L endlichen Inhalts die Gleichung (6) (bzw. (7)), so ist $L M$ für jedes solche L nach Satz 9 meßbar. Damit muß aber M selber meßbar sein, da sonst i nicht die Schnitteigenschaft haben könnte.

Satz 15. *Es sei i ein vollständiger Inhalt mit der Teileigenschaft. Dann folgt aus der Giltigkeit von* (7) *für jedes meßbare L* (*endlichen sowie unendlichen*) *Inhalts die Meßbarkeit von M.*

B e w e i s. Wäre M nicht meßbar, so gäbe es wegen der Teileigenschaft von i ein meßbares A, so daß $A M$ nicht meßbar und $\underline{i}(A M)$ sowie $\underline{i}(A - M)$ endlich ist. Wegen der Vollständigkeit von i wäre dann (bei endlichem sowie unendlichem $\bar{i}(A M)$) $\underline{i}(A M) < \bar{i}(A M)$ und daher nach **10** (4)

$$i(A) = \bar{i}(A M) + \underline{i}(A - M) > \underline{i}(A M) + \underline{i}(A - M),$$

[8] Siehe *K. Mayrhofer*, **18**[3], Satz 6, 8.

im Widerspruch zu der mit $L = A$ gebildeten Gleichung (7). Damit ist Satz 15 bewiesen.

Die letzten Sätze werden u. a. es ermöglichen, die Theorie der „gewöhnlichen äußeren Maße" in die der Maße im Sinne von **16** einzuordnen (s. Kap. V).

§ 6. Vervollständigung eines Inhaltes und eines Maßes.

27. Kleinste Vervollständigung eines Inhalts. Es seien i und j Inhalte auf den Körpern $\mathfrak{k}$ bzw. $\mathfrak{K}$. j heißt eine *Erweiterung von* i oder ein *Inhalt über* i, wenn $\mathfrak{K} \supset \mathfrak{k}$ und $j(A) = i(A)$ für jedes $A \in \mathfrak{k}$ gilt. Ein vollständiger Inhalt über i heißt kurz eine *Vervollständigung von* i. Bildet man einen Inhalt über i, so sagt man auch, i werde „erweitert" bzw. „vervollständigt". Es soll nun untersucht werden, ob ein Inhalt stets in $\mathfrak{E}$ vervollständigt werden kann.

a) Sei also i auf $\mathfrak{k}$ der betrachtete Inhalt. Falls es möglich ist, i zu vervollständigen, so muß der neue Definitionsbereich (da dieser $\mathfrak{k}$ umfaßt) insbesondere jene Mengen M enthalten, für welche sich **24** (1) bei beliebigem $\varepsilon > 0$ mit Mengen $\underline{A}, \overline{A}$ aus $\mathfrak{k}$ erreichen läßt:

$$\underline{A} \subset M \subset \overline{A},\ i(\overline{A} - \underline{A}) < \varepsilon \qquad (\underline{A}, \overline{A} \text{ aus } \mathfrak{k}). \tag{1}$$

Diese Mengen M sind auch dadurch gekennzeichnet (s. **24** c)), daß es zu jedem $\varepsilon > 0$ Mengen A, C aus $\mathfrak{k}$ gibt, so daß

$$A \subset M,\ M - A \subset C,\ i(C) < \varepsilon \tag{2}$$

ist. Ich zeige, *daß das System* $\mathfrak{K}$ *der Mengen* M, *für die* (1) (oder gleichbedeutend (2)) *zutrifft, ein Körper ist, der* $\mathfrak{k}$ *umfaßt.*

Sind nämlich L, M zwei Mengen aus $\mathfrak{K}$, so gibt es nach (2) zu jedem $\varepsilon > 0$ Mengen A', C'; A'', C'' aus $\mathfrak{k}$, so daß

$$A' \subset L, L - A' \subset C', i(C') < \frac{\varepsilon}{2};\quad A'' \subset M, M - A'' \subset C'', i(C'') < \frac{\varepsilon}{2} \tag{3}$$

ist. Hieraus folgt (s. **2** (13))

$$A' + A'' \subset L + M,\quad (L+M) - (A'+A'') \subset (L-A') + (M-A'') \subset C' + C'',$$

ferner $i(C' + C'') < \varepsilon$. Es gilt also (2) für $L + M$ statt M mit $A = A' + A''$, $C = C' + C''$, weshalb $L + M$ zu $\mathfrak{K}$ gehört. Weiters gilt (2) für $L - M$ statt M mit $A = A' - (A'' + C'')$, $C = C' + C''$. Es ist nämlich wegen (3)

$$A' - (A'' + C'') \subset L - M,$$

$$(L-M)-[A'-(A''+C'')]=[(L-M)-A']+(L-M)(A''+C'')^{1}=$$
$$=[(L-A')-M]+(L-M)\,C''^{\,2}\subset C'+C'',\qquad i\,(C'+C'')<\varepsilon.$$

Also gehört auch $L-M$ zu $\mathfrak{K}$. Damit ist gezeigt, daß $\mathfrak{K}$ ein Körper ist. Dieser umfaßt sichtlich $\mathfrak{k}$.

b) Da $\mathfrak{K}$ aus passenden Teilen der einzelnen Mengen aus $\mathfrak{k}$ besteht (s. (1)), *liegt* $\mathfrak{K}$ *im Definitionsbereich* $\mathfrak{L}$ *der Außen- und Innenfunktion* $\bar{i}$ *bzw.* $\underline{i}$ *von* i. *Zugleich ist*

$$\underline{i}\,(M)=\bar{i}\,(M)\ \textit{für jedes}\ M\in\mathfrak{K}. \tag{4}$$

Dies gilt nämlich sicher, falls $\underline{i}\,(M)=\infty$ ist. Ist $\underline{i}\,(M)$ endlich, so kann der zweite Teil von (1) auf die Form $i\,(\bar{A})<i\,(\underline{A})+\varepsilon$ gebracht werden, womit sich

$$i\,(\underline{A})\leqq\underline{i}\,(M)\leqq\bar{i}\,(M)\leqq i\,(\bar{A})<i\,(\underline{A})+\varepsilon$$

ergibt. Hieraus folgt aber (4) bei $\varepsilon\to 0$.

Ist i *endlich, so besteht* $\mathfrak{K}$ *auch aus jenen Mengen* $M\in\mathfrak{L}$, *für die* $\bar{i}\,(M)=$ $=\underline{i}\,(M)$ *ist.* Dies trifft zunächst nach (4) für jedes $M\in\mathfrak{K}$ zu. Umgekehrt folgt bei endlichem i aus $\bar{i}\,(M)=\underline{i}\,(M)$ die Existenz zweier Mengen $\underline{A}$, $\bar{A}$ aus $\mathfrak{k}$, für die (1) gilt; man hat $\underline{A}$, $\bar{A}$ nur so zu wählen, daß $\underline{A}\subset M\subset\bar{A}$ ist und zugleich

$$i\,(\underline{A})>\underline{i}\,(M)-\varepsilon/2,\qquad i\,(\bar{A})<\bar{i}\,(M)+\varepsilon/2.$$

c) Nun zeige ich, *daß* i *auf genau eine Weise zu einem Inhalt* j *auf* $\mathfrak{K}$ *erweitert werden kann; und zwar ist*

$$j\,(M)=\bar{i}\,(M)=\underline{i}\,(M)\qquad (M\in\mathfrak{K}). \tag{5}$$

Falls nämlich i zu einem Inhalt j auf $\mathfrak{K}$ erweitert werden kann, so muß wegen der Monotonie eines Inhaltes für jedes $M\in\mathfrak{K}$

$$\sup i\,(\underline{A})\leqq j\,(M)\leqq\inf i\,(\bar{A})$$

gelten, wenn $\underline{A}$ die i-meßbaren Teilmengen und $\bar{A}$ die i-meßbaren Obermengen von M durchläuft. Die hierin auftretenden Grenzen sind $\underline{i}\,(M)$ bzw. $\bar{i}\,(M)$ und fallen nach (4) zusammen. Daher kommt für j nur die durch (5) erklärte Funktion in Frage. Diese Funktion j stimmt auf $\mathfrak{k}$ mit i überein. Ferner ist sie ein Inhalt. Sie erfüllt nämlich zunächst die Axiome I, II; außerdem ist sie additiv: für zwei fremde Mengen L, M aus $\mathfrak{K}$ ist ja nach (5) sowie **11** (28) bzw. **11** (29)

[1] Nach **2** (23).

[2] Man beachte $(L-M)\,A''=O$, wegen $A''\subset M$.

$$j(L+M) = \begin{cases} \bar{i}(L+M) \geqq \bar{i}(L) + \underline{i}(M), \\ \underline{i}(L+M) \leqq \bar{i}(L) + \underline{i}(M), \end{cases}$$

woraus

$$j(L+M) = \bar{i}(L) + \underline{i}(M) = j(L) + j(M)$$

folgt. — *Ist i insbesondere endlich, so gilt dies auch von j.*

d) *Der durch* (5) *erklärte Inhalt j ist vollständig.* Ist also X eine Menge, für die es zu jedem $\varepsilon > 0$ Mengen $\underline{M}$, $\bar{M}$ aus $\mathfrak{K}$ gibt, so daß

$$\underline{M} \subset X \subset \bar{M}, \; j(\bar{M} - \underline{M}) < \varepsilon \tag{6}$$

gilt, so gehört X zu $\mathfrak{K}$.

Um dies zu beweisen, beachte ich, daß es nach der Definition von $\mathfrak{K}$ Mengen $\underline{A}$, $\bar{A}$ aus $\mathfrak{k}$ gibt, so daß

$$\underline{A} \subset \underline{M}, \; j(\underline{M} - \underline{A}) < \varepsilon, \quad \bar{A} \supset \bar{M}, \; j(\bar{A} - \bar{M}) < \varepsilon \tag{7}$$

ist. Wegen (6), (7) gilt

$$\underline{A} \subset X \subset \bar{A}, \tag{8}$$

$$\bar{A} - \underline{A} = (\bar{A} - \bar{M}) + (\bar{M} - \underline{M}) + (\underline{M} - \underline{A})^{3}$$

und somit

$$i(\bar{A} - \underline{A}) = j(\bar{A} - \underline{A}) = j(\bar{A} - \bar{M}) + j(\bar{M} - \underline{M}) + j(\underline{M} - \underline{A}) < 3\varepsilon. \tag{9}$$

Nach (8), (9) gehört X in der Tat zu $\mathfrak{K}$ (s. (1)).

e) Nach c), d) ist j eine Vervollständigung von i. Man versteht unter einer *kleinsten Vervollständigung von i* eine solche, aus der jede andere durch eine Erweiterung gewonnen werden kann; sichtlich gibt es, falls überhaupt, nur eine einzige kleinste Vervollständigung von i. Da nun der Definitionsbereich einer jeden Vervollständigung von i nach a) den Körper $\mathfrak{K}$ umfaßt und da nach c) i nur auf eine Weise zu einem Inhalt auf $\mathfrak{K}$ erweitert werden kann, und zwar zu j, muß jede Vervollständigung von i eine Erweiterung von j sein. Da aber j selber vollständig ist, *ist also j die kleinste Vervollständigung von i.*

f) *Hat i die Zerlegungseigenschaft, so gilt dies auch von j.* Jede j-meßbare Menge kann ja durch eine i-meßbare überdeckt und diese als Summe abzählbar vieler i- und damit j-meßbarer Mengen endlichen Inhalts dargestellt werden. — Insgesamt wurde gezeigt:

Satz 1. *Ein Inhalt i auf $\mathfrak{k}$ kann stets (in $\mathfrak{E}$) vervollständigt werden; unter den Vervollständigungen gibt es eine (eindeutig bestimmte) kleinste j.*

---

[3] Für $A \supset B \supset C$ ist $(A - B) + (B - C) = A - C$. Dies ergibt sich formal so: es ist $(A - B) + B = A$, also $[(A - B) - C] + (B - C) = A - C$; dies stimmt bereits mit der Behauptung überein, da $A - B$ und C fremd sind.

Der Definitionsbereich $\mathfrak{K}$ von j besteht aus jenen Mengen M, für die es zu jedem $\varepsilon > 0$ Mengen $\underline{A}(\varepsilon) = \underline{A}$, $\bar{A}(\varepsilon) = \bar{A}$ aus $\mathfrak{k}$ gibt, so daß

$$\underline{A} \subset M \subset \bar{A}, \; i(\bar{A} - \underline{A}) < \varepsilon^{4} \tag{10}$$

ist; ferner gilt für jedes $M \in \mathfrak{K}$

$$j(M) = \bar{i}(M) = \underline{i}(M). \tag{11}$$

Falls i die Zerlegungseigenschaft hat, so auch j.

Falls i endlich ist, so ist auch j endlich. Ferner besteht jetzt $\mathfrak{K}$ auch aus jenen Mengen $M \in \mathfrak{L}$, für die $\bar{i}(M) = \underline{i}(M)$ ist.

Schließlich kann i auf nur eine Weise zu einem Inhalt auf $\mathfrak{K}$ überhaupt erweitert werden (nämlich zu j).

Der Definitionsbereich $\mathfrak{L}^*$ von $\bar{j}$, $\underline{j}$ besteht aus allen Teilen der Mengen aus $\mathfrak{K}$. Da einerseits jede Menge aus $\mathfrak{K}$ Teil einer Menge aus $\mathfrak{k}$ ist und andererseits $\mathfrak{k}$ in $\mathfrak{K}$ liegt, muß $\mathfrak{L}^* = \mathfrak{L}$ sein. Weiters gilt für jedes $T \in \mathfrak{L}$ wegen (11)

$$\bar{j}(T) = \inf j(M) = \inf \bar{i}(M),$$

wobei M alle j-meßbaren Obermengen von T zu durchlaufen hat. Hieraus folgt wegen $\bar{i}(M) \geqq \bar{i}(T)$

$$\bar{j}(T) \geqq \bar{i}(T). \tag{12}$$

Daneben gilt wegen $\mathfrak{k} \subset \mathfrak{K}$

$$\bar{j}(T) \leqq \inf i(A) = \bar{i}(T), \tag{13}$$

wenn A alle i-meßbaren Obermengen von T durchläuft. Nach (12), (13) ist also $\bar{j}(T) = \bar{i}(T)$. Analog beweist man $\underline{j}(T) = \underline{i}(T)$. Somit gilt der

Satz 2. *Ist j die kleinste Vervollständigung von i, so fallen $\bar{i}$ und $\bar{j}$, ferner $\underline{i}$ und $\underline{j}$ zusammen.*

Schließlich ergibt sich leicht der

Satz 3. *Ist i_1 eine Erweiterung von i, so ist die kleinste Vervollständigung j_1 von i_1 eine Erweiterung der kleinsten Vervollständigung j von i.*

Liegt außerdem der Definitionsbereich $\mathfrak{k}_1$ von i_1 im Definitionsbereich $\mathfrak{K}$ von j, so sind j und j_1 identisch.

Denn j_1 ist eine Vervollständigung von i und damit eine Erweiterung der kleinsten Vervollständigung j von i.

Sei ferner $\mathfrak{k}_1 \subset \mathfrak{K}$. Wegen $j_1 = j$ auf $\mathfrak{K}$ und $j_1 = i_1$ auf $\mathfrak{k}_1$ ist jetzt $j = i_1$ auf $\mathfrak{k}_1$. Somit ist j eine Vervollständigung von i_1 und als solche eine Erweiterung der kleinsten Vervollständigung j_1 von i_1. Da umgekehrt j_1 eine Erweiterung von j ist, müssen j und j_1 identisch sein.

---

[4] Dies kann gemäß **24** a) bis d) umgefo mt werden.

28. Kleinste Vervollständigung eines volladditiven Inhalts. Hierüber besagt der

Satz 4. *Der kleinste vollständige Inhalt über einem volladditiven Inhalt ist wieder volladditiv.*

Beweis. Sei i auf $\mathfrak{k}$ ein volladditiver Inhalt und j auf $\mathfrak{K}$ seine kleinste Vervollständigung. Ferner sei (M_ν) eine beliebige Folge von Mengen aus $\mathfrak{K}$, deren Summe S zu $\mathfrak{K}$ gehört. Nach **13** genügt der Nachweis von

$$j(S) \leqq \Sigma j(M_\nu). \tag{1}$$

Sei zunächst $j(S)$ endlich; wegen $M_\nu \subset S$ müssen dann auch die $j(M_\nu)$ endlich sein. Da j die kleinste Vervollständigung von i ist, gibt es nach **27** (11) zu jedem $\varepsilon > 0$ eine zu $\mathfrak{k}$ gehörige Teilmenge C von S, so daß

$$j(S) - \varepsilon < i(C) \tag{2}$$

ist. Ferner gibt es nach **27** (11) zu jedem M_ν eine zu $\mathfrak{k}$ gehörige Obermenge A_ν, so daß

$$i(A_\nu) < j(M_\nu) + \frac{\varepsilon}{2^\nu} \tag{3}$$

ist. Da C von der Vereinigung S der M_ν und damit erst recht von der der A_ν überdeckt wird, gilt

$$C = \Sigma C A_\nu; \tag{4}$$

dabei gehören die Summanden rechts zu $\mathfrak{k}$. Aus (4) folgt nach **13** (2) und nach (3)

$$i(C) \leqq \Sigma i(C A_\nu) \leqq \Sigma i(A_\nu) \leqq \Sigma j(M_\nu) + \varepsilon. \tag{5}$$

Aus (2), (5) folgt $j(S) < \Sigma j(M_\nu) + 2\varepsilon$, was bei $\varepsilon \to 0$ auf (1) führt.

Ist $j(S) = \infty$ und ebenso mindestens ein $j(M_\nu)$, so gilt (1) sichtlich.

Sei schließlich $j(S) = \infty$ und jedes $j(M_\nu)$ endlich. Dann gibt es (nach **27** (11)) zu jeder Zahl g eine zu $\mathfrak{k}$ gehörige Teilmenge C von S, so daß $g < i(C)$ ist. Ferner gibt es zu jedem M_ν eine in $\mathfrak{k}$ liegende Obermenge A_ν, so daß (3) gilt. Da (4), (5) bestehen bleiben, hat man also $g < \Sigma j(M_\nu) + \varepsilon$, was auf $\Sigma j(M_\nu) = \infty$ führt. Es gilt also wieder (1). Damit ist Satz 4 bewiesen.

29. Kleinste Vervollständigung eines Maßes. Ein Maß m auf $\mathfrak{k}$ kann als spezieller Inhalt nach Satz 1 zum kleinsten vollständigen Inhalt über m erweitert werden. Hierüber gilt der

Satz 5. *Der kleinste vollständige Inhalt über einem Maße m ist wieder ein Maß. Dieses ist also das (eindeutig bestimmte) kleinste vollständige Maß über m.*

Beweis. Da m ein volladditiver Inhalt ist, ist der kleinste vollständige Inhalt j über m nach Satz 4 zunächst volladditiv. Es bleibt also nur zu zeigen, daß der Definitionsbereich $\mathfrak{K}$ von j ein σ-Körper ist, d. h., daß die Summe S einer jeden Folge (M_ν) aus $\mathfrak{K}$ ebenfalls zu $\mathfrak{K}$ gehört.

Nach der Definition von $\mathfrak{K}$ (s. **27** (10)) und nach **25**, Satz 2 gibt es zu jedem M_ν Mengen $\underline{A}_\nu$, $\overline{A}_\nu$ aus $\mathfrak{k}$, so daß

$$\underline{A}_\nu \subset M_\nu \subset \overline{A}_\nu,\ m(\overline{A}_\nu - \underline{A}_\nu) = 0$$

ist. Hieraus folgt, wenn man $\Sigma\,\underline{A}_\nu = \underline{S}$, $\Sigma\,\overline{A}_\nu = \overline{S}$ setzt,

$$\underline{S} \subset S \subset \overline{S} \text{ mit } \underline{S}, \overline{S} \text{ aus } \mathfrak{k}, \tag{1}$$

ferner wegen $\overline{S} - \underline{S} \subset \Sigma(\overline{A}_\nu - \underline{A}_\nu)$ (s. **2** (13))

$$m(\overline{S} - \underline{S}) \leqq m(\Sigma(\overline{A}_\nu - \underline{A}_\nu)) \leqq \Sigma\, m(\overline{A}_\nu - \underline{A}_\nu) = 0. \tag{2}$$

Nach (1), (2) gehört aber S zu $\mathfrak{K}$, w. z. z. w.

Das kleinste vollständige Maß über m werde mit l (statt j) bezeichnet. Wie eben verwendet, gibt es zu jedem $M \in \mathfrak{K}$ Mengen $\underline{A}$, $\overline{A}$ aus $\mathfrak{k}$, so daß

$$\underline{A} \subset M \subset \overline{A},\ m(\overline{A} - \underline{A}) = 0 \tag{3}$$

ist. Da $\overline{A} - \underline{A}$ zugleich l-Nullmenge und l vollständig ist, sind auch die Teile $M - \underline{A}$, $\overline{A} - M$ von $\overline{A} - \underline{A}$ l-Nullmengen (**25**, Satz 4). Damit hat man den

Satz 6. *Es sei l das kleinste vollständige Maß über dem Maße m. Dann hat jede l-meßbare Menge M eine eingeschriebene sowie eine umgeschriebene m-meßbare Menge $\underline{A}$ bzw. $\overline{A}$, so daß $M - \underline{A}$ und $\overline{A} - M$ l-Nullmengen sind. Umgekehrt folgt hieraus beide Male die l-Meßbarkeit von M.*

Hiernach erhält man die l-meßbaren Mengen, indem man die l-Nullmengen entweder zu den m-meßbaren Mengen addiert oder auch, indem man sie von ihnen subtrahiert.

Eine l-meßbare Menge hat also jedenfalls stets eine maßgleiche Teilmenge sowie eine maßgleiche Obermenge, die m-meßbar ist.

Schließlich ergibt sich leicht der

Satz 7. *Der Nullkörper von l besteht aus den Teilen der einzelnen m-Nullmengen.*

Zunächst ist nämlich jeder Teil einer m-Nullmenge eine l-Nullmenge, da eine m-Nullmenge auch l-Nullmenge und l vollständig ist. Umgekehrt gibt es zu jeder l-Nullmenge N Mengen $\underline{A}$, $\overline{A}$ aus $\mathfrak{k}$, so daß (3) mit $M = N$ gilt. Wegen $\underline{A} \subset N$ ist $m(\underline{A}) = 0$ und daher $m(\overline{A}) = m(\underline{A}) = 0$. Somit ist N Teil einer m-Nullmenge, nämlich von $\overline{A}$.

Wegen der Sätze 6 und 7 *ist* $\mathfrak{K}$ *der kleinste Körper über* $\mathfrak{k}$, *der alle Teile der* m-*Nullmengen umfaßt* (*und somit außer von* $\mathfrak{k}$ *auch von* m *abhängig*).

§ 7. Erweiterung eines volladditiven Inhaltes zu einem Maße.

Es soll jetzt gezeigt werden, daß ein volladditiver Inhalt mit der Zerlegungseigenschaft stets zu einem Maße erweitert werden kann und daß es unter diesen Erweiterungen eine kleinste, sowie eine kleinste vollständige gibt; zugleich werden die beiden letzten Erweiterungen auch konstruiert.

30. Die $\mathfrak{k}_\sigma$-Erweiterung eines volladditiven Inhaltes. Soll es möglich sein, einen Inhalt zu einem Maße zu erweitern, so muß dieser jedenfalls volladditiv sein; demgemäß sei jetzt i ein volladditiver Inhalt auf dem Körper $\mathfrak{k}$.

Der Definitionsbereich eines Maßes über i umfaßt stets den kleinsten σ-Ring $\mathfrak{k}_\sigma$ über $\mathfrak{k}$, da $\mathfrak{k}_\sigma$ aus den Summen je abzählbar vieler Mengen aus $\mathfrak{k}$ besteht (s. **5**) und diese Summen zu jedem σ-Körper über $\mathfrak{k}$ gehören. Eine solche Summe heiße eine $\mathfrak{k}$-*Summe* (oder eine *für* $\mathfrak{k}$ *offene Menge* [1]); sie kann stets als Summe von abzählbar vielen getrennten Mengen aus $\mathfrak{k}$ dargestellt werden (s. **1** (12)). Ferner hat ein Maß über i für jede $\mathfrak{k}$-Summe $Q = \Sigma A_\nu$ mit getrennten $A_\nu \in \mathfrak{k}$ stets einen Wert, der durch $\Sigma\, i(A_\nu)$ gegeben wird und zwar unabhängig von der Wahl unserer Darstellung von Q.

Ich zeige nun: *Ist* $Q = \Sigma A_\nu$ *bei getrennten* $A_\nu \in \mathfrak{k}$, *so gilt*

$$\Sigma\, i(A_\nu) = \sup i(C) \text{ für alle } C \in \mathfrak{k} \text{ mit } C \subset Q. \qquad (1)$$

Für jedes $C \in \mathfrak{k}$ mit $C \subset Q$ ist nämlich wegen $C = CQ = \Sigma\, C A_\nu$ und der Volladditivität von i

$$i(C) = \Sigma\, i(C A_\nu) \leqq \Sigma\, i(A_\nu); \qquad (2)$$

ferner gibt es zu jedem $\varepsilon > 0$ einen Index n, so daß für $C = A_1 + \dots + A_n$

$$i(C) = i(A_1) + \dots + i(A_n) > \Sigma\, i(A_\nu) - \varepsilon \text{ bzw. } > \frac{1}{\varepsilon} \qquad (3)$$

gilt, je nachdem $\Sigma\, i(A_\nu)$ endlich oder ∞ ist. Nach (2), (3) gilt aber (1).

---

[1] Betreffs dieser Bezeichnung s. **61**, letzter Absatz.

Wird also eine $\mathfrak{k}$-Summe irgendwie als Summe getrennter $A_\nu \in \mathfrak{k}$ dargestellt, so hat $\Sigma\, i\,(A_\nu)$ für alle diese Darstellungen einen und denselben Wert.

Setzt man für jedes $Q \in \mathfrak{k}_\sigma$

$$r\,(Q) = \sup i\,(C) \qquad (C \in \mathfrak{k},\ C \subset Q), \tag{4}$$

so ist auf $\mathfrak{k}_\sigma$ eine Mengenfunktion definiert, die auf $\mathfrak{k}$ mit i übereinstimmt:

$$r\,(Q) = i\,(Q) \text{ für } Q \in \mathfrak{k}. \tag{5}$$

r heiße die *$\mathfrak{k}_\sigma$-Erweiterung von i.* Wie eben gezeigt, gilt für jede Darstellung $Q = \Sigma\, A_\nu$ bei getrennten $A_\nu \in \mathfrak{k}$

$$r\,(Q) = \Sigma\, i\,(A_\nu). \tag{6}$$

Ist allgemeiner $Q = \Sigma\, A_\nu$ bei irgend welchen $A_\nu \in \mathfrak{k}$, so hat man

$$r\,(Q) = \lim_{\nu \to \infty} i\,(A_1 + \ldots + A_\nu). \tag{7}$$

Mit der Bezeichnung **13** (3) ist nämlich nach (6)

$$r\,(Q) = \Sigma\, i\,(A_\nu') = \lim_{\nu \to \infty} i\,(A_1' + \ldots + A_\nu') = \lim_{\nu \to \infty} i\,(A_1 + \ldots + A_\nu).$$

Falls i insbesondere ein Maß ist, wird $\mathfrak{k}_\sigma = \mathfrak{k}$ und somit nach (5) r identisch mit i.

Gehört die $\mathfrak{k}$-Summe Q insbesondere zum Definitionsbereich $\mathfrak{L}$ von $\underline{i}$, so besagt (4), *daß*

$$r\,(Q) = \underline{i}\,(Q) \qquad (Q \in \mathfrak{L}) \tag{8}$$

ist. Zugleich fällt (6) mit **15** (2) zusammen.

Aus dem Bisherigen entnimmt man den

Satz 1. *Jedes Maß über dem volladditiven Inhalt i auf $\mathfrak{k}$ hat einen Definitionsbereich, der $\mathfrak{k}_\sigma$ umfaßt, und für jedes $Q \in \mathfrak{k}_\sigma$ einen Wert $r\,(Q)$, der durch jede der Gleichungen* (4), (6), (7) *gegeben ist.*

Ich stelle noch einige im Folgenden benötigte Eigenschaften von $r\,(Q)$ zusammen.

a) *Es ist stets $r\,(Q) \geqq 0$; ferner $r\,(O) = 0$.*

b) *r ist auf $\mathfrak{k}_\sigma$ volladditiv*: für je abzählbar viele getrennte $Q_\nu \in \mathfrak{k}_\sigma$ mit der Summe Q ist $r\,(Q) = \Sigma\, r\,(Q_\nu)$.

Sei $Q_\nu = \sum\limits_{\mu} A_{\mu\nu}$ bei jeweils getrennten $A_{\mu\nu} \in \mathfrak{k}$; da die Q_ν getrennt sind, sind alle $A_{\mu\nu}$ getrennt. Ist (A_λ) eine lineare Umordnung von $(A_{\mu\nu})$, so wird:

$$r\,(Q) = \Sigma\, i\,(A_\lambda) = \sum_{\nu} \sum_{\mu} i\,(A_{\mu\nu}) = \Sigma\, r\,(Q_\nu). \tag{9}$$

c) *r ist auf $\mathfrak{k}_\sigma$ monoton ansteigend.*

Dies folgt unmittelbar aus (4).

d) *Für je abzählbar viele* $Q_\nu \in \mathfrak{k}_\sigma$ *mit der Summe* Q *gilt*

$$r(Q) \leqq \Sigma\, r(Q_\nu). \tag{10}$$

Sei wie in b) $Q_\nu = \sum_\mu A_{\mu\nu}$ bei jeweils getrennten $A_{\mu\nu} \in \mathfrak{k}$, ferner (A_λ) eine lineare Umordnung von $(A_{\mu\nu})$. Dann gilt mit der Bezeichnung **13** (3)

$$r(Q) = \Sigma\, i(A_\lambda') \leqq \Sigma\, i(A_\lambda).$$

Setzt man wie in (9) fort, so entsteht (10).

e) *Für je zwei* Q, Q' *aus* $\mathfrak{k}_\sigma$ *gilt*

$$r(Q) + r(Q') = r(Q + Q') + r(Q\,Q'). \tag{11}$$

Dies ist zunächst richtig, falls $r(Q\,Q') = \infty$ ist, da dann nach c) alle Glieder in (11) den Wert ∞ haben. Sei also $r(Q\,Q')$ endlich, ferner $Q = \Sigma\, A_\mu$, $Q' = \Sigma\, A_\nu'$ mit A_μ, A_ν' aus $\mathfrak{k}$. Man darf annehmen, daß unendlich viele A_μ sowie A_ν' auftreten. Wegen $Q + Q' = \Sigma\,(A_\nu + A_\nu')$ gilt nach (7)

$$r(Q + Q') = \lim_{n\to\infty} i\left(\sum_1^n A_\nu + \sum_1^n A_\nu'\right).$$

Formt man rechts mittels **9** (6) um, so entsteht

$$r(Q + Q') = \lim_{n\to\infty} \left[i\left(\sum_1^n A_\nu\right) + i\left(\sum_1^n A_\nu'\right) - i\left(\sum_{\mu,\nu=1}^n A_\mu A_\nu'\right)\right]; \tag{12}$$

dabei wurde beachtet, daß der Subtrahend wegen der Voraussetzung über $r(Q\,Q')$ und wegen c) endlich ist. Aus (12) folgt aber (11) mittels (7).

Die Teile der einzelnen $\mathfrak{k}$-Summen (also die Mengen, die durch abzählbar viele Mengen aus $\mathfrak{k}$ überdeckt werden können) bilden einen σ-Körper $\mathfrak{L}'$ (s. **7**). Für jedes $M \in \mathfrak{L}'$ werde

$$\bar{r}(M) = \inf r(Q) \text{ für alle } Q \in \mathfrak{k}_\sigma \text{ mit } Q \supset M \tag{13}$$

gesetzt; bei variablem M auf $\mathfrak{L}'$ heiße $\bar{r}(M)$ die *Außenfunktion von* r. Wegen der Monotonie von r ist sichtlich

$$\bar{r}(M) = r(M) \text{ für } M \in \mathfrak{k}_\sigma. \tag{14}$$

Ferner ist $\bar{r}$ *monoton ansteigend* (nach (13)).

Ist i insbesondere ein Maß m, so wird $\mathfrak{k}_\sigma = \mathfrak{k}$, $r = m$, $\bar{r} = \bar{m}$.

31. Der σ-Körper $\mathfrak{K}'$. Falls es möglich ist, den volladditiven Inhalt i auf $\mathfrak{k}$ zu einem vollständigen Maße zu erweitern, so muß der neue Definitionsbereich (da dieser nach Satz 1 den Ring $\mathfrak{k}_\sigma$ umfaßt und das Maß für jedes $Q \in \mathfrak{k}_\sigma$ den Wert $r(Q)$ hat) insbesondere jene Mengen M enthalten, für die sich **24** a) bei beliebigem $\varepsilon > 0$ mit Mengen A, C aus $\mathfrak{k}_\sigma$

und mit r statt i erreichen läßt:

$$Q \supset M,\ Q - M \subset Q',\ r(Q') < \varepsilon \qquad (Q, Q' \text{ aus } \mathfrak{k}_\sigma); \tag{1}$$

dabei kommt es (wegen der Monotonie von r) auf dasselbe hinaus, wenn man neben (1) noch

$$Q' \subset Q \tag{2}$$

vorschreibt (vgl. 24[2]). Die Bedingungen (1), (2) (und damit auch (1) allein) sind äquivalent zu (vgl. **24** b))

$$M + Q' = Q,\ r(Q') < \varepsilon \qquad (Q, Q' \text{ aus } \mathfrak{k}_\sigma). \tag{3}$$

Satz 2. *Hat der volladditive Inhalt i auf $\mathfrak{k}$ die Zerlegungseigenschaft, so ist das System $\mathfrak{K}'$ der Mengen M, für die* (1) (*oder gleichbedeutend* (3)) *zutrifft, ein σ-Körper, der $\mathfrak{k}_\sigma$ (und damit $\mathfrak{k}$) umfaßt.*

B e w e i s. Da sich (1) für jedes $M \in \mathfrak{k}_\sigma$ sichtlich erreichen läßt, ist zunächst $\mathfrak{k}_\sigma \subset \mathfrak{K}'$. Es bleibt also zu zeigen, daß $\mathfrak{K}'$ ein σ-Körper ist.

a) Es sei (M_ν) eine Folge von Mengen, welche die Bedingung (3) erfüllen. Dann gilt dies auch für ihre Summe S.

Nach Voraussetzung gibt es nämlich bei gewähltem $\varepsilon > 0$ zu jedem M_ν zwei $\mathfrak{k}$-Summen Q_ν, Q_ν', so daß

$$M_\nu + Q_\nu' = Q_\nu,\ r(Q_\nu') < \frac{\varepsilon}{2^\nu} \qquad (\nu = 1, 2, \ldots)$$

ist. Hieraus folgt wegen **30** (10)

$$S + \Sigma Q_\nu' = \Sigma Q_\nu,\ r(\Sigma Q_\nu') \leqq \Sigma r(Q_\nu') < \varepsilon.$$

Dies besagt, daß S die Bedingung (3) erfüllt.

b) Es seien L, M ($L \subset M$) zwei Mengen, welche die Bedingung (3) erfüllen. Ich zeige (in drei Schritten), daß dies auch für $M - L$ gilt.

1. $M \in \mathfrak{k}$, $L \in \mathfrak{k}_\sigma$ und $r(L)$ endlich. — Ist $L = \sum_{\nu=1}^{\infty} A_\nu$ bei getrennten $A_\nu \in \mathfrak{k}$, so gilt:

$$(M - L) + (A_{n+1} + A_{n+2} + \ldots) = M - (A_1 + \ldots + A_n).$$

Hierin ist die rechte Seite für jedes n eine Menge Q_n aus $\mathfrak{k}$ und damit aus $\mathfrak{k}_\sigma$. Ferner ist die zweite Klammer links eine $\mathfrak{k}$-Summe Q_n' mit $r(Q_n') \to 0$ bei $n \to \infty$, da $\Sigma\, i(A_\nu) = r(L)$ und $r(L)$ endlich ist. Für ein passendes n hat man also in Q_n, Q_n' zwei $\mathfrak{k}$-Summen, so daß gilt: $(M - L) + Q_n' = Q_n,\ r(Q_n') < \varepsilon$.

2. $M \in \mathfrak{k}_\sigma$, $L \in \mathfrak{k}_\sigma$. — Es sei $M = \Sigma A_\nu$ bei getrennten $A_\nu \in \mathfrak{k}$. Da i die Zerlegungseigenschaft hat, darf man annehmen, daß $i(A_\nu)$ stets endlich ist. Nun gilt (s. **2** (12))

$$M - L = \Sigma A_\nu - L = \Sigma (A_\nu - A_\nu L).$$

Hierin sind die Summanden rechts Differenzen von der in 1. betrachteten Art[1] und erfüllen daher die Bedingung (3). Nach a) gilt dies dann auch für die Summe, d. h. für $M - L$.

3. $M \in \mathfrak{K}'$, $L \in \mathfrak{K}'$. — Es sei Q_0 eine feste, M überdeckende $\mathfrak{k}$-Summe. Dann ist (vgl. **1** (18))

$$M - L = Q_0 - [(Q_0 - M) + L].$$

Hiernach genügt es zu zeigen, daß $Q_0 - M$ die Bedingung (3) erfüllt, da dies dann nach a) auch von $(Q_0 - M) + L$ gilt und damit nach dem zu zeigenden auch von $Q_0 - [(Q_0 - M) + L]$.

Wegen $M \in \mathfrak{K}'$ gibt es $\mathfrak{k}$-Summen Q, Q', so daß

$$M + Q' = Q, \; r(Q') < \frac{\varepsilon}{2} \tag{4}$$

ist. Dabei darf man $Q \subset Q_0$ annehmen, da (4) bestehen bleibt, wenn Q, Q' bzw. durch $Q\,Q_0$, $Q'\,Q_0$ ersetzt werden. Dann ist aber $Q_0 - Q \subset \mathfrak{K}'$ nach 2. Es gibt also $\mathfrak{k}$-Summen Q_1, Q_1', so daß

$$(Q_0 - Q) + Q_1' = Q_1, \; r(Q_1') < \frac{\varepsilon}{2}$$

ist, oder wegen (4)

$$[(Q_0 - M) - Q'] + Q_1' = Q_1, \; r(Q_1') < \frac{\varepsilon}{2}. \tag{5}$$

Addiert man im ersten Teil beiderseits Q', so kommt

$$(Q_0 - M) + (Q' + Q_1') = Q_1 + Q'; \tag{6}$$

zugleich ist nach **30** d) bzw. (4), (5)

$$r(Q' + Q_1') \leqq r(Q') + r(Q_1') < \varepsilon. \tag{7}$$

Nach (6), (7) erfüllt $Q_0 - M$ die Bedingung (3).

Damit ist Satz 2 bewiesen.

32. Kleinstes vollständiges Maß über einem volladditiven Inhalt. Es sei i auf $\mathfrak{k}$ wie im Satz 2 ein volladditiver Inhalt mit der Zerlegungseigenschaft. Falls es möglich ist, i zu einem vollständigen Maße zu erweitern, so muß der Definitionsbereich eines jeden solchen Maßes nach **31** den σ-Körper $\mathfrak{K}'$ umfassen. Dieser liegt im Definitionsbereich $\mathfrak{L}'$

[1] Wegen der Monotonie von r ist $r(A_\nu L) \leqq r(A_\nu) = i(A_\nu)$, also $r(A_\nu L)$ nach der Annahme über $i(A_\nu)$ endlich.

der Außenfunktion $\bar{r}$ von r (da er ja aus passenden Teilen der einzelnen Mengen aus $\mathfrak{k}_\sigma$ besteht) und umfaßt $\mathfrak{k}_\sigma$.

a) Ich zeige zunächst, *daß i auf genau eine Weise zu einem Maße l auf $\mathfrak{K}'$ erweitert werden kann, und zwar ist für jedes $M \in \mathfrak{K}'$*

$$l(M) = \bar{r}(M) = \inf r(Q) \qquad (Q \in \mathfrak{k}_\sigma,\ Q \supset M). \tag{1}$$

B e w e i s. Sei l ein Maß auf $\mathfrak{K}'$ über i. Dann gilt (1).

Wegen der Monotonie von l und wegen $l(Q) = r(Q)$ für $Q \in \mathfrak{k}_\sigma$ (Satz 1) gilt nämlich

$$r(Q) \geqq l(M), \text{ falls } Q \supset M. \tag{2}$$

Ist $l(M) = \infty$, so ist hiernach auch $\bar{r}(M) = \infty$, also (1) richtig. Ist $l(M)$ endlich, so beachte ich noch, daß es wegen $M \in \mathfrak{K}'$ zu jedem $\varepsilon > 0$ zwei $\mathfrak{k}$-Summen Q, Q' gibt, so daß **31** (3) gilt. Damit wird

$$Q \supset M,\ r(Q) = l(Q) \leqq l(M) + l(Q') = l(M) + r(Q') < l(M) + \varepsilon. \tag{3}$$

Nach (2), (3) gilt also wieder (1).

Sei umgekehrt l die durch (1) auf $\mathfrak{K}'$ definierte Funktion. Dann ist l ein Maß.

Wegen $\bar{r} = r$ auf $\mathfrak{k}_\sigma$ (s. **30** (14)), ist zunächst für jedes $Q \in \mathfrak{k}_\sigma$

$$l(Q) = r(Q) \tag{4}$$

und damit für jedes $A \in \mathfrak{k}$ (s. **30** (5))

$$l(A) = i(A). \tag{5}$$

Ferner ist l wegen der Monotonie von $\bar{r}$ monoton ansteigend (s. **30**, Ende).

Da l die Maßaxiome I′, II sichtlich erfüllt, bleibt zu beweisen, daß für je abzählbar viele getrennte Mengen $M_\nu \in \mathfrak{K}'$ mit der Summe S gilt:

$$l(S) = \Sigma\, l(M_\nu). \tag{6}$$

Ich zeige zunächst

$$l(S) \leqq \Sigma\, l(M_\nu). \tag{7}$$

Dies gilt jedenfalls, wenn eines der $l(M_\nu)$ den Wert ∞ hat. Sind alle $l(M_\nu)$ endlich, so gibt es nach (1) zu jedem $\varepsilon > 0$ eine $\mathfrak{k}$-Summe Q_ν mit

$$Q_\nu \supset M_\nu,\ r(Q_\nu) < l(M_\nu) + \frac{\varepsilon}{2^\nu} \qquad (\nu = 1, 2, \ldots). \tag{8}$$

Hiernach ist $S \subset \Sigma\, Q_\nu$, worin rechts eine $\mathfrak{k}$-Summe steht. Dies ergibt, wenn man der Reihe nach die Monotonie von l, ferner (4), **30** (10) und (8) beachtet,

$$l(S) \leqq l(\Sigma\, Q_\nu) = r(\Sigma\, Q_\nu) \leqq \Sigma\, r(Q_\nu) \leqq \Sigma\, l(M_\nu) + \varepsilon.$$

Hieraus folgt bei $\varepsilon \to 0$ wiederum (7).

Insbesondere entnimmt man aus (7) für zwei Mengen L, M aus $\mathfrak{K}'$ mit $L \subset M$, daß $l(M) \leqq l(L) + l(M - L)$ ist. Ist noch $l(L)$ endlich, so hat man also

$$l(M - L) \geqq l(M) - l(L). \tag{9}$$

Um (6) zu sichern, genügt es wegen (7) zu zeigen, daß l auf $\mathfrak{K}'$ additiv ist (s. **13**). Dies trifft wegen (7) bereits zu, wenn für je zwei fremde Mengen M_1, M_2 aus $\mathfrak{K}'$ gilt

$$l(M_1 + M_2) \geqq l(M_1) + l(M_2). \tag{10}$$

Wegen $M_\nu \in \mathfrak{K}'$ $(\nu = 1, 2)$ gibt es nach **31** (3) zu jedem $\varepsilon > 0$ $\mathfrak{k}$-Summen Q_ν, Q_ν', so daß

$$M_\nu + Q_\nu' = Q_\nu, \; r(Q_\nu') < \varepsilon \tag{11}$$

ist. Hiernach gilt sichtlich

$$M_\nu \supset Q_\nu - Q_\nu', \tag{12}$$

ferner, da M_1, M_2 fremd sind,

$$Q_1 Q_2 = (M_1 + Q_1')(M_2 + Q'_2) \subset Q_1' + Q_2'. \tag{13}$$

Weiters ist nach **30** d) bzw. (11)

$$r(Q_1' + Q_2') \leqq r(Q_1') + r(Q_2') < 2\,\varepsilon, \tag{14}$$

ferner nach (13) und **30** c) bzw. (14)

$$r(Q_1 Q_2) \leqq r(Q_1' + Q_2') < 2\,\varepsilon. \tag{15}$$

Nun ist nach (12) bzw. **2** (13) mit Summen nach $\nu = 1, 2$

$$M_1 + M_2 \supset \Sigma(Q_\nu - Q_\nu') \supset \Sigma Q_\nu - \Sigma Q_\nu'.$$

Hieraus folgt wegen der Monotonie von l bzw. (9), (4) (s. auch (14))

$$l(M_1 + M_2) \geqq l(\Sigma Q_\nu - \Sigma Q_\nu') \geqq r(\Sigma Q_\nu) - r(\Sigma Q_\nu').$$

Dies ergibt, wenn der erste Term rechts mittels **30** (11) umgeformt und dann (14), (15) verwendet wird

$$l(M_1 + M_2) \geqq [\Sigma r(Q_\nu) - r(Q_1 Q_2)] - r(\Sigma Q_\nu') \geqq \Sigma r(Q_\nu) - 4\,\varepsilon.$$

Hiernach ist schließlich wegen $Q_\nu \supset M_\nu$, also $r(Q_\nu) \geqq l(M_\nu)$,

$$l(M_1 + M_2) \geqq l(M_1) + l(M_2) - 4\,\varepsilon,$$

was bei $\varepsilon \to 0$ in die zu beweisende Ungleichung (10) übergeht.

l ist also ein Maß auf $\mathfrak{K}'$, das nach (5) auf $\mathfrak{k}$ mit i übereinstimmt.

b) *Das durch* (1) *erklärte Maß* l *ist vollständig*. Ist also X eine Menge, für die es Mengen $\underline{M}$, $\overline{M}$ aus $\mathfrak{K}'$ gibt, so daß

$$\underline{M} \subset X \subset \overline{M}, \; l(\overline{M} - \underline{M}) = 0 \tag{16}$$

ist, so gehört X zu $\mathfrak{K}'$ (**25**, Satz 3).

Um dies zu beweisen, beachte ich, daß es wegen $\overline{M} \in \mathfrak{K}'$ nach **31** (1) zu jedem $\varepsilon > 0$ zwei $\mathfrak{k}$-Summen Q, Q' gibt, so daß

$$Q \supset \overline{M},\ Q - \overline{M} \subset Q',\ r(Q') < \frac{\varepsilon}{2} \tag{17}$$

ist. Ferner gibt es wegen $l(\overline{M} - \underline{M}) = 0$ nach der Definition (1) von l eine $\mathfrak{k}$-Summe Q'' mit

$$Q'' \supset \overline{M} - \underline{M},\ r(Q'') < \frac{\varepsilon}{2}. \tag{18}$$

Aus (16), (17), (18) entnimmt man

$$Q \supset \overline{M} \supset X,\ Q - X \subset Q - \underline{M} = (Q - \overline{M}) + (\overline{M} - \underline{M}) \subset Q' + Q''; \tag{19}$$

dabei ist $Q' + Q'' = Q^*$ eine $\mathfrak{k}$-Summe, für die wegen (17), (18)

$$r(Q^*) \leqq r(Q') + r(Q'') < \varepsilon \tag{20}$$

gilt. Nach (19), (20) hat man also

$$Q \supset X,\ Q - X \subset Q^*,\ r(Q^*) < \varepsilon.$$

Dies besagt aber, daß $X \in \mathfrak{K}'$ ist, w. z. z. w.

c) Nach a), b) ist l ein vollständiges Maß über i. Da nun der Definitionsbereich eines jeden solchen Maßes den σ-Körper $\mathfrak{K}'$ umfaßt und da nach a) i nur auf eine Weise zu einem Maße auf $\mathfrak{K}'$ erweitert werden kann, und zwar zu l, muß jedes vollständige Maß über i eine Erweiterung von l sein. Wegen der Vollständigkeit von l *ist also l das kleinste vollständige Maß über i.*

d) *Das Maß l hat die Zerlegungseigenschaft.* Jedes $M \in \mathfrak{K}'$ kann nämlich durch eine $\mathfrak{k}$-Summe: ΣA_ν mit $A_\nu \in \mathfrak{k}$, überdeckt werden. Wegen der vorausgesetzten Zerlegungseigenschaft von i ist jedes A_ν Summe abzählbar vieler $A_{\mu\nu} \in \mathfrak{k}$ endlichen Inhalts i. Da die $A_{\mu\nu}$ zu $\mathfrak{K}'$ gehören und $l(A_{\mu\nu}) = i(A_{\mu\nu})$ ist, hat man also in ihnen eine Überdeckung von M, wie es die Zerlegungseigenschaft von l verlangt.

e) Das Maß l ist als vollständiger Inhalt über i eine Erweiterung des kleinsten vollständigen Inhalts j über i (s. **27**, Satz 1), also ein vollständiges Maß über j. Da jedes Maß über j zugleich ein Maß über i ist, *muß l* (als kleinstes vollständiges Maß über i) *das kleinste vollständige Maß über j sein.*

Zusammenfassend hat sich folgendes ergeben:

Satz 3. *Ein volladditiver Inhalt i auf $\mathfrak{k}$ mit der Zerlegungseigenschaft kann stets zu einem (in $\mathfrak{E}$) vollständigen Maß erweitert werden; unter diesen Erweiterungen gibt es eine (eindeutig bestimmte) kleinste l.*

Der Definitionsbereich $\mathfrak{K}'$ von l besteht aus jenen Mengen M, für die es zu jedem $\varepsilon > 0$ zwei $\mathfrak{k}$-Summen Q, Q' gibt, so daß

$$Q \supset M,\ Q - M \subset Q',\ r(Q') < \varepsilon \qquad (Q, Q' \in \mathfrak{k}_\sigma) \tag{21}$$

ist; dabei kann man noch vorschreiben:

$$Q' \subset Q. \tag{22}$$

Die Bedingungen (21), (22) *sind gleichwertig zu*

$$M \dotplus Q' = Q,\ r(Q') < \varepsilon. \tag{23}$$

Für jedes $M \in \mathfrak{K}'$ ist

$$l(M) = \bar{r}(M) = \inf r(Q), \tag{24}$$

wobei Q alle M überdeckenden $\mathfrak{k}$-Summen zu durchlaufen hat; insbesondere ist für jede $\mathfrak{k}$-Summe Q

$$l(Q) = r(Q) \qquad (Q \in \mathfrak{k}_\sigma). \tag{25}$$

Das Maß l hat die Zerlegungseigenschaft.

Der betrachtete Inhalt i kann nur auf eine einzige Weise zu einem Maß auf $\mathfrak{K}'$ überhaupt erweitert werden (nämlich zu l).

Schließlich ist l das kleinste vollständige Maß über dem kleinsten vollständigen Inhalt j über i.

Ist i insbesondere ein Maß m, so stimmt die jetzige Konstruktion von l mit der in **29** genannten überein.

Ferner sieht man leicht: *Ist M l-meßbar und $l(M)$ endlich, so gibt es eine i-meßbare Menge C, so daß der „Überschuß von M und C" ein beliebig kleines Maß hat, d. h., daß $l(M \dotplus C) < \varepsilon$ ist.* Nach (24), (25) und **30** (4), (5) gibt es nämlich ein $Q \in \mathfrak{k}_\sigma$ und ein $C \in \mathfrak{k}$ mit

$$Q \supset M,\ l(Q - M) < \frac{\varepsilon}{2},\quad Q \supset C,\ l(Q - C) < \frac{\varepsilon}{2}; \tag{26}$$

zugleich ist

$$M \dotplus C = (M - C) + (C - M) \subset (Q - C) + (Q - M). \tag{27}$$

Aus (26), (27) folgt bereits die Behauptung.

Analog zu **27**, Satz 3 ergibt sich der

Satz 4. *Es seien i und i_1 volladditive Inhalte mit der Zerlegungseigenschaft, ferner l und l_1 die kleinsten vollständigen Maße über i bzw. i_1. Ist dann i_1 eine Erweiterung von i, so ist l_1 eine Erweiterung von l.*

Liegt außerdem der Definitionsbereich $\mathfrak{k}_1$ von i_1 im Definitionsbereich $\mathfrak{K}'$ von l,[1] *so sind l und l_1 identisch.*

---

[1] In diesem Falle folgt aus der Zerlegungseigenschaft von i die von i_1 (vgl. d)).

33. Kleinstes Maß über einem volladditiven Inhalt. Es sei weiter i auf $\mathfrak{k}$ ein volladditiver Inhalt mit der Zerlegungseigenschaft, ferner l auf $\mathfrak{K}'$ das kleinste vollständige Maß über i. $\mathfrak{K}'$ umfaßt als σ-Körper über $\mathfrak{k}$ den kleinsten σ-Körper $\mathfrak{k}'$ über $\mathfrak{k}$. Schränkt man also den Definitionsbereich von l auf $\mathfrak{k}'$ ein, so entsteht auf $\mathfrak{k}'$ ein Maß m, das eine Erweiterung von i ist.

Das Maß m ist das einzige Maß über i, dessen Definitionsbereich $\mathfrak{k}'$ ist. Ist nämlich m' auf $\mathfrak{k}'$ ein Maß über i, so ergibt eine Betrachtung, die völlig analog zum Beginne des Beweises in **32** a) verläuft[1], daß $m'(M) = \bar{r}(M)$ sein muß. Es kann also auf $\mathfrak{k}'$ nur ein einziges Maß über i geben (das dann m sein muß). Da ferner der Definitionsbereich eines jeden Maßes über i den σ-Körper $\mathfrak{k}'$ umfaßt und es auf $\mathfrak{k}'$ nur das Maß m über i gibt, ist jedes Maß über i eine Erweiterung von m, oder also, *m ist das kleinste Maß über i. Das Maß m hat die Zerlegungseigenschaft* (vgl. **32** d)). *Ferner ist l das kleinste vollständige Maß über m*, wegen $\mathfrak{k}' \subset \mathfrak{K}'$ nach Satz 4 mit $i_1 = m$.[2] — Somit gilt der

Satz 5. *Es sei i auf $\mathfrak{k}$ ein volladditiver Inhalt mit der Zerlegungseigenschaft, ferner l auf $\mathfrak{K}'$ das kleinste vollständige Maß über i.*

Dann gibt es unter den Maßen über i ein (eindeutig bestimmtes) kleinstes m. Der Definitionsbereich von m ist der kleinste σ-Körper $\mathfrak{k}'$ über $\mathfrak{k}$ und dort $m = l$. Das Maß m hat die Zerlegungseigenschaft.

Als kleinstes Maß über i ist m das einzige Maß über i mit dem Definitionsbereiche $\mathfrak{k}'$.

Weiters ist l das kleinste vollständige Maß über m.

Ist noch j auf $\mathfrak{K}$ der kleinste vollständige Inhalt über i, so gilt für jede Menge M, die zu $\mathfrak{k}'$ und $\mathfrak{K}$ zugleich gehört, $j(M) = l(M) = m(M)$.

Einfache Beispiele zeigen, daß eine m-meßbare (und damit l-meßbare) Menge nicht j-meßbar zu sein braucht (s. **62**). Umgekehrt zeigen Beispiele, daß eine j-meßbare (und damit l-meßbare) Menge nicht m-meßbar zu sein braucht (s. Anhang **4**).

Hat l nur die leere Menge O als Nullmenge, so gilt dies erst recht für m und i. Hat umgekehrt m nur O als Nullmenge, so gilt dies auch für l nach **29**, Satz 7[3].

---

[1] Dabei ist $\mathfrak{k}' \subset \mathfrak{K}'$ zu beachten.

[2] Man beachte, daß $\mathfrak{k}'$ (im Gegensatz zu $\mathfrak{K}'$) nur von $\mathfrak{k}$, jedoch nicht von den Werten von i abhängt.

[3] Falls i nur O als Nullmenge hat, braucht dies noch nicht für m (und erst recht nicht für l) zu gelten. Dies zeigt z. B. der elementare Inhalt i der Würfelaggregate einer monotonen Gitterfolge des E_n (s. **43**): i hat O als einzige Null-

34. Darstellung von $\bar{l}$, $\underline{l}$ und Vergleich mit $\bar{i}$, $\underline{i}$. Wie bisher sei i auf $\mathfrak{k}$ ein volladditiver Inhalt mit der Zerlegungseigenschaft, ferner m auf $\mathfrak{k}'$ das kleinste und l auf $\mathfrak{K}'$ das kleinste vollständige Maß über i. Da l auch das kleinste vollständige Maß über m ist (Satz 5), *fallen die Außenfunktionen $\bar{m}$, $\bar{l}$ einerseits und die Innenfunktionen $\underline{m}$, $\underline{l}$ andererseits zusammen* (**27**, Satz 2 und **29**, Satz 5). Der Definitionsbereich $\mathfrak{L}^*$ von $\bar{l}$, $\underline{l}$ besteht aus den Teilen der einzelnen $\mathfrak{k}$-Summen, da jedes $M \in \mathfrak{K}'$ durch eine $\mathfrak{k}$-Summe überdeckt werden kann und die $\mathfrak{k}$-Summen zu $\mathfrak{K}'$ gehören, d. h., $\mathfrak{L}^*$ stimmt mit dem Definitionsbereich $\mathfrak{L}'$ der Außenfunktion $\bar{r}$ der $\mathfrak{k}_\sigma$-Erweiterung r von i überein. Enthält $\mathfrak{k}$ eine größte Menge R, so besteht $\mathfrak{L}'$ aus den Teilen von R. — Ferner gilt:

Satz 6. *Für jedes $M \in \mathfrak{L}'$ ist*

$$\bar{l}(M) = \bar{r}(M) = \inf r(Q) = \inf l(Q) \qquad (Q \in \mathfrak{k}_\sigma,\ Q \supset M). \tag{1}$$

Beweis. Nach der Definition von $\bar{l}$ ist zunächst für jedes M überdeckende $Q \in \mathfrak{k}_\sigma$

$$r(Q) \geqq \bar{l}(M). \tag{2}$$

Ist $\bar{l}(M) = \infty$, so ist hiernach auch $\bar{r}(M) = \infty$, also (1) richtig. Ist $\bar{l}(M)$ endlich, so wähle ich eine maßgleiche Hülle A von M (**19**, Satz 2). Nach der Definition von $l(A)$ (s. **32** (24)) gibt es zu jedem $\varepsilon > 0$ eine A überdeckende $\mathfrak{k}$-Summe Q, so daß $r(Q) < l(A) + \varepsilon$ ist; zugleich ist Q eine M überdeckende $\mathfrak{k}$-Summe, für die wegen $l(A) = \bar{l}(M)$

$$r(Q) < \bar{l}(M) + \varepsilon \tag{3}$$

ist. Nach (2), (3) gilt also wieder (1).

Die l-meßbaren Mengen M sind dadurch gekennzeichnet, daß es zu jedem $\varepsilon > 0$ zwei $\mathfrak{k}$-Summen Q, Q' gibt, so daß **32** (21) gilt. Wegen (1) *ist dies äquivalent dazu, daß es zu jedem $\varepsilon > 0$ eine $\mathfrak{k}$-Summe Q gibt mit*

$$Q \supset M,\ \bar{l}(Q - M) < \varepsilon. \tag{4}$$

Bei der entsprechenden Darstellung von $\underline{l}$ übernimmt der kleinste δ-Ring $\mathfrak{k}_\delta$ über $\mathfrak{k}$ die bisherige Rolle des Ringes $\mathfrak{k}_\sigma$; dabei besteht $\mathfrak{k}_\delta$ aus den Produkten je abzählbar vieler Mengen aus $\mathfrak{k}$ (s. **5**). Demgemäß heiße eine jede Menge aus $\mathfrak{k}_\delta$ ein $\mathfrak{k}$-*Produkt* (oder auch eine *für* $\mathfrak{k}$ *abgeschlossene Menge*, **30**[1]). Ist Q eine $\mathfrak{k}$-Summe und P ein $\mathfrak{k}$-Produkt, ferner C eine Menge aus $\mathfrak{k}$, so ist

---

menge; m ist das Borel'sche Maß (s. **62**) und für dieses bereits jeder Punkt des E_n eine Nullmenge $\neq O$.

Eine Kennzeichnung der σ-Körper, die Träger eines Maßes mit O als einziger Nullmenge sind, s. *D. Maharam*, Ann. of Math. **48** (1947), p. 154ff.

$$Q - C,\ C - P \text{ eine } \mathfrak{k}\text{-Summe (nach } \mathbf{2}\ (12) \text{ bzw. } \mathbf{2}\ (19)),$$
$$P - C,\ C - Q \text{ ein } \mathfrak{k}\text{-Produkt (nach } \mathbf{2}\ (15) \text{ bzw. } \mathbf{2}\ (18));$$

allgemeiner ist

$$Q - P \text{ eine } \mathfrak{k}\text{-Summe, } P - Q \text{ ein } \mathfrak{k}\text{-Produkt.}$$

Satz 7. *Ist* $\mathfrak{k}$ *geschlossen, so gilt für jedes* $M \in \mathfrak{L}'$

$$\underline{l}\,(M) = \sup l\,(P) \qquad (P \in \mathfrak{k}_\delta,\ P \subset M). \tag{5}$$

Beweis. Es werde der Sonderfall vorweggenommen, daß M durch eine Menge A aus $\mathfrak{k}$ mit endlichem i überdeckt werden kann.

Zunächst ist sichtlich

$$\sup l\,(P) \leqq \underline{l}\,(M) \qquad (P \in \mathfrak{k}_\delta,\ P \subset M). \tag{6}$$

Um die entgegengesetzte Beziehung zu erhalten, werde $A - M = L$ durch eine beliebige $\mathfrak{k}$-Summe Q überdeckt. Es wird dann

$$l\,(A) \leqq l\,(Q + A) = l\,(Q) + l\,(A - Q).$$

Da $A - Q$ ein auf M liegendes $\mathfrak{k}$-Produkt ist, gilt hiernach erst recht

$$l\,(A) \leqq l\,(Q) + \sup l\,(P) \qquad (P \in \mathfrak{k}_\delta,\ P \subset M). \tag{7}$$

Geht man in (7) mit $l\,(Q)$ zur unteren Grenze über, so kommt nach (1)

$$l\,(A) \leqq \overline{l}\,(L) + \sup l\,(P),$$

oder, da $l\,(A) = \overline{l}(L) + \underline{l}\,(M)$ (s. **10** (4)) und da $\overline{l}\,(L)$ endlich ist,

$$\underline{l}\,(M) \leqq \sup l\,(P). \tag{8}$$

Aus (6), (8) folgt (5) im betrachteten Falle.

Im allgemeinen Falle beachte ich, daß die größte Menge R aus $\mathfrak{k}$ wegen der Zerlegungseigenschaft von i als Summe abzählbar vieler getrennter $A_\nu \in \mathfrak{k}$ mit endlichem i dargestellt werden kann. Setzt man $M_\nu = M\,A_\nu$, so ist $M = \Sigma\,M_\nu$, ferner nach **16** (3)

$$\underline{l}\,(M) = \Sigma\,\underline{l}\,(M_\nu). \tag{9}$$

Nun ist für jedes auf M liegende $\mathfrak{k}$-Produkt P

$$l\,(P) \leqq \underline{l}\,(M). \tag{10}$$

Da ferner jedes M_ν Teil einer Menge aus $\mathfrak{k}$ mit endlichem i ist (nämlich von A_ν) und in diesem Falle (5) bereits feststeht, gibt es zu jedem $\varepsilon > 0$ ein auf M_ν liegendes $\mathfrak{k}$-Produkt P_ν, so daß

$$l\,(P_\nu) > \underline{l}\,(M_\nu) - \frac{\varepsilon}{2^\nu} \qquad (\nu = 1, 2, \ldots) \tag{11}$$

gilt. Zugleich ist $Q_\nu = A_\nu - P_\nu$ eine auf A_ν liegende $\mathfrak{k}$-Summe und daher

$$P = \Sigma P_\nu = \Sigma (A_\nu - Q_\nu) = R - \Sigma Q_\nu \qquad (11')$$

ein auf M liegendes $\mathfrak{k}$-Produkt. Für dieses gilt wegen (11) bzw. (9)

$$l(P) = \Sigma l(P_\nu) \geqq \Sigma \underline{l}(M_\nu) - \varepsilon = \underline{l}(M) - \varepsilon. \qquad (12)$$

Nach (10), (12) gilt aber (5), und zwar auch im Falle $\underline{l}(M) = \infty$.[1]

Mittels der Sätze 6, 7 und des Verfahrens im zweiten Teile des eben geführten Beweises ergibt sich: *Ist $\mathfrak{k}$ geschlossen, so gibt es zu jeder l-meßbaren Menge M und jedem $\varepsilon > 0$ ein $P \in \mathfrak{k}_\delta$ und ein $Q \in \mathfrak{k}_\sigma$, so daß gilt:*

$$P \subset M \subset Q, \; l(Q - P) < \varepsilon. \qquad (12')$$

Dies gilt nach Satz 6, 7 sichtlich, falls $l(M)$ endlich ist. Ist $l(M) = \infty$, so zerlege ich M wie im zweiten Teile des Beweises von Satz 7 in die Teile M_ν; diese sind jetzt l-meßbar und $l(M_\nu)$ stets endlich. Es gibt dann, wie bereits festgestellt, $\mathfrak{k}$-Produkte P_ν sowie $\mathfrak{k}$-Summen Q_ν, so daß

$$P_\nu \subset M_\nu \subset Q_\nu, \; l(Q_\nu - P_\nu) < \frac{\varepsilon}{2^\nu} \qquad (\nu = 1, 2, \ldots)$$

ist; zugleich ist $\Sigma P_\nu = P$ wieder ein $\mathfrak{k}$-Produkt (s. 11')) und $\Sigma Q_\nu = Q$ wieder eine $\mathfrak{k}$-Summe. Hieraus folgt aber

$$P \subset M \subset Q,$$

$$l(Q - P) = l(\Sigma Q_\nu - \Sigma P_\nu) \leqq l[\Sigma (Q_\nu - P_\nu)] \leqq \Sigma l(Q_\nu - P_\nu) < \varepsilon.$$

Mit unserem P und Q ist also (12') erfüllt[2].

Ich vergleiche noch $\overline{l}$, $\underline{l}$ mit $\overline{i}$, $\underline{i}$. Der Definitionsbereich $\mathfrak{L}$ von $\overline{i}$, $\underline{i}$ besteht aus den Teilen der einzelnen Mengen aus $\mathfrak{k}$. Da $\mathfrak{L}'$ aus den Teilen der einzelnen Mengen aus $\mathfrak{K}'$ besteht und $\mathfrak{k} \subset \mathfrak{K}'$ ist, *muß* $\mathfrak{L} \subset \mathfrak{L}'$ *sein.* Ist $\mathfrak{k}$ insbesondere geschlossen, so wird $\mathfrak{L} = \mathfrak{L}'$.

Für ein $M \in \mathfrak{L}$ kann man nun sowohl $\overline{i}(M)$, $\underline{i}(M)$ als auch $\overline{l}(M)$, $\underline{l}(M)$ bilden. Wegen $\mathfrak{k} \subset \mathfrak{K}'$ und $i(A) = l(A)$ für $A \in \mathfrak{k}$ *besteht der folgende Zusammenhang*:

$$\underline{i}(M) \leqq \underline{l}(M) \leqq \overline{l}(M) \leqq \overline{i}(M) \qquad (M \in \mathfrak{L}). \qquad (13)$$

Ein $\mathfrak{k}$-Produkt $P = \Pi A_\nu$ $(A_\nu \in \mathfrak{k})$ liegt stets in $\mathfrak{L}$ (da P durch jedes A_ν überdeckt wird). *Ist M eine Menge aus $\mathfrak{L}$ mit endlichem $\overline{i}$ und $P \supset M$, so gilt*

[1] In diesem Falle gibt es nach (12) sogar ein auf M liegendes $\mathfrak{k}$-Produkt P mit $l(P) = \infty$.

[2] Vgl. **66**, Satz 12 bis 14. Ferner *O. Haupt-Chr. J. Pauc*, Arch. der Math. **1** (1948), p. 23ff.

$$l(P) \geqq \bar{i}(M). \tag{14}$$

Falls nämlich $i(A_1)$ endlich ist, so gilt nach **14** (5) (angewendet auf l)

$$l(P) = \lim i(A_1 A_2 \ldots A_\nu); \tag{15}$$

ferner ist wegen $A_1 A_2 \ldots A_\nu \supset M$

$$i(A_1 A_2 \ldots A_\nu) \geqq \bar{i}(M). \tag{16}$$

Aus (16) folgt aber wegen (15) bei $\nu \to \infty$ die Ungleichung (14). Ist dagegen $i(A_1) = \infty$, so überdecke man M durch ein $A \in \mathfrak{k}$ mit endlichem i. Nach dem bereits Gezeigten ist dann

$$l(P) \geqq l(A\,P) \geqq \bar{i}(M).$$

Damit ist die Behauptung bewiesen.

Ist $\bar{i}(P)$ endlich, so gilt (14) mit $M = P$; beachtet man daneben (13), so hat man: *Ist* $\bar{i}(P)$ *endlich, so gilt*

$$l(P) = \bar{i}(P) = \inf i(C) \qquad (C \in \mathfrak{k},\ C \supset P).\,[3] \tag{17}$$

Dies entspricht den Darstellungen **30** (8) bzw. **30** (4) von $r(Q)$; daneben entspricht (15) der Darstellung **30** (7).

Die Möglichkeit, den volladditiven Inhalt i mit der Zerlegungseigenschaft zu einem Maße erweitern zu können, bewirkt, daß man mittels Sätzen über das Maß zu solchen über den Inhalt gelangen kann (analog dem Durchgang durch das Komplexe in der reellen Analysis). Als Beispiel hierfür zeige ich:

Es sei (M_ν) *eine Folge von Mengen aus* $\mathfrak{L}$, *deren unterer Limes zu* $\mathfrak{L}$ *gehört. Dann gilt*

$$\underline{i}(\underline{\mathrm{Lim}}\, M_\nu) \leqq \underline{\lim}\, \bar{i}(M_\nu).$$

Nach (13) und **22**, Satz 8 ist nämlich

$$\underline{i}(\underline{\mathrm{Lim}}\, M_\nu) \leqq \bar{l}(\underline{\mathrm{Lim}}\, M_\nu) \leqq \underline{\lim}\, \bar{l}(M_\nu) \leqq \underline{\lim}\, \bar{i}(M_\nu).$$

Analog beweist man mittels (13) und **22**, Satz 10: *Liegen die* M_ν *von einem passenden an in einer und derselben i-meßbaren Menge endlichen Inhalts* (wobei dann $\overline{\mathrm{Lim}}\, M_\nu$ zu $\mathfrak{L}$ gehört), *so gilt*

$$\overline{\lim}\, \underline{i}(M_\nu) \leqq \bar{i}(\overline{\mathrm{Lim}}\, M_\nu).$$

35. Hüllen und Kerne aus $\mathfrak{k}_{\sigma\delta}$ bzw. $\mathfrak{k}_{\delta\sigma}$. Es sei noch $\mathfrak{k}_{\sigma\delta}$ der kleinste δ-Ring über $\mathfrak{k}_\sigma$ und $\mathfrak{k}_{\delta\sigma}$ der kleinste σ-Ring über $\mathfrak{k}_\delta$. Die Mengen aus $\mathfrak{k}_{\sigma\delta}$ sollen als Durchschnitt abzählbar vieler $\mathfrak{k}$-Summen mit Q_δ und entsprechend die Mengen aus $\mathfrak{k}_{\delta\sigma}$ mit P_σ bezeichnet werden.

---

[3] Hierzu gelangt man auch durch Vergleich von (15) und **15** (6).

Satz 8. *Unter den maßgleichen Hüllen bezüglich l einer Menge $M \in \mathfrak{L}'$ gibt es stets eine, die in $\mathfrak{k}_{\sigma\delta}$ liegt (also ein Q_δ ist).*

Beweis. Falls $\bar{l}(M)$ endlich ist, kann man jetzt wegen **34** (1) in **19** (6), (7) für die C_ν insbesondere $\mathfrak{k}$-Summen wählen, wodurch die Hülle $\bar{A}$ ein Q_δ wird.

Im Falle $\bar{l}(M) = \infty$ hat man die Konstruktion bei **19**, Satz 2 passend abzuändern. Zunächst werde gemäß der Zerlegungseigenschaft von l wie dort die Menge M durch abzählbar viele getrennte $A_\nu \in \mathfrak{K}'$ mit endlichem l überdeckt und $M_\nu = A_\nu M$ gesetzt; es ist dann $M = \Sigma M_\nu$ bei durchwegs endlichen $\bar{l}(M_\nu)$. Nach **34** (1) gibt es zu jedem $\varepsilon > 0$ $\mathfrak{k}$-Summen Q_ν, so daß

$$Q_\nu \supset M_\nu,\ l(Q_\nu) < \bar{l}(M_\nu) + \frac{\varepsilon}{2^\nu} \qquad (\nu = 1, 2, \ldots) \tag{1}$$

ist. Für $Q = \Sigma Q_\nu$ gilt dann bei beliebigem $A \in \mathfrak{K}'$

$$Q \supset M,\ l(A Q) \leqq \bar{l}(A M) + \varepsilon. \tag{2}$$

Es ist nämlich (s. **11** (24))

$$l(Q_\nu) = l(Q_\nu A) + l(Q_\nu - A),\ \bar{l}(M_\nu) = \bar{l}(M_\nu A) + \bar{l}(M_\nu - A).$$

Subtrahiert man die zweite dieser Gleichungen von der ersten, so ergibt sich wegen (1)

$$[l(Q_\nu A) - \bar{l}(M_\nu A)] + [l(Q_\nu - A) - \bar{l}(M_\nu - A)] < \frac{\varepsilon}{2^\nu}. \tag{3}$$

Hierin ist wegen $Q_\nu \supset M_\nu$ die zweite eckige Klammer nicht negativ; also ist nach (3)

$$l(A Q_\nu) < \bar{l}(A M_\nu) + \frac{\varepsilon}{2^\nu} \quad (\nu = 1, 2, \ldots). \tag{4}$$

Nach **13** (2), den Ungleichungen (4) und **16** (2) ist dann

$$l(A Q) \leqq \Sigma\, l(A Q_\nu) \leqq \Sigma\, \bar{l}(A M_\nu) + \varepsilon = \bar{l}(A M) + \varepsilon,$$

wie in (2) behauptet. Nun werde Q für $\varepsilon = \varepsilon_1, \varepsilon_2, \ldots$ mit $\varepsilon_\nu \to 0$ gebildet und das zu ε_ν gehörige Q mit Q_ν' bezeichnet. *Dann ist $Q_\delta = \Pi Q_\nu'$ eine maßgleiche Hülle von M.* Nach (2) ist nämlich

$$Q_\delta \supset M,\ \bar{l}(A M) \leqq l(A Q_\delta) \leqq l(A Q_\nu') \leqq \bar{l}(A M) + \varepsilon_\nu \qquad (\nu = 1, 2 \ldots)$$

und daher

$$Q_\delta \supset M,\ l(A Q_\delta) = \bar{l}(A M) \text{ für jedes } A \in \mathfrak{K}'.$$

Q_δ erfüllt also die Definition einer maßgleichen Hülle von M bezüglich l (s. **19** (1), (2)). Damit ist Satz 8 bewiesen.

Insbesondere hat jede l-meßbare Menge A eine maßgleiche Hülle, die ein Q_δ ist. Für dieses ist dann $Q_\delta - A$ eine l-Nullmenge nach **21** (1). Es gilt also noch der

Satz 9. *Zu jeder l-meßbaren Menge A gibt es ein überdeckendes Q_δ, so daß $Q_\delta - A$ eine l-Nullmenge ist. Umgekehrt folgt hieraus die l-Meßbarkeit von A.*

Die l-meßbaren Mengen erhält man also, indem man von den Q_δ-Mengen die l-Nullmengen subtrahiert (vgl. **29**, Satz 6).

Hat l nur die leere Menge O als Nullmenge, so ist nach Satz 9 und wegen $\mathfrak{k}_{\sigma\delta} \subset \mathfrak{k}' \subset \mathfrak{K}'$

$$\mathfrak{K}' = \mathfrak{k}' = \mathfrak{k}_{\sigma\delta}. \tag{5}$$

Dem Satz 8 steht der folgende gegenüber:

Satz 10. *Ist $\mathfrak{k}$ geschlossen, so gibt es unter den maßgleichen Kernen bezüglich l einer Menge $M \in \mathfrak{L}'$ stets einen, der in $\mathfrak{k}_{\delta\sigma}$ liegt (also ein P_σ ist).*

Ist nämlich R die größte Menge von $\mathfrak{k}$ und Q_δ eine nach Satz 8 gebildete maßgleiche Hülle von $R - M$, so ist $R - Q_\delta = P_\sigma$[1] nach **20**, Satz 6 ein maßgleicher Kern von M.

Einen maßgleichen Kern von M, der ein P_σ ist, kann man auch mittels der Konstruktion bei **20**, Satz 4 erhalten: man hat für die C_ν in **20** (3'), (4) nur $\mathfrak{k}$-Produkte zu wählen (was nach **34** (5) möglich ist), ferner für die $\underline{A}_\nu$ in **20** (5) P_σ-Mengen.

Schließlich ergibt sich analog zu Satz 9 der

Satz 11. *Ist $\mathfrak{k}$ geschlossen, so gibt es zu jeder l-meßbaren Menge A ein eingeschriebenes P_σ, so daß $A - P_\sigma$ eine l-Nullmenge ist. Umgekehrt folgt hieraus die l-Meßbarkeit von A.*

Bei geschlossenem $\mathfrak{k}$ erhält man also die l-meßbaren Mengen auch dadurch, daß man die l-Nullmengen zu den P_σ-Mengen addiert.

Hat l bei geschlossenem $\mathfrak{k}$ nur O als Nullmenge, so ist nach Satz 11 $\mathfrak{K}' = \mathfrak{k}_{\delta\sigma}$, also zusammen mit (5)

$$\mathfrak{K}' = \mathfrak{k}' = \mathfrak{k}_{\sigma\delta} = \mathfrak{k}_{\delta\sigma}.\text{[2]} \tag{6}$$

§ 8. Kriterien für die j-Meßbarkeit.

Es sei i auf $\mathfrak{k}$ wieder ein volladditiver Inhalt mit der Zerlegungseigenschaft, ferner j auf $\mathfrak{K}$ der kleinste vollständige Inhalt und l auf $\mathfrak{K}'$ das kleinste vollständige Maß über i; weiters seien $\overline{j}$, $\underline{j}$ auf $\mathfrak{L}$ die Außen- bzw. Innenfunktion von j (und damit von i; **27** Satz 2).,

[1] Für $A \in \mathfrak{k}$ ist $A - Q_\delta$ ein P_σ und $A - P_\sigma$ ein Q_δ.

[2] *O. Haupt* – *Chr. J. Pauc*, Sitzgb. Akad. München 1948, p. 250.

36. Hüllen und Kerne aus $\mathfrak{k}_\delta$ bzw. $\mathfrak{k}_\sigma$. Die Mengen aus $\mathfrak{k}_\sigma$ nannten wir $\mathfrak{k}$-Summen und die aus $\mathfrak{k}_\delta$ $\mathfrak{k}$-Produkte; entsprechend sind die Mengen aus $\mathfrak{K}_\sigma$ und $\mathfrak{K}_\delta$ als $\mathfrak{K}$-Summen bzw. $\mathfrak{K}$-Produkte zu bezeichnen. Wegen $\mathfrak{k} \subset \mathfrak{K}$ ist jede $\mathfrak{k}$-Summe zugleich $\mathfrak{K}$-Summe und ebenso für die Produkte. Da l auch das kleinste vollständige Maß über $\jmath$ ist (**32**, Satz 3), gilt nach **30** (8) und **32** (25), wenn $\jmath$ statt i zugrunde gelegt wird,

$$\underline{\jmath}(Q) = l(Q) \text{ für jede } \mathfrak{K}\text{-Summe } Q \text{ aus } \mathfrak{L}. \tag{1}$$

Ist ferner M eine Menge aus $\mathfrak{L}$ mit endlichem $\bar{\jmath}$ und P ein M überdeckendes $\mathfrak{K}$-Produkt, so ergibt **34** (14)

$$l(P) \geqq \bar{\jmath}(M). \tag{2}$$

Schließlich ist nach **34** (17)

$$\bar{\jmath}(P) = l(P) \text{ für jedes } \mathfrak{K}\text{-Produkt } P \text{ mit endlichem } \bar{\jmath}. \tag{3}$$

Ein $\mathfrak{k}$-Produkt P heiße eine $\mathfrak{k}_\delta$- *Hülle der Menge* $M \in \mathfrak{L}$, wenn gilt:

$$P \supset M, \tag{4}$$

$$l(A\,P) = \bar{\jmath}(A\,M) \text{ für jedes } A \in \mathfrak{K}. \tag{5}$$

Eine $\mathfrak{k}_\delta$-Hülle gehört stets zu $\mathfrak{L}$. Aus (4), (5) folgt für ein $A \supset P$

$$l(P) = \bar{\jmath}(M). \tag{6}$$

Analog zu **19**, Satz 1 gilt:

Satz 1. *Ist* $\bar{\jmath}(M)$ *endlich, so ist ein* $\mathfrak{k}$*-Produkt* P *bereits dann eine* $\mathfrak{k}_\delta$*-Hülle von* M*, wenn* (4) *und* (6) *gilt.*

Beweis. Wegen (6) ist bei beliebigem $A \in \mathfrak{K}$ (vgl. **19** (4))

$$l(P\,A) + l(P - A) = \bar{\jmath}(M\,A) + \bar{\jmath}(M - A). \tag{7}$$

Daneben gilt nach (2), da $\bar{\jmath}(M\,A)$, $\bar{\jmath}(M - A)$ endlich und $P\,A$, $P - A$ $\mathfrak{K}$-Produkte sind, die wegen (4) $M\,A$ bzw. $M - A$ überdecken,

$$l(P\,A) \geqq \bar{\jmath}(M\,A),\ l(P - A) \geqq \bar{\jmath}(M - A). \tag{8}$$

Da in (8) die rechten Seiten endlich sind, können (7) und (8) nur dann zugleich bestehen, wenn in (8) beide Male das Gleichheitszeichen gilt. Damit ist jedenfalls die zu beweisende Gleichung (5) gewonnen.

Weiters heiße eine $\mathfrak{k}$-Summe Q ein $\mathfrak{k}_\sigma$*-Kern der Menge* $M \in \mathfrak{L}$, wenn gilt:

$$Q \subset M, \tag{9}$$

$$l(A\,Q) = \underline{\jmath}(A\,M) \text{ für jedes } A \in \mathfrak{K}. \tag{10}$$

Ein $\mathfrak{k}_\sigma$-Kern gehört wegen (9) stets zu $\mathfrak{L}$. Aus (9), (10) folgt für ein $A \supset M$

$$l(Q) = \underline{\jmath}(M). \tag{11}$$

Analog zu **20**, Satz 3 gilt:

Satz 2. *Ist* $\underline{j}(M)$ *endlich, so ist eine* $\mathfrak{k}$*-Summe* Q *bereits dann ein* $\mathfrak{k}_\sigma$*-Kern von* M, *wenn* (9) *und* (11) *gilt.*

Beweis. Wegen (11) ist bei beliebigem $A \in \mathfrak{K}$

$$l(Q\,A) + l(Q - A) = \underline{j}(M\,A) + \underline{j}(M - A). \tag{12}$$

Hierin sind $Q\,A$, $Q - A$ $\mathfrak{K}$-Summen aus $\mathfrak{L}$, die wegen (9) in $M\,A$ bzw. $M - A$ liegen; beachtet man noch (1), so hat man also

$$l(Q\,A) = \underline{j}(Q\,A) \leqq \underline{j}(M\,A),\ l(Q - A) = \underline{j}(Q - A) \leqq \underline{j}(M - A). \tag{13}$$

Da in (13) die rechten Seiten endlich sind, folgt aus (12), (13) jedenfalls die zu beweisende Gleichung (10).

Die Frage nach der Existenz einer $\mathfrak{k}_\delta$-Hülle bzw. eines $\mathfrak{k}_\sigma$-Kerns von M werde nur für den Fall behandelt, daß $\bar{j}(M)$ endlich ist[1].

Satz 3. *Eine Menge* $M \in \mathfrak{L}$ *mit endlichem* $\bar{j}$ *hat stets eine* $\mathfrak{k}_\delta$*-Hülle und einen* $\mathfrak{k}_\sigma$*-Kern.*

Der Beweis verläuft analog zum ersten Teil der Beweise von **19**, Satz 2 bzw. **20**, Satz 4. — Um etwa die Existenz der Hülle nachzuweisen, beachte man, daß es (wegen $\bar{j} = \bar{i}$) Mengen $C_\nu \in \mathfrak{k}$ gibt, so daß

$$C_\nu \supset M,\ j(C_\nu) < \bar{j}(M) + \frac{1}{\nu} \qquad (\nu = 1, 2, \ldots) \tag{14}$$

ist. *Das* $\mathfrak{k}$*-Produkt* $P = \Pi\, C_\nu$ *ist dann bereits eine* $\mathfrak{k}_\delta$*-Hülle von* M. P erfüllt nämlich (4). Ferner folgt aus $M \subset P \subset C_\nu$ und aus (14)

$$\bar{j}(M) \leqq \bar{j}(P) \leqq j(C_\nu) < \bar{j}(M) + \frac{1}{\nu}.$$

Dies ergibt bei $\nu \to \infty$ wegen (3) die Gleichung (6). Nach Satz 1 ist also P eine $\mathfrak{k}_\delta$-Hülle von M.[2]

Die $\mathfrak{k}_\delta$-Hüllen und die $\mathfrak{k}_\sigma$-Kerne haben analoge Eigenschaften wie die maßgleichen Hüllen bzw. Kerne. Ich führe nur folgendes an:

Es sei P *eine* $\mathfrak{k}_\delta$*-Hülle und* Q *ein* $\mathfrak{k}_\sigma$*-Kern einer Menge* M *mit endlichem* $\bar{j}$. *Dann gilt*

$$\underline{j}(P - M) = 0,\ \underline{j}(M - Q) = 0, \tag{15}$$

$$l(P - Q) = \bar{j}(M) - \underline{j}(M). \tag{16}$$

---

[1] Vgl. dagegen **67** d).

[2] Beim analogen Beweis für die Existenz des Kernes genügt es vorauszusetzen, daß $\underline{j}(M)$ endlich sei. Ferner ist (1) zu beachten.

Die erste Gleichung (15) besagt, daß für einen j-meßbaren Teil A von $P - M$ stets $j(A) = 0$ ist. Nun ist $P - A$ ein M überdeckendes $\mathfrak{K}$-Produkt und $\bar{j}(M)$ endlich. Also gilt nach (2) bzw. (6)

$$l(P - A) \geqq \bar{j}(M) = l(P).$$

Hieraus folgt aber $l(A) = 0$ oder $j(A) = 0$.

Analog besagt die zweite Gleichung (15), daß für einen j-meßbaren Teil A von $M - Q$ stets $j(A) = 0$ ist. Nun ist $Q + A$ eine auf M liegende $\mathfrak{K}$-Summe. Also gilt nach (1) und (11)

$$l(Q + A) = \underline{j}(Q + A) \leqq \underline{j}(M) = l(Q).$$

Hieraus folgt aber wieder $j(A) = 0$.

Schließlich gilt (16) wegen $P \supset Q$ nach (6), (11).

37. j-Meßbarkeit. Ist P eine $\mathfrak{k}_\delta$-Hülle und Q ein $\mathfrak{k}_\sigma$-Kern von $M \in \mathfrak{L}$, so heiße das $\mathfrak{k}$-Produkt $R = P - Q$ eine *$\mathfrak{k}_\delta$-Begrenzung von M*; eine solche existiert nach Satz 3 sicher, falls $\bar{j}(M)$ endlich ist. Mittels (16) ergibt sich sofort der

Satz 4. *Für die j-Meßbarkeit einer Menge $M \in \mathfrak{L}$ mit endlichem $\bar{j}$ ist notwendig, daß jede $\mathfrak{k}_\delta$-Begrenzung von M eine l-Nullmenge ist, ferner hinreichend, daß dies für eine solche Begrenzung gilt.*

Von Satz 4 aus gelangt man leicht zu einem zweiten Kriterium für die j-Meßbarkeit. Hierzu beachte ich, *daß eine Menge M mit endlichem $\bar{j}$ stets eine $\mathfrak{k}_\delta$-Begrenzung mit endlichem $\bar{j}$ besitzt.* Es gibt nämlich zunächst eine $\mathfrak{k}_\delta$-Hülle P von M mit endlichem $\bar{j}$, nach der Konstruktion bei Satz 3; für jede mit P gebildete Begrenzung R von M ist dann $\bar{j}(R)$ endlich. In diesem Falle ist nun nach (3) $l(R) = \bar{j}(R)$. Also gilt wegen des Satzes 4 der

Satz 5. *Für die j-Meßbarkeit einer Menge $M \in \mathfrak{L}$ mit endlichem $\bar{j}$ ist notwendig, daß jede $\mathfrak{k}_\delta$-Begrenzung von M mit endlichem $\bar{j}$ eine j-Nullmenge ist, ferner hinreichend, daß dies für eine solche Begrenzung gilt.*

§ 9. Inhalt und Maß in Produkträumen.

38. Additive Produktinhalte. Es seien E_1, E_2 zwei Grundbereiche (Räume). Unter dem *Produktraum $E = E_1 \times E_2$ von E_1, E_2* (in dieser Reihenfolge) versteht man die Menge aller Paare (x, y) mit $x \in E_1$, $y \in E_2$. Ferner versteht man unter der *Produktmenge $X \times Y$ der Mengen* $X \subset E_1$, $Y \subset E_2$ die Gesamtheit der Paare (x, y) mit $x \in X$, $y \in Y$; falls X oder Y leer ist, sei auch $X \times Y$ leer. $X \times Y = X' \times Y'$ besagt, daß beiderseits ein Faktor leer, oder daß $X = X'$, $Y = Y'$ ist.

Ist z. B. E_1 eine x-Achse und E_2 eine y-Achse, so kann man E als Ebene mit den gewöhnlichen Koordinaten x, y auffassen; $X \times Y$ wird dann eine Punktmenge dieser Ebene. Sind insbesondere X, Y Intervalle, so ist $X \times Y$ ein Rechteck. Die Richtigkeit der folgenden Regeln ist ohne weiteres ersichtlich.

a) *$X \times Y$ ist genau dann Teil von $X' \times Y'$, wenn X oder Y leer ist, oder wenn sowohl $X \subset X'$ als auch $Y \subset Y'$ ist.*

b) *$X \times Y$ und $X' \times Y'$ sind genau dann fremd, wenn entweder X, X' oder Y, Y' fremd sind.*

c) *Für je abzählbar viele $X_\mu \subset E_1$ und je abzählbar viele $Y_\nu \subset E_2$ ist*

$$\sum_\mu X_\mu \times \sum_\nu Y_\nu = \sum_{\mu,\nu} (X_\mu \times Y_\nu). \tag{1}$$

Ist insbesondere $X_\nu \subset X_{\nu+1}$, $Y_\nu \subset Y_{\nu+1}$ (wobei ν beide Male dieselben Werte durchläuft), so vereinfacht sich (1) zu

$$\Sigma X_\nu \times \Sigma Y_\nu = \Sigma (X_\nu \times Y_\nu). \tag{2}$$

d) *Unter denselben Annahmen wie bei* (1) *ist*

$$\prod_\mu X_\mu \times \prod_\nu Y_\nu = \prod_{\mu,\nu} (X_\mu \times Y_\nu).$$

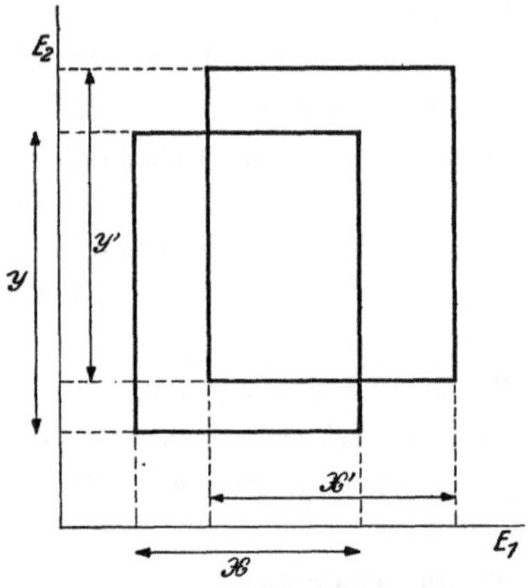

Durchlaufen μ, ν dieselben Werte, so kann man hierfür einfacher schreiben:

$$\Pi X_\nu \times \Pi Y_\nu = \Pi (X_\nu \times Y_\nu). \tag{3}$$

Insbesondere gilt nach (3) (Fig. 1)

$$(X \times Y)(X' \times Y') = X X' \times Y Y'. \tag{4}$$

Fig. 1.

e) *Es ist* (Fig. 1)

$$(X - X') \times Y = (X \times Y) - (X' \times Y), \tag{5}$$

$$X \times (Y - Y') = (X \times Y) - (X \times Y'). \tag{6}$$

f) *Es ist* (Fig. 1)

$$(X \times Y) - (X' \times Y') = [(X - X') \times Y] + [X \times (Y - Y')].^{1} \tag{7}$$

Schreibt man in der letzten eckigen Klammer X in der Form $X X' + (X - X')$, so ergibt sich

[1] Wegen (4) bzw. **2** (17) bzw. (5), (6) ist $(X \times Y) - (X' \times Y') = (X \times Y) - (X \times Y)(X' \times Y') = (X \times Y) - (X' \times Y)(X \times Y') = [(X \times Y) - (X' \times Y)] + [(X \times Y) - (X \times Y')] = [(X - X') \times Y] + [X \times (Y - Y')]$.

$$(X \times Y) - (X' \times Y') = [(X - X') \times Y] + [X X' \times (Y - Y')]; \quad (8)$$

jetzt sind die beiden Summanden rechts fremd.

In E_1 sowie in E_2 sei nun je ein Mengenkörper $\mathfrak{k}_1$ bzw. $\mathfrak{k}_2$ gegeben. Das in E gelegene System $\mathfrak{b}$ der Mengen $X \times Y$ mit $X \in \mathfrak{k}_1$, $Y \in \mathfrak{k}_2$ heiße die *zu* $\mathfrak{k}_1$, $\mathfrak{k}_2$ *gehörige Basis*. Es gilt:

α) *Der Durchschnitt zweier (und damit endlich vieler) Mengen aus* $\mathfrak{b}$ *gehört zu* $\mathfrak{b}$ (nach (4)).

β) *Die Differenz zweier Mengen aus* $\mathfrak{b}$ *kann als Summe zweier fremden Mengen aus* $\mathfrak{b}$ *dargestellt werden* (nach (8)).

γ) *Die Differenz* $B - S$ *einer Menge* $B \in \mathfrak{b}$ *und einer Summe* $S = B_1 + \ldots + B_n$ *mit* $B_\nu \in \mathfrak{b}$ *kann als Summe von endlich vielen getrennten Mengen aus* $\mathfrak{b}$ *dargestellt werden.*

Es ist nämlich $B - S = \prod\limits_1^n (B - B_\nu)$, wobei nach β) jeder Faktor $B - B_\nu$ die Summe von zwei passenden fremden Basismengen B_ν', B_ν'' ist. Wird $\prod\limits_1^n (B_\nu' + B_\nu'')$ nach dem distributiven Gesetz entwickelt, so tritt eine Summe von 2^n Durchschnitten aus je n Basismengen auf. Diese Durchschnitte entstehen, indem man in $B_1' B_2' \ldots B_n'$ auf alle möglichen Weisen $0, 1, \ldots, n$ Faktoren B_ν' durch B_ν'' ersetzt. Unsere Durchschnitte sind also getrennt, ferner nach α) wieder Basismengen. Damit ist γ) bewiesen.

Die Basis $\mathfrak{b}$ kann nach **6** im Raume E zum kleinsten Körper $\mathfrak{k}$ über $\mathfrak{b}$ erweitert werden. $\mathfrak{k}$ heißt der *Produktkörper von* $\mathfrak{k}_1$, $\mathfrak{k}_2$ und werde auch mit $\mathfrak{k}_1 \times \mathfrak{k}_2$ bezeichnet.

Satz 1. *Der Produktkörper* $\mathfrak{k} = \mathfrak{k}_1 \times \mathfrak{k}_2$ *besteht aus den Summen je endlich vieler Mengen der Basis* $\mathfrak{b}$.

Jede Menge aus $\mathfrak{k}$ *kann insbesondere als Summe endlich vieler getrennter Mengen aus* $\mathfrak{b}$ *dargestellt werden.*

Beweis. Um den ersten Teil des Satzes zu beweisen, hat man zu zeigen, daß die Klasse der dort genannten Summen einen Körper bildet. Dieser muß dann schon der kleinste Körper $\mathfrak{k}$ über $\mathfrak{b}$ sein, da $\mathfrak{k}$ jede solche Summe enthält.

Seien also $L = A_1 + \ldots + A_m$, $M = B_1 + \ldots + B_n$ zwei Summen von endlich vielen Mengen aus $\mathfrak{b}$; dann soll auch $L + M$ sowie $L - M$ eine solche Summe sein. Dies gilt zunächst sichtlich für $L + M$. Ferner ist

$$L - M = L - \sum_\nu B_\nu = \prod_\nu (L - B_\nu) = \prod_\nu \sum_\mu (A_\mu - B_\nu).$$

Im letzten Ausdruck ist jedes Glied $A_\mu - B_\nu$ nach β) Summe zweier Basismengen und damit die innere Summe für jedes einzelne ν eine Summe von $2\,m$ solchen Mengen. Bildet man nun das Produkt dieser Summen nach dem Distributivgesetz, so entsteht eine Summe von $(2\,m)^n$ Durchschnitten von je n Basismengen, deren jeder nach α) wieder eine Basismenge ist. Somit gilt der erste Teil von Satz 1.

Ferner kann eine Summe $A_1 + \ldots + A_n$ irgend welcher Basismengen als Summe endlich vieler getrennter Basismengen geschrieben werden. Formt man nämlich die Summe nach **1** (12) um, so entsteht eine Summe von endlich vielen getrennten Mengen, deren jede nach γ) als Summe endlich vieler getrennter Basismengen dargestellt werden kann. Es gilt also auch der zweite Teil von Satz 1.

Weiters seien auf den Körpern $\mathfrak{k}_1$, $\mathfrak{k}_2$ die Inhalte i_1 bzw. i_2 gegeben. Man kann dann auf der Basis $\mathfrak{b}$ eine eindeutige, nicht negative Mengenfunktion i durch die folgende Festsetzung erklären: ist $B = X \times Y$ eine beliebige Menge aus $\mathfrak{b}$, so sei

$$i\,(B) = i_1\,(X)\,i_2\,(Y); \tag{9}$$

dabei sei $i\,(B) = 0$, falls einer der beiden Faktoren rechts verschwindet (also auch dann, falls der andere ∞ sein sollte). Sichtlich ist $i(O) = 0$.[2] Wie ich nun zeigen werde, gilt der folgende

Hilfssatz. *Die Mengenfunktion i ist additiv auf $\mathfrak{b}$.*

D. h., ist $B = B_1 + \ldots + B_n$ $(n = 1, 2, \ldots)$ bei getrennten $B_\nu \in \mathfrak{b}$ und $B \in \mathfrak{b}$, so gilt stets

$$i\,(B) = i\,(B_1) + \ldots + i\,(B_n).\text{[3]} \tag{10}$$

Beweis. Dieser erfolgt durch Induktion. — Für $n = 1$ ist (10) trivial. Es werde angenommen, (10) gelte für irgend ein n. Ist dann die Basismenge $B = X \times Y$ Summe von $n + 1$ getrennten Basismengen $B_\nu = X_\nu \times Y_\nu$, also

$$B = B_1 + \ldots + B_{n+1}, \tag{11}$$

so ist zu zeigen:

$$i\,(B) = i\,(B_1) + \ldots + i\,(B_{n+1}). \tag{12}$$

Die Gleichung (12) ist eine unmittelbare Folge der Induktionsvoraussetzung, falls eines der B_ν leer ist. Ferner ergibt sich (12) ohne weiteres (und zwar unabhängig von der Induktionsvoraussetzung), falls alle $Y_\nu = Y$ sind. Man hat nur zu beachten, daß nach (11), (1)

---

[2] Die leere Menge von E_1, E_2, E werde jetzt einheitlich mit O bezeichnet.

[3] Man beachte, daß $\mathfrak{b}$ kein Körper zu sein braucht.

jetzt $B = (X_1 + \ldots + X_{n+1}) \times Y$ ist und die X_ν für $Y \neq O$ nach b) getrennt sind, und dann die Definition (9) heranzuziehen.

Es verbleibt somit der Fall, daß kein B_ν leer und nicht stets $Y_\nu = Y$ ist. Sei etwa $Y_1 \neq Y$. Da wegen $B_1 \subset B$ nach a) auch $Y_1 \subset Y$ ist, gilt jetzt jedenfalls

$$X_1 \neq O, \quad Y - Y_1 \neq O. \tag{13}$$

Ferner folgt aus

$$B = X \times [Y_1 + (Y - Y_1)], \; B_\nu = X_\nu \times [Y_\nu Y_1 + (Y_\nu - Y_1)] \tag{14}$$

mittels (1)

$$\begin{cases} B = B' + B'' \quad \text{mit } B' = X \times Y_1, \qquad B'' = X \times (Y - Y_1), \\ B_\nu = B_\nu' + B_\nu'' \text{ mit } B_\nu' = X_\nu \times Y_\nu Y_1, \; B_\nu'' = X_\nu \times (Y_\nu - Y_1); \end{cases} \tag{15}$$

dabei sind B', B'' sowie die B_ν', B_ν'' Basismengen und

$$B' B'' = O, \qquad B_\nu' B_\nu'' = O \tag{16}$$

(Fig 2); zugleich ist

$$B_\nu' \subset B', \; B_\nu'' B' = O, \qquad B_\nu'' \subset B'', \; B_\nu' B'' = O. \tag{17}$$

Nach (15) kann man (11) so schreiben:

$$B' + B'' = (B_1' + \ldots + B_{n+1}') + (B_1'' + \ldots + B_{n+1}''). \tag{18}$$

Multipliziert man (18) beiderseits mit B' bzw. B'', so entsteht wegen (16), (17)

$$\begin{aligned} B' &= B_1' + \ldots + B_{n+1}', \\ B'' &= B_1'' + \ldots + B_{n+1}''; \end{aligned} \tag{19}$$

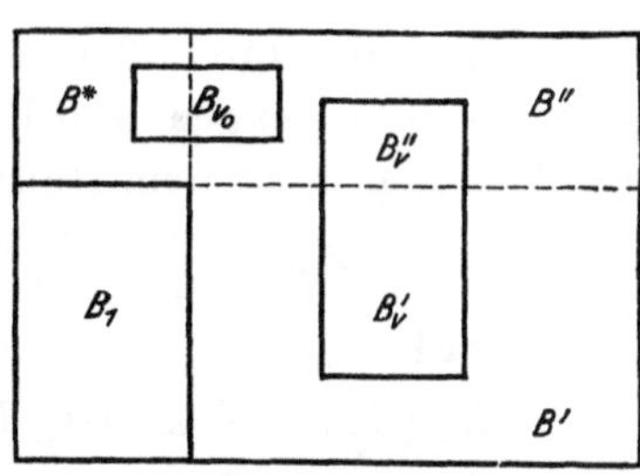

Fig. 2.

dabei sind die jeweiligen Summanden getrennt, da ja die B_ν getrennt sind. Weiters ergibt (14), wenn man die Festsetzungen in (15) beachtet,

$$\begin{cases} i(B) = i_1(X) \, . \, i_2[Y_1 + (Y - Y_1)] = i(B') + i(B''), \\ i(B_\nu) = i_1(X_\nu) \, . \, i_2[Y_\nu Y_1 + (Y_\nu - Y_1)] = i(B_\nu') + i(B_\nu''). \end{cases} \tag{20}$$

Um jetzt auf Grund der Induktionsvoraussetzung zu (12) zu gelangen, stellt man fest, daß in jeder der beiden Summen in (19) (mindestens) ein Summand leer sein muß. Bei der zweiten gilt dies jedenfalls von B_1'' Bei der ersten beachte man, daß $B^* = X_1 \times (Y - Y_1)$ ein zu B_1 fremder Teil von B ist, der wegen (13) nicht leer sein kann (Fig. 2). Für ein passendes B_{ν_0} mit $2 \leqq \nu_0 \leqq n + 1$ ist also $B^* B_{\nu_0} \neq O$. Damit ist $X_1 X_{\nu_0} \neq O$, folglich, da B_1, B_{ν_0} fremd sind, $Y_1 Y_{\nu_0} = O$. Dies besagt, daß der Summand B_{ν_0}' in der ersten Summe (19) leer ist. Wegen der Induktionsvoraussetzung folgt also aus (19)

$$i(B') = i(B_1') + \ldots + i(B_{n+1}'), \quad i(B'') = i(B_1'') + \ldots + i(B_{n+1}''),$$

was zusammen mit (20) die zu beweisende Gleichung (12) ergibt.

Die durch (9) auf $\mathfrak{b}$ erklärte Funktion $i(B)$ werde nun in der folgenden Weise zu einer Funktion $i(M)$ auf $\mathfrak{k}$ erweitert: man stellt die beliebige Menge $M \in \mathfrak{k}$ gemäß Satz 1 als Summe endlich vieler getrennter Mengen $B_1, \ldots, B_n$ aus $\mathfrak{b}$ dar und setzt

$$i(M) = i(B_1) + \ldots + i(B_n). \tag{21}$$

Diese Festsetzung ist unabhängig von der Wahl der für M zugelassenen Darstellung und somit i auf $\mathfrak{k}$ eine Erweiterung der bisherigen Funktion i auf $\mathfrak{b}$. Ist also M auch Summe der getrennten Mengen $A_1, \ldots, A_m$ aus $\mathfrak{b}$, so gilt

$$\sum_1^m i(A_\mu) = \sum_1^n i(B_\nu). \tag{22}$$

Es ist nämlich

$$A_\mu = A_\mu \sum_1^n B_\nu = \sum_{\nu=1}^n A_\mu B_\nu \text{ und analog } B_\nu = \sum_{\mu=1}^m B_\nu A_\mu.$$

Hierin sind die Durchschnitte $A_\mu B_\nu$ bei festem μ und $\nu = 1, \ldots, n$ getrennte Basismengen (s. α)) und ebenso die $B_\nu A_\mu$ bei festem ν und $\mu = 1, \ldots, m$. Nach dem Hilfssatz gilt also

$$i(A_\mu) = \sum_\nu i(A_\mu B_\nu), \quad i(B_\nu) = \sum_\mu i(B_\nu A_\mu).$$

Damit wird

$$\sum_\mu i(A_\mu) = \sum_\mu \sum_\nu i(A_\mu B_\nu) = \sum_\nu \sum_\mu i(B_\nu A_\mu) = \sum_\nu i(B_\nu),$$

in Übereinstimmung mit (22).

Die Funktion i auf $\mathfrak{k}$ ist sichtlich ein Inhalt, und zwar der einzige auf $\mathfrak{k}$, der auf $\mathfrak{b}$ mit der ursprünglichen Funktion i übereinstimmt; zugleich ist i auf $\mathfrak{k}$ der kleinste Inhalt über i auf $\mathfrak{b}$. Haben die Inhalte i_1, i_2 die Zerlegungseigenschaft, so gilt dies auch vom Inhalte i. Es kann nämlich zunächst jede Basismenge $X \times Y$ als Summe abzählbar vieler Basismengen mit endlichem i dargestellt werden, wie man mittels (1) sofort feststellt. Damit ist aber auch jede Menge aus $\mathfrak{k}$ (als Summe endlich vieler Basismengen) eine Summe von abzählbar vielen Mengen aus $\mathfrak{b}$ (also erst recht aus $\mathfrak{k}$) mit endlichem i. — Insgesamt gilt also der

Satz 2. *Die durch* (9) *auf der Basis* $\mathfrak{b}$ *erklärte Funktion* i *kann auf genau eine Weise zu einem Inhalt* i *auf dem Produktkörper* $\mathfrak{k} = \mathfrak{k}_1 \times \mathfrak{k}_2$ *erweitert*

werden, und zwar durch die Festsetzung (21). *Dabei wird i auf $\mathfrak{k}$ der kleinste Inhalt über i auf $\mathfrak{b}$.*

Haben die Inhalte i_1, i_2 die Zerlegungseigenschaft, so gilt dies auch vom Inhalt i.

Der Inhalt i auf $\mathfrak{k}$ heißt der *Produktinhalt von* i_1, i_2 und werde auch mit $i_1 \times i_2$ bezeichnet.

39. Volladditive Produktinhalte. Die zugrundegelegten Inhalte i_1, i_2 seien jetzt volladditiv. Es wird sich ergeben, daß dann auch ihr Produktinhalt i volladditiv ist. Zur Vorbereitung beweise ich den folgenden

Hilfssatz. *Sind die Inhalte i_1, i_2 volladditiv, so ist ihr Produktinhalt i volladditiv auf der Basis $\mathfrak{b}$.*

Beweis. Man hat folgendes zu zeigen: ist die nicht leere Basismenge $B = X \times Y$ Summe der abzählbar unendlich vielen getrennten Basismengen $B_\nu = X_\nu \times Y_\nu$, so gilt

$$i(B) = \sum_1^\infty i(B_\nu). \tag{1}$$

Für jedes Element $x \in X$ sei $H_\nu(x)$ $(\nu = 1, 2, \ldots)$ die Menge Y_ν oder die leere Menge von E_2, je nachdem $x \in X_\nu$ oder $x \in X - X_\nu$ ist. Die Mengen $H_\nu(x)$ sind für jedes feste x getrennt, da dies für die B_ν gilt; ferner ist stets $\sum_1^\infty H_\nu(x) = Y$ wegen $\sum_1^\infty B_\nu = B$. Also gilt, da i_2 volladditiv ist,

$$i_2(Y) = \sum_{\nu=1}^\infty i_2(H_\nu(x)) \text{ für jedes } x \in X. \tag{2}$$

Daneben werde nach Wahl einer natürlichen Zahl n die Punktfunktion

$$h_n(x) = \sum_{\nu=1}^n i_2(H_\nu(x)) \text{ mit } x \in X \tag{3}$$

betrachtet. Diese ist auf passenden Teilen von X konstant, die sich im Anschlusse an

$$X = \prod_1^n [X_\nu + (X - X_\nu)] \tag{4}$$

sofort ergeben (Fig. 3). Rechnet man nämlich das Produkt in (4) nach dem distributiven Gesetz aus, so treten 2^n Summanden $A_{\mu n}$ $(\mu = 1, 2, \ldots, 2^n)$ auf, die aus dem Durchschnitt $X_1 X_2 \ldots X_n$ dadurch entstehen, daß auf alle möglichen Weisen $0, 1, \ldots, n$ Faktoren X_ν durch $X - X_\nu$ ersetzt werden; die $A_{\mu n}$ sind getrennt und gehören zu $\mathfrak{k}_1$. Auf jedem nicht leeren $A_{\mu n}$ hat dann $h_n(x)$ einen festen Wert $c_{\mu n}$, nämlich $\Sigma\, i_2(Y_\nu)$ über jene Y_ν, welche den in $A_{\mu n}$ auftretenden Faktoren X_ν entsprechen; sind alle X_ν durch $X - X_\nu$ ersetzt, so ist $c_{\mu n} = 0$. Setzt man noch $c_{\mu n} = 0$, falls $A_{\mu n}$ leer ist, so gilt:

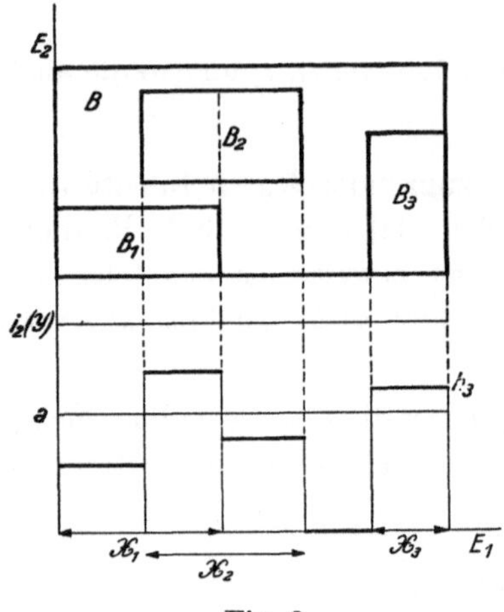

Fig. 3.

$$i(B_1) + \ldots + i(B_n) = \sum_{\mu=1}^{2^n} c_{\mu n}\, i_1(A_{\mu n}). \tag{5}$$

Wählt man ferner eine Zahl $a < i_2(Y)$ und bezeichnet man die Summe jener $A_{\mu n}$, auf denen $h_n(x) \geqq a$ ist, mit A_n (wobei A_n auch leer sein kann), so gilt nach (5)

$$i(B_1) + \ldots + i(B_n) \geqq a\, i_1(A_n). \tag{6}$$

Wegen $h_n(x) \leqq h_{n+1}(x)$ für jedes $x \in X$ ist nun $A_n \subset A_{n+1}$; ferner ist $\sum_1^\infty A_n = X$, da $a < i_2(Y)$ und da nach (2), (3) $\lim\limits_{n\to\infty} h_n(x) = i_2(Y)$ für jedes $x \in X$ ist. Somit hat man, da i_1 volladditiv ist, nach **14**, Satz 1

$$i_1(X) = \lim_{n\to\infty} i_1(A_n). \tag{7}$$

Wegen (7) ergibt (6) bei $n \to \infty$

$$\sum_1^\infty i(B_\nu) \geqq a \lim_{n\to\infty} i_1(A_n) = a\, i_1(X).$$

Hieraus folgt, da a eine beliebige Zahl unterhalb $i_2(Y)$ sein kann,

$$\sum_1^\infty i(B_\nu) \geqq i_2(Y)\,.\, i_1(X) = i(B). \tag{8}$$

Daneben gilt, da i auf dem Produktkörper $\mathfrak{k}$ ein Inhalt ist und $\mathfrak{k}$ die Basis $\mathfrak{b}$ umfaßt, nach **9** (9)

$$i(B) \geqq \sum_1^\infty i(B_\nu). \tag{9}$$

Aus (8), (9) entnimmt man die Behauptung (1).

Mittels des Hilfssatzes zeigt man jetzt leicht den

Satz 3. *Sind die Inhalte i_1 auf $\mathfrak{k}_1$ und i_2 auf $\mathfrak{k}_2$ volladditiv, so ist ihr Produktinhalt i auf $\mathfrak{k} = \mathfrak{k}_1 \times \mathfrak{k}_2$ ebenfalls volladditiv.*

Beweis. Die Menge $A \in \mathfrak{k}$ sei die Summe abzählbar unendlich vieler getrennter $A_\nu \in \mathfrak{k}$. Man hat zu zeigen:

$$i(A) = \sum_\nu i(A_\nu). \tag{10}$$

Es sei $A = B_1 + \ldots + B_l$ mit getrennten B_λ aus $\mathfrak{b}$, ferner $A_\nu = B_{1\nu} + \cdots + B_{m_\nu \nu}$ mit jeweils getrennten $B_{\mu\nu} \in \mathfrak{b}$; da die A_ν getrennt sind, sind dann alle $B_{\mu\nu}$ getrennt. Wegen $B_\lambda \subset A$ ist

$$B_\lambda = B_\lambda A = \sum_\nu B_\lambda A_\nu = \sum_\nu \sum_{\mu=1}^{m_\nu} B_\lambda B_{\mu\nu}; \tag{11}$$

hierin sind die $B_\lambda B_{\mu\nu}$ getrennte Mengen aus $\mathfrak{b}$. Aus (11) folgt wegen des Hilfssatzes

$$i(B_\lambda) = \sum_\nu \sum_{\mu=1}^{m_\nu} i(B_\lambda B_{\mu\nu}).$$

Damit wird

$$i(A) = \sum_{\lambda=1}^{l} i(B_\lambda) = \sum_\nu \sum_{\lambda=1}^{l} \sum_{\mu=1}^{m_\nu} i(B_\lambda B_{\mu\nu}). \tag{12}$$

Weiters ist wegen $A_\nu \subset A$

$$A_\nu = A A_\nu = \sum_{\lambda=1}^{l} B_\lambda A_\nu = \sum_{\lambda=1}^{l} \sum_{\mu=1}^{m_\nu} B_\lambda B_{\mu\nu}.$$

Hieraus folgt

$$i(A_\nu) = \sum_{\lambda=1}^{l} \sum_{\mu=1}^{m_\nu} i(B_\lambda B_{\mu\nu}). \tag{13}$$

Formt man (12) mittels (13) um, so entsteht (10). Damit ist der Satz 3 bewiesen.

40. Vollständige Inhalte und Maße in Produkträumen. Es seien i_1, i_2 irgend zwei Inhalte auf den Körpern $\mathfrak{k}_1$ im Raume E_1 bzw. $\mathfrak{k}_2$ im Raume E_2, ferner i auf dem Körper $\mathfrak{k}$ im Raume $E = E_1 \times E_2$ ihr Produktinhalt. Man kann dann in E den kleinsten vollständigen Inhalt j auf $\mathfrak{K}$ über i bilden (**27**, Satz 1). Daneben seien j_1 auf $\mathfrak{K}_1$ und j_2 auf $\mathfrak{K}_2$ die kleinsten Vervollständigungen von i_1 in E_1 bzw. von i_2 in E_2, ferner $\hat{i}$ auf $\hat{\mathfrak{k}}$ der Produktinhalt von j_1, j_2. Man kann dann in E noch den kleinsten vollständigen Inhalt $\hat{j}$ über $\hat{i}$ bilden und mit j vergleichen. Ich behaupte:

Satz 4. *Sind die Inhalte i_1, i_2 endlich, so sind die Inhalte j, $\hat{j}$ identisch.*

Beweis. Da j_1 eine Erweiterung von i_1 und j_2 eine solche von i_2 ist, ist $\hat{i}$ eine Erweiterung von i. Somit genügt es wegen **27**, Satz 3 zu zeigen, daß $\hat{\mathfrak{k}} \subset \mathfrak{K}$ ist. Dies ist aber bereits der Fall, wenn die zu $\mathfrak{K}_1$, $\mathfrak{K}_2$ gehörige Basis $\hat{\mathfrak{b}} \subset \mathfrak{K}$ ist (da $\hat{\mathfrak{k}}$ der kleinste Körper über $\hat{\mathfrak{b}}$ ist). Gemäß der Kennzeichnung der Mengen aus $\mathfrak{K}$ (s. **27** (10)) hat man also folgendes zu beweisen: zu jedem $M \in \hat{\mathfrak{b}}$ gibt es nach Wahl von $\varepsilon > 0$ zwei Mengen A, C aus $\mathfrak{k}$, so daß gilt:

$$A \supset M, \; A - M \subset C, \; i(C) < \varepsilon \qquad (A, C \in \mathfrak{k}); \tag{1}$$

dabei darf $\varepsilon < 1$ angenommen werden.

Sei $M = X \times Y$ mit $X \in \mathfrak{K}_1$, $Y \in \mathfrak{K}_2$. Nach der Kennzeichnung von $\mathfrak{K}_1$ (s. **27** (10)) gibt es zwei i_1-meßbare Mengen A_1, C_1, so daß

$$A_1 \supset X, \; A_1 - X \subset C_1, \; i_1(C_1) < \frac{\varepsilon}{3} \qquad (A_1, C_1 \in \mathfrak{k}_1) \tag{2}$$

ist; zugleich kann man erreichen, da i_2 und damit j_2 endlich ist (**27**, Satz 1), daß auch

$$i_1(C_1) \, . \, j_2(Y) < \frac{\varepsilon}{3} \tag{3}$$

wird. Analog gibt es zwei i_2-meßbare Mengen A_2, C_2, so daß zugleich gilt:

$$A_2 \supset Y, \; A_2 - Y \subset C_2, \; i_2(C_2) < \frac{\varepsilon}{3} \qquad (A_2, C_2 \in \mathfrak{k}_2), \tag{4}$$

$$i_2(C_2) \, . \, j_1(X) < \frac{\varepsilon}{3}. \tag{5}$$

Setzt man $A_1 \times A_2 = A$, so ergibt (2), (4)

$$A \supset M \qquad (A \in \mathfrak{k}). \tag{6}$$

Ferner ist nach **38** (7)

$$A - M = [(A_1 - X) \times A_2] + [A_1 \times (A_2 - Y)]$$

und daher wegen (2), (4)

$$A - M \subset (C_1 \times A_2) + (A_1 \times C_2) = C \qquad (C \in \mathfrak{k}). \tag{7}$$

Nach dieser Definition von C ist

$$i(C) \leqq i(C_1 \times A_2) + i(A_1 \times C_2)$$

oder

$$i(C) \leqq i_1(C_1) \, . \, i_2[(A_2 - Y) + Y] + i_1[(A_1 - X) + X] \, . \, i_2(C_2).$$

Dies ergibt wegen (2), (4)

$$i(C) \leqq i_1(C_1) \cdot j_2(Y) + i_2(C_2) \cdot j_1(X) + 2\, i_1(C_1) \cdot i_2(C_2).$$

Hieraus folgt, wenn man (2) bis (5) bzw. $0 < \varepsilon < 1$ beachtet,

$$i(C) < \frac{\varepsilon}{3} + \frac{\varepsilon}{3} + \frac{2\varepsilon^2}{9} < \varepsilon. \tag{8}$$

Nach (6), (7), (8) kann (1) in der Tat erreicht werden. Damit ist der Satz 4 bewiesen.

Über die Inhalte i_1 auf $\mathfrak{k}_1$, i_2 auf $\mathfrak{k}_2$ werde jetzt vorausgesetzt, daß sie volladditiv sind und die Zerlegungseigenschaft haben; für ihren Produktinhalt i auf $\mathfrak{k}$ gilt dann dasselbe (Satz 2, 3). Nach **32**, Satz 3 kann man im Raume E das kleinste vollständige Maß l auf $\mathfrak{K}'$ über i bilden. Daneben seien l_1 auf $\mathfrak{K}_1'$ und l_2 auf $\mathfrak{K}_2'$ die kleinsten vollständigen Maße über i_1 im u E_1 bzw. über i_2 im Raume E_2, ferner $\hat{i}$ auf $\hat{\mathfrak{k}}$ der Produktinhalt von l_1, l_2. Da $\hat{i}$ volladditiv ist und die Zerlegungseigenschaft hat, kann man in E noch das kleinste vollständige Maß $\hat{l}$ über $\hat{i}$ bilden und mit l vergleichen. Ich behaupte:

Satz 5. *Sind die Inhalte i_1, i_2 volladditiv und besitzen sie die Zerlegungseigenschaft, so sind die Maße l, $\hat{l}$ identisch.*

Beweis. Da l_1 eine Erweiterung von i_1 und l_2 eine solche von i_2 ist, ist $\hat{i}$ eine Erweiterung von i. Somit genügt es wegen **32**, Satz 4 zu zeigen, daß $\hat{\mathfrak{k}} \subset \mathfrak{K}'$ ist. Dies ist aber bereits der Fall, wenn die zu $\mathfrak{K}_1'$, $\mathfrak{K}_2'$ gehörige Basis $\hat{\mathfrak{b}} \subset \mathfrak{K}'$ ist. Gemäß der Kennzeichnung der Mengen aus $\mathfrak{K}'$ (s. **32** (21), (25)) hat man also folgendes zu beweisen: zu jedem $M \in \hat{\mathfrak{b}}$ gibt es nach Wahl von $\varepsilon > 0$ zwei $\mathfrak{k}$-Summen Q, Q', so daß gilt:

$$Q \supset M, \quad Q - M \subset Q', \quad l(Q') < \varepsilon \qquad (Q, Q' \in \mathfrak{k}_\sigma); \tag{9}$$

dabei darf $\varepsilon < 1$ angenommen werden.

Sei $M = X \times Y$ mit $X \in \mathfrak{K}_1'$, $Y \in \mathfrak{K}_2'$. Wegen der Zerlegungseigenschaft von l_1, l_2 ist

$$X = \Sigma X_\nu \text{ mit } X_\nu \in \mathfrak{K}_1' \text{ und endlichem } l_1(X_\nu),$$
$$Y = \Sigma Y_\nu \text{ mit } Y_\nu \in \mathfrak{K}_2' \text{ und endlichem } l_2(Y_\nu);$$

dabei darf man

$$X_\nu \subset X_{\nu+1}, \quad Y_\nu \subset Y_{\nu+1} \qquad (\nu = 1, 2, \ldots) \tag{10}$$

annehmen. Nach der Kennzeichnung von $\mathfrak{K}_1'$ (s. **32** (21), (25)) gibt es für jedes ν zwei $\mathfrak{k}_1$-Summen $Q_{1\nu}$, $Q_{1\nu}'$, so daß

$$Q_{1\nu} \supset X_\nu, \quad Q_{1\nu} - X_\nu \subset Q_{1\nu}', \quad l_1(Q_{1\nu}') < \frac{\varepsilon}{3 \cdot 2^\nu} \quad (Q_{1\nu}, Q_{1\nu}' \in \mathfrak{k}_{1\sigma}) \tag{11}$$

ist; zugleich kann man erreichen, da $l_2(Y_\nu)$ endlich ist, daß

$$l_1(Q_{1\nu}') \cdot l_2(Y_\nu) < \frac{\varepsilon}{3 \cdot 2^\nu} \tag{12}$$

wird. Analog gibt es zwei $\mathfrak{k}_2$-Summen $Q_{2\nu}$, $Q_{2\nu}'$, so daß zugleich gilt:

$$Q_{2\nu} \supset Y_\nu, \quad Q_{2\nu} - Y_\nu \subset Q_{2\nu}', \quad l_2(Q_{2\nu}') < \frac{\varepsilon}{3 \cdot 2^\nu} \quad (Q_{2\nu}, Q_{2\nu}' \in \mathfrak{k}_{2\sigma}), \tag{13}$$

$$l_2(Q_{2\nu}') \cdot l_1(X_\nu) < \frac{\varepsilon}{3 \cdot 2^\nu}. \tag{14}$$

Setzt man $Q_{1\nu} \times Q_{2\nu} = Q_\nu$, $X_\nu \times Y_\nu = M_\nu$, wobei Q_ν nach **38** (1) eine $\mathfrak{k}$-Summe ist, so ergibt (11), (13)

$$Q_\nu \supset M_\nu \qquad (Q_\nu \in \mathfrak{k}_\sigma). \tag{15}$$

Ferner ist nach **38** (7)

$$Q_\nu - M_\nu = [(Q_{1\nu} - X_\nu) \times Q_{2\nu}] + [Q_{1\nu} \times (Q_{2\nu} - Y_\nu)]$$

und daher wegen (11), (13)

$$Q_\nu - M_\nu \subset (Q_{1\nu}' \times Q_{2\nu}) + (Q_{1\nu} \times Q_{2\nu}') = Q_\nu' \qquad (Q_\nu' \in \mathfrak{k}_\sigma). \tag{16}$$

Nach dieser Definition von Q_ν' gilt

$$l(Q_\nu') \leqq l(Q_{1\nu}' \times Q_{2\nu}) + l(Q_{1\nu} \times Q_{2\nu}'). \tag{17}$$

Ferner ist nach der Definition von l_1, l_2, l für Mengen aus bzw. $\mathfrak{k}_{1\sigma}$, $\mathfrak{k}_{2\sigma}$, $\mathfrak{k}_\sigma$ (s. **32** (25) und **30** (6))

$$l_1(Q_{1\nu}') \cdot l_2(Q_{2\nu}) = l(Q_{1\nu}' \times Q_{2\nu})$$

und entsprechend für den zweiten Summanden in (17) rechts. Somit folgt aus (17)

$$l(Q_\nu') \leqq l_1(Q_{1\nu}') \cdot l_2[(Q_{2\nu} - Y_\nu) + Y_\nu] + l_1[(Q_{1\nu} - X_\nu) + X_\nu] \cdot l_2(Q_{2\nu}')$$

und hieraus wegen (13), (11)

$$l(Q_\nu') \leqq l_1(Q_{1\nu}') \cdot l_2(Y_\nu) + l_1(X_\nu) \cdot l_2(Q_{2\nu}') + 2\, l_1(Q_{1\nu}') \cdot l_2(Q_{2\nu}').$$

Dies ergibt, wenn man der Reihe nach (12), (14), (11), (13) bzw. $0 < \varepsilon < 1$ beachtet,

$$l(Q_\nu') < \frac{\varepsilon}{3 \cdot 2^\nu} + \frac{\varepsilon}{3 \cdot 2^\nu} + \frac{2\,\varepsilon^2}{9 \cdot 4^\nu} < \frac{\varepsilon}{2^\nu}. \tag{18}$$

Setzt man jetzt $\Sigma Q_\nu = Q$, $\Sigma Q_\nu' = Q'$ mit Q, Q' aus $\mathfrak{k}_\sigma$ und beachtet man, daß wegen (10) nach **38** (2) $\Sigma M_\nu = M$ ist, so folgt schließlich aus (15), (16), (18)

$Q \supset M, \quad Q - M \subset \Sigma (Q_\nu - M_\nu) \subset \Sigma Q_\nu' = Q', \quad l(Q') \leqq \Sigma l(Q_\nu') < \varepsilon,$
wie es (9) verlangt. Damit ist Satz 5 bewiesen.

Zusatz. *Sind die Inhalte $\widetilde{i}_1$ auf $\widetilde{\mathfrak{k}}_1$ und $\widetilde{i}_2$ auf $\widetilde{\mathfrak{k}}_2$ volladditive Erweiterungen von i_1 bzw. i_2 mit der Zerlegungseigenschaft und $\widetilde{\mathfrak{k}}_1 \subset \mathfrak{K}_1$, $\widetilde{\mathfrak{k}}_2 \subset \mathfrak{K}_2$, so ist das kleinste vollständige Maß über $\widetilde{i}_1 \times \widetilde{i}_2$ mit l identisch*[1].

Dies ergibt der Satz 5, wenn man beachtet, daß l_1, l_2 nach **32**, Satz 4 auch die kleinsten vollständigen Maße über $\widetilde{i}_1$ bzw. $\widetilde{i}_2$ sind.

41. Mehrfache Produktinhalte. Es seien nun drei Räume gegeben: E_1, E_2, E_3. Unter ihrem *Produktraum* $E = E_1 \times E_2 \times E_3$ versteht man die Gesamtheit der Tripel (x, y, z) mit $x \in E_1$, $y \in E_2$, $z \in E_3$. Sichtlich ist

$$E = E_1 \times E_2 \times E_3 = (E_1 \times E_2) \times E_3 = E_1 \times (E_2 \times E_3). \tag{1}$$

Sind X, Y, Z Mengen aus bzw. E_1, E_2, E_3, so versteht man unter ihrer *Produktmenge* $M = X \times Y \times Z$ die Gesamtheit der Tripel (x, y, z) mit $x \in X$, $y \in Y$, $z \in Z$; falls X oder Y oder Z leer ist, sei auch M leer. Sichtlich ist

$$X \times Y \times Z = (X \times Y) \times Z = X \times (Y \times Z). \tag{2}$$

In den Räumen E_1, E_2, E_3 seien bzw. die Mengenkörper $\mathfrak{k}_1, \mathfrak{k}_2, \mathfrak{k}_3$ gegeben. Das in E gelegene System $\mathfrak{b}$ der Mengen (2) mit $X \in \mathfrak{k}_1$, $Y \in \mathfrak{k}_2$, $Z \in \mathfrak{k}_3$ heiße die *zu* $\mathfrak{k}_1, \mathfrak{k}_2, \mathfrak{k}_3$ *gehörige Basis*, ferner der kleinste Körper $\mathfrak{k}$ über $\mathfrak{b}$ in E der *Produktkörper von* $\mathfrak{k}_1, \mathfrak{k}_2, \mathfrak{k}_3$; dieser werde auch mit $\mathfrak{k}_1 \times \mathfrak{k}_2 \times \mathfrak{k}_3$ bezeichnet. Daneben bestimmen die Körper $\mathfrak{k}_1 \times \mathfrak{k}_2$ und $\mathfrak{k}_3$ sowie $\mathfrak{k}_1$ und $\mathfrak{k}_2 \times \mathfrak{k}_3$ im Raume E eine Basis $\mathfrak{b}'$ bzw. $\mathfrak{b}''$ (s. (1)); die kleinsten Körper in E über $\mathfrak{b}'$ bzw. $\mathfrak{b}''$ sind dann $\mathfrak{k}' = (\mathfrak{k}_1 \times \mathfrak{k}_2) \times \mathfrak{k}_3$ bzw. $\mathfrak{k}'' = \mathfrak{k}_1 \times (\mathfrak{k}_2 \times \mathfrak{k}_3)$. $\mathfrak{k}'$ besteht nach Satz 1 aus den Summen je endlich vieler Mengen aus $\mathfrak{b}'$, oder, was wegen (2) dasselbe ist, aus $\mathfrak{b}$; $\mathfrak{k}''$ besteht aus denselben Mengen. Da ferner $\mathfrak{k}_1 \times \mathfrak{k}_2$ nach Satz 1 aus den Summen endlich vieler getrennter Mengen $X \times Y$ mit $X \in \mathfrak{k}_1$, $Y \in \mathfrak{k}_2$ besteht und $\mathfrak{k}'$ aus den Summen endlich vieler getrennter Mengen aus $\mathfrak{b}'$, besteht $\mathfrak{k}'$ (und damit $\mathfrak{k}''$) aus den Summen endlich vieler getrennter Mengen aus $\mathfrak{b}$. Da jeder Körper über $\mathfrak{b}$ diese Summen enthält, muß noch $\mathfrak{k}' = \mathfrak{k}''$ mit dem kleinsten Körper $\mathfrak{k}$ über $\mathfrak{b}$ zusammenfallen. — Es hat sich also folgendes ergeben (vgl. Satz 1):

Satz 6. *Der Produktkörper $\mathfrak{k} = \mathfrak{k}_1 \times \mathfrak{k}_2 \times \mathfrak{k}_3$ über $\mathfrak{b}$ besteht aus den Summen je endlich vieler Mengen der Basis $\mathfrak{b}$. Dabei kann jede Menge aus $\mathfrak{k}$ als Summe endlich vieler getrennter Mengen aus $\mathfrak{b}$ dargestellt werden.*

[1] Ein ähnlicher Zusatz gilt wegen **27**, Satz 3 auch zum Satz 4.

Ferner gilt das folgende assoziative Gesetz:

$$\mathfrak{k}_1 \times \mathfrak{k}_2 \times \mathfrak{k}_3 = (\mathfrak{k}_1 \times \mathfrak{k}_2) \times \mathfrak{k}_3 = \mathfrak{k}_1 \times (\mathfrak{k}_2 \times \mathfrak{k}_3). \tag{3}$$

Auf den Körpern $\mathfrak{k}_1$, $\mathfrak{k}_2$, $\mathfrak{k}_3$ seien jetzt bzw. die Inhalte i_1, i_2, i_3 gegeben. Nach dem Bisherigen kann man dann die iterierten Produktinhalte

$$(i_1 \times i_2) \times i_3 = i', \quad i_1 \times (i_2 \times i_3) = i''$$

bilden, deren Definitionsbereich wegen (3) beide Male der kleinste Körper $\mathfrak{k}$ über $\mathfrak{b}$ ist. Für eine beliebige Menge $B = X \times Y \times Z$ aus $\mathfrak{b}$ werde nun

$$i(B) = i_1(X) \cdot i_2(Y) \cdot i_3(Z) \tag{4}$$

gesetzt, wobei $i(B) = 0$ sein soll, falls einer der Faktoren rechts verschwindet. Sichtlich ist

$$i(B) = i'(B) = i''(B). \tag{5}$$

Ferner werde die durch (4) auf $\mathfrak{b}$ erklärte Mengenfunktion $i(B)$ in der folgenden Weise zu einer Funktion $i(M)$ auf $\mathfrak{k}$ erweitert: man stellt die beliebige Menge $M \in \mathfrak{k}$ gemäß Satz 6 als Summe endlich vieler getrennter Mengen $B_1, \ldots, B_n$ aus $\mathfrak{b}$ dar und setzt

$$i(M) = i(B_1) + \ldots + i(B_n). \tag{6}$$

Da $i'(M) = i'(B_1) + \ldots + i'(B_n)$ und nach (5) $i'(B_\nu) = i(B_\nu)$ ist, gilt

$$i(M) = i'(M), \text{ und analog } i(M) = i''(M). \tag{7}$$

Durch (6) wird also auf $\mathfrak{k}$ ein Inhalt i festgelegt, und zwar der einzige, der für jede Menge $B \in \mathfrak{b}$ den Wert (4) hat; zugleich ist i auf $\mathfrak{k}$ der kleinste Inhalt über i auf $\mathfrak{b}$. Der Inhalt i auf $\mathfrak{k}$ heißt der *Produktinhalt von* i_1, i_2, i_3 und werde auch mit $i_1 \times i_2 \times i_3$ bezeichnet. — Es gilt also (vgl. Satz 2):

Satz 7. *Die durch* (4) *auf der Basis* $\mathfrak{b}$ *erklärte Funktion* i *kann auf genau eine Weise zu einem Inhalt* $i = i_1 \times i_2 \times i_3$ *auf dem Produktkörper* $\mathfrak{k} = \mathfrak{k}_1 \times \mathfrak{k}_2 \times \mathfrak{k}_3$ *erweitert werden und zwar durch die Festsetzung* (6). *Dabei wird* i *auf* $\mathfrak{k}$ *der kleinste Inhalt über* i *auf* $\mathfrak{b}$.

Ferner gilt (nach (7)) *das folgende assoziative Gesetz:*

$$i_1 \times i_2 \times i_3 = (i_1 \times i_2) \times i_3 = i_1 \times (i_2 \times i_3). \tag{8}$$

Der Gegenstand dieses Paragraphen wurde in anderem Rahmen zuerst von H. Hahn entwickelt[1].

---

[1] *H. Hahn*, Ann. di Pisa (2) **2** (1933), p. 429/52. S. auch *Z. Lomniki-S. Ulam*, Fund. Math. **23** (1934), p. 237/78, *J. Ridder*, Fund. math. **24** (1935), p. 72/117 (insbes. p. 87/94); ferner die vorbereitenden Arbeiten von *M. Fréchet*, Fund. Math. **4** (1923), p. 329/65; **5** (1924), p. 206/51 (insbes. p. 227).

II. Der Jordan'sche Inhalt.

Der Grundbereich E, dem die Mengen entnommen werden, sei jetzt der n-dimensionale Euklid'sche Raum E_n in gewöhnlichen Koordinaten $x_1, \ldots, x_n$. Die einfacheren Begriffe und Tatsachen über Punktmengen des E_n seien bekannt.

Um für Gebilde des E_n zu einem Inhalt zu gelangen, der in den Fällen niedrigster Dimension der Anschauung entspricht, werde die Vollständigkeit des anschaulichen Inhalts herangezogen (s. den Beginn von § 5). Im Falle des E_3 kann als Ausgangspunkt die Feststellung dienen, daß nicht zu komplizierte Summen von Würfeln einen ,,Inhalt" besitzen. Von diesem aus kann man durch Vervollständigung gemäß § 6 den Inhalt allgemeinerer Gebilde des E_3 gewinnen. Dabei wird es genügen, Systeme von Würfeln zugrundezulegen, die durch eine festgewählte Folge von ineinanderliegenden (und damit immer feiner werdenden) Raumgittern geliefert werden. Analogie bei gleichzeitiger Präzisierung ergibt dann einen Inhalt für Gebilde des E_n, der für $n = 1, 2, 3$ dem anschaulichen Inhalt entspricht.

Der so konstruierte Inhalt stimmt für beschränkte Punktmengen mit dem Inhalt überein, der auf andere Weise von G. Peano (1887) und C. Jordan (1892) erklärt wurde.

§ 10. Der elementare Inhalt der Würfelaggregate.

42. Basis und ihre Erweiterung zum Körper. Unter einem *Gitter Γ des E_n* versteht man n Systeme von Hyperebenen der folgenden Art: das ν-te System besteht bei festem ξ_ν und festem $c > 0$ aus den Hyperebenen $x_\nu = \xi_\nu + \mu\, c\ (\mu = 0, \pm 1, \ldots)$; c ist für jedes System dasselbe und heißt die *Weite von Γ*. Für $n = 2$ ist Γ ein achsenparalleles Quadratgitter. Ein *Würfel* oder eine *Masche des Gitters Γ* ist jede Menge von Punkten $(x_1, \ldots, x_n)$, für die bei irgendwie gewählten ganzzahligen $m_1, \ldots, m_n$ gilt:

$$\xi_\nu + m_\nu\, c \leqq x_\nu < \xi_\nu + (m_\nu + 1)\, c \qquad (\nu = 1, \ldots, n).$$

Ein Gitterwürfel ist also ,,halbabgeschlossen" und hat die Kantenlänge c; sein Durchmesser $c\sqrt{n}$ ist zugleich der *Durchmesser von Γ*. Zwei Gitterwürfel sind entweder fremd oder identisch und die Summe aller der volle E_n; jeder Raumpunkt liegt also in genau einem Gitterwürfel.

Unter einer *Unterteilung von Γ* sei jedes ,,feinere" Gitter gemeint, das Γ umfaßt. Eine solche besteht also aus n Systemen von Hyperebenen $x_\nu = \xi_\nu + \mu\, c \,/\, k\, (\mu = 0, \pm 1, \ldots)$ bei gewähltem ganzzahligen

$k \geqq 2$. Ist $k = 2$, so sagt man, die Unterteilung entstehe durch „Halbieren" von Γ.

Eine *monotone Folge von Gittern* $\Gamma_1, \Gamma_2, \ldots$ liegt vor, wenn $\Gamma_{\varrho+1}$ stets eine Unterteilung von Γ_ϱ ist. Zugleich ist $\Gamma_{\varrho'}$ für jedes $\varrho' > \varrho$ eine Unterteilung von Γ_ϱ; ferner strebt die Weite c_ϱ von Γ_ϱ eigentlich monoton fallend gegen 0. Zwei Würfel desselben Gitters einer monotonen Folge sind entweder fremd oder identisch. Gehören sie jedoch zu verschiedenen Gittern, so kann der größere als Summe von Würfeln jenes Gitters dargestellt werden, zu welchem der kleinere gehört; die beiden Würfel sind also jetzt entweder fremd oder der kleinere echter Teil des größeren. In jedem Falle sind sie also entweder fremd oder der eine Teil des andern. Das System $\mathfrak{b}$ aller Würfel der einzelnen Gitter einer monotonen Folge (Γ_ϱ) heiße die *zu* (Γ_ϱ) *gehörige Basis*; sie hängt von der Wahl der Gitterfolge ab und ist stets abzählbar.

Eine Menge A des E_n heiße ein *eigentliches* (*Würfel-*)*Aggregat für* $\mathfrak{b}$, falls A als Summe endlich vieler Würfel aus $\mathfrak{b}$ dargestellt werden kann. Ein eigentliches Aggregat A ist stets beschränkt. Ist Γ_r das „feinste" Gitter, dem bei der Darstellung von A Würfel entnommen wurden, so kann jeder dieser Würfel und damit auch A selber als Summe von getrennten Würfeln eines jeden Gitters Γ_ϱ mit $\varrho \geqq r$ auf genau eine Weise dargestellt werden. Diese Darstellung heiße die *Normaldarstellung von* A *im Gitter* Γ_ϱ. Weiters soll die leere Menge des E_n als eigentliches Aggregat gelten.

Satz 1. *Der kleinste Körper* $\mathfrak{k}_0$ *über einer Basis* $\mathfrak{b}$ *besteht aus den eigentlichen Aggregaten für* $\mathfrak{b}$.

Es ist nämlich die Summe zweier eigentlicher Aggregate A, B wieder ein solches; ferner auch $B - A$, wie man sofort mittels der Normaldarstellungen von A und B in einem und demselben Gitter feststellt. Die eigentlichen Aggregate bilden also einen Körper über $\mathfrak{b}$. Dieser ist der kleinste, da jeder Körper über $\mathfrak{b}$ die eigentlichen Aggregate enthalten muß.

Eine Menge A heiße ein (*Würfel-*)*Aggregat für* $\mathfrak{b}$ schlechthin, falls A als Summe von abzählbar vielen Würfeln aus $\mathfrak{b}$ so dargestellt werden kann, daß jede beschränkte Menge von höchstens endlich vielen dieser Würfel getroffen wird, oder also, falls der Durchschnitt von A mit jedem eigentlichen Aggregat wieder ein solches ist. Dazu kommt noch die leere Menge. Insbesondere ist der E_n ein Aggregat im jetzigen Sinne, ebenso die eigentlichen Aggregate. Diese sind innerhalb der Aggregate überhaupt dadurch gekennzeichnet, daß sie beschränkt sind. Ein nicht leeres Aggregat A kann stets als Summe abzählbar vieler getrennter Gitterwürfel dargestellt werden, derart, daß jede beschränkte Menge (oder also jedes eigentliche Aggregat) von höchstens endlich vielen dieser Würfel getroffen wird. Eine solche Darstellung, die eine *reguläre Darstellung von* A heiße, entsteht etwa, indem man A in die (eigentlichen) Aggregate zerlegt, die auf den Würfeln von Γ_1 liegen, und für die nicht leeren dieser Aggregate eine Normaldarstellung bildet. Bei regulärer Darstellung sind die nicht leeren eigentlichen Aggregate innerhalb aller Aggregate dadurch gekennzeichnet, daß sie Summen von endlich vielen Würfeln sind.

Satz 2. *Die Aggregate einer Basis* $\mathfrak{b}$ *bilden einen* ($\mathfrak{k}_0$ *umfassenden*) *Körper* $\mathfrak{k}$ *über* $\mathfrak{b}$, *der den* E_n *als größte Menge enthält*[1].

Es ist nämlich die Summe zweier Aggregate A, B wieder ein Aggregat. Ferner auch $B - A$. Dies ergibt sich, indem man A und B in die eigentlichen Aggregate $A_1, A_2, \ldots$ bzw. $B_1, B_2, \ldots$ zerlegt, die in den irgendwie numerierten Γ_1-Würfeln liegen, und $B - A = \Sigma (B_\lambda - A_\lambda)$ beachtet. Damit ist schon alles bewiesen.

43. Elementarer Inhalt der Würfelaggregate. Es sei $\mathfrak{b}$ die zu einer monotonen Gitterfolge des E_n gehörige Basis. Für jeden Würfel W von $\mathfrak{b}$ mit der Kantenlänge s werde

$$i(W) = s^n \tag{1}$$

gesetzt. Die so auf $\mathfrak{b}$ erklärte Funktion i kann durch die folgende Festsetzung auf den Körper $\mathfrak{k}$ der für $\mathfrak{b}$ gebildeten Aggregate A erweitert werden: ist $A = O$, so sei $i(A) = 0$; ist $A \neq O$, so wähle man eine reguläre Darstellung $A = \Sigma W_\lambda$ von A und setze

$$i(A) = \Sigma i(W_\lambda). \tag{2}$$

Die Festsetzung (2) erweist sich als unabhängig von der Wahl der für A zugelassenen Darstellung und ergibt somit auf $\mathfrak{b}$ die ursprüngliche Funktion i. Ist also auch $A = \Sigma W_\mu'$ eine reguläre Darstellung von A, so gilt

$$\Sigma i(W_\lambda) = \Sigma i(W_\mu'). \tag{3}$$

Zerlegt man nämlich irgend einen Gitterwürfel W mit der Kantenlänge s in die k^n getrennten Würfel W_ϱ eines und desselben Gitters von der Weite s / k, so gilt nach (1)

[1] Weder $\mathfrak{k}_0$ noch $\mathfrak{k}$ ist ein σ-Körper, da der Durchschnitt abzählbar vieler Gitterwürfel z. B. ein einzelner Punkt sein kann, ein solcher aber kein Aggregat ist. Ferner ist $\mathfrak{k}_0$ nicht geschlossen.

$$i(W) = s^n = k^n \left(\frac{s}{k}\right)^n = \sum_1^{k^n} i(W_\varrho). \tag{4}$$

Zerlegt man allgemeiner W in die getrennten Würfel $W_1, \ldots, W_r$ irgendwelcher Gitter, so gilt

$$i(W) = \sum_1^r i(W_\varrho), \tag{5}$$

wie sich mittels der Normaldarstellung von W sowie der einzelnen W_ϱ in einem und demselben Gitter nach (4) sofort ergibt. — Um nun (3) zu beweisen, beachte ich, daß in $W_\lambda = W_\lambda \sum_\mu W_\mu' = \sum_\mu W_\lambda W_\mu'$ die rechte Seite (von leeren Summanden abgesehen) eine Zerlegung von W_λ in endlich viele getrennte Gitterwürfel ist (da $\sum W_\mu'$ eine reguläre Darstellung von A ist und von zwei nicht fremden Gitterwürfeln der eine im andern liegt). Nach (5) ist also

$$i(W_\lambda) = \sum_\mu i(W_\lambda W_\mu') \text{ und ebenso } i(W_\mu') = \sum_\lambda i(W_\mu' W_\lambda).$$

Hieraus folgt aber die Behauptung (3) wegen

$$\sum_\lambda i(W_\lambda) = \sum_\lambda \sum_\mu i(W_\lambda W_\mu') = \sum_\mu \sum_\lambda i(W_\lambda W_\mu') = \sum_\mu i(W_\mu').$$

Da die Funktion i auf $\mathfrak{k}$ sichtlich additiv ist, *ist sie ein Inhalt.* Sie heißt der (*n-dimensionale*) *elementare Inhalt der Aggregate für* $\mathfrak{b}$. Statt i werde auch i_n geschrieben. Insbesondere ist $i(E_n) = \infty$; ferner ist O das einzige Aggregat vom elementaren Inhalte 0.

Weiters ist i auf $\mathfrak{k}$ volladditiv.

Beweis. Man hat zu zeigen: Ist ein beliebiges nicht leeres Aggregat A Summe einer Folge getrennter, nicht leerer Aggregate A_λ, so gilt

$$i(A) = \sum_1^\infty i(A_\lambda). \tag{6}$$

Wählt man für A sowie für die A_λ eine reguläre Darstellung, so kann man nötigenfalls durch eine Verfeinerung der Darstellung der einzelnen A_λ zunächst erreichen, daß jeder Würfel von A Summe passender Würfel aus den Darstellungen der A_λ wird. Dies sei bereits geschehen. Nun gilt (6) wegen der Additivität von i zunächst dann, wenn jeder Würfel in der Darstellung von A Summe endlich vieler Würfel aus den Darstellungen der A_λ ist. Sind dagegen gewisse Würfel in der Darstellung von A Summen von unendlich vielen Würfeln aus den Darstellungen der A_λ, so gilt (6) ebenfalls, wenn man folgendes zeigen kann: Ist ein Gitterwürfel W Summe einer Folge getrennter Gitterwürfel W_λ, so ist $i(W) = \sum_1^\infty i(W_\lambda)$. Dies trifft wegen **9** (9) bereits zu, wenn gilt:

$$i(W) \leqq \sum_1^\infty i(W_\lambda). \tag{7}$$

Um (7) zu beweisen, vergrößere man jeden Würfel W_λ durch „Anlegen" von Würfeln eines jeweils passend feinen Gitters, so daß ein konzentrisches würfelförmiges Aggregat W_λ' entsteht, für das bei gewähltem $\varepsilon > 0$

$$i(W_\lambda') < i(W_\lambda) + \frac{\varepsilon}{2^\lambda} \qquad (\lambda = 1, 2, \ldots) \tag{8}$$

ist. Zugleich verkleinere man den Würfel W, so daß ein konzentrisches würfelförmiges Aggregat W^* entsteht, für das

$$i(W^*) > i(W) - \varepsilon \tag{9}$$

ist. Dann ist jeder Punkt der abgeschlossenen Hülle $\overline{W}^*$ von W^* ein Punkt genau eines Würfels W_λ und damit ein innerer Punkt mindestens eines Würfels W_λ'. Also kann nach dem Borel'schen Überdeckungssatze $\overline{W}^*$ und damit erst recht W^* durch endlich viele W_λ' überdeckt werden, etwa durch $W_1', \ldots, W_l'$. Dabei gilt

$$i(W^*) \leqq i(W_1' + \ldots + W_l') \leqq i(W_1') + \ldots + i(W_l'). \tag{10}$$

Aus (9), (10), (8) folgt

$$i(W) - \varepsilon < \sum_1^l i(W_\lambda) + \sum_1^l \frac{\varepsilon}{2^\lambda}$$

und hieraus

$$i(W) < \sum_1^\infty i(W_\lambda) + 2\,\varepsilon.$$

Da ε beliebig klein sein kann, gilt also (7), w. z. z. w.

Sichtlich ist i auf $\mathfrak{k}$ der einzige volladditive Inhalt, der auf $\mathfrak{b}$ mit der ursprünglichen Funktion (1) *übereinstimmt.*

Schließlich hat i die Zerlegungseigenschaft, da jedes Aggregat Summe von abzählbar vielen Gitterwürfeln ist und diese Würfel Aggregate endlichen elementaren Inhaltes sind. — Zusammenfassend gilt also der

Satz 3. *Die durch* (1) *auf der Basis $\mathfrak{b}$ einer monotonen Gitterfolge des E_n erklärte Funktion i kann auf genau eine Weise zu einem volladditiven*

Inhalt i auf dem Körper $\mathfrak{k}$ der Aggregate A für $\mathfrak{b}$ erweitert werden, und zwar durch die Festsetzung (2). *Der Inhalt i hat die Zerlegungseigenschaft.*

Der Körper $\mathfrak{k}$ umfaßt den Körper $\mathfrak{k}_0$ der beschränkten Aggregate. *Einen zweiten Teilkörper $\mathfrak{k}^*$ bilden sichtlich die Aggregate mit endlichem elementaren Inhalt; zugleich ist* $\mathfrak{b} \subset \mathfrak{k}_0 \subset \mathfrak{k}^* \subset \mathfrak{k}$.[1] Es ist also i als Funktion auf $\mathfrak{k}_0$, sowie als Funktion auf $\mathfrak{k}^*$ ein endlicher, volladditiver Inhalt. *Ferner ist i auf $\mathfrak{k}_0$ der kleinste Inhalt über i auf* $\mathfrak{b}$ (nach Satz 1 und (2)).

Der Inhalt i als Funktion auf $\mathfrak{k}$, $\mathfrak{k}_0$ oder $\mathfrak{k}^*$ kann nicht vollständig sein, da sonst ein einzelner Punkt i-meßbar sein müßte, was nicht der Fall ist.

§ 11. Der n-dimensionale Jordan'sche Inhalt.

44. Erklärung des Jordan'schen Inhaltes. Es sei $\mathfrak{b}$ wie bisher die zu einer monotonen Gitterfolge (Γ_ϱ) des E_n gehörige Basis, ferner i auf $\mathfrak{k}$ der elementare Inhalt der Aggregate für $\mathfrak{b}$. Der kleinste vollständige Inhalt j über i (s. **27**, Satz 1) heißt der (*n-dimensionale*) *Jordan'sche Inhalt*[1] und die Mengen seines Definitionsbereiches $\mathfrak{K}$ die *nach Jordan meßbaren* oder die *quadrierbaren Mengen des E_n*[2]. Hiernach ist j bezüglich der Folge (Γ_ϱ) definiert; es wird sich ergeben, daß j von der Wahl dieser Folge nicht abhängt (s. **48**). Statt j werde auch j_n geschrieben, ferner statt Jordan'scher Inhalt auch bloß Inhalt gesagt. In diesem Sinne ist dann der elementare Inhalt eines Aggregates einfach sein Inhalt. Die Aggregate für $\mathfrak{b}$ sind vorderhand die einzigen speziellen Gebilde, deren Quadrierbarkeit feststeht. Da der E_n ein Aggregat ist, ist also $\mathfrak{K}$ geschlossen.

Da i volladditiv ist und die Zerlegungseigenschaft hat (**43** Satz 3), gilt beides auch von j (**28**, Satz 4 bzw. **27**, Satz 1).

Da ferner i als Funktion auf $\mathfrak{b}$ nur auf eine Weise zu einem volladditiven Inhalt i auf $\mathfrak{k}$ erweitert werden kann (**43** Satz 3) und da i als Inhalt auf $\mathfrak{k}$ nur auf eine Weise zu einem Inhalt auf $\mathfrak{K}$ erweitert werden kann, nämlich zu j (**27**, Satz 1), und j volladditiv ist, *ist j der einzige volladditive Inhalt auf $\mathfrak{K}$, der für die Würfel aus $\mathfrak{b}$ mit deren elementaren Inhalt übereinstimmt.*

Eine quadrierbare Menge M ist nach **27**, Satz 1 dadurch gekennzeichnet, daß sie sich zwischen zwei Aggregaten einschließen läßt, deren Differenz ein Aggregat von beliebig kleinem (elementaren) Inhalt

---

[1] $\mathfrak{k}^*$ ist weder ein σ-Körper noch geschlossen (vgl. **42**[1]).

[1] Auch *Peano-Jordan'scher* oder *Riemann'scher Inhalt.*

[2] Auf diese Weise wird der Jordan'sche Inhalt bei *O. Haupt-G. Aumann*, **13**[1], p. 25 erklärt.

ist. Damit ist gleichbedeutend (s. **24** a) bis d)), daß es ein M überdeckendes Aggregat $\overline{A}$ oder auch ein in M liegendes Aggregat $\underline{A}$ gibt, so daß $\overline{A} - M$ bzw. $M - \underline{A}$ in einem Aggregat beliebig kleinen Inhalts liegt, ferner, daß M durch Addition oder auch durch Subtraktion eines jeweils passenden Aggregates von beliebig kleinem Inhalt zu einem Aggregate wird.

Ist M quadrierbar, so hat man nach **27** (11)

$$j(M) = \inf i(\overline{A}) = \sup i(\underline{A}), \tag{1}$$

wobei $\overline{A}$ alle M überdeckenden und $\underline{A}$ alle in M liegenden Aggregate zu durchlaufen hat. Ist M beschränkt, so ist also $j(M)$ endlich.

Eine j-Nullmenge ist dadurch gekennzeichnet, daß sie durch ein Aggregat von beliebig kleinem Inhalt überdeckt werden kann. Ein Teil einer Nullmenge ist also wieder eine solche, wie es ja auch wegen der Vollständigkeit von j der Fall sein muß (**24**, Satz 1). Insbesondere ist ein einzelner Punkt und damit jede endliche Menge eine Nullmenge.

Nach (1) kann eine Menge nur dann Nullmenge sein, wenn sie keinen inneren Punkt hat (also Randmenge ist). Umgekehrt ist aber eine Menge ohne innere Punkte erst dann Nullmenge, wenn sie quadrierbar ist. Daß dies nicht der Fall zu sein braucht, sieht man an der Menge M der rationalen Punkte eines Würfels aus Γ_1: M hat keine inneren Punkte und ist nicht quadrierbar. Dieses Beispiel zeigt noch, *daß es nicht quadrierbare, abzählbare Mengen gibt.*[3]

Da der Durchschnitt zweier quadrierbarer Mengen A, B quadrierbar ist, ist dieser genau dann Nullmenge, wenn A und B keinen inneren Punkt gemeinsam haben, oder also, wenn A und B nicht „übereinandergreifen". *Wenn also von abzählbar vielen quadrierbaren Mengen A_ν mit einer quadrierbaren Summe S keine zwei übereinandergreifen, so gilt* (s. **14**, vor Satz 2)

$$j(S) = \Sigma j(A_\nu). \tag{2}$$

Stellt man eine nicht beschränkte, quadrierbare Menge A als Limes einer ansteigenden Folge von beschränkten, quadrierbaren Teilen A_ν dar, so gilt nach **14**, Satz 1

$$j(A) = \lim j(A_\nu). \tag{3}$$

Eine solche Darstellung erhält man z. B., indem man die Γ_1-Würfel

[3] Hieraus folgt, daß $\mathfrak{K}$ kein σ-Körper sein kann, da sonst jede abzählbare Menge als Vereinigung ihrer Punkte quadrierbar sein müßte; j ist also kein Maß. Ebenso sind die unten auftretenden Körper $\mathfrak{K}_0$, $\mathfrak{K}^*$ keine σ-Körper.

irgendwie numeriert: $W_1, W_2, \ldots$ und $A_\nu = (W_1 + \ldots + W_\nu) A$ setzt.

Wegen (3) bzw. (1) gilt der

Satz 1. *Der Inhalt einer quadrierbaren Menge ist stets die obere Grenze der Inhalte ihrer beschränkten, quadrierbaren Teile und damit auch die obere Grenze der Inhalte der auf ihr liegenden beschränkten Aggregate für* $\mathfrak{b}$.

Damit ist der Inhalt einer nicht beschränkten, quadrierbaren Menge auf den von beschränkten, quadrierbaren Teilen zurückgeführt.

Die Würfel des Gitters Γ_ϱ, die mit einer (nicht leeren) Menge A einen Punkt gemeinsam haben, bilden stets ein A überdeckendes Aggregat $\overline{A}_\varrho$, ferner jene, die ganz auf A liegen (bzw. die leere Menge) ein A eingeschriebenes Aggregat $\underline{A}_\varrho$; dabei ist $\overline{A}_{\varrho+1} \subset \overline{A}_\varrho$, $\underline{A}_{\varrho+1} \supset \underline{A}_\varrho$. Ist nun A beschränkt und quadrierbar, so genügt es im ersten Teile von (1), $\overline{A}$ auf die eigentlichen, A überdeckenden Aggregate zu beschränken und daher auch auf die Aggregate $\overline{A}_\varrho$. Ist ferner A quadrierbar, jedoch nicht notwendig beschränkt, so genügt es nach Satz 1 im zweiten Teile von (1), $\underline{A}$ auf die eigentlichen, A eingeschriebenen Aggregate zu beschränken und daher auch auf die Aggregate $\underline{A}_\varrho$. Somit gilt der

Satz 2. *Für jede beschränkte, quadrierbare Menge A ist*

$$j(A) = \lim_{\varrho \to \infty} i(\overline{A}_\varrho), \tag{4}$$

ferner für jede quadrierbare Menge A überhaupt

$$j(A) = \lim_{\varrho \to \infty} i(\underline{A}_\varrho). \tag{5}$$

Dieser Satz entspricht völlig dem anschaulichen Inhaltsbegriff.

Auf die Quadrierbarkeit einer nicht beschränkten Menge kann man häufig mittels des folgenden Satzes schließen:

Satz 3. *Eine Menge M ist quadrierbar, wenn dies von ihren Teilen M_ν gilt, die auf den Würfeln W_ν des Gitters Γ_1 liegen.*

Dies trifft jedenfalls zu, wenn es eine Klasse quadrierbarer Mengen A gibt, so daß $M A$ stets quadrierbar ist und jeder Würfel von Γ_1 durch eine der Mengen A überdeckt werden kann.

Beweis. Wegen der Quadrierbarkeit der M_ν und wegen $M_\nu \subset W_\nu$ gibt es zu jedem $\varepsilon > 0$ zwei auf W_ν liegende (eigentliche) Aggregate $\underline{A}_\nu$, $\overline{A}_\nu$, so daß

$$\underline{A}_\nu \subset M_\nu \subset \overline{A}_\nu, \quad i(\overline{A}_\nu - \underline{A}_\nu) < \frac{\varepsilon}{2^\nu} \qquad (\nu = 1, 2, \ldots)$$

ist; zugleich sind $\underline{A} = \Sigma\, \underline{A}_\nu$, $\overline{A} = \Sigma\, \overline{A}_\nu$ Aggregate. Für sie gilt

$$\underline{A} \subset M \subset \overline{A}, \quad i(\overline{A} - \underline{A}) = i[\Sigma(\overline{A}_\nu - \underline{A}_\nu)] = \Sigma\, i(\overline{A}_\nu - \underline{A}_\nu) < \varepsilon.$$

Dies besagt aber, daß M quadrierbar ist.

Wegen der Volladditivität von j folgt aus Satz 3 unmittelbar: *Sind die Durchschnitte $M\,W_\nu$, oder allgemeiner die Durchschnitte $M\,A$, durchwegs Nullmengen, so ist auch M eine solche.*

Ist M nicht quadrierbar, so gilt dies wegen Satz 3 auch von einem passenden der Durchschnitte $M\,W_\nu$. Da die W_ν quadrierbare Mengen endlichen Inhalts sind, hat man also den

Satz 4. *Der Jordan'sche Inhalt besitzt die Schnitteigenschaft* (s. **18** V).

Man kann noch den kleinsten vollständigen Inhalt über i als Funktion auf dem Körper $\mathfrak{k}_0$ der beschränkten Aggregate, ferner als Funktion auf dem Körper $\mathfrak{k}^*$ der Aggregate mit endlichem i bilden. Nach dem ersten Teil von **27**, Satz 3 kommt man jedes Mal zum Jordan'schen Inhalt j, und zwar das erste Mal als Funktion auf dem Körper $\mathfrak{K}_0$ der beschränkten, quadrierbaren Mengen, das zweite Mal als Funktion auf dem Körper $\mathfrak{K}^*$ der quadrierbaren Mengen endlichen Inhalts[3]. Da i auf $\mathfrak{k}_0$ der kleinste Inhalt über i auf $\mathfrak{b}$ ist, *ist j auf $\mathfrak{K}_0$ der kleinste vollständige Inhalt über i auf $\mathfrak{b}$.*

45. Intervalle. Unter einem (*n-dimensionalen*) *Intervall* werde eine Punktmenge des E_n verstanden, deren offener Kern aus den Punkten $(x_1, \ldots, x_n)$ mit

$$a_\nu < x_\nu < b_\nu \qquad (\nu = 1, \ldots, n) \tag{1}$$

bei endlichen a_ν, b_ν besteht; die Differenzen $b_\nu - a_\nu = s_\nu$ sind die *Kantenlängen*. Bei gleichen s_ν liegt ein *Würfel* vor.

Satz 5. *Ein Intervall I mit den Kantenlängen $s_1, \ldots, s_n$ ist für jede Wahl der Grundfolge (Γ_ϱ) quadrierbar und sein Inhalt jedesmal*

$$j(I) = s_1\, s_2 \ldots s_n. \tag{2}$$

$j(I)$ ist also der „elementare" Inhalt von I.

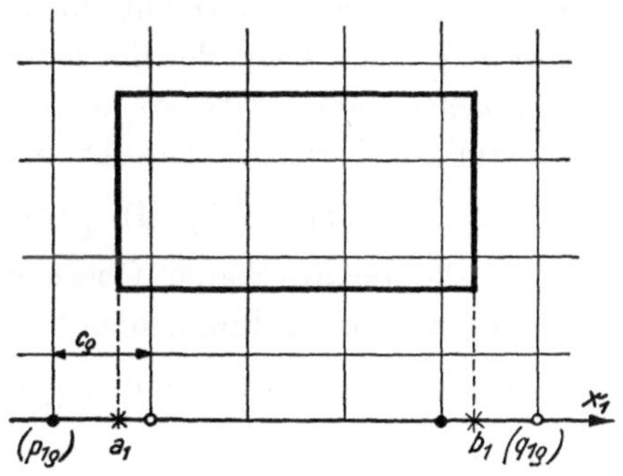

Fig. 4.

Beweis. Der offene Kern von I sei durch (1) gegeben. Ferner bestehe Γ_ϱ aus den n Hyperebenensystemen

$$x_\nu = \xi_\nu + \mu\, c_\varrho$$
$$(c_\varrho > 0;\ \mu = 0, \pm 1, \ldots).$$

Es gibt eindeutig bestimmte ganze Zahlen $p_{\nu\varrho}$, $q_{\nu\varrho}$, so daß gilt (Fig. 4):

$\xi_\nu + p_{\nu\varrho} c_\varrho \leqq a_\nu < \xi_\nu + (p_{\nu\varrho}+1) c_\varrho, \quad \xi_\nu + (q_{\nu\varrho}-1) c_\varrho \leqq b_\nu < \xi_\nu + q_{\nu\varrho} c_\varrho.$
Hiernach haben höchstens

$$(q_{1\varrho} - p_{1\varrho})(q_{2\varrho} - p_{2\varrho}) \ldots (q_{n\varrho} - p_{n\varrho})$$

Γ_ϱ-Würfel mit I Punkte gemeinsam[1]; zugleich liegen von einem passenden ϱ an mindestens

$$(q_{1\varrho} - p_{1\varrho} - 2)(q_{2\varrho} - p_{2\varrho} - 2) \ldots (q_{n\varrho} - p_{n\varrho} - 2)$$

Γ_ϱ-Würfel auf I.[2] Ist $\bar{A}_\varrho$ das Aggregat jener Γ_ϱ-Würfel, die mit I Punkte gemeinsam haben und $\underline{A}_\varrho$ das Aggregat jener, die ganz auf I liegen, so gilt also von einem passenden ϱ an

$$i(\bar{A}_\varrho) \leqq \prod_{\nu=1}^{n} [(q_{\nu\varrho} - p_{\nu\varrho}) c_\varrho] < \prod_{\nu=1}^{n} (s_\nu + 2c_\varrho),$$

$$i(\underline{A}_\varrho) \geqq \prod_{\nu=1}^{n} [(q_{\nu\varrho} - p_{\nu\varrho} - 2) c_\varrho] > \prod_{\nu=1}^{n} (s_\nu - 2c_\varrho).$$

Hiernach ist $i(\bar{A}_\varrho - \underline{A}_\varrho)$ wegen $c_\varrho \to 0$ bei $\varrho \to \infty$ für ein hinreichend großes ϱ beliebig klein und somit I quadrierbar. Ferner folgt bei $\varrho \to \infty$, wenn man den Satz 2 beachtet,

$$j(I) = \lim i(\bar{A}_\varrho) \leqq s_1 s_2 \ldots s_n,$$
$$j(I) = \lim i(\underline{A}_\varrho) \geqq s_1 s_2 \ldots s_n,$$

woraus man (2) entnimmt. Damit ist Satz 5 bewiesen.

Nach Satz 5 haben die abgeschlossene Hülle $\bar{I}$ sowie der offene Kern $\underline{I}$ von I denselben Inhalt wie I. Hieraus folgt, *daß die Begrenzung* $\bar{I} - \underline{I}$ *von* I *eine Nullmenge ist.*

46. Jordan'scher äußerer und innerer Inhalt. Die Außen- und Innenfunktion $\bar{j}$, $\underline{j}$ von j, oder gleichbedeutend von i (s. **27**, Satz 2), heißen der (*n-dimensionale*) *Jordan'sche äußere bzw. innere Inhalt*[1]. Der gemeinsame Definitionsbereich $\mathfrak{L}$ besteht aus allen Mengen des E_n; ferner ist

$$\bar{j}(M) = \inf j(\bar{A}), \quad \underline{j}(M) = \sup j(\underline{A}), \tag{1}$$

wobei $\bar{A}$ alle quadrierbaren Obermengen und $\underline{A}$ alle quadrierbaren Teilmengen von M zu durchlaufen hat, oder auch

$$\bar{j}(M) = \inf i(\bar{A}), \quad \underline{j}(M) = \sup i(\underline{A}), \tag{2}$$

---

[1] Weniger möglicherweise nur dann, wenn $b_\nu = \xi_\nu + (q_{\nu\varrho} - 1) c_\varrho$ für einzelne ν ist.

[2] Mehr möglicherweise nur dann, wenn $a_\nu = \xi_\nu + p_{\nu\varrho} c_\varrho$ für einzelne ν ist.

[1] $\bar{j}$ heißt bisweilen auch der *Cantor'sche Inhalt.*

wobei $\bar{A}$ alle M überdeckenden und $\underline{A}$ alle auf M liegenden Aggregate der Basis $\mathfrak{b}$ zu durchlaufen hat. Es wird sich ergeben, daß $\bar{\jmath}$, $\underline{\jmath}$ von der Wahl der zugrundegelegten Gitterfolge (Γ_ϱ) nicht abhängen (s. **48**). Statt $\bar{\jmath}$, $\underline{\jmath}$ werde auch $\bar{\jmath}_n$ bzw. $\underline{\jmath}_n$ geschrieben; ferner sollen $\bar{\jmath}, \underline{\jmath}$ kurz der äußere bzw. innere Inhalt heißen. Ist M beschränkt, so sind $\bar{\jmath}(M)$ und $\underline{\jmath}(M)$ endlich.

$\bar{\jmath}(M) = 0$ *bedeutet, daß M eine* j*-Nullmenge ist* (s. etwa **26**, Satz 7), *ferner* $\underline{\jmath}(M) = 0$, *daß M Randmenge ist.* Letzteres trifft insbesondere für jede abzählbare Menge zu.

Anschließend an die zweite Gleichung (1) ergibt sich mittels des Satzes 1 unmittelbar die folgende Verallgemeinerung dieses Satzes:

Satz 6. $\underline{\jmath}(M)$ *ist stets die obere Grenze der Inhalte der beschränkten, quadrierbaren Teile von M und damit auch die obere Grenze der Inhalte der auf M liegenden, beschränkten Aggregate für die Basis* $\mathfrak{b}$.

Ähnlich gilt für $\bar{\jmath}$ der

Satz 7. *Ist* $\bar{\jmath}(M)$ *endlich, so ist es die obere Grenze der äußeren Inhalte der beschränkten Teile von M.*

Zerlegt man nämlich M etwa in die Teile M_μ auf den einzelnen Γ_1-Würfeln, so ergibt **15** (8) [2]

$$\bar{\jmath}(M) = \Sigma\, \bar{\jmath}(M_\mu) = \lim_{m \to \infty} [\bar{\jmath}(M_1) + \dots + \bar{\jmath}(M_m)],$$

oder, da die eckige Klammer ebenfalls nach **15** (8) umgeformt werden kann,

$$\bar{\jmath}(M) = \lim_{m \to \infty} \bar{\jmath}(M_1 + \dots + M_m). \tag{3}$$

Da $M_1 + \dots + M_m$ für jedes m ein beschränkter Teil von M ist, folgt aus (3) die Behauptung.

Der folgende Satz 8 ist eine Verallgemeinerung von Satz 2 und ergibt sich analog wie dieser. Sind $\bar{A}_\varrho$, $\underline{A}_\varrho$ die Aggregate aus jenen Würfeln des Gitters Γ_ϱ, die mit M einen Punkt gemeinsam haben, bzw. die auf M liegen, so gilt nach der ersten Gleichung (2), bzw. nach Satz 6:

Satz 8. *Für jede beschränkte Menge M ist*

$$\bar{\jmath}(M) = \lim_{\varrho \to \infty} i(\bar{A}_\varrho), \tag{4}$$

ferner für jede beliebige Menge M des E_n

$$\underline{\jmath}(M) = \lim_{\varrho \to \infty} i(\underline{A}_\varrho). \tag{5}$$

Ist z. B. M die Menge der rationalen Punkte eines Würfels von Γ_1 und hat Γ_1 die Weite c, ist nach (4) bzw. (5): $\bar{\jmath}(M) = c^n$, $\underline{\jmath}(M) = 0$.

---

[2] Man beachte **15**[6].

Der innere Inhalt einer beschränkten Menge M kann in der folgenden Weise durch einen äußeren ausgedrückt werden: man überdeckt M etwa durch einen Würfel W mit der Kantenlänge s; dann ist nach **10** (7) und **45** (2) (vgl. **10** [3])

$$\underline{\jmath}\,(M) = s^n - \bar{\jmath}\,(W - M). \tag{6}$$

47. Darstellungen von $\bar{\jmath}$ und $\underline{\jmath}$. Zur Vorbereitung bemerke ich: *Die abgeschlossene Hülle $\bar{A}$ sowie der offene Kern $\underline{A}$ eines Aggregates A für die Basis* $\mathfrak{b}$ *sind quadrierbar; ferner ist*

$$\jmath\,(\bar{A}) = \jmath\,(\underline{A}) = i\,(A). \tag{1}$$

Beim Beweise darf man $A \neq O$ annehmen. Da nun nach **45** die Begrenzung eines jeden Würfels W_ν einer regulären Darstellung von A Nullmenge ist, ferner jeder Würfel des Gitters Γ_1 der Grundfolge mit höchstens endlich vielen dieser Begrenzungen Punkte gemeinsam hat (so daß also diese Punkte jeweils eine Nullmenge bilden), ist wegen Satz 3 die Vereinigung der Begrenzungen der einzelnen Würfel W_ν eine Nullmenge. Hiernach kann sich aber $\bar{A}$ von A nur um eine Nullmenge unterscheiden, da $\bar{A}$ die Vereinigung der abgeschlossenen Hüllen der Würfel W_ν ist. Ebenso kann sich $\underline{A}$ von A nur um eine Nullmenge unterscheiden, da $\underline{A}$ dadurch entsteht, indem man von jedem Würfel W_ν einen passenden (eventuell leeren) Teil seines Randes entfernt und die neuen Würfel vereinigt. Damit ist alles bewiesen.

Satz 9. *Für jede Menge M des E_n ist $\bar{\jmath}\,(M)$ die untere Grenze der Inhalte jener Aggregate für* $\mathfrak{b}$, *deren abgeschlossene Hülle, oder auch, deren offener Kern die Menge M überdeckt.*

Beweis. Man darf $M \neq O$ annehmen. — Für jedes Aggregat A, dessen offener Kern die Menge M überdeckt, ist $i\,(A) \geqq \bar{\jmath}\,(M)$ wegen $A \supset M$; dasselbe gilt für jedes Aggregat A, dessen abgeschlossene Hülle die Menge M überdeckt, wegen (1). $\bar{\jmath}\,(M)$ ist also beide Male Minorante der Inhalte der bezüglichen Aggregate. Ist $\bar{\jmath}\,(M) = \infty$, so gilt bereits hiernach die Behauptung. Ist $\bar{\jmath}\,(M)$ endlich, so ist noch zu zeigen, daß es beide Male die größte Minorante ist. Hierzu beachte ich, daß es jetzt nach **46** (2) zu jedem $\varepsilon > 0$ ein M überdeckendes, nicht leeres Aggregat A gibt mit

$$i\,(A) < \bar{\jmath}\,(M) + \varepsilon. \tag{2}$$

Da die abgeschlossene Hülle von A die Menge M erst recht überdeckt, ist also $\bar{\jmath}\,(M)$ zunächst im ersten Falle größte Minorante. Im zweiten

Falle wähle ich eine reguläre Darstellung ΣW_ν von A, die etwa dadurch entstehe, daß für die nicht leeren Teile von A auf den einzelnen Γ_1-Würfeln eine Normaldarstellung gebildet wird. Zu jedem Würfel W_ν kann man dann durch „Anlegen" von Würfeln eines jeweils passend feinen Gitters der Grundfolge ein konzentrisches, würfelförmiges Aggregat W_ν' so bilden, daß

$$i(W_\nu') < i(W_\nu) + \frac{\varepsilon}{2^\nu} \tag{3}$$

ist. Vereinigt man die W_ν', so entsteht ein Aggregat A'. Da nämlich die angefügten Würfel nicht größer als ein Γ_1-Würfel sind, wird ein beliebiger Γ_1-Würfel höchstens von endlich vielen W_ν' getroffen, weshalb A' in der für Aggregate charakteristischen Weise als Summe von Gitterwürfeln darstellbar ist. Der offene Kern von A' überdeckt M; ferner ist wegen der Volladditivität von i nach **13** (2) bzw. wegen (3) und (2)

$$i(A') \leqq \Sigma\, i(W_\nu') < i(A) + \varepsilon < \bar{j}(M) + 2\,\varepsilon.$$

Hiernach ist aber $\bar{j}(M)$ auch im zweiten Falle größte Minorante.

Satz 10. *Für jede Menge M des E_n ist $\underline{j}(M)$ die obere Grenze der Inhalte jener Aggregate für* b, *deren offener Kern, oder auch, deren abgeschlossene Hülle auf M liegt.*

Dies gilt auch dann, wenn nur beschränkte Aggregate zugelassen sind.

B e w e i s. Man darf $\underline{j}(M) > 0$ annehmen. — Für jedes Aggregat A, dessen abgeschlossene Hülle auf M liegt, ist $i(A) \leqq \underline{j}(M)$ wegen $A \subset M$; dasselbe gilt für jedes Aggregat A, dessen offener Kern auf M liegt, wegen (1). $\underline{j}(M)$ ist also beide Male Majorante der Inhalte der bezüglichen Aggregate. Es ist noch zu zeigen, daß $\underline{j}(M)$ beide Male die kleinste Majorante ist, und zwar auch dann, wenn nur beschränkte Aggregate zugelassen sind. Hierzu beachte ich, daß $\underline{j}(M)$ nach Satz 6 durch den Inhalt eines beschränkten, nicht leeren Aggregates A beliebig genau von unten her angenähert werden kann[1]. Da der offene Kern von A erst recht auf M liegt, ist also $\underline{j}(M)$ zunächst im ersten Falle kleinste Majorante, und zwar auch bei beschränkten Aggregaten. Im zweiten Falle wähle ich eine Normaldarstellung ΣW_ν von A. Zu jedem Würfel W_ν kann man dann durch „Abtrennen" von Würfeln eines passend feinen Gitters der Grundfolge ein konzentrisches, würfelförmiges Aggregat W_ν' so bilden, daß der Inhalt des Aggregates $A' = \Sigma W_\nu'$ dem inneren

[1] Damit ist im Falle $\underline{j}(M) = \infty$ gemeint, daß $i(A)$ beliebig groß sein kann.

Inhalt $\underline{j}(M)$ ebenfalls von unten her beliebig nahekommt. Da die abgeschlossene Hülle von A' auf M liegt und A' beschränkt ist, ist $\underline{j}(M)$ auch im zweiten Falle kleinste Majorante und zwar auch bei beschränkten Aggregaten.

Aus den Sätzen 9 und 10 folgt wegen (1) unmittelbar der

Satz 11. $\bar{j}(M)$ *ist stets die untere Grenze der Inhalte der quadrierbaren abgeschlossenen oder auch der quadrierbaren offenen Obermengen von* M.

$\underline{j}(M)$ *ist stets die obere Grenze der Inhalte der quadrierbaren offenen oder auch der quadrierbaren abgeschlossenen Teile von* M. *Dies gilt auch dann, wenn nur beschränkte Teile von* M *zugelassen sind.*

Da die abgeschlossenen Obermengen von M mit denen der abgeschlossenen Hülle $\overline{M}$ von M und die offenen Teile mit denen des offenen Kerns $\underline{M}$ übereinstimmen, folgt aus Satz 11 der

Satz 12. *Es ist stets*

$$\bar{j}(M) = \bar{j}(\overline{M}), \quad \underline{j}(M) = \underline{j}(\underline{M}). \tag{4}$$

Wird also zu M irgend ein Teil der Begrenzung hinzugefügt, so ändert sich der äußere Inhalt nicht; wird irgend ein Teil des Randes entfernt, so ändert sich der innere Inhalt nicht. *Insbesondere stimmt der innere Inhalt einer abgeschlossenen Menge* F *mit dem ihrer Ableitung* F' *überein*, wegen $\underline{F} \subset F' \subset F$, *und ebenso mit dem ihres perfekten Kerns.*

Satz 13. *Für jede Menge* M *des* E_n *ist*

$$\bar{j}(M) = \inf_{\nu} \Sigma\, j(W_\nu), \tag{5}$$

wobei $\{W_\nu\}$ *alle Systeme aus abzählbar vielen abgeschlossenen oder auch aus abzählbar vielen offenen Würfeln der folgenden Art zu durchlaufen hat*: 1) $S = \Sigma\, W_\nu$ *überdeckt* M; 2) *jede beschränkte Menge wird von höchstens endlich vielen Würfeln aus* $\{W_\nu\}$ *getroffen.*

Dies gilt auch dann, wenn nur Systeme aus Würfeln zugelassen sind, deren Kantenlänge kleiner als eine gewählte positive Zahl c *ist.*

Beweis. Wegen 2) ist S nach Satz 3 quadrierbar und daher wegen 1) und **13** (2) stets

$$\bar{j}(M) \leqq j(S) \leqq \Sigma\, j(W_\nu).\ [2] \tag{6}$$

Ist $\bar{j}(M) = \infty$, so gilt (5) beide Male bereits wegen (6). Ist $\bar{j}(M)$ endlich, so ist noch festzustellen, daß $\bar{j}(M)$ durch eine der in (5) auftretenden

[2] Ohne die Forderung 2) könnte man nicht auf die Quadrierbarkeit von S schließen und folglich **13** (2) nicht mehr anwenden. In diesem Falle würde die rechte Seite von (5) nicht den äußeren Inhalt, sondern das äußere Lebesgue'sche Maß von M darstellen (s. **65**, Satz 4).

Summen von oben her beliebig genau approximiert werden kann. Hierzu eignen sich im ersten Falle die abgeschlossenen Hüllen der Würfel in einer regulären Darstellung eines passenden, die Menge M überdeckenden Aggregates. Im zweiten Falle sind diese Würfel noch „wenig" zu vergrößern (etwa nach Art der Konstruktion der würfelförmigen Aggregate W_ν' im Beweise von Satz 9) und deren offene Kerne zu nehmen. Dabei kann man sich durchwegs auf Würfel beschränken, deren Kantenlänge kleiner als c ist.

Zusatz 1. *Ist M beschränkt, so gilt* (5) *bereits dann, wenn $\{W_\nu\}$ alle Systeme aus endlich vielen abgeschlossenen oder auch aus endlich vielen offenen Würfeln durchläuft, deren Summe die Menge M überdeckt. Dabei genügt es, nur Systeme von Würfeln zuzulassen, deren Kantenlänge kleiner als eine gewählte positive Zahl ist.*

Zusatz 2. *Der Satz* 13 *sowie der Zusatz* 1 *bleiben bestehen, wenn an Stelle der Würfel W_ν abgeschlossene bzw. offene Intervalle treten.*

Dem Satz 13 entspricht für $\underline{j}$ der

Satz 14. *Für jede Menge M des E_n mit $\underline{j}(M) \neq 0$ ist*

$$\underline{j}(M) = \sup \sum_\nu j(W_\nu), \tag{7}$$

wobei $\{W_\nu\}$ alle Systeme aus abzählbar vielen offenen oder auch aus abzählbar vielen abgeschlossenen Würfeln zu durchlaufen hat, die auf M liegen und zu zweien nicht übereinandergreifen.

Dies gilt auch dann, wenn nur endliche Systeme $\{W_\nu\}$ zugelassen sind.

Beweis. Wegen **11** (5) ist stets

$$\underline{j}(M) \geqq \underline{j}(\Sigma W_\nu) \geqq \Sigma j(W_\nu).\text{[3]}$$

Ferner kann $\underline{j}(M)$ beide Male durch eine der in (7) auftretenden Summen beliebig genau von unten her approximiert werden (vgl.[1]), und zwar auch dann, wenn nur endliche Systeme $\{W_\nu\}$ zugelassen sind. Hierzu genügen im ersten Falle bereits die offenen Kerne der Würfel einer Normaldarstellung eines passenden eigentlichen Aggregats, das auf M liegt (s. Satz 6). Im zweiten Falle sind diese Würfel „wenig" zu verkleinern (etwa nach Art der Konstruktion der würfelförmigen Aggregate W_ν' im Beweise von Satz 10) und deren abgeschlossene Hüllen zu nehmen.

Zusatz. *Der Satz* 14 *bleibt bestehen, wenn an Stelle der Würfel W_ν offene bzw. abgeschlossene Intervalle treten.*

---

[3] Die Forderung 2) aus Satz 13 erübrigt sich jetzt (vgl. [2]).

48. Unabhängigkeit des Inhalts von der Grundfolge. Wie bisher seien $j, \bar{j}, \underline{j}$ bezüglich der monotonen Gitterfolge (Γ_ϱ) gebildet und entsprechend die Inhalte $j', \bar{j}', \underline{j}'$ bezüglich einer zweiten solchen Folge (Γ_ϱ'). Da die Quadrierbarkeit und der Inhalt eines Würfels nach Satz 5 von der Wahl der Grundfolge nicht abhängen, muß dies nach den Sätzen 13, 14 auch vom äußeren und inneren Inhalt einer jeden Menge M des E_n gelten; *es ist also stets*

$$\bar{j}(M) = \bar{j}'(M), \; \underline{j}(M) = \underline{j}'(M). \tag{1}$$

Ferner ist jede j-meßbare Menge auch j'-meßbar und umgekehrt. Ist nämlich A j-meßbar, so gilt bei beliebigem L nach **11** (24)

$$\bar{j}(L) = \bar{j}(LA) + \bar{j}(L - A). \tag{2}$$

Wegen (1) darf man in (2) $\bar{j}$ durch $\bar{j}'$ ersetzen. Aus der entstandenen Gleichung folgt dann, da $\bar{j}'$ vollständig ist und die Schnitteigenschaft hat (Satz 4), nach **26**, Satz 14 die j'-Meßbarkeit von A.[1] Ebenso schließt man von der j'- auf die j-Meßbarkeit. *Zugleich ist $j(A) = j'(A)$* nach (1). Es gilt also der

Satz 15. *Der Jordan'sche Inhalt des E_n (und damit die Quadrierbarkeit sowie der Jordan'sche äußere und innere Inhalt) ist unabhängig von der Wahl der zugrundegelegten Gitterfolge.*

Nachdem der absolute Charakter des Jordan'schen Inhalts j und damit der seines Definitionsbereiches $\mathfrak{K}$ feststeht, beweise ich noch den

Satz 16. *Auf $\mathfrak{K}$ ist j der einzige volladditive Inhalt, der für jeden abgeschlossenen Würfel mit dessen elementaren Inhalt übereinstimmt.*

Beweis. Sei j' ein volladditiver Inhalt auf $\mathfrak{K}$, der für jeden abgeschlossenen Würfel mit dessen elementaren (d. h. nach **45** (2) mit dessen Jordan'schen) Inhalt übereinstimmt. Man hat zu zeigen, daß für jeden (halbabgeschlossenen) Gitterwürfel W einer gewählten monotonen Gitterfolge $j'(W) = j(W)$ ist (s. **44**, Absatz 3). Hierzu beachte man, daß W als Summe abzählbar vieler abgeschlossener Würfel W_ν dargestellt werden kann, die zu zweien nicht übereinandergreifen (Fig.. 5). Der Durchschnitt D zweier Würfel W_ν kann nun als beschränkte j-Nullmenge durch endlich viele

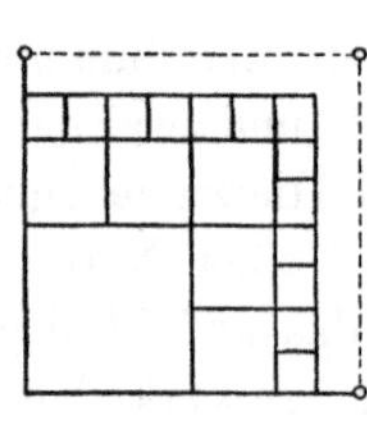

Fig. 5.

[1] Will man die Schnitteigenschaft vermeiden, so kann man so schließen: Wegen (1) ist $\bar{j}'(A) = j(A) = \underline{j}'(A)$, also A nach **26**, Satz 6 j'-meßbar, falls $j(A)$ endlich. Ist $j(A) = \infty$, so zerlege man A in die Teile A_ν auf den Würfeln von Γ_1'. Die A_ν sind zunächst j-meßbar, ferner nach dem eben Bemerkten j'-meßbar. Satz 3, angewendet auf j', ergibt die j'-Meßbarkeit von A.

abgeschlossene Würfel mit beliebig kleiner Inhaltssumme überdeckt werden (Zusatz 1 zu Satz 13), d. h., durch eine j'-meßbare Menge mit beliebig kleinem Inhalt j'. Da D als Menge von $\mathfrak{K}$ auch j'-meßbar ist, muß also $j'(D) = 0$ sein; daneben ist $j(D) = 0$. Somit gilt wegen der Volladditivität von j', j (s. **14**, vor Satz 2)

$$j'(W) = \Sigma j'(W_\nu) = \Sigma j(W_\nu) = j(W), \text{ w.z.z.w.}$$

49. Kriterien für die Quadrierbarkeit. Um die Quadrierbarkeit einer Menge M zu untersuchen, kann man prüfen, ob M die in **44** angegebene Definition der quadrierbaren Mengen erfüllt. Ferner ist M wegen der Vollständigkeit von j quadrierbar, wenn M zwischen zwei quadrierbaren Mengen mit einer beliebig inhaltskleinen Differenz eingeschlossen werden kann; dies kann noch nach **24** a) bis d) umgeformt werden. Weitere Handhaben geben die Sätze 6, 9, 10 und 14 in **26**. Ist M nicht beschränkt, so ist es häufig zweckmäßig, den Satz 3 heranzuziehen: falls etwa der Durchschnitt von M mit jedem z. B. abgeschlossenen Würfel oder mit jeder beschränkten, quadrierbaren Menge quadrierbar ist, so ist M selber quadrierbar. — Im Hinblick auf 88 bemerke ich:

Satz 17. *Ist M die Summe von abzählbar vielen quadrierbaren Mengen M_ν, die sich durch getrennte, quadrierbare Mengen mit einer quadrierbaren Summe überdecken lassen, und ist $\bar{j}(M)$ endlich, so ist auch M quadrierbar.*

Wegen **15** (1), der Quadrierbarkeit der M_ν und **15** (8)[1] ist nämlich $\underline{j}(M) = \Sigma \underline{j}(M_\nu) = \Sigma \bar{j}(M_\nu) = \bar{j}(M)$ und daher M nach **26**, Satz 6 quadrierbar.

Ein wichtiges Kriterium für die Quadrierbarkeit beruht auf dem

Satz 18. *Für jede beschränkte Punktmenge M des E_n mit der Begrenzung R ist*

$$\bar{j}(M) = \underline{j}(M) + \bar{j}(R).\text{[2]} \qquad (1)$$

Beweis. Man bildet nach Wahl einer monotonen Gitterfolge (Γ_ϱ) für jedes ϱ die Aggregate $\bar{A}_\varrho$, $\underline{A}_\varrho$ jener Γ_ϱ-Würfel, die mit der abgeschlossenen Hülle $\bar{M}$ von M einen Punkt gemeinsam haben, bzw. auf dem offenen Kern $\underline{M}$ liegen, sowie das Aggregat A_ϱ der Γ_ϱ-Würfel, die mit R einen Punkt gemeinsam haben. Es ist dann $\bar{A}_\varrho = \underline{A}_\varrho + A_\varrho$ bei fremden $\underline{A}_\varrho$, A_ϱ und daher $i(\bar{A}_\varrho) = i(\underline{A}_\varrho) + i(A_\varrho)$. Hieraus folgt nach Satz 8

[1] Man beachte **15**[6].

[2] In **67** a) wird sich ohne weiteres ergeben, daß (1) für beschränkte sowie nicht beschränkte Mengen gilt.

bei $\varrho \to \infty$, daß $\bar{j}(\overline{M}) = \underline{j}(\underline{M}) + \bar{j}(R)$ ist. Dies stimmt aber wegen Satz 12 mit (1) überein.

Das angekündete Kriterium lautet:

Satz 19. *Eine Punktmenge M des E_n ist genau dann quadrierbar, wenn ihre Begrenzung R eine j-Nullmenge ist.*

Beweis. Ist M beschränkt, so gilt dies nach (1) wegen **26**, Satz 6 und 7. — Es bleibt also der Fall, daß M nicht beschränkt ist.

Um zu zeigen, daß die Bedingung notwendig ist, zerlege ich R in die Teile R_ν, die auf den Würfeln W_ν eines gewählten Gitters Γ liegen. Ein Punkt P von R_ν ist dann ein auf W_ν liegender isolierter Punkt von M oder ein auf W_ν liegender Häufungspunkt von M, der nicht innerer Punkt von M ist. Im ersten Falle ist P auch isolierter Punkt von $M W_\nu = M_\nu$ und damit Begrenzungspunkt von M_ν. Im zweiten Falle ist P Begrenzungspunkt von M_ν, soferne P im Inneren von W_ν liegt, und sonst zumindest von W_ν. Somit ist stets P Begrenzungspunkt entweder von M_ν oder W_ν. Ist nun M quadrierbar, so ist jedes M_ν beschränkt und quadrierbar, also die Begrenzung von M_ν, nach dem bereits Gezeigten, eine Nullmenge, und dasselbe gilt für die Begrenzung von W_ν. Also ist jedes R_ν als Teil einer Nullmenge ebenfalls eine solche und damit wegen Satz 3 auch R.

Die Bedingung ist hinreichend. Sei also R eine Nullmenge. Ich zerlege M wie eben in die Teile M_ν und zeige, daß diese quadrierbar sind; nach Satz 3 ist dann M selber quadrierbar. Wie bereits feststeht, ist ein betrachtetes M_ν quadrierbar, falls die Begrenzung eine Nullmenge ist. Sei nun P ein Begrenzungspunkt von M_ν. Ist P isolierter Punkt von M_ν, so kann P nicht innerer Punkt von M sein und muß daher zu R gehören. Ist P Häufungspunkt von M_ν, aber nicht innerer Punkt, so ist P Häufungspunkt von M und zugleich von W_ν, ohne beide Male innerer Punkt zu sein; somit ist jetzt P Begrenzungspunkt von wenigstens einer der beiden Mengen M und W_ν. Die Begrenzung von M_ν ist also Teil der Vereinigung von R und der Begrenzung von W_ν und daher eine Nullmenge, w. z. z. w.

Aus Satz 19 folgt, *daß man irgend einen Teil der Begrenzung einer quadrierbaren Menge M zu M hinzufügen oder von M wegnehmen darf, ohne die Quadrierbarkeit oder den Inhalt zu beeinflussen. Insbesondere sind mit M auch $\overline{M}$, $\underline{M}$ quadrierbar; ferner ist* (vgl. **47** (4))

$$j(M) = j(\overline{M}) = j(\underline{M}).$$

50. Einfachste Inhaltstransformationen. Eine Translation:

$$x_\nu' = x_\nu + a_\nu \quad (\nu = 1, \ldots, n)$$

führt eine monotone Gitterfolge (Γ_ϱ) in eine ebensolche (Γ_ϱ') unter Erhaltung der Maschenweite der einzelnen Gitter über, ferner ein Aggregat bezüglich (Γ_ϱ) in ein solches bezüglich (Γ_ϱ') unter Erhaltung des elementaren Inhalts; dabei tritt jedes Aggregat bezüglich (Γ_ϱ') genau einmal als Bild auf. Geht die Menge M über in die Menge M', so sind die M' überdeckenden Aggregate bezüglich (Γ_ϱ') die Bilder der M überdeckenden Aggregate bezüglich (Γ_ϱ), und entsprechend für die Aggregate, die auf M' bzw. M liegen. Hieraus folgt, da der äußere und innere Inhalt einer Punktmenge sowie die Quadrierbarkeit von der Wahl der Grundfolge nicht abhängen, nach **46** (2) und der Erklärung der Quadrierbarkeit in **44** unmittelbar der

Satz 20. *Bei einer Translation bleiben der Jordan'sche äußere und innere Inhalt einer Punktmenge des E_n sowie die Quadrierbarkeit erhalten.*

Ganz ähnlich ergibt sich der

Satz 21. *Bei einer Ähnlichkeit mit dem Zentrum* $(\xi_1, \ldots, \xi_n)$ *und dem Ähnlichkeitsverhältnis* $1 : k \ (k > 0)$:

$$x_\nu' - \xi_\nu = k\,(x_\nu - \xi_\nu) \qquad (\nu = 1, \ldots, n) \tag{1}$$

gilt für das Bild M' von M

$$\bar{j}(M') = k^n\, \bar{j}(M), \quad \underline{j}(M') = k^n\, \underline{j}(M). \tag{2}$$

Ferner bleibt die Quadrierbarkeit erhalten.

51. Jordan'scher Inhalt in Produkträumen. Es sei E_r der r-dimensionale Euklid'sche Raum der Punkte $(x_1, \ldots, x_r)$ und E_s der s-dimensionale der Punkte $(x_{r+1}, \ldots, x_{r+s})$; ferner werde $r + s = n$ gesetzt. Der Produktraum $E_n = E_r \times E_s$ (s. **38**) kann dann als der n-dimensionale Euklid'sche Raum der Punkte $(x_1, \ldots, x_n)$ angesehen werden. Ist H' eine ($r - 1$-dimensionale) Hyperebene des E_r von der Form $x_\nu = \text{const.}$, so ist $H' \times E_s$ die ($n - 1$ - dimensionale) Hyperebene $x_\nu = \text{const.}$ des E_n. Entsprechendes gilt von $E_r \times H''$, falls H'' eine ($s - 1$-dimensionale) Hyperebene des E_s von der Form $x_\nu = \text{const.}$ ist. Sind also Γ', Γ'' Gitter des E_r bzw. E_s mit der gleichen Weite, so ist $(\Gamma' \times E_s) + (E_r \times \Gamma'')$ ein Gitter Γ des E_n von derselben Weite; ferner sind die Produktmengen je eines Γ'- und eines Γ''-Würfels gerade die Γ-Würfel. Wählt man also im E_r sowie im E_s eine monotone Gitterfolge (Γ_ϱ') bzw. (Γ_ϱ''), derart, daß je zwei Gitter mit gleichem Index gleiche Weite haben, so bilden die zugehörigen Gitter Γ_ϱ im E_n ebenfalls eine monotone Folge mit den bisherigen Weiten. Sind ferner A', A''

Aggregate für (Γ_ϱ') bzw. (Γ_ϱ''), so ist $A' \times A''$ ein Aggregat für (Γ_ϱ) von spezieller Art. Dieses ist genau dann beschränkt, wenn A' und A'' beschränkt sind.

Seien nun $\mathfrak{k}'$, $\mathfrak{k}''$ die Körper der beschränkten Aggregate für (Γ_ϱ') bzw. (Γ_ϱ'') und i' auf $\mathfrak{k}'$ bzw. i'' auf $\mathfrak{k}''$ die elementaren Inhalte dieser Aggregate. Der Produktkörper $\mathfrak{k} = \mathfrak{k}' \times \mathfrak{k}''$ ist dann der Körper der beschränkten Aggregate für (Γ_ϱ) nach **38**, Satz 1, ferner der Produktinhalt $i = i' \times i''$ auf $\mathfrak{k}$ der elementare Inhalt der beschränkten Aggregate für (Γ_ϱ) nach **38**, Satz 2. Beachtet man jetzt den letzten Absatz in **44** sowie **40**, Satz 4, so ergibt sich unmittelbar der

Satz 22. *Es seien $\jmath_r$, $\jmath_s$, $\jmath_{r+s}$ die Jordan'schen Inhalte auf den Körpern der beschränkten, quadrierbaren Punktmengen bzw. des E_r, E_s, E_{r+s}. Dann ist $\jmath_{r+s}$ der kleinste vollständige Inhalt im E_{r+s} über $\jmath_r \times \jmath_s$.*

Hiernach gilt z. B.: *Sind B, C beschränkte, quadrierbare Punktmengen des E_r bzw. E_s, so ist $B \times C$ eine quadrierbare Punktmenge des E_{r+s} und*

$$\jmath_{r+s}(B \times C) = \jmath_r(B) \,.\, \jmath_s(C).$$

Ist insbesondere $s = 1$ und C ein Intervall von der Länge h, so wird $B \times C = Z$ ein gerader Zylinder des E_{r+1} „über B" mit der Höhe h. *Falls also B beschränkt und $\jmath_r$-meßbar ist, so ist Z $\jmath_{r+1}$-meßbar und*

$$\jmath_{r+1}(Z) = \jmath_r(B)\, h. \tag{1}$$

§ 12. Überdeckende Zellensysteme.

52. Grenzwertsätze für $\bar{\jmath}$ und $\underline{\jmath}$.[1] Ich behaupte:

Satz 1. *Es sei M eine nicht leere, beschränkte Punktmenge des E_n; ferner sei L_η $(\eta > 0)$ die (stets abgeschlossene) Menge der Punkte P des E_n, für welche die Entfernung $e(P, M) \leqq \eta$ ist. Dann gilt*

$$\bar{\jmath}(M) = \lim_{\eta \to 0} \bar{\jmath}(L_\eta) = \lim_{\eta \to 0} \underline{\jmath}(L_\eta).^2 \tag{1}$$

Ich beweise zunächst den ersten Teil von (1). Da der äußere Inhalt von M und der abgeschlossenen Hülle $\overline{M}$ von M nach **47** (4) gleich sind und da L_η auch die Menge der Punkte P mit $e(P, \overline{M}) \leqq \eta$ ist, darf man M abgeschlossen annehmen. Wegen $L_\eta \supset M$ hat man zu zeigen, daß für jedes $p > \bar{\jmath}(M)$

[1] Die Beweise dieser Nummer können mittels des Lebesgue'schen Maßes etwas einfacher geführt werden.

[2] Die Voraussetzung, daß M beschränkt sei, kann nicht entbehrt werden. Ist z. B. $n = 1$, $M = \{1, 2, \ldots\}$, so wird $\bar{\jmath}(M) = 0$, dagegen $\bar{\jmath}(L_\eta) = \underline{\jmath}(L_\eta) = \infty$ für jedes η (**44**, Satz 3).

$$\bar{j}(L_\eta) < p \tag{2}$$

ist für alle hinreichend kleinen η. Nun gibt es nach **47**, Satz 11 jedenfalls eine offene Obermenge G von M mit

$$\bar{j}(G) < p.\text{[3]} \tag{3}$$

Das Komplement G' von G ist dann nicht leer, abgeschlossen und zu M fremd; ferner ist M nicht leer, abgeschlossen und beschränkt. Also ist $e(G', M) = \delta > 0$. Da L_η für jedes $\eta < \delta$ auf G liegt, gilt für diese η wegen (3) die Ungleichung (2), w. z. z. w.

Um den zweiten Teil von (1) zu beweisen, wähle ich für ein betrachtetes η ein Gitter vom Durchmesser η und bilde das Aggregat A_η jener Gitterwürfel, die mit M einen Punkt gemeinsam haben. Wegen $M \subset A_\eta \subset L_\eta$ hat man

$$\bar{j}(M) \leqq j(A_\eta) \leqq \underline{j}(L_\eta) \leqq \bar{j}(L_\eta).$$

Hieraus folgt aber bei $\eta \to 0$ auf Grund des bereits Bewiesenen der zweite Teil von (1).

Zusatz. *Die Gleichungen* (1) *bleiben bestehen, wenn an Stelle von* L_η *die Menge* $\tilde{L}_\eta$ *der Punkte* P *mit* $e(P, M) < \eta$ *tritt.*

Dies folgt aus (1) wegen

$$L_{\frac{\eta}{2}} \subset \tilde{L}_\eta \subset L_\eta.$$

Analog wie den Satz 1 beweist man den

Satz 2. *Es sei* M *irgend eine Punktmenge des* E_n, *nur nicht der* E_n *selber, und* M' *ihr Komplement; ferner sei* L_η' $(\eta > 0)$ *die (stets abgeschlossene) Menge der Punkte* P *des* E_n, *für welche die Entfernung* $e(P, M') \geqq \eta$ *ist. Dann gilt*

$$\underline{j}(M) = \lim_{\eta \to 0} \underline{j}(L_\eta') = \lim_{\eta \to 0} \bar{j}(L_\eta'). \tag{4}$$

Ist M nicht leer und R die Begrenzung von M, so besteht L_η' auch aus jenen Punkten P von M, für die $e(P, R) \geqq \eta$ ist.

Ich beweise zunächst den ersten Teil von (4). Da der innere Inhalt von M und des offenen Kerns $\underline{M}$ von M gleich sind und da L_η' auch die Menge der Punkte P mit $e(P, \underline{M}') \geqq \eta$ ist, wobei $\underline{M}'$ das Komplement von $\underline{M}$ (oder also die abgeschlossene Hülle von M') bedeutet, darf man M offen annehmen; ferner darf man voraussetzen, daß M nicht leer sei. Wegen $L_\eta' \subset M$ ist zu zeigen, daß für jedes $p < \underline{j}(M)$

[3] Daß dies sogar durch ein quadrierbares, offenes G erreicht werden kann, ist hier belanglos.

$$\underline{j}(L_\eta') > p \tag{5}$$

ist für alle hinreichend kleinen η. Nun gibt es nach **47**, Satz 11 jedenfalls eine nicht leere, beschränkte, abgeschlossene Teilmenge F von M mit

$$\underline{j}(F) > p; \tag{6}$$

ferner ist M' nicht leer, abgeschlossen und zu F fremd. Somit ist $e(M', F) = \delta > 0$. Da L_η' für jedes $\eta \leqq \delta$ die Menge F umfaßt, gilt für diese η wegen (6) die Ungleichung (5), w. z. z. w.

Um den zweiten Teil von (4) zu beweisen, wähle ich für ein betrachtetes η ein Gitter vom Durchmesser $\eta / 2$ und bilde das Aggregat A_η jener Gitterwürfel, die mit L_η' einen Punkt gemeinsam haben. Wegen $L_\eta' \subset A_\eta \subset M$ hat man

$$\underline{j}(L_\eta') \leqq \bar{j}(L_\eta') \leqq j(A_\eta) \leqq \underline{j}(M).$$

Hieraus folgt bei $\eta \to 0$ auf Grund des bereits Bewiesenen der zweite Teil von (4).

Zusatz. *Die Gleichungen* (4) *bleiben bestehen, wenn an Stelle von* L_η' *die Menge* $\tilde{L}_\eta'$ *der Punkte* P *mit* $e(P, M') > \eta$ *tritt.* [4]

Dies folgt sofort aus (4) wegen

$$L_\eta' \supset \tilde{L}_\eta' \supset L_{2\eta}'.$$

53. Überdeckende Zellensysteme. Es sei M eine nicht leere Punktmenge des E_n. Unter einem *überdeckenden Zellensystem* $\mathfrak{Z}(M) = \mathfrak{Z}$ *von* M verstehe ich ein System von abzählbar vielen quadrierbaren Mengen A_ν, die nicht übereinandergreifen, mit den folgenden Eigenschaften:

1) Jedes A_ν enthält einen Punkt von M.

2) $\overline{A} = \Sigma A_\nu$ überdeckt M.

3) Jede beschränkte Menge wird von höchstens endlich vielen A_ν getroffen.

Die A_ν heißen die *Zellen von* $\mathfrak{Z}$ und die obere Grenze ihrer Durchmesser der *Durchmesser von* $\mathfrak{Z}$; dieser werde mit $d(\mathfrak{Z}) = d$ bezeichnet. Wegen 3) und **44**, Satz 3 ist $\overline{A}$ quadrierbar. Dasselbe gilt von der Vereinigung $\underline{A}$ jener Zellen A_ν, die ganz auf M liegen; dabei sei $\underline{A} = O$, falls es solche Zellen nicht gibt. Ist M insbesondere beschränkt, so besteht $\mathfrak{Z}$ aus bloß endlich vielen A_ν.

---

[4] Man sieht leicht, daß $\tilde{L}_\eta'$ der offene Kern von L_η' ist. Dagegen braucht $\tilde{L}_\eta$ nicht der offene Kern von L_η zu sein; z. B. im E_2, wenn M eine Kreislinie vom Radius η ist.

Ein M überdeckendes Zellensystem wird z. B. von den Würfeln eines gewählten Gitters gebildet, die mit M einen Punkt gemeinsam haben, und ebenso, wenn an Stelle der (halbabgeschlossenen) Gitterwürfel deren abgeschlossene Hüllen treten.

Mit den eingeführten Bezeichnungen gilt der

Satz 3. a) *Ist M beschränkt, so gibt es zu jedem $\varepsilon > 0$ ein $\delta > 0$, so daß gilt:*

$$0 \leqq j(\overline{A}) - \overline{j}(M) < \varepsilon \text{ für alle } \mathfrak{Z}(M) \text{ mit } d < \delta. \tag{1}$$

b) *Ist $\underline{j}(M)$ endlich, so gibt es zu jedem $\varepsilon > 0$ ein $\delta > 0$, so daß gilt:*

$$0 \leqq \underline{j}(M) - j(\underline{A}) < \varepsilon \text{ für alle } \mathfrak{Z}(M) \text{ mit } d < \delta. \tag{2}$$

Ist $\underline{j}(M) = \infty$, so gibt es zu jeder Zahl p ein $\delta > 0$, so daß gilt:

$$j(\underline{A}) > p \text{ für alle } \mathfrak{Z}(M) \text{ mit } d < \delta. \tag{3}$$

Beweis. a) Es ist nur der zweite Teil von (1) zu beweisen. Nach Satz 1 gibt es ein $\eta > 0$, so daß

$$\overline{j}(L_\eta) < \overline{j}(M) + \varepsilon \tag{4}$$

ist. Da L_η jedes $\overline{A}$ überdeckt, das zu einem System $\mathfrak{Z}(M)$ mit $d \leqq \eta$ gehört, hat man neben (4)

$$j(\overline{A}) \leqq \overline{j}(L_\eta) \text{ für alle } \mathfrak{Z}(M) \text{ mit } d \leqq \eta. \tag{5}$$

Wegen (4), (5) gilt also (1) mit $\delta = \eta$.

b) Auch bei (2) ist nur der zweite Teil zu beweisen. Nach Satz 2 gibt es ein $\eta > 0$, so daß

$$\underline{j}(L_\eta') > \underline{j}(M) - \varepsilon \tag{6}$$

ist. Da L_η' in jedem $\underline{A}$ liegt, das zu einem System $\mathfrak{Z}(M)$ mit $d < \eta$ gehört, hat man neben (6)

$$j(\underline{A}) \geqq \underline{j}(L_\eta') \text{ für alle } \mathfrak{Z}(M) \text{ mit } d < \eta. \tag{7}$$

Wegen (6), (7) gilt also (2) mit $\delta = \eta$.

Der Beweis von (3) verläuft für $M \neq E_n$ analog; für $M = E_n$ ist die Richtigkeit klar.

Liegt eine Folge von Zellensystemen $\mathfrak{Z}_\varrho(M)$ vor, so sei $\overline{A}_\varrho$ die Vereinigung aller Zellen von $\mathfrak{Z}_\varrho$ und $\underline{A}_\varrho$ die Vereinigung jener, die ganz auf M liegen bzw. O. Aus Satz 3 folgt dann unmittelbar der

Satz 4. *Für jede Folge $(\mathfrak{Z}_\varrho(M))$ mit gegen 0 konvergierenden Durchmessern gilt, falls M beschränkt ist,*

$$\overline{j}(M) = \lim_{\varrho \to \infty} j(\overline{A}_\varrho); \tag{8}$$

ferner, falls M irgend eine Punktmenge des E_n ist

$$\underline{j}(M) = \lim_{\varrho \to \infty} j\,(\underline{A}_\varrho). \tag{9}$$

Eine Folge von M überdeckenden Zellensystemen mit gegen 0 konvergierenden Durchmessern erhält man z. B. so: man wählt eine (nicht notwendig monotone) Folge von Gittern Γ_ϱ, deren Durchmesser gegen 0 abnehmen; die Systeme $\mathfrak{Z}_\varrho$ der Γ_ϱ-Würfel, die mit M einen Punkt gemeinsam haben, bilden dann eine Folge der genannten Art. Für die zugehörigen Summen $\overline{A}_\varrho$, $\underline{A}_\varrho$ gilt also (8) bzw. (9) (ersteres, falls M beschränkt ist). Die Gleichungen **46** (4), (5) sind ein Sonderfall. Ferner gelten (8), (9) auch dann, wenn die bisherige Rolle der Γ_ϱ-Würfel deren abgeschlossene Hüllen übernehmen.

Wegen **47** (4) bleiben somit die Gleichungen (8), (9) bestehen, wenn $\overline{A}_\varrho$ die Vereinigung jener abgeschlossenen Hüllen von Γ_ϱ-Würfeln ist, die mit der abgeschlossenen Hülle $\overline{M}$ von M einen Punkt gemeinsam haben, und $\underline{A}_\varrho$ die Vereinigung jener, die auf dem offenen Kern $\underline{M}$ von M liegen.

Zu Satz 4 bemerke ich noch: Bilden die $\overline{A}_\varrho$ eine absteigende bzw. die $\underline{A}_\varrho$ eine ansteigende Folge, so ergibt sich (8) bzw. (9) bereits mittels **15** (6) bzw. **15** (4), wenn man

$$M \subset \Pi\, \overline{A}_\varrho \subset \overline{M} \text{ bzw. } \underline{M} \subset \Sigma\, \underline{A}_\varrho \subset M$$

sowie **47** (4) beachtet.

54. Weitere Erklärungen des Jordan'schen Inhaltes. a) Um zum Jordan'schen Inhalt j des E_n zu gelangen, kann man anstatt von den Würfelaggregaten einer monotonen Gitterfolge auch von den Intervallaggregaten des E_n ausgehen. Dabei ist unter einem *Intervallaggregat* eine Punktmenge gemeint, die sich als Summe von abzählbar vielen halbabgeschlossenen Intervallen so darstellen läßt, daß jede beschränkte Menge von höchstens endlich vielen dieser Intervalle getroffen wird. Man stellt fest, daß es unter diesen Darstellungen stets *reguläre* gibt, d. h. solche, bei denen die Intervalle getrennt sind, ferner, daß die Intervallaggregate einen Körper $\mathfrak{k}_1$ bilden. Für das durch $a_\nu \leqq x_\nu < b_\nu$ $(\nu = 1, \ldots, n)$ gegebene halbabgeschlossene Intervall I werde $i_1(I) = (b_1 - a_1) \ldots (b_n - a_n)$ gesetzt, ferner für das Intervallaggregat A mit ΣI_μ als regulärer Darstellung $i_1(A) = \Sigma\, i_1(I_\mu)$. Hierdurch ist auf $\mathfrak{k}_1$ ein volladditiver Inhalt i_1 erklärt, dessen kleinste Vervollständigung j ist (s. **44**, Satz 3, **27**, Satz 3). — Läßt man nur Intervallaggregate zu, die Summe von endlich vielen halbabgeschlossenen Intervallen sind, so gelangt man auf dieselbe Weise zum Jordan'schen Inhalt j_0 der beschränkten, quadrierbaren Mengen.

b) Man stellt die Erklärung von $\bar{j}$ oder $\underline{j}$ voran und hebt sodann die quadrierbaren Mengen heraus. Die Erklärung von $\bar{j}(M)$ kann für jede Punktmenge M des E_n etwa nach **47**, Satz 13 (oder dessen Zusatz 2) erfolgen; ferner kann man (da der Jordan'sche Inhalt vollständig ist und die Schnitteigenschaft hat) entsprechend den Sätzen 10 und 14 in **26** festsetzen, daß M quadrierbar heißen soll, wenn für jedes L (mit endlichem $\bar{j}$) gilt: $\bar{j}(L) = \bar{j}(L\,M) + \bar{j}(L - M)$. Der äußere Inhalt einer quadrierbaren Menge M ist dann ihr Jordan'scher Inhalt. Die Rolle von $\bar{j}$ kann auch $\underline{j}$ übernehmen; an Stelle von **47**, Satz 13 tritt jetzt **47**, Satz 14 (oder dessen Zusatz).

c) Betrachtet man nur beschränkte Mengen, so kommt man bei der Erklärung von $\bar{j}$ gemäß **47**, Satz 13, Zusatz 1, 2 mit überdeckenden Systemen aus endlich vielen Würfeln bzw. Intervallen aus und entsprechend bei $\underline{j}$.[1] Ferner kann man jetzt $\underline{j}$ auch nach **46** (6) einführen[2], hat aber dann die Unabhängigkeit von $\underline{j}$ von der Wahl des Würfels W zu beweisen (s. **16**[3]). Die Quadrierbarkeit einer Menge M kann entsprechend **26**, Satz 6 durch $\bar{j}(M) = \underline{j}(M)$ erklärt werden, oder entsprechend **26**, Satz 9 auch so: man überdecke M durch einen Würfel W mit der Kantenlänge s; dann muß sein:

$$s^n = \bar{j}(M) + \bar{j}(W - M), \text{ oder auch } s^n = \underline{j}(M) + \underline{j}(W - M).$$

Die Erklärung des Jordan'schen Inhalts einer beschränkten Menge M durch G. Peano gehört hierher[3]. M wird durch ein beliebiges System von endlich vielen abgeschlossenen Würfeln überdeckt, die zu zweien nicht übereinandergreifen[4], und die Summe $\bar{s}$ ihrer elementaren Inhalte gebildet; $\bar{j}(M)$ ist dann die untere Grenze der $\bar{s}$. Ferner wird M ein beliebiges System von endlich vielen abgeschlossenen Würfeln eingeschrieben, die zu zweien nicht übereinandergreifen, und die Summe $\underline{s}$ ihrer elementaren Inhalte gebildet; $\underline{j}(M)$ ist dann die obere Grenze der $\underline{s}$. Ist $\bar{j} = \underline{j}$, so nennt Peano diesen Wert den „Inhalt von M".

---

[1] Man kann auch Systeme aus endlich vielen „Würfeln allgemeiner Lage" verwenden (deren Jordan'scher Inhalt ebenfalls mit dem „elementaren" zusammenfällt). Es steht dann von vornherein fest, daß kongruente Mengen denselben äußeren und inneren Inhalt haben. Siehe *E. Schmidt*, Math. Z. **12** (1922), p. 298/316.

[2] *F. Hausdorff*, **9**[1], p. 405.

[3] *G. Peano*, Applicazioni geometriche del calcolo infinitesimale, Turin 1887, p. 154/5, 156, 158.

[4] Dies darf wegen **46** (4) verlangt werden.

d) Weiters kann der äußere und innere Inhalt einer beschränkten Menge M gemäß **53** (8) bzw. (9) erklärt werden. Auf diese Weise geht C. Jordan vor[5], der die im vorletzten Absatz von **53** angegebene Darstellung von $\bar{j}(M)$ und $\underline{j}(M)$ als Definition verwendet. Ist $\bar{j} = \underline{j}$, so nennt er diesen Wert den „Inhalt von M".[6]

§ 13. Inhalt spezieller Gebilde.

55. Hyperflächen. Nach dem Bisherigen steht für spezielle Gebilde des E_n im wesentlichen erst die Quadrierbarkeit der Intervallsummen fest, die unter **44**, Satz 3 fallen (insbesondere also der Summen aus endlich vielen Intervallen). Zu vielgestaltigen quadrierbaren Mengen gelangt man nun wegen **49**, Satz 19, indem man Nullmengen feststellt und Bereiche bildet, deren Begrenzung aus ihnen zusammengesetzt ist. Besonders geeignete Nullmengen gibt der folgende Satz an.

Satz 1. *Durch die Gleichung*

$$x_n = f(x_1, \ldots, x_{n-1}) \tag{1}$$

sei eine Hyperfläche H des E_n $(n \geqq 2)$ über dem Bereiche B des $x_1, \ldots, x_{n-1}$-Raumes gegeben. Ist dann f auf jedem beschränkten Teile von B gleichmäßig stetig, so ist H eine j_n-Nullmenge.

Die Voraussetzung ist jedenfalls erfüllt, wenn B beschränkt und abgeschlossen und f auf B stetig ist; ferner, wenn f auf dem ganzen $x_1, \ldots, x_{n-1}$-Raume stetig ist.

Beweis. Nach **44**, Satz 3 genügt es zu zeigen, daß der Durchschnitt von H und eines beliebigen, etwa abgeschlossenen Würfels W des E_n stets eine j_n-Nullmenge ist; dabei darf $H\,W \neq O$ angenommen werden. Nun wird der Teil B^* von B, dem die Punkte von $H\,W$ entsprechen, durch die Projektion W^* von W auf den $x_1, \ldots, x_{n-1}$-Raum überdeckt[1]. Wegen der gleichmäßigen Stetigkeit von f auf B^* kann W^* durch sukzessives Halbieren so fein unterteilt werden, daß f auf jedem abgeschlossenen Würfel der Unterteilung, der B^* trifft, eine Schwankung hat, die unter einem gewählten positiven ε bleibt. Hieraus folgt, daß $H\,W$ durch endlich viele Intervalle des E_n überdeckt werden kann,

[5] *C. Jordan*, J. de Math. (4) 8 (1892), p. 76/79.

[6] Die Peano-Jordan'sche Theorie wurde durch die Untersuchungen mehrerer Autoren, darunter *G. Cantor* (1884), vorbereitet. S. hierzu *L. Zoretti-A. Rosenthal*, Enz. d. Math. Wiss. II C 9a (1924), p. 962.

[1] Die Projektion eines Punktes $(x_1, \ldots, x_n)$ des E_n auf den $x_1, \ldots, x_{n-1}$-Raum ist der Punkt $(x_1, \ldots, x_{n-1})$ dieses Raumes; ferner die Projektion einer Menge M des E_n die Menge der Projektionen der einzelnen Punkte von M.

deren Inhaltssumme kleiner als $\varepsilon\, \bar{j}_{n-1}(W^*)$ ist. Dies besagt (wegen der Vollständigkeit von j_n), daß $H\, W$ eine j_n-Nullmenge ist, w. z. z. w.

Die Rolle von x_n kann natürlich jede Koordinate übernehmen.

Insbesondere ist jede Hyperebene: $a_1 x_1 + \ldots + a_n x_n = a_0$ *eine* j_n*-Nullmenge.*

Nach **49**, Satz 19 ist ein Gebilde des E_n stets quadrierbar, wenn seine Begrenzung auf endlich viele Hyperflächen mit einer Gleichung der Form $x_\nu = f(x_1, \ldots, x_{\nu-1}, x_{\nu+1}, \ldots, x_n)$ verteilt werden kann und dabei f jedesmal die Voraussetzung von Satz 1 erfüllt. So sind z. B. die Polyeder des E_n quadrierbar, ferner die von zwei parallelen Hyperebenen begrenzten „Schichten". Insbesondere ist eine beschränkte ebene Punktmenge stets quadrierbar, wenn ihre Begrenzung aus endlich vielen Kurven der Form $y = f(x)$ oder $x = g(y)$ besteht und dabei f sowie g jedesmal auf einem beschränkten, abgeschlossenen Intervall stetig sind. Hierunter fallen z. B. die Vielecke und die Kreisscheiben.

56. Gerade Zylinder. Es sei E_{n+1} der Raum der Punkte $(x_1, \ldots, x_n, y)$; ferner gelte die Hyperebene $y = 0$ des E_{n+1} als Raum E_n der Punkte $(x_1, \ldots, x_n)$. Durch eine nicht leere Punktmenge B des E_n und eine Zahl $h > 0$ ist ein *gerader Zylinder* Z *des* E_{n+1} bestimmt, der aus den Punkten $(x_1, \ldots, x_n, y)$ mit

$$(x_1, \ldots, x_n) \in B, \; 0 \leqq y \leqq h$$

besteht. B heiße die (*untere*) *Basis von* Z, ferner die Menge B' der Punkte von Z mit $y = h$ die *obere Basis*; h ist die *Höhe*. — Ich behaupte:

Satz 2. *Es sei* Z *ein gerader Zylinder des* E_{n+1} *mit der in* $y = 0$ *liegenden Basis* B *und der Höhe* h. *Dann gilt*

$$\bar{j}_{n+1}(Z) = \bar{j}_n(B)\, h, \quad \underline{j}_{n+1}(Z) = \underline{j}_n(B)\, h.^{[1]} \tag{1}$$

Ferner ist Z *genau dann* j_{n+1}*-meßbar, wenn* B j_n*-meßbar ist. Trifft dies zu, so wird also*

$$j_{n+1}(Z) = j_n(B)\, h.^{[2]} \tag{2}$$

Beweis. Zur Abkürzung setze ich $j_n = j$, $j_{n+1} = J$ und entsprechend für den äußeren und inneren Inhalt.

Beim Beweise von (1) darf Z durch den „nach oben offenen Zylinder" $Z' = Z - B'$ ersetzt werden, da B' eine J-Nullmenge ist. Ich wähle im E_{n+1} eine monotone Folge von Gittern Γ_ϱ derart, daß $y = 0$ und $y = h$ benachbarte Hyperebenen in Γ_1 sind; die Folge (Γ_ϱ) ergibt

[1] S. auch das Ende von 72.

[2] Bei beschränktem B fällt (2) unter **51** (1).

dann eine monotone Folge von Gittern Γ_ϱ^* des E_n. Diese beiden Gitterfolgen werden der Inhaltsberechnung im E_{n+1} bzw. im E_n mittels **46** (2) zugrunde gelegt.

Um $\overline{J}(Z')$ zu berechnen, beachte ich, daß jedes Würfelaggregat A der Folge (Γ_ϱ), das Z' überdeckt, ein Aggregat C von (Γ_ϱ) umfaßt, das ebenfalls Z' überdeckt und zugleich ein nach oben offener Zylinder von der Höhe h ist. Ein solches Aggregat C entsteht, indem man für die Teilaggregate von A, die in den Γ_1-Würfeln zwischen $y = 0$ und $y = h$ liegen, eine Normaldarstellung bildet und jedesmal jene Würfel dieser Darstellung herausnimmt, die Z' treffen. Zugleich ist die Basis von C ein Würfelaggregat A^* der Folge (Γ_ϱ^*), das B überdeckt. Umgekehrt umfaßt jeder nach oben offene Zylinder C von der Höhe h, dessen Basis ein Aggregat A^* von (Γ_ϱ^*) ist, das B überdeckt, den Zylinder Z'. Also gilt:

$$\overline{J}(Z') = \inf J(A) = \inf J(C) = \inf [j(A^*)\, h] = h \inf j(A^*) = h\; \overline{j}(B).$$

Damit ist die erste Gleichung (1) bewiesen. Bei der zweiten kann man analog verfahren[3].

Der nächste Teil von Satz 2 ergibt sich, falls $\overline{j}(B)$ endlich ist, sofort mittels (1). Nach (1) ist nämlich jetzt auch $\overline{J}(Z)$ endlich, ferner mit $\overline{j}(B) = \underline{j}(B)$ auch $\overline{J}(Z) = \underline{J}(Z)$ und umgekehrt. — Ist $\overline{j}(B) = \infty$, so wähle man ein Gitter Γ des E_{n+1}, das $y = 0$ und $y = h$ als benachbarte Hyperebenen enthält; das entsprechende Gitter im E_n sei Γ^*. Ferner seien $W_1, W_2, \ldots$ die abgeschlossenen Hüllen der Γ-Würfel zwischen $y = 0$ und $y = h$ und $W_1^*, W_2^*, \ldots$ die abgeschlossenen Hüllen der entsprechenden Γ^*-Würfel. Schließlich werde $B\,W_\nu^* = B_\nu$, $Z\,W_\nu = Z_\nu$ gesetzt, so daß also Z_ν der Zylinder über B_ν von der Höhe h, bzw. leer ist. Ist nun Z, und damit jedes Z_ν, J-meßbar, so sind nach dem bereits Gezeigten die B_ν j-meßbar und damit nach **44**, Satz 3 auch B. Ist umgekehrt B und damit jedes B_ν j-meßbar, so sind die Z_ν und damit auch Z J-meßbar. Es gilt also auch der zweite Teil von Satz 2.

Allgemeiner werde unter einem *geraden Zylinder des* E_{n+1} jedes Gebilde verstanden, das aus einem Zylinder im bisherigen Sinne durch eine Translation in y-Richtung (nach „oben" oder „unten") entsteht. Ein Zylinder Z im jetzigen Sinne ist also durch eine Punktmenge B^* des E_n und zwei Zahlen $a < b$ festgelegt; er besteht aus den Punkten $(x_1, \ldots, x_n, y)$ mit

[3] Falls B beschränkt ist, kann man leicht die erste Formel (1) mittels **46**, Satz 8 beweisen; ebenso die zweite für jedes B (vgl. den vorletzten Absatz von **88**).

$$(x_1, \ldots, x_n) \in B^*, \ a \leqq y \leqq b.$$

Die Punkte von Z mit $y = a$ bilden die (*untere*) *Basis* B, die mit $y = b$ die *obere* B'; $b - a = h$ ist die *Höhe*.

Ist ferner M eine in einer Hyperebene $y = c$ des E_{n+1} liegende Punktmenge, so werde unter dem *n-dimensionalen äußeren Inhalt von M* der n-dimensionale äußere Inhalt der Projektion von M auf den E_n verstanden (55[1]) und mit $\bar{\jmath}_n(M)$ bezeichnet; er braucht im Gegensatze zu $\bar{\jmath}_{n+1}(M)$ nicht zu verschwinden. Entsprechend wird der *n-dimensionale innere Inhalt* $\underline{\jmath}_n(M)$ erklärt, ferner die $\jmath_n$-*Meßbarkeit von M* sowie der *n-dimensionale Inhalt* $\jmath_n(M)$.

Wegen **50**, Satz 20 gilt nun der folgende

Zusatz. *Der Satz 2 bleibt bestehen, wenn Z ein gerader Zylinder des* E_{n+1} *mit der Basis B und der Höhe h ist, die Basis aber in einer zu* $y = 0$ *parallelen Hyperebene des* E_{n+1} *liegt.*

57. Kugeln. Das Gebilde $K_n(r)$ des E_n, das aus den Punkten $(x_1, \ldots, x_n)$ mit $x_1^2 + \ldots + x_n^2 \leqq r^2$ bei konstantem $r > 0$ besteht, heißt eine *abgeschlossene n-dimensionale Kugel*; der Koordinatenanfang ist ihr *Mittelpunkt* und r ihr *Radius*. Insbesondere ist $K_1(r)$ das lineare Intervall $-r \leqq x_1 \leqq r$ mit dem Inhalt $v_1(r) = 2r$. Für $n \geqq 2$ wird $K_n(r)$ durch die beiden folgenden Hälften einer Kugelfläche des E_n begrenzt:

$$x_n = \pm\sqrt{r^2 - (x_1^2 + \ldots + x_{n-1}^2)} \text{ mit } (x_1, \ldots, x_{n-1}) \in K_{n-1}(r) \qquad (1)$$

(für $n = 2$ sind es zwei Halbkreise). Da die beiden Funktionen (1) auf dem beschränkten, abgeschlossenen Bereich $K_{n-1}(r)$ des $x_1, \ldots, x_{n-1}$-Raumes stetig sind, ist die Begrenzung von $K_n(r)$ eine $\jmath_n$-Nullmenge (**55**, Satz 1), also $K_n(r)$ selber $\jmath_n$-meßbar. Es soll der Inhalt $v_n(r)$ von $K_n(r)$ berechnet werden. Dabei genügt es $r = 1$ anzunehmen: da $K_n(r)$ aus $K_n(1)$ durch die Ähnlichkeit $x_\nu' = r\,x_\nu$ $(\nu = 1, \ldots, n)$ entsteht, ist ja nach **50**, Satz 21

$$v_n(r) = r^n\,v_n(1). \qquad (2)$$

Ich betrachte zunächst nur die „obere" Hälfte A von $K_n(1)$; diese besteht aus den Punkten $(x_1, \ldots, x_n)$ mit

$$x_1^2 + \ldots + x_n^2 \leqq 1, \ 0 \leqq x_n \leqq 1$$

und ist sichtlich $\jmath_n$-meßbar. Die Projektion des Schnittes der Hyperebene $x_n = u$ $(0 \leqq u \leqq 1)$ mit A auf den $x_1, \ldots, x_{n-1}$-Raum ist die $n-1$-dimensionale Kugel mit $r = \sqrt{1 - u^2}$ (die für $u = 1$ in einen einzelnen Punkt ausartet); ihr Inhalt $v_{n-1}(\sqrt{1-u^2})$ werde zur Abkürzung mit $\varphi(u)$ bezeichnet, also wegen (2)

$$\varphi(u) = \sqrt{1-u^2}^{\,n-1}\, v_{n-1}(1) \tag{3}$$

gesetzt. Nun zerlege ich A nach Wahl einer natürlichen Zahl m mittels der Hyperebenen $x_n = u_\mu = \mu/m$ $(\mu = 0, 1, \ldots, m)$ in „Schichten" $S_1, \ldots, S_m$; S_μ besteht aus den Punkten $(x_1, \ldots, x_n)$ mit

$$x_1^2 + \ldots + x_n^2 \leqq 1, \; u_{\mu-1} \leqq x_n \leqq u_\mu$$

und ist sichtlich j_n-meßbar. Da diese Schichten zu zweien nicht übereinandergreifen und A zur Summe haben, ist

$$j_n(A) = \sum_{\mu=1}^{m} j_n(S_\mu). \tag{4}$$

Die Schichte S_μ liegt im Zylinder Z_μ, dessen untere Basis der Schnitt von $x_n = u_{\mu-1}$ mit A und dessen Höhe $u_\mu - u_{\mu-1} = 1/m$ ist; andererseits umfaßt S_μ den Zylinder Z_μ', dessen obere Basis der Schnitt von $x_n = u_\mu$ mit A und dessen Höhe wieder $u_\mu - u_{\mu-1}$ ist. Es gilt also

$$Z_\mu \supset S_\mu \supset Z_\mu', \tag{5}$$

ferner nach dem Zusatz zu **56**, Satz 2

$$j_n(Z_\mu) = \varphi(u_{\mu-1})(u_\mu - u_{\mu-1}), \; j_n(Z_\mu') = \varphi(u_\mu)(u_\mu - u_{\mu-1}). \tag{6}$$

Aus (4), (5), (6) folgt

$$\sum_{\mu=1}^{m} \varphi(u_{\mu-1})(u_\mu - u_{\mu-1}) \geqq j_n(A) \geqq \sum_{\mu=1}^{m} \varphi(u_\mu)(u_\mu - u_{\mu-1}). \tag{7}$$

Hierin sind beide Summen Riemann'sche Summen der stetigen Funktion $\varphi(u)$ über $[0, 1]$ im Sinne der elementaren Integralrechnung. Bildet man also (7) für $m = 1, 2, \ldots$, so entsteht bei $m \to \infty$

$$j_n(A) = \int_0^1 \varphi(u)\, d\,u.$$

Derselbe Wert ergibt sich auf völlig analoge Weise für den Inhalt der „unteren" Hälfte von $K_n(1)$. Wegen (3) hat man also

$$v_n(1) = 2\, v_{n-1}(1) \int_0^1 \sqrt{1-u^2}^{\,n-1}\, d\,u \qquad (n \geqq 2). \tag{8}$$

Mittels (8) *kann* $v_n(1)$ *für* $n \geqq 2$ *rekursiv von* $v_1(1) = 2$ *aus berechnet werden.* Für das Integral entnimmt man der elementaren Integralrechnung (auf Grund der Substitution $u = \cos t$)

$$2\int_0^1 \sqrt{1-u^2}^{\,n-1}\,du = 2\int_0^{\frac{\pi}{2}} \sin^n t\,dt = \begin{cases} \dfrac{1.3\ldots(2\varrho-1)\pi}{\varrho!\,2^\varrho} & \text{für } n=2\varrho, \\ \dfrac{\varrho!\,2^{\varrho+1}}{1.3\ldots(2\varrho+1)} & \text{für } n=2\varrho+1. \end{cases} \tag{9}$$

Weiters zeigt man jetzt durch Induktion:

$$v_n(1) = \begin{cases} \dfrac{\pi^{\varrho-1}\,2^\varrho}{1\,.\,3\ldots(2\varrho-1)} & \text{für } n = 2\varrho-1 \ (\varrho = 1, 2, \ldots), \\ \dfrac{\pi^\varrho}{\varrho!}{}^{1} & \text{für } n = 2\varrho \quad (\varrho = 1, 2, \ldots). \end{cases} \tag{10}$$

Dies gilt zunächst für $n = 1$. Ich nehme an, (10) gelte für irgend ein $n \geqq 1$. Ist dann $n + 1 = 2\,\varrho$, so ergeben (8), (9) und die Induktionsvoraussetzung

$$v_{n+1}(1) = \frac{\pi^{\varrho-1}\,2^\varrho}{1\,.\,3\ldots(2\varrho-1)} \cdot \frac{1.3\ldots(2\varrho-1)\,\pi}{\varrho!\,2^\varrho} = \frac{\pi^\varrho}{\varrho!}$$

in Übereinstimmung mit (10). Im Falle $n + 1 = 2\,\varrho - 1$ schließt man analog. Damit ist (10) durch Induktion bewiesen[2]. *In* (10) *hat man also explizite Formeln für den Inhalt* $v_n(1)$ *der n-dimensionalen Einheitskugel; mittels* (2) *gelangt man dann zum Inhalt* $v_n(r)$ *der Kugel vom Radius r.* Dabei kommt es nicht darauf an, wie weit man die Begrenzung zur Kugel zählt.

Die beiden Ausdrücke in (10) können noch mittels der Γ-Funktion in einen zusammengefaßt werden:

$$v_n(1) = \frac{(\sqrt{\pi})^n}{\Gamma(\frac{n}{2} + 1)} \qquad (n = 1, 2, \ldots). \tag{11}$$

Für $n = 2\,\varrho - 1$ ist nämlich nach der Funktionalgleichung der Γ-Funktion[3] und wegen $\Gamma(^1/_2) = \sqrt{\pi}$

$$\Gamma(\tfrac{n}{2} + 1) = \Gamma(\varrho + {}^1/_2) = (\varrho - {}^1/_2)(\varrho - {}^3/_2) \ldots {}^1/_2\,\Gamma(^1/_2) =$$
$$= \frac{1\,.\,3\ldots(2\varrho-1)}{2^\varrho}\sqrt{\pi}$$

---

[1] Dieser Quotient hat in der Form $\dfrac{\pi^\varrho\,2^\varrho}{2\,.\,4\ldots2\varrho}$ eine analoge Bauart wie der darüberstehende.

[2] Aus (10) entnimmt man, daß $\lim\limits_{n\to\infty} v_n(1) = 0$ ist.

[3] $\Gamma(x) = (x - 1)\,\Gamma(x-1)$ für $x > 1$.

und für $n = 2\varrho$ wegen $\Gamma(1) = 1$

$$\Gamma\left(\frac{n}{2} + 1\right) = \Gamma(\varrho + 1) = \varrho!.$$

Diese Ergebnisse gelten auch für die „Kugeln allgemeiner Lage", worunter jedes Gebilde des E_n verstanden wird, das aus einer Kugel im bisherigen Sinne durch eine Translation entsteht.

58. Diskontinuen. Das *Diskontinuum* C_{1k} $(k \geqq 3)$ *der Einheitsstrecke* $0 \leqq x \leqq 1$ *des* E_1 (wobei k nicht ganzzahlig zu sein braucht) entsteht so: Man löscht in $[0, 1]$ das mittlere offene Intervall von der Länge $1/k$, dann in den beiden verbleibenden abgeschlossenen Intervallen je das mittlere offene Intervall von der Länge $1/k^2$, dann in den vier verbleibenden abgeschlossenen Intervallen je das mittlere offene Intervall von der Länge $1/k^3$, usw. Der verbleibende Teil von $[0, 1]$, also das Komplement bezüglich $[0, 1]$ der Vereinigung C_{1k}' aller gelöschten Intervalle, ist dann C_{1k}; zugleich ist C_{1k} der Durchschnitt der Summen der jedesmal verbleibenden Intervalle. C_{1k} besteht aus den Häufungspunkten der Enden aller dieser Intervalle (wozu insbesondere diese Enden selber gehören). Hiernach ist C_{1k} insichdicht und abgeschlossen, also perfekt, ferner nirgendsdicht in $[0, 1]$.[1] C_{1k}' ist offen, ferner dicht in $[0, 1]$. — $C_{13} = C$ heißt das *Cantor'sche Diskontinuum von* $[0, 1]$. Es entsteht, indem man bei jedem Schritt das mittlere offene Drittel der vorliegenden Strecken entfernt[2].

Nach **15** (2) ist $\underline{j}_1(C_{1k}') = \frac{1}{k} + \frac{2}{k^2} + \frac{2^2}{k^3} + \cdots = \frac{1}{k-2}$; ferner ist $\underline{j}_1(C_{1k}) = 0$, da C_{1k} keine inneren Punkte enthält. Beachtet man noch **10** (4), so hat man also:

$$\bar{j}_1(C_{1k}) = 1 - \frac{1}{k-2} = \frac{k-3}{k-2}, \quad \underline{j}_1(C_{1k}) = 0, \tag{1}$$

$$\bar{j}_1(C_{1k}') = 1, \quad \underline{j}_1(C_{1k}') = \frac{1}{k-2}. \tag{2}$$

---

[1] Im E_n sei $L \subset M$. Man nennt L *(überall-) dicht in* M, wenn $M \subset \overline{L}$ (oder also $\overline{L} = \overline{M}$) ist; dabei sind $\overline{L}$, $\overline{M}$ die abgeschlossenen Hüllen von L bzw. M. Ferner heißt L *nirgendsdicht in* M, wenn bei beliebigem nicht leeren, in M offenen G der Durchschnitt $L\,G$ nie dicht in G ist; dabei kann G auch auf die Durchschnitte der offenen Würfel mit M beschränkt werden.

[2] Man stellt fest, daß C aus allen triadischen Brüchen der Form $0, c_1 c_2 \ldots$ mit $c_\nu = 0, 2$ besteht.

Nach (1) ist C eine j_1-Nullmenge, dagegen C_{1k} (und damit C_{1k}') für $k > 3$ nicht mehr quadrierbar.

Unsere Konstruktion kann auch an irgendeiner Strecke $a \leqq x \leqq b$ vorgenommen werden; die zu löschenden Intervalle haben jetzt die Länge s/k, $s/k^2, \ldots$ mit $s = b - a$. Die entstehenden *Diskontinuen* $C_{1k}(a, b)$ $(k \geqq 3)$ sind von der bisherigen Art, ferner ihre Inhalte die mit s multiplizierten obigen. Insbesondere entsteht durch Löschen der jeweiligen mittleren Drittel das *Cantor'sche Diskontinuum* $C(a, b)$; dieses ist stets eine j_1-Nullmenge.

Analog zu C_{1k} erhält man das *Diskontinuum* C_{2k} $(k \geqq 3)$ *des Einheitsquadrates* $0 \leqq x \leqq 1$, $0 \leqq y \leqq 1$ *des* E_2. Man löscht im Einheitsquadrat Q den offenen mittleren Vertikalstreifen sowie den offenen mittleren Horizontalstreifen von der Breite $1/k$ samt den abschließenden Strecken auf der Begrenzung von Q, insgesamt also ein Kreuz von der „Stärke" $1/k$ (Fig. 6); dann wird auf analoge Weise in jedem der vier verbleibenden abgeschlossenen Quadraten ein Kreuz von der Stärke $1/k^2$ gelöscht; usw. Der verbleibende Teil von Q ist dann das Diskontinuum C_{2k}; es besteht aus den Häufungspunkten der Ecken der jedesmal verbleibenden Quadrate (wozu insbesondere die Ecken selber gehören). C_{2k} ist perfekt und nirgendsdicht in Q. Ferner ist wegen **15** (6)

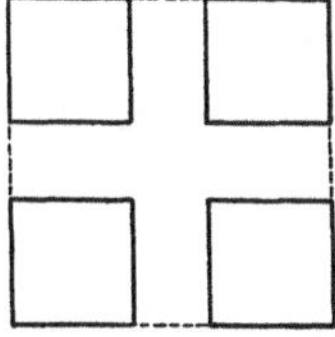

Fig. 6.

$$\bar{j}_2(C_{2k}) = \lim_{\varrho \to \infty} \left[1 - \left(\frac{1}{k} + \frac{2}{k^2} + \cdots + \frac{2^{\varrho-1}}{k^\varrho}\right)\right]^2 = \left(\frac{k-3}{k-2}\right)^2, \quad \underline{j}_2(C_{2k}) = 0.$$

Das Komplement C_{2k}' von C_{2k} bezüglich Q ist dicht in Q und enthält neben inneren Punkten auch Randpunkte; letztere liegen alle auf dem Rande von Q und bilden somit eine j_2-Nullmenge.

Man sieht nun, wie die Konstruktion der *Diskontinuen* C_{nk} $(k \geqq 3)$ *des Einheitswürfels* W *des* E_n für irgend eine Dimension n verläuft. C_{nk} ist stets perfekt, ferner nirgendsdicht in W (und damit in E_n). C_{n3} ist eine j_n-Nullmenge, dagegen C_{nk} für $k > 3$ nicht mehr quadrierbar. Die Komplemente C_{nk}' bezüglich W sind dicht auf W und für $k > 3$ nicht quadrierbar; ferner unterscheidet sich C_{nk}' von seinem offenen Kern $\underline{C}_{nk}'$ um eine j_n-Nullmenge (die für $n = 1$ leer ist).

Die Diskontinuen bzw. deren Komplemente ermöglichen einige bemerkenswerte Feststellungen.

a) Das Cantor'sche Diskontinuum C hat als perfekte Menge die Mächtigkeit $\mathfrak{c}$ des Kontinuums. *Es gibt also im E_1 beschränkte Nullmengen von der Mächtigkeit* $\mathfrak{c}$. Um dasselbe für den E_n mit $n \geqq 2$ zu sehen, ist es nicht nötig, die Diskontinuen heranzuziehen, da z. B. bereits passende Teile einer jeden Hyperebene beschränkt und perfekt sind. Aus der Existenz von beschränkten Nullmengen mit der Mächtigkeit $\mathfrak{c}$ folgt, da jeder Teil einer Nullmenge quadrierbar ist, *daß das System der beschränkten (und damit auch das System aller) quadrierbaren Punktmengen des E_n für jede Dimension n dieselbe Mächtigkeit hat wie das System aller Punktmengen des E_n überhaupt* (nämlich $2^{\mathfrak{c}}$).

b) Die Diskontinuen C_{nk} mit $k > 3$ zeigen, *daß es im E_n* $(n = 1, 2, \ldots)$ *beschränkte Mengen gibt, die dort nirgendsdicht sind und zugleich einen positiven äußeren Inhalt haben* (also keine Nullmengen sind). Andererseits gilt der

Satz 3. *Jede n-dimensionale Nullmenge N ist nirgendsdicht im E_n.*

Für einen dichten Teil L irgend eines Würfels W ist nämlich wegen **47** (4)

$$\bar{j}(L) = \bar{j}(\bar{L}) = j(\overline{W})^1 = j(W). \qquad (4)$$

Wäre nun N nicht nirgendsdicht im E_n, so müßte es einen offenen Würfel W_0 geben, so daß $N W_0$ dicht in W_0 ist. Wegen (4) wäre dann

$$0 = j(N) = j(N W_0) = j(W_0) > 0,$$

was nicht sein kann.

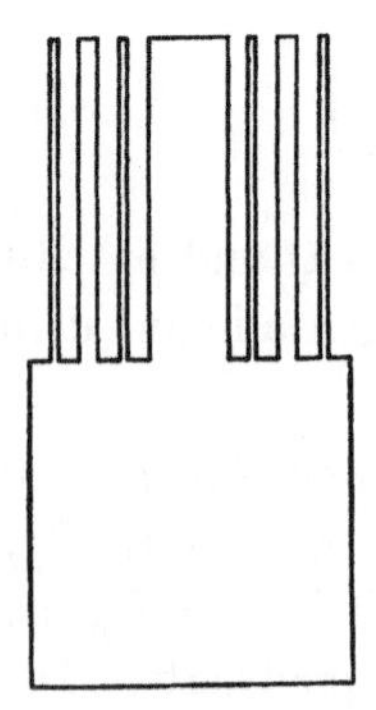
Fig. 7.

c) Ein lineares Gebiet ist entweder ein offenes Intervall oder eine offene Halbgerade oder die volle Gerade und daher stets j_1-meßbar. *In den Räumen von höherer als der ersten Dimension gibt es jedoch immer Gebiete, die nicht quadrierbar sind.*

Um in der x, y-Ebene ein solches zu erhalten, legt man z. B. auf das Intervall $[0, 1]$ der x-Achse die (offene) Menge C_{14}' und errichtet darüber den (zweidimensionalen) nach oben offenen Zylinder Z' von der Höhe 1 (Fig. 7). Da C_{14}' nicht j_1-meßbar ist, ist Z' nicht quadrierbar (Satz 2). Fügt man nun das Quadrat $0 < x < 1$, $-1 < y < 0$ hinzu, so liegt insgesamt ein nicht quadrierbares Gebiet G vor. Nach **11** (18) und (19), **56** (1) und den obigen Werten (2) wird

$$\bar{j}(G) = 1 + 1 = 2, \ \underline{j}(G) = 1 + \frac{1}{2} = \frac{3}{2}.$$

Analog kann man mittels $\underline{C}_{n4}'$ für jedes n nicht quadrierbare $n+1$-dimensionale Gebiete bilden.

59. Jordan'sche Kurven. Eine Punktmenge der Ebene, die eineindeutiges, stetiges Bild des Intervalles $0 \leqq t \leqq 1$ ist, heißt ein *ebenes Jordan'sches Kurvenstück* oder kurz, ein *ebener Jordanbogen*. Wie nun gezeigt werden soll, *gibt es ebene Jordanbogen, die nicht Nullmengen sind.* Da ein Jordanbogen nie innere Punkte besitzt und somit sein innerer Inhalt stets 0 ist, besagt dies auch, daß es nicht quadrierbare ebene Jordanbogen gibt. Die folgende Konstruktion solcher Bogen besteht in einer geeigneten Übertragung der Konstruktion der linearen Diskontinuen auf das Dreieck.

Es sei D irgend ein Dreieck mit den Ecken A, B, C. Im Inneren seiner „Basis" $A\,B$ werden die Punkte X, Y gewählt und mit dem „Scheitel" C durch Strecken verbunden. Dann wird das Innere des Dreieckes $X\,Y\,C$ samt dem Inneren seiner Seite $X\,Y$ aus D herausgenommen (Fig. 8). Es verbleiben so zwei (abgeschlossene) Dreiecke, die „von links nach rechts" geordnet bzw. mit D_0, D_1 bezeichnet werden.

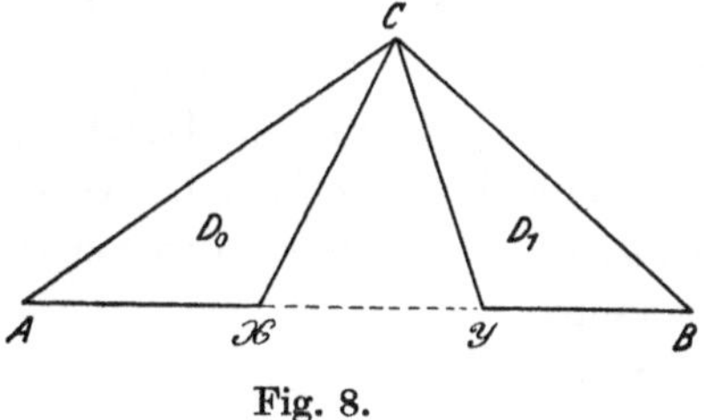

Fig. 8.

Bei jedem der Dreiecke D_0, D_1 werde nun ebenso verfahren wie bei D; und zwar sollen die „Schenkel" $A\,C$ und $B\,C$ von D die Basen von D_0 bzw. D_1 sein (Fig. 9). Es treten dann 2^2 Dreiecke auf, die von links nach rechts geordnet mit D_{00}, D_{01}, D_{10}, D_{11} bezeichnet werden. Die beiden ersten liegen auf D_0, die beiden letzten auf D_1 und das mit größerem zweiten Index jeweils rechts.

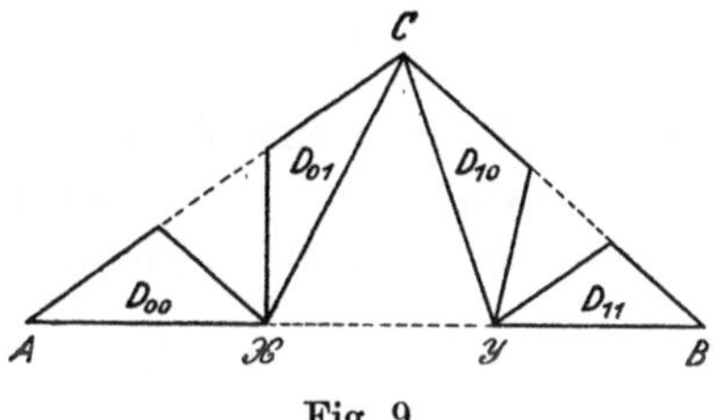

Fig. 9.

Fährt man auf diese Weise fort, so liegen nach ϱ Schritten 2^ϱ Dreiecke vor, die von links nach rechts geordnet bzw. mit

$$D_{00\,\ldots\,00}, D_{00\,\ldots\,01}, D_{00\,\ldots\,10}, \ldots, D_{11\,\ldots\,11} \tag{1}$$

bezeichnet sind. Die Bezeichnung ist so gewählt, daß man alle dyadischen Brüche von der Form $0, c_1, \ldots c_\varrho$ der Größe nach geordnet erhält, wenn man für $c_1 \ldots c_\varrho$ sukzessive die Indizesfolgen aus (1) setzt. Je zwei der Dreiecke (1), die sich nur im letzten Index unterscheiden, liegen in einem und demselben Dreieck, das der vorhergehende Schritt ergeben hat und durch die ersten $\varrho - 1$ Indizes völlig bestimmt ist, und zwar das mit größerem zweiten Index jeweils rechts. Ferner haben zwei in (1) benachbarte Dreiecke genau eine Ecke gemeinsam, während je zwei andere fremd sind. Fig. 10 zeigt die beim dritten Schritte auftretenden 2^3 Dreiecke.

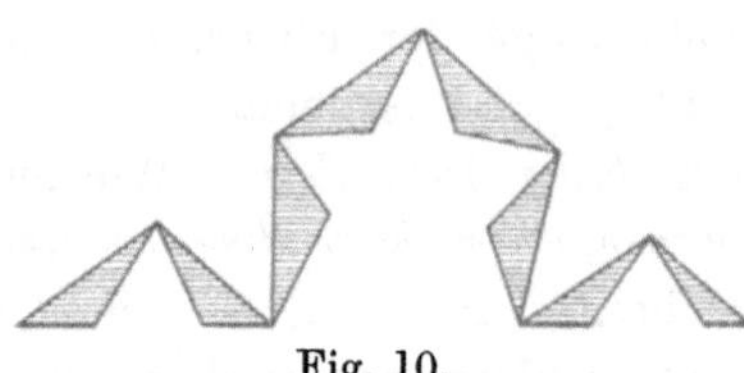

Fig. 10.

Das System der beim ϱ-ten Schritte entstehenden Dreiecke (1) werde für $\varrho = 1, 2, \ldots$ mit $\mathfrak{Z}_\varrho$ bezeichnet, ferner die Vereinigung dieser Dreiecke mit V_ϱ und der Durchschnitt aller V_ϱ mit K. Es gehören dann jedenfalls die Ecken der Dreiecke von $\mathfrak{Z}_\varrho$ für jedes ϱ zu K. Schließlich sei d_ϱ die größte unter den Seiten der einzelnen Dreiecke von $\mathfrak{Z}_\varrho$. Ich behaupte:

Gilt

$$\lim_{\varrho \to \infty} d_\varrho = 0, \tag{2}$$

so ist K ein Jordanbogen[1].

Unter der Voraussetzung (2) erhält man nämlich in der folgenden Weise eine eineindeutige, stetige Abbildung des Intervalles $0 \leqq t \leqq 1$ auf K. Man entwickelt jedes t aus $[0, 1]$ in einen unendlichen dyadischen Bruch:

$$t = 0, c_1 c_2 \ldots \qquad (c_\nu = 0, 1). \tag{3}$$

Dies ist auf genau eine Weise möglich, ausgenommen den Fall, daß t dyadisch rational ist[2] und zwischen 0 und 1 liegt; in diesem Falle gibt es zwei solche Entwicklungen, nämlich

$$t = 0, c_1 \ldots c_k 0 \dot{1} = 0, c_1 \ldots c_k 1 \dot{0}, \tag{4}$$

[1] Die Bedingung (2) ist z. B. im folgenden Falle erfüllt: man wählt für D ein Dreieck, mit einem stumpfen Winkel γ im Scheitel C; ferner löscht man bei jedem Schritte so, daß die verbleibenden Dreiecke im Scheitel einen festen stumpfen Winkel haben und dieser nicht größer als γ ist. Ist nämlich α der kleinste Winkel von D und c die Basis, so sind jetzt die Winkel der sukzessive auftretenden Dreiecke (1) nie kleiner als α und damit die Basen (also erst recht die Schenkel) der beim ϱ-ten Schritt auftretenden kleiner als $c \cos^\varrho \alpha$.

[2] D. h., als endlicher dyadischer Bruch geschrieben werden kann.

wobei der Teil $c_1 \ldots c_k$ auch fehlen kann. Mit den in (3) auftretenden c_ν werde nun die Folge der Dreiecke

$$D_{c_1 \ldots c_\varrho} \qquad (\varrho = 1, 2, \ldots) \tag{5}$$

gebildet. Da diese Dreiecke abgeschlossen und ineinander geschachtelt sind und ihre Durchmesser wegen (2) gegen 0 streben, haben sie genau einen Punkt $P(t)$ gemeinsam; dieser muß auf K liegen. Hat t die beiden Entwicklungen (4), so tritt für jede derselbe Punkt $P(t)$ auf: die zugehörigen Dreiecksfolgen (5) stimmen ja bis zum Dreiecke $D_{c_1 \ldots c_k}$ überein, während von da an jedesmal benachbarte Dreiecke mit einer festen gemeinsamen Ecke auftreten, die für beide Folgen der innerste Punkt ist. Jedem t aus $[0, 1]$ werde nun der Punkt $P(t)$ von K als Bild zugeordnet.

Diese Zuordnung ist zunächst eine eindeutige Abbildung von $[0, 1]$ auf K. Zu jedem t aus $[0, 1]$ gehört nämlich genau ein Punkt $P(t)$ von K. Ferner tritt jeder Punkt P von K als Bildpunkt auf, da P stets innerster Punkt (mindestens) einer Dreiecksfolge der Form (5) und damit Bild der durch (3) gegebenen Stelle t ist. Darüber hinaus ist die Abbildung eineindeutig, d. h., zwei verschiedenen Werten

$$t = 0, c_1 c_2 \ldots \text{ und } t' = 0, c_1' c_2' \ldots \tag{6}$$

entsprechen verschiedene Punkte $P(t)$ und $P(t')$. Diese Punkte sind nämlich die innersten Punkte der Dreiecksfolgen (5), die zu den Entwicklungen in (6) gehören. Sind nun c_l und c_l' die ersten abweichenden Stellen, so sind $D_{c_1 \ldots c_l}$ und $D_{c_1' \ldots c_l'}$ Nachbardreiecke. Ist etwa $c_l = 0$, $c_l' = 1$, so ist wegen $t \neq t'$ für $\varrho > l$ nicht stets $c_\varrho = 1$ und zugleich $c_\varrho' = 0$; also sind die Dreiecke $D_{c_1 \ldots c_\varrho}$ und $D_{c_1' \ldots c_\varrho'}$ für $\varrho > l$ nicht stets Nachbardreiecke und daher für ein passendes ϱ zueinander fremd. Damit ist aber $P(t) \neq P(t')$. — Insbesondere besteht das Bild eines Intervalles der Form

$$[0, c_1 \ldots c_r 0, \quad 0, c_1 \ldots c_r \dot{1}] \tag{7}$$

gerade aus den auf dem Dreieck $D_{c_1 \ldots c_r}$ liegenden Punkten von K.

Mittels der letzten Bemerkung ergibt sich, daß unsere Abbildung stetig ist. Sei also t eine beliebige Stelle aus $[0, 1]$, P ihr Bild und U_P eine gewählte Umgebung von P. Ist t nicht dyadisch rational und (3) seine Entwicklung, so beachte ich, daß das Dreieck $D_{c_1 \ldots c_r}$ für ein passend großes r wegen (2) auf U_P liegt. Damit liegt auch das Bild des Intervalles (7) auf U_P. Da t innerer Punkt von (7) ist, ist also die Abbildung bei t stetig. Ist t dyadisch rational, aber nicht 0 oder 1, und (4) seine beiden Entwicklungen, so beachte ich, daß zwei passende Nachbardreiecke der Form

$$D_{c_1 \ldots c_k 0 1 \ldots 1} = D' \text{ und } D_{c_1 \ldots c_k 1 0 \ldots 0} = D''$$

auf U_P liegen. Damit liegt auch das Bild von

$$[0, c_1 \ldots c_k 0 1 \ldots 1 \dot{0}, \quad 0, c_1 \ldots c_k 1 0 \ldots 0 \dot{1}] \tag{8}$$

auf U_P, da es sichtlich auf $D' + D''$ liegt. Da t innerer Punkt von (8) ist, ist also die Abbildung wiederum bei t stetig. Schließlich sieht man, daß die Abbildung bei $t = 0$ oder 1 stetig ist. Damit ist die Behauptung bewiesen[3].

Für K gilt stets (also unabhängig von (2)) nach **15** (6)

$$\bar{j}(K) = \lim j(V_\varrho).\,^4 \tag{9}$$

Hat insbesondere das Verhältnis des beim ϱ-ten Schritte zu löschenden Teiles einer Dreiecksseite zur Seite selber für alle $2^{\varrho-1}$ vorliegenden Dreiecke einen und denselben Wert ϑ_ϱ, so ist mit $j(D) = f$

$$j(V_1) = f - \vartheta_1 f = (1 - \vartheta_1) f,\,^5$$

$$j(V_\varrho) = j(V_{\varrho-1}) - \vartheta_\varrho j(V_{\varrho-1}) = (1 - \vartheta_1) \ldots (1 - \vartheta_\varrho) f. \tag{10}$$

Falls man nun K so konstruieren kann, daß (2) gilt und zugleich der limes in (9) positiv ausfällt, so wird K ein Jordanbogen, der nicht Nullmenge ist. Man darf erwarten, daß dies erreicht wird, wenn man aus den einzelnen Dreiecken jeweils hinreichend schmale mittlere Teile herausnimmt. Ein geeignetes Verfahren ist z. B. das folgende.

Man wählt das Ausgangsdreieck D ganz beliebig, ferner eine Folge positiver Zahlen $\vartheta_\varrho < {}^1/_2$ mit konvergenter Reihe $\Sigma \vartheta_\varrho$; die größte Seite von D sei d, ferner A', B', C' die Seitenmitten (Fig. 11). Beim ersten Schritt wird das auf AB zu löschende Intervall so angenommen, daß es C' (z. B. als Mittelpunkt) enthält und die Länge $\vartheta_1 \cdot \overline{AB}$ hat. Beim zweiten Schritt werden die auf AC und BC zu löschenden Inter-

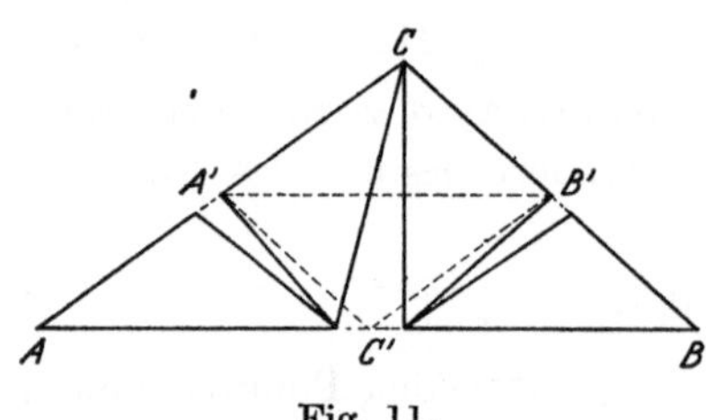

Fig. 11.

[3] Falls (2) gilt und die Winkel der Dreiecke (1) für $\varrho = 1, 2, \ldots$ eine positive untere Schranke haben (wie z. B. unter den Annahmen in [1]), so erkennt man leicht, daß K in der konstruierten Darstellung $P(t)$ nirgends eine Tangente hat.

[4] Bedeutet l das Lebesgue'sche Maß der Ebene, so ergibt **14**, Satz 2 $l(K) = \lim l(V_\varrho)$. Da K abgeschlossen ist, stimmt dies wegen **67** (3) mit (9) überein.

[5] Es wird jetzt als bekannt angenommen, daß der Inhalt eines Dreieckes bei fester Höhe proportional zur Basis ist (s. **88**).

valle so angenommen, daß sie auf $A A'$ bzw. $B B'$ liegen und in A' bzw. B' enden, ferner die Länge $\vartheta_2 \,.\, \overline{A C}$ bzw. $\vartheta_2 \,.\, \overline{B C}$ haben. Von hier an wiederholen sich abwechselnd diese beiden Schritte mit dem jeweiligen ϑ_ϱ. Man erreicht so (da eine Dreieckssehne nie größer als die größte Seite ist), daß die Seiten der Dreiecke von $\mathfrak{Z}_3, \mathfrak{Z}_5, \ldots$ nicht größer als $d/2, d/2^2, \ldots$ sind. Da noch die Seiten der Dreiecke von $\mathfrak{Z}_{\varrho+1}$ nicht größer als die größte Seite bei $\mathfrak{Z}_\varrho$ sind, gilt jetzt (2). Zugleich ist der limes in (9) positiv, da (10) gilt und $(1 - \vartheta_1) \ldots (1 - \vartheta_\varrho)$ wegen der Konvergenz von $\Sigma \vartheta_\varrho$ gegen einen positiven Wert strebt. *Unser Verfahren liefert somit einen Jordanbogen K, der nicht Nullmenge ist, und dasselbe muß für jeden Teilbogen gelten.* Zugleich ist K ein weiteres Beispiel einer in der Ebene nirgendsdichten Punktmenge mit einem positiven äußeren Inhalt.

Wählt man für D ein gleichschenkeliges Dreieck mit einem Winkel von 120^0 im Scheitel, ferner die zu löschenden Dreiecke durchwegs über dem mittleren Drittel der jeweiligen Basis, so werden alle Dreiecke von $\mathfrak{Z}_\varrho$ $(\varrho = 1, 2, \ldots)$ ähnlich zu D im Verhältnis $1 : \sqrt{3^\varrho}$. Es gilt also (2), ferner (10) mit dem festen Wert $1/3$ für die ϑ. *Somit ist jetzt K ein Jordanbogen vom Inhalte* 0.[6] Dieser fällt mit einer Kurve zusammen, die zuerst H. v. Koch (1903/04) auf andere Weise erklärt hat.

Durch Aneinanderlegen endlich vieler nicht quadrierbarer Bogen K kann man zu einfach geschlossenen Jordan'schen Kurven gelangen, die keine Nullmengen sind. Die beiden Gebiete, in welche die Ebene durch eine solche Kurve zerlegt wird, sind dann nicht quadrierbar.

Nicht quadrierbare Jordanbogen wurden zuerst von H. Lebesgue (1902) und W. F. Osgood (1903) angegeben. Nach dem beschriebenen Prinzip wurden solche Bogen, sowie die v. Koch'sche Kurve zuerst von K. Knopp konstruiert.[7]

60. Rektifizierbare Kurven. Eine Kurve K des E_n $(n \geqq 2)$:

$$x_\nu = x_\nu(t), \; a \leqq t \leqq b \qquad (\nu = 1, \ldots, n) \tag{1}$$

heißt *rektifizierbar*, wenn die $x_\nu(t)$ stetig sind und die obere Grenze l der Längen der Sehnenpolygone von K endlich ist; l heißt die *Länge von K.*

Satz 4. *Eine rektifizierbare Kurve K des E_n (als Punktmenge aufgefaßt) ist für $n \geqq 2$ eine j_n-Nullmenge.*

[6] Nach [3] hat K in der Darstellung $P(t)$ überdies nirgends eine Tangente.

[7] *K. Knopp*, Archiv Math. Phys. (3) **26** (1917), p. 103/15. — Literaturangaben s. *L. Zoretti-A. Rosenthal*, **54**[6], p. 967.

Beweis. Die betrachtete Kurve K sei durch (1) gegeben und l ihre Länge. Da K im Falle $l = 0$ aus einem einzelnen Punkt besteht, darf man $l > 0$ annehmen. Ferner sei $s(t)$ die von a aus gezählte Bogenlänge von K; $s(t)$ ist stetig und (im schwächeren Sinne) monoton wachsend. Ich zerlege K in m gleichlange Bogen K_μ $(\mu = 1, \ldots, m)$, die den Parameterintervallen $[t_{\mu-1}, t_\mu]$ entsprechen mögen. Dabei ist $t_0 = a$, $t_m = b$ und im übrigen t_μ eine Auflösung von $s(t_\mu) = \mu\, l / m$. Eine solche ist wegen der Stetigkeit von $s(t)$ stets vorhanden (jedoch nicht notwendig eindeutig); ferner ist $t_0 < t_1 < \ldots < t_m$ wegen der Monotonie von $s(t)$. Für $t_{\mu-1} \leqq t \leqq t_\mu$ gilt

$$| x_\nu(t) - x_\nu(t_{\mu-1}) | \leqq s(t) - s(t_{\mu-1})^{1} \leqq s(t_\mu) - s(t_{\mu-1}) = \frac{l}{m}.$$

Hieraus folgt, daß jeder Bogen K_μ durch einen abgeschlossenen Würfel mit der Kantenlänge $2\,l/m$ überdeckt werden kann und damit K durch endlich viele Würfel mit der Inhaltssumme $m\left(\frac{2\,l}{m}\right)^n = \frac{(2\,l)^n}{m^{n-1}}$. Da m beliebig groß sein kann, ist somit K für $n \geqq 2$ eine j_n-Nullmenge.

Die Kurve (1) ist sicher rektifizierbar, falls die $x_\nu(t)$ stetig und stückweise stetig differenzierbar sind. Ein Bereich der Ebene, der durch eine solche Kurve begrenzt wird, ist also stets quadrierbar.

III. Das Borel'sche und das Lebesgue'sche Maß.

Während im vorigen Kapitel der elementare Inhalt i der Würfelaggregate einer monotonen Gitterfolge des E_n zum kleinsten vollständigen Inhalt j erweitert wurde, soll jetzt i zum kleinsten Maß m sowie zum kleinsten vollständigen Maß l erweitert werden. Dies ist nach **33**, Satz 5 bzw. **32**, Satz 3 möglich, da i volladditiv ist und die Zerlegungseigenschaft hat. Dabei kommt es auf dasselbe hinaus, ob man i als Funktion auf dem Körper aller oder bloß auf dem der beschränkten Aggregate auffaßt. m ist das „Borel'sche" und l das „Lebesgue'sche Maß".

§ 14. Das Borel'sche Maß.

61. Borel'sche Mengen des E_n. Es sei (Γ_ϱ) eine gewählte monotone Gitterfolge des E_n und $\mathfrak{b}$ die zugehörige Basis im Sinne von **42**. Das

[1] Es ist $|x_\nu(t'') - x_\nu(t')|$ nicht größer als die Sehne der Kurvenpunkte t', t'' und diese nicht größer als der Bogen.

kleinste σ-System $\mathfrak{b}_\sigma$ über $\mathfrak{b}$ besteht aus den Summen je abzählbar vieler Würfel aus $\mathfrak{b}$; jede solche Summe kann dann als Summe einer Folge getrennter Würfel aus $\mathfrak{b}$ geschrieben werden (da zwei Würfel aus $\mathfrak{b}$ entweder fremd sind oder der eine ein Teil des andern ist). $\mathfrak{b}_\sigma$ umfaßt das System $\mathfrak{G}$ der offenen Mengen. Ist nämlich G offen und A_ϱ das Aggregat der auf $\mathfrak{G}$ liegenden Γ_ϱ-Würfel bzw. O, so gilt sichtlich

$$G = \Sigma A_\varrho.^{1} \tag{1}$$

Ferner kann eine abgeschlossene Menge F als Komplement einer passenden offenen Menge G nach (1) auf die Form

$$F = E_n - \Sigma A_\varrho = \Pi (E_n - A_\varrho) = \Pi B_\varrho \tag{2}$$

gebracht werden; dabei ist B_ϱ das Aggregat jener Γ_ϱ-Würfel, die mit F einen Punkt gemeinsam haben, bzw. O, falls $F = O$ ist.

Der kleinste σ-Körper $\mathfrak{k}'$ über $\mathfrak{b}$ ist zugleich der kleinste σ-Körper über $\mathfrak{b}_\sigma$. Vergleicht man $\mathfrak{k}'$ mit dem kleinsten σ-Körper $\mathfrak{k}^*$ über $\mathfrak{G}$, so muß wegen $\mathfrak{G} \subset \mathfrak{b}_\sigma$ (s. (1)) einerseits $\mathfrak{k}^* \subset \mathfrak{k}'$ sein. Andererseits ist $\mathfrak{k}' \subset \mathfrak{k}^*$. Es enthält nämlich $\mathfrak{k}^*$ die abgeschlossenen Mengen (als Komplemente der offenen) und damit das System $\mathfrak{b}$, da jeder Würfel aus $\mathfrak{b}$ die Differenz aus seiner abgeschlossenen Hülle und eines passenden abgeschlossenen Teiles seiner Begrenzung ist; aus $\mathfrak{b} \subset \mathfrak{k}^*$ folgt aber $\mathfrak{k}' \subset \mathfrak{k}^*$. Insgesamt gilt also $\mathfrak{k}' = \mathfrak{k}^*$. Die Mengen des kleinsten σ-Körpers $\mathfrak{k}^*$ über $\mathfrak{G}$ heißen die *Borel'schen Mengen des* E_n (s. Anhang 3); da $\mathfrak{k}^*$ das System $\mathfrak{F}$ der abgeschlossenen Mengen umfaßt und da umgekehrt der kleinste σ-Körper über $\mathfrak{F}$ das System $\mathfrak{G}$ umfaßt, ist $\mathfrak{k}^*$ auch der kleinste σ-Körper über $\mathfrak{F}$ und damit über $\mathfrak{F} + \mathfrak{G}$. Die vorangehende Betrachtung hat also ergeben, *daß der kleinste σ-Körper $\mathfrak{k}'$ über $\mathfrak{b}$ aus den Borel'schen Mengen des E_n besteht.* Hiernach hängt $\mathfrak{k}'$ von der Wahl der Folge (Γ_ϱ) nicht ab.

Es sei noch, wie im vorigen Abschnitt, $\mathfrak{k}_0$ der Körper der beschränkten Würfelaggregate für $\mathfrak{b}$ und $\mathfrak{k}$ der der Würfelaggregate für $\mathfrak{b}$ überhaupt. Wegen $\mathfrak{k}_{0\sigma} = \mathfrak{k}_\sigma = \mathfrak{b}_\sigma$ gilt:

Satz 1. *Der kleinste σ-Körper über $\mathfrak{k}_0$ sowie der über $\mathfrak{k}$ besteht aus den Borel'schen Mengen des E_n.*

---

[1] Diese Gleichung bleibt bestehen, wenn die Rolle der (halbabgeschlossenen) Γ_ϱ-Würfel deren abgeschlossene Hüllen übernehmen. Damit ergibt sich der *Struktursatz der offenen Mengen: Eine offene Menge ist entweder leer oder Summe von abzählbar vielen abgeschlossenen Würfeln, die zu zweien nicht übereinander greifen.* Hieraus folgt, *daß eine offene Menge entweder leer oder Summe von abzählbar vielen offenen Würfeln ist.*

Ich bemerke noch, *daß nach* (1) *bzw.* (2) *jede offene Menge eine* $\mathfrak{k}$-*Summe und jede abgeschlossene ein* $\mathfrak{k}$-*Produkt ist* (also zu $\mathfrak{k}_\sigma$ bzw. $\mathfrak{k}_\delta$ gehört). Ferner ist jeder Basiswürfel und damit jede $\mathfrak{k}$-Summe eine F_σ-Menge (Fig. 5).

62. Borel'sches Maß. Es sei nun i auf $\mathfrak{k}$ der elementare Inhalt der Aggregate für $\mathfrak{b}$. Da i volladditiv ist und die Zerlegungseigenschaft hat, existiert das kleinste Maß m über i (**33**, Satz 5). m heißt das (*n-dimensionale*) *Borel'sche Maß*[1]. Sein Definitionsbereich ist der kleinste σ-Körper $\mathfrak{k}'$ über $\mathfrak{k}$, d. i. nach Satz 1 das System der Borel'schen Mengen des E_n; demnach heißen diese Mengen auch die *nach Borel meßbaren Mengen. Geht man vom elementaren Inhalt* i_0 *auf* $\mathfrak{k}_0$ *der beschränkten Aggregate für* $\mathfrak{b}$ *aus, so gelangt man auf die bisherige Weise ebenfalls zum Maße m.* Da nämlich i eine Erweiterung von i_0 ist, ist m ein Maß über i_0; ferner ist der Definitionsbereich des kleinsten Maßes m_0 über i_0 nach Satz 1 ebenfalls $\mathfrak{k}'$. Auf $\mathfrak{k}'$ gibt es aber neben m_0 kein weiteres Maß über i_0 (s. **33**, Satz 5), weshalb $m = m_0$ sein muß. Man sieht auch leicht (wenn man beachtet, daß i_0 der einzige Inhalt auf $\mathfrak{k}_0$ ist, der für die Würfel aus $\mathfrak{b}$ mit deren elementaren Inhalt übereinstimmt), *daß m das einzige Maß auf* $\mathfrak{k}'$ *ist, das für die Würfel aus* $\mathfrak{b}$ *mit deren elementaren Inhalt übereinstimmt* (vgl. die entsprechende Bemerkung über j; **44**, 3. Absatz). Weiters hat m nach **33**, Satz 5 die Zerlegungseigenschaft. Ferner gilt nach demselben Satze für jede Menge M, die nach Jordan und nach Borel zugleich meßbar ist,

$$m(M) = j(M). \tag{1}$$

Der Definitionsbereich $\mathfrak{k}'$ von m hängt von der Wahl der Folge (Γ_ϱ) nicht ab. *Dasselbe gilt auch für die Werte von m.* Gehört nämlich m' zu einer zweiten Gitterfolge, so ist jeder Würfel W aus $\mathfrak{b}$ als F_σ-Menge m'-meßbar, ferner nach (1) (angewendet auf m') $m'(W) = j(W)$. Es ist also m' ein Maß auf $\mathfrak{k}'$, das für die Würfel aus $\mathfrak{b}$ mit deren elementaren

---

[1] *E. Borel*, Leçons sur la théorie des fonctions, Paris 1898, p. 46. — Die obige Erklärung bei *O. Haupt-G. Aumann*, **13**[1], p. 26. - *Borel* geht von den „Intervallsummen" aus, d. s. jene beschränkten Mengen, die als Vereinigung von abzählbar vielen abgeschlossenen Intervallen, die nicht übereinandergreifen, dargestellt werden können. Das „Maß" einer Intervallsumme ist die Summe der elementaren Inhalte der einzelnen Intervalle in einer solchen Darstellung. „Meßbar" sind dann jene Mengen M, die man, ausgehend von den Intervallsummen, durch Addition abzählbar vieler getrennter Mengen oder durch Subtraktion eines Teiles einer Menge von dieser sukzessive bilden kann.Das „Maß" von M ist die Summe bzw. die Differenz der Maße jener Mengen, mit denen M gebildet wurde.

Inhalt übereinstimmt und daher nach der obigen Bemerkung mit m identisch. Damit hat man den

Satz 2. *Das Borel'sche Maß ist unabhängig von der Wahl der zugrundegelegten Gitterfolge.*

Für jeden abgeschlossenen Würfel W ist $m(W) = j(W)$. Analog wie **48**, Satz 16 beweist man den

Satz 3. *Auf $\mathfrak{k}'$ ist m das einzige Maß, das für jeden abgeschlossenen Würfel mit dessen elementaren Inhalt übereinstimmt.*

Beweis. Sei auch m' ein Maß auf $\mathfrak{k}'$ mit dieser Eigenschaft. Man hat zu zeigen, daß für jeden (halbabgeschlossenen) Würfel W aus $\mathfrak{b}$ $m'(W) = m(W)$ ist. Hierzu werde W als Summe abzählbar vieler abgeschlossener Würfel W_ν dargestellt, die zu zweien nicht übereinander greifen (Fig. 5). Da der Durchschnitt D zweier Würfel W_ν durch endlich viele abgeschlossene Würfel mit beliebig kleiner Inhaltssumme überdeckt werden kann und D m'-meßbar ist, ist $m'(D) = 0$; daneben ist $m(D) = j(D) = 0$. Also gilt

$$m'(W) = \Sigma\, m'(W_\nu) = \Sigma\, j(W_\nu) = \Sigma\, m(W_\nu) = m(W).$$

Für eine nach Borel meßbare Menge M ist $m(M) = \inf r(Q)$ nach **33**, Satz 5 und **32** (24); dabei hat Q alle M überdeckenden $\mathfrak{k}$-Summen (d. s. jetzt die Summen von je abzählbar vielen Würfeln aus $\mathfrak{b}$) zu durchlaufen. $r(Q)$ hat den in **30** (4) angegebenen Wert; daneben ist, falls $Q \neq O$, nach **30** (6)

$$r(Q) \doteq \Sigma\, i(W_\nu), \tag{2}$$

wenn $Q = \Sigma\, W_\nu$ irgend eine Darstellung von Q als Summe abzählbar vieler getrennter Basiswürfel W_ν ist. Insbesondere ist eine $\mathfrak{k}$-Summe Q stets m-meßbar und $m(Q) = r(Q)$, nach (2) oder **32** (25).

Eine abzählbare Menge ist (als Vereinigung ihrer Punkte) *stets eine m-Nullmenge.* Hierunter fallen z. B. die separierten Mengen (d. s. jene, die keinen von O verschiedenen insichdichten Teil besitzen) und somit insbesondere die isolierten (d. s. jene aus lauter isolierten Punkten). Ferner bilden die rationalen Punkte eines abgeschlossenen Würfels W eine m-Nullmenge; zugleich ist die Menge M der irrationalen Punkte von W m-meßbar und $m(M) = m(W)$.

Die beiden letzten Mengen zeigen, *daß eine m-meßbare Menge nicht j-meßbar zu sein braucht. Umgekehrt braucht eine j-meßbare Menge nicht m-meßbar zu sein*[2]. Dies folgt daraus, daß das System der j-meßbaren

[2] Beides gilt auch im Bereiche der beschränkten Mengen.

Mengen für jede Dimension n nach **58** a) die Mächtigkeit $2^{\mathfrak{c}}$, dagegen das der m-meßbaren nur die Mächtigkeit $\mathfrak{c}$ hat (Anhang, Satz 7). Mengen des E_1, die j-meßbar, aber nicht m-meßbar sind, sind in 4 des Anhanges explizit angegeben. Da die Begrenzung eines Würfels für $n \geqq 2$ die Mächtigkeit $\mathfrak{c}$ und damit das System ihrer Teile die Mächtigkeit $2^{\mathfrak{c}}$ hat, besitzt sie Teile, die nicht m-meßbar sind. Während also ein Würfel stets j-meßbar ist (ganz unabhängig von dem ihm zugezählten Teil der Begrenzung), braucht er nicht mehr m-meßbar zu sein.

Das Borel'sche Maß einer nicht leeren offenen Menge erhält man, indem man sie als Summe einer Folge nicht übereinander greifender, abgeschlossener Würfel darstellt (**61**[1]) und deren elementaren Inhalte addiert. Ferner kann jede nicht leere offene Menge des E_1 als Summe abzählbar vieler getrennter, offener Intervalle dargestellt werden, wenn die Halbgeraden sowie der E_1 selber den Intervallen zugezählt werden; das Borel'sche Maß ist dann die Summe der Längen dieser Intervalle. Z. B. gilt für die in **58** betrachteten offenen Mengen C_{1k}' (vgl. **58** (2))

$$m\,(C_{1k}') = \frac{1}{k} + \frac{2}{k^2} + \frac{2^2}{k^3} + \cdots = \frac{1}{k-2}; \tag{3}$$

für ihre Komplemente C_{1k} bezüglich $[0, 1]$ ist dann (vgl. **58** (1))

$$m\,(C_{1k}) = \frac{k-3}{k-2}. \tag{4}$$

Das Borel'sche Maß einer abgeschlossenen Menge F stimmt mit dem ihres perfekten Kerns überein, da F die Summe dieses Kerns und einer abzählbaren bzw. der leeren Menge ist. Jst F beschränkt, so erhält man $m\,(F)$ auch so: man überdeckt F durch ein offenes Intervall I und bestimmt das Maß der offenen Menge $I - F$[3] in der soeben beschriebenen Weise; dann ist $m\,(F) = j\,(I) - m\,(I - F)$.

B e i s p i e l e. a) Jede der eben betrachteten Mengen C_{1k}' ist offen, in $[0, 1]$ dicht und ihr Maß m für hinreichend großes k nach (3) beliebig klein. Zugleich ist C_{1k} eine perfekte, in $[0, 1]$ nirgendsdichte Menge, deren Maß m für hinreichend großes k beliebig nahe bei 1 liegt. Entsprechendes gilt für die in **58** angegebenen Mengen C_{nk}' bzw. C_{nk}; nur unterscheidet sich C_{nk}' für $n \geqq 2$ von seinem offenen Kern um eine nicht leere m-Nullmenge. *Hiernach gibt es jedenfalls beschränkte im E_n nirgendsdichte Punktmengen mit positivem Borel'schen Maß* (s. auch das Beispiel am Ende von **68**).

[3] $I - F$ ist als Durchschnitt von I und des (offenen) Komplements von F offen.

b) Um eine offene n-dimensionale Punktmenge zu erhalten, die einerseits dicht im E_n ist und andererseits ein beliebig kleines Maß m hat, kann man so verfahren: Man wählt eine abzählbare, im E_n dichte Menge von Punkten P_ν (z. B. die Menge der rationalen Punkte) und konstruiert für jedes ν einen offenen Würfel W_ν mit dem Mittelpunkt P_ν und der Kantenlänge $l_\nu < \sqrt[n]{2^{-\nu}\varepsilon}$. Die Vereinigung G der Würfel W_ν ist dann offen und dicht im E_n; ferner gilt

$$m(G) \leqq \Sigma\, m(W_\nu) < \frac{\varepsilon}{2} + \frac{\varepsilon}{2^2} + \dots = \varepsilon.$$

Es gibt also Punktmengen des E_n, die in jeden, auch noch so kleinen Raumteil mit einem Würfel eindringen und zugleich ein beliebig kleines Borel'sches Maß haben.

c) Mittels der Cantor'schen Diskontinuen $C(a, b)$ (s. 58) kann man leicht eine lineare Punktmenge vom Borel'schen Maße 0 konstruieren, die jeden Punkt der x-Achse als Verdichtungspunkt hat. Dabei hat man zu beachten, daß $C(a, b)$ stets m-Nullmenge ist. Man zerlegt zunächst die x-Achse in die Intervalle $[k, k+1]$ bei ganzzahligem k und bildet die Diskontinuen $C(k, k+1)$; ihre Vereinigung sei M_1. Das Komplement von M_1 besteht aus abzählbar vielen offenen Intervallen von der Länge $1/3$, $1/3^2$, ... Nun konstruiert man für die Intervalle des Komplements von der Länge $1/3$, nach Hinzunahme der Endpunkte, die Cantor'schen Diskontinuen; ihre Vereinigung sei M_2. Das Komplement von $M_1 + M_2$ besteht aus abzählbar vielen offenen Intervallen von der Länge $1/3^2$, $1/3^3$, ... Sodann konstruiert man für die Intervalle des neuen Komplements von der Länge $1/3^2$, nach Hinzunahme der Endpunkte, die Cantor'schen Diskontinuen; ihre Vereinigung sei M_3. Usw. Die F_σ-Menge $M = \Sigma\, M_\nu$ hat dann die genannten Eigenschaften: M ist eine m-Nullmenge als Summe von abzählbar vielen solchen Mengen; ferner ist jeder Punkt der x-Achse Häufungspunkt von M und damit, da die M_ν perfekt sind, Verdichtungspunkt von M.

§ 15. Das Lebesgue'sche Maß.

63. Erklärung des Lebesgue'schen Maßes. Es sei wie in 62 i auf $\mathfrak{k}$ der elementare Inhalt der Würfelaggregate einer Basis $\mathfrak{b}$. Da i volladditiv ist und die Zerlegungseigenschaft hat, existiert das kleinste vollständige Maß l über i (32, Satz 3). l heißt das (*n-dimensionale*) *Lebesgue'sche Maß* und die Mengen seines Definitionsbereiches $\mathfrak{K}'$ die *nach Lebesgue meßbaren*

Mengen des E_n.[1] Statt l werde auch l_n geschrieben, ferner statt Lebesgue'sches Maß auch bloß Maß gesagt. *Geht man vom elementaren Inhalt* i_0 *auf* $\mathfrak{k}_0$ *der beschränkten Aggregate für* $\mathfrak{b}$ *aus, so gelangt man auf die bisherige Weise ebenfalls zum Maße* l. Da nämlich i eine Erweiterung von i_0 ist und der Definitionsbereich des kleinsten vollständigen Maßes l_0 über i_0 als σ-Körper über $\mathfrak{k}_0$ den Körper $\mathfrak{k}$ umfassen muß, ist $l_0 = l$ nach **33**, Satz 4.

Das Lebesgue'sche Maß l ist auch das kleinste vollständige Maß über dem Jordan'schen Inhalt j des E_n sowie über dem Jordan'schen Inhalt j_0 der beschränkten quadrierbaren Mengen (**32**, Satz 3), ferner über dem Borel'schen Maße m (**33**, Satz 5). *Hiernach kann* l *von der Wahl der zugrunde gelegten Gitterfolge nicht abhängen*, da dies von j (sowie von m) gilt. Ferner ist eine nach Jordan und ebenso eine nach Borel meßbare Menge M stets nach Lebesgue meßbar und $j(M)$ bzw. $m(M)$ gleich $l(M)$. Da das System der j-meßbaren Mengen bereits die Mächtigkeit $2^{\mathfrak{c}}$ des Systems aller Punktmengen des E_n hat, *muß also auch das System der* l*-meßbaren Mengen die Mächtigkeit* $2^{\mathfrak{c}}$ *haben.* Da es j-meßbare Mengen gibt, die nicht m-meßbar sind (s. **62**), *gibt es erst recht* l*-meßbare, die nicht Borel'sche Mengen sind.* Es können also l und m nicht zusammenfallen. Da nun l das kleinste vollständige Maß über m ist, *kann das Borel'sche Maß nicht vollständig sein.*

Nach **32**, Satz 3 hat l die Zerlegungseigenschaft und damit die Schnitteigenschaft (s. **18**). Weiters ist l nach demselben Satze das einzige Maß auf $\mathfrak{K}'$ überhaupt, das auf $\mathfrak{k}$ mit i zusammenfällt. *Damit ist aber* l *auch das einzige Maß auf* $\mathfrak{K}'$, *das für die Würfel aus* $\mathfrak{b}$ *mit deren elementaren Inhalt übereinstimmt.* Von hier aus gewinnt man analog wie **62**, Satz 3 den

Satz 1. *Auf* $\mathfrak{K}'$ *ist* l *das einzige Maß, das für jeden abgeschlossenen Würfel mit dessen elementaren Inhalt übereinstimmt.*

Eine nach Lebesgue meßbare Menge M ist dadurch gekennzeichnet (s. **32**, Satz 3), daß es zu jedem $\varepsilon > 0$ zwei $\mathfrak{k}$-Summen Q, Q' gibt, so daß

$$Q \supset M,\ Q - M \subset Q',\ r(Q') < \varepsilon \tag{1}$$

ist; dabei kann man noch vorschreiben:

$$Q' \subset Q. \tag{2}$$

Die Bedingungen (1), (2) sind gleichwertig zu

$$M + Q' = Q,\ r(Q') < \varepsilon. \tag{3}$$

[1] *H. Lebesgue*, Ann. di mat. (3) **7** (1902), p. 235/45; Pariser Thèse 1902. Zum selben Maßbegriff sind etwas später *G. Vitali* (1904) und *W. H. Young* (1904) gelangt. — Die obige Erklärung bei *O. Haupt-G. Aumann*, **13**[1], p. 25.

$r(Q)$ hat für jede $\mathfrak{k}$-Summe Q die Darstellungen **30** (4), **30** (6) und **62** (2), letztere für $Q \neq O$.

Ist M l-meßbar, so wird nach **32** (24)

$$l(M) = \inf r(Q); \tag{4}$$

dabei hat Q alle M überdeckenden $\mathfrak{k}$-Summen zu durchlaufen. Insbesondere gilt für jede $\mathfrak{k}$-Summe Q (s. **32** (25))

$$l(Q) = r(Q). \tag{5}$$

Falls die l-meßbare Menge M beschränkt ist, ist $l(M)$ endlich. Ist M nicht beschränkt, so kann M auf mannigfache Weise als Limes einer ansteigenden Folge von beschränkten, meßbaren Teilen M_ν dargestellt werden: man braucht etwa nur eine Folge konzentrischer Würfel W_ν zu wählen, deren Kantenlänge monoton gegen ∞ strebt, und $M_\nu = M W_\nu$ zu setzen. Nach **14**, Satz 1 ist dann $l(M) = \lim l(M_\nu)$. Somit gilt:

Satz 2. *Das Maß einer jeden l-meßbaren Menge ist die obere Grenze der Maße ihrer beschränkten, l-meßbaren Teile*[2].

Eine l-Nullmenge ist nach (1), (4) dadurch charakterisiert, daß sie durch eine $\mathfrak{k}$-Summe Q mit beliebig kleinem $r(Q)$ überdeckt werden kann. Ein Teil einer l-Nullmenge ist also wieder eine solche, wie es auch wegen der Vollständigkeit von l der Fall sein muß (**24**, Satz 1). Da l das kleinste vollständige Maß über dem Borel'schen Maß m ist, besteht der Nullkörper von l nach **29**, Satz 7 aus den Teilen der einzelnen m-Nullmengen. Ferner erhält man nach **29**, Satz 6 alle l-meßbaren Mengen, indem man zu den m-meßbaren die l-Nullmengen entweder addiert oder auch, indem man sie von ihnen subtrahiert[3, 4].

64. Lebesgue'sches äußeres und inneres Maß. Die Außen- und Innenfunktion $\bar{l}$, $\underline{l}$ von l oder gleichbedeutend von m (s. **27**, Satz 2 und **29**, Satz 5) heißen das (*n-dimensionale*) *Lebesgue'sche äußere* bzw. *innere Maß*[1]. Der gemeinsame Definitionsbereich $\mathfrak{L}'$ besteht (wie bei $\bar{j}$, $\underline{j}$) aus allen Mengen des E_n; ferner ist

[2] Dieser Satz wird durch **65**, Satz 9 noch verschärft werden.

[3] Dies wird durch **65**, Satz 8, 11 noch verschärft werden.

[4] Literaturangaben über l-Nullmengen bei *L. Zoretti-A. Rosenthal*, **60**[1], p. 975[392]. Insbesondere *E. Borel*, Méthodes et problèmes de théorie des fonctions, Paris 1922, p. 12/15; 20/66.

[1] *Lebesgue* definiert das „äußere Maß" $\bar{l}(M)$ einer beschränkten ebenen Punktmenge M als untere Grenze der Summen der Inhalte von je abzählbar vielen Dreiecken, die M überdecken. Wird M durch ein Intervall I vom Inhalt i überdeckt, so setzt er $\underline{l}(M) = i - \bar{l}(I - M)$ und weist die Unabhängigkeit von $\underline{l}(M)$ von der Wahl von I nach (vgl. **10**[3]). Sodann heißt M „meßbar", wenn $\underline{l}(M) = \bar{l}(M)$ ist.

$$\overline{l}\,(M) = \inf l\,(\overline{A}),\quad \underline{l}\,(M) = \sup l\,(\underline{A}), \tag{1}$$

wobei $\overline{A}$ alle M überdeckenden und $\underline{A}$ alle auf M liegenden l-meßbaren (oder auch bloß m-meßbaren) Mengen zu durchlaufen hat. $\overline{A}$ kann noch nach **34** (1) auf $\mathfrak{k}$-Summen Q und $\underline{A}$ nach **34** (5) auf $\mathfrak{k}$-Produkte P beschränkt werden. Statt $\overline{l}$, $\underline{l}$ werde auch $\overline{l}_n$ bzw. $\underline{l}_n$ geschrieben; ferner sollen $\overline{l}$, $\underline{l}$ kurz das äußere bzw. innere Maß heißen. Ist M beschränkt, so sind $\overline{l}\,(M)$ und $\underline{l}\,(M)$ endlich.

$\overline{l}\,(M) = 0$ *bedeutet, daß M eine l-Nullmenge ist* (**26**, Satz 7). Ferner folgt aus $\underline{l}\,(M) = 0$, daß M Randmenge ist. Umgekehrt kann aber für eine Randmenge M sehr wohl $\underline{l}\,(M) > 0$ sein, z. B. wenn M die (meßbare) Menge der irrationalen Punkte eines Würfels ist.

Anschließend an die zweite Gleichung (1) ergibt sich mittels des Satzes 2 unmittelbar die folgende Verallgemeinerung dieses Satzes:

Satz 3. *$\underline{l}\,(M)$ ist stets die obere Grenze der Maße der beschränkten, l-meßbaren Teile von M.*[2]

Ähnlich gilt für $\overline{l}$ der

Satz 4. *$\overline{l}\,(M)$ ist stets die obere Grenze der äußeren Maße der beschränkten Teile von M.*

Wählt man nämlich eine Folge konzentrischer Würfel W_ν, deren Kantenlänge monoton gegen ∞ strebt, so bilden die Mengen $M_\nu = M\,W_\nu$ eine ansteigende Folge von beschränkten Teilen von M mit dem Limes M. Nach **22**, Satz 7 ist dann $\overline{l}\,(M) = \lim \overline{l}\,(M_\nu)$, womit sich die Behauptung unmittelbar ergibt.

65. Darstellungen von $\overline{l}$ und $\underline{l}$. Dem Satz 13 in **47** entspricht der folgende

Satz 5. *Für jede Menge M des E_n ist*

$$\overline{l}\,(M) = \inf_{\nu} \Sigma\, j\,(W_\nu), \tag{1}$$

wobei $\{W_\nu\}$ alle Systeme aus abzählbar vielen abgeschlossenen oder auch aus abzählbar vielen offenen Würfeln zu durchlaufen hat, deren Summe die Menge M überdeckt.

Dies gilt auch dann, wenn nur Systeme aus Würfeln zugelassen sind, deren Kantenlänge kleiner als eine gewählte positive Zahl c ist.[1]

Beweis. Zunächst ist stets

$$\overline{l}\,(M) \leqq \Sigma\, j\,(W_\nu). \tag{2}$$

---

[2] Dieser Satz wird durch **65**, Satz 9 noch verschärft werden.

[1] Einen analogen Satz für $\underline{l}$ gibt es nicht; vgl. **47**, Satz 14.

Ist $\overline{l}(M) = \infty$, so gilt (1) beide Male bereits wegen (2). Ist $\overline{l}(M)$ endlich, so beachte ich, daß es nach **34** (1) zu jedem $\varepsilon > 0$ eine nicht leere, M überdeckende $\mathfrak{k}$-Summe Q gibt, so daß

$$r(Q) < \overline{l}(M) + \varepsilon \tag{3}$$

ist. Ist dann $Q = \Sigma W_\nu'$ eine Darstellung von Q als Summe getrennter Basiswürfel, so kann man zu jedem Würfel W_ν' einen konzentrischen, größeren Würfel W_ν bilden mit

$$j(W_\nu) < j(W_\nu') + \frac{\varepsilon}{2^\nu} \qquad (\nu = 1, 2, \ldots); \tag{4}$$

zugleich wird M durch die abgeschlossenen Hüllen $\overline{W}_\nu$ sowie durch die offenen Kerne $\underline{W}_\nu$ der Würfel W_ν überdeckt. Wegen

$$j(\overline{W}_\nu) = j(\underline{W}_\nu) = j(W_\nu) \text{ und } r(Q) = \Sigma j(W_\nu')$$

folgt aus (4), (3)

$$\Sigma j(\overline{W}_\nu) < \overline{l}(M) + 2\varepsilon, \qquad \Sigma j(\underline{W}_\nu) < \overline{l}(M) + 2\varepsilon.$$

Dies zusammen mit (2) besagt, daß wiederum beide Male (1) gilt. — Da man sich bei der ganzen Betrachtung auf Würfel beschränken kann, deren Kantenlänge $< c$ ist, gilt auch der zweite Teil des Satzes.

Zusatz. *Der Satz 5 bleibt bestehen, wenn an Stelle der Würfel W_ν abgeschlossene bzw. offene Intervalle treten.*

Da die Vereinigung abzählbar vieler offener Würfel offen ist, folgt aus Satz 5 sofort der

Satz 6. *$\overline{l}(M)$ ist stets die untere Grenze der Maße der offenen Obermengen von M.*

Da eine offene Menge Summe von abzählbar vielen abgeschlossenen Würfeln ist, die zu zweien nicht übereinandergreifen, kann also $\overline{l}(M)$ (und damit $l(M)$, falls M meßbar ist) durch Addition von Würfelinhalten beliebig genau berechnet werden.

Weiters kann man **35**, Satz 8 für das Lebesgue'sche Maß so verschärfen:

Satz 7. *Unter den maßgleichen Hüllen einer Menge M gibt es stets eine, die eine G_δ-Menge ist.*

Ist nämlich $\overline{l}(M)$ endlich, so kann man bei der Konstruktion **19** (6), (7) der maßgleichen Hülle $\overline{A}$ wegen Satz 6 für die C_ν offene Mengen wählen, wodurch $\overline{A}$ ein G_δ wird. Ist $\overline{l}(M) = \infty$, so kann man bei der Konstruktion der maßgleichen Hülle Q_δ im zweiten Teile des Beweises von **35**, Satz 8 wegen Satz 6 für die Q_ν wieder offene Mengen wählen, wodurch die Hülle Q_δ ein G_δ wird.

Ist M insbesondere meßbar und $\bar{A}$ eine maßgleiche Hülle, so ist $\bar{A} - M$ nach **21** (1) eine Nullmenge. Somit kann **35**, Satz 9 wegen Satz 7 für das Lebesgue'sche Maß so verschärft werden:

Satz 8. *Zu jeder l-meßbaren Menge A gibt es ein überdeckendes* G_δ, *so daß* $G_\delta - A$ *eine l-Nullmenge ist. Umgekehrt folgt hieraus die l-Meßbarkeit von A.*

Die l-meßbaren Mengen entstehen also, indem man von den G_δ*-Mengen die l-Nullmengen subtrahiert.*

Dem Satze 6 entspricht für $\underline{l}$ der

Satz 9. $\underline{l}(M)$ *ist stets die obere Grenze der Maße der beschränkten, abgeschlossenen Teile von M.*

Beweis. Da $\underline{l}(M)$ nach Satz 3 die obere Grenze der Maße der beschränkten, meßbaren Teile von M ist, darf man annehmen, daß M beschränkt und meßbar sei; es ist dann $\underline{l}(M) = l(M)$. — Für jeden abgeschlossenen Teil F von M gilt nun

$$l(M) \geqq l(F). \tag{5}$$

Wird ferner M durch einen abgeschlossenen Würfel W überdeckt, so gibt es nach Satz 6 zu jedem $\varepsilon > 0$ eine offene Obermenge G von $W - M$, so daß

$$l(G) < l(W - M) + \varepsilon \tag{6}$$

ist. Die Menge $F_0 = W - G$ ist Teil von $W - (W - M) = M$; ferner ist sie abgeschlossen als Durchschnitt von W und $E_n - G$. Weiters gilt für sie

$$l(F_0) = l(W - WG) = l(W) - l(WG) \geqq l(W) - l(G)$$

und daher wegen (6)

$$l(F_0) > l(W) - l(W - M) - \varepsilon = l(M) - \varepsilon.$$

Dies zusammen mit (5) ist aber die Behauptung in der gewählten Normierung.

Da das Maß einer abgeschlossenen Menge mit dem ihres perfekten Kerns übereinstimmt, *können in Satz 9 an Stelle der abgeschlossenen auch die perfekten Teile von M treten.* Hieraus entnimmt man, *daß jede Menge positiven inneren Maßes die Mächtigkeit des Kontinuums hat* (da dies für jede nicht leere perfekte Menge gilt).

Weiters kann **35**, Satz 10 für das Lebesgue'sche Maß so verschärft werden:

Satz 10. *Unter den maßgleichen Kernen einer Menge M gibt es stets einen, der eine* F_σ*-Menge ist.*

Ist nämlich $\underline{l}(M)$ endlich, so kann man bei der Konstruktion **20** (3'), (4) des maßgleichen Kerns $\underline{A}$ wegen Satz 9 für die C_ν abgeschlossene Mengen wählen, wodurch $\underline{A}$ ein F_σ wird. Ist $\underline{l}(M) = \infty$, so kann man in **20** (5) für die $\underline{A}_\nu$ F_σ-Mengen wählen, wodurch der Kern $\underline{A}$ wieder ein F_σ wird.

Ist M insbesondere meßbar und $\underline{A}$ ein maßgleicher Kern, so ist $M - \underline{A}$ nach **21** (1) eine Nullmenge. Somit kann **35**, Satz 11 wegen Satz 10 für das Lebesgue'sche Maß so verschärft werden:

Satz 11. *Zu jeder l-meßbaren Menge A gibt es ein eingeschriebenes F_σ, so daß $A - F_\sigma$ eine l-Nullmenge ist. Umgekehrt folgt hieraus die l-Meßbarkeit von A.*

Die l-meßbaren Mengen entstehen also, indem man zu den F_σ-Mengen die l-Nullmengen addiert.

66. Kriterien für die Meßbarkeit nach Lebesgue. Um die l-Meßbarkeit einer Punktmenge M des E_n zu untersuchen[1], kann man prüfen, ob M die in **63** angegebene Definition der meßbaren Mengen erfüllt. Ferner ist M wegen der Vollständigkeit von l meßbar, wenn M zwischen zwei meßbaren Mengen mit einer beliebig maßkleinen Differenz eingeschlossen werden kann; dies kann noch nach **24** a) bis d) umgeformt werden. Weitere Handhaben geben die Sätze 6, 9, 10 und 14 in **26**. Ferner kann man die beiden in den Sätzen 8 und 11 angegebenen Darstellungen der meßbaren Mengen heranziehen. Außerdem kommen die folgenden Kriterien in Betracht.

Satz 12. *Eine Punktmenge M des E_n ist genau dann l-meßbar, wenn es zu jedem $\varepsilon > 0$ eine abgeschlossene Menge F und eine offene Menge G gibt, so daß gilt* (vgl. **34** (12')):

$$F \subset M \subset G, \; l(G - F) < \varepsilon. \tag{1}$$

B e w e i s. Die Bedingung ist wegen der Vollständigkeit von l für die Meßbarkeit von M zunächst hinreichend. Ferner ist sie wegen Satz 6 und 9 sichtlich notwendig, falls $l(M)$ endlich ist. Um zu zeigen, daß sie auch im Falle $l(M) = \infty$ notwendig ist, zerlege ich M in die Teile M_ν, die in den Würfeln eines gewählten Gitters liegen. Da die M_ν l-meßbar sind und $l(M_\nu)$ stets endlich ist, gibt es nach dem eben Bemerkten für jedes ν eine offene Menge G_ν und eine abgeschlossene Menge F_ν, so daß

[1] Daß nicht jede Punktmenge des E_n l-meßbar ist, wird sich in **73** ergeben.

$$F_\nu \subset M_\nu \subset G_\nu,\ l(G_\nu - F_\nu) < \frac{\varepsilon}{2^\nu} \qquad (\nu = 1, 2, \ldots) \tag{2}$$

gilt. Zugleich ist $G = \Sigma G_\nu$ offen und $F = \Sigma F_\nu$ (wegen der Lage der F_ν) abgeschlossen. Wegen (2) gilt dann

$$F \subset M \subset G,$$

$$l(G - F) = l(\Sigma G_\nu - \Sigma F_\nu) \leqq l[\Sigma(G_\nu - F_\nu)] \leqq \Sigma l(G_\nu - F_\nu) < \varepsilon.$$

Mit unseren Mengen F und G ist also (1) erfüllt.

Mittels des Satzes 12 ergibt sich leicht der

Satz 13. *M ist genau dann l-meßbar, wenn es zu jedem $\varepsilon > 0$ offene Mengen G, G' gibt, so daß gilt:*

$$M + G' = G,\ l(G') < \varepsilon; \tag{3}$$

oder auch, wenn es eine abgeschlossene Menge F und eine offene Menge G' gibt, so daß gilt:

$$M - G' = F,\ l(G') < \varepsilon. \tag{4}$$

Zunächst ist nämlich (3) sowie (4) wegen der Vollständigkeit von l für die Meßbarkeit von M hinreichend (nach **24** b) bzw. **24** d)). Umgekehrt sind beide Bedingungen notwendig, da sie aus (1) mit $G' = G - F$ folgen.

Satz 14. *M ist genau dann l-meßbar, wenn es zu jedem $\varepsilon > 0$ eine offene Menge G gibt, so daß gilt:*

$$G \supset M,\quad \bar{l}(G - M) < \varepsilon; \tag{5}$$

oder auch, wenn es eine abgeschlossene Menge F gibt, so daß gilt:

$$F \subset M,\quad \bar{l}(M - F) < \varepsilon. \tag{6}$$

Beide Bedingungen sind für die Meßbarkeit von M notwendig, da sie aus (3) bzw. (4) folgen. Umgekehrt ist zunächst (5) etwa deshalb hinreichend, da G eine $\mathfrak{k}$-Summe Q ist und daher (5) unter **34** (4) fällt. Ferner gibt es, falls (6) gilt, ein meßbares A, so daß $M - F \subset A$, $l(A) < \varepsilon$ ist (**64** (1)). Damit ist dann

$$F \subset M \subset A + F,\ l[(A + F) - F] \leqq l(A) < \varepsilon,$$

also M wegen der Vollständigkeit von l meßbar.

Schließlich hebe ich hervor, *daß eine nicht beschränkte Menge M genau dann l-meßbar ist, wenn die Durchschnitte von M mit den beschränkten, l-meßbaren Mengen l-meßbar sind.* Dies ist zunächst notwendig. Es ist aber auch hinreichend, da dann insbesondere die auf den Würfeln eines gewählten Gitters liegenden Teile von M meßbar sind und damit M selber.

67. Zusammenhang von Jordan'schem Inhalt und Lebesgue'schem Maß. Wie bereits hervorgehoben, sind $\bar{j}$, $\underline{j}$ sowie $\bar{l}$, $\underline{l}$ für jede Punktmenge M des E_n definiert; ferner ist nach **34** (13) und **27**, Satz 2

$$\underline{j}(M) \leqq \underline{l}(M) \leqq \bar{l}(M) \leqq \bar{j}(M). \tag{1}$$

a) $\underline{j}$ und $\bar{j}$ können auf l zurückgeführt werden. – Zunächst gilt nämlich für jede offene Menge G, da G eine $\mathfrak{k}$-Summe ist (s. **61** (1)), wegen **30** (8) und **32** (25)

$$\underline{j}(G) = l(G).^{1} \tag{2}$$

Ferner gilt für jede abgeschlossene Menge F mit endlichem $\bar{j}$, da F ein $\mathfrak{k}$-Produkt ist (s. **61** (2)), wegen **34** (17)

$$\bar{j}(F) = l(F).^{2} \tag{3}$$

Man kann nun zeigen, daß (3) für jede abgeschlossene Menge F überhaupt gilt.

Hierzu werde $l(F)$ nach Satz 5 ausgedrückt:

$$l(F) = \inf \Sigma j(W_\nu); \tag{4}$$

dabei hat $\{W_\nu\}$ alle Systeme aus abzählbar vielen offenen Würfeln mit einer Kantenlänge etwa unterhalb 1 zu durchlaufen, deren Summe die Menge F überdeckt. Aus jedem System $\{W_\nu\}$ werde in der folgenden Weise ein Teilsystem $\{W_{\nu_\mu}\}$ herausgehoben: man zerlegt F in die (beschränkten, abgeschlossenen) Teile, die auf den abgeschlossenen Hüllen der Würfel eines gewählten Gitters liegen und überdeckt jeden dieser Teile nach dem Borel'schen Überdeckungssatze durch endlich viele Würfel aus $\{W_\nu\}$; die untereinander verschiedenen der herausgegriffenen Würfel bilden dann das System $\{W_{\nu_\mu}\}$. Da die Würfel W_{ν_μ} ebenfalls F überdecken und $\sum_\mu j(W_{\nu_\mu}) \leqq \sum_\nu j(W_\nu)$ ist, gilt nach (4)

$$l(F) = \inf \sum_\mu j(W_{\nu_\mu}). \tag{5}$$

Ferner sind die Systeme $\{W_{\nu_\mu}\}$ zu F gehörige Systeme aus offenen Würfeln mit den Eigenschaften 1), 2) in **47**, Satz 13. Also ist nach diesem Satze

---

[1] Dies erhält man z. B. auch so: Es sei $G = \Sigma W_\nu$ eine Darstellung von G mittels nicht übereinandergreifender, abgeschlossener Würfel W_ν. Dann ist $l(G) = \Sigma j(W_\nu)$, ferner nach **11** (5) und der obigen Ungleichung (1) $\Sigma j(W_\nu) \leqq \leqq \underline{j}(G) \leqq l(G)$. Also gilt (2).

[2] Ist F beschränkt, so folgt (3) auch leicht aus (2). Wird nämlich F durch einen offenen Würfel W überdeckt, so gilt, da $W - F$ offen ist, $\bar{j}(F) = = j(W) - \underline{j}(W - F) = l(W) - l(W - F) = l(F)$.

$$\bar{j}(F) \leqq \inf_{\mu} \Sigma\, j(W_{\nu\mu}). \tag{6}$$

Aus (5), (6) folgt $\bar{j}(F) \leqq l(F)$. Dies zusammen mit (1) ergibt die zu beweisende Gleichung (3).

Für irgend eine Menge M mit dem offenen Kern $\underline{M}$ und der abgeschlossenen Hülle $\overline{M}$ folgt schließlich aus (2), (3) und **47** (4):

Satz 15. *Es ist stets*

$$\underline{j}(M) = l(\underline{M}), \ \bar{j}(M) = l(\overline{M}). \tag{7}$$

Diese Formeln enthalten (2), (3) als Sonderfälle.

Mittels (7) ergibt sich z. B. sofort, *daß für jede Punktmenge M des E_n die Beziehung* **49** (1) *gilt.* Aus $\overline{M} = \underline{M} + R$ folgt nämlich $l(\overline{M}) = l(\underline{M}) + l(R)$. Formt man dies nach (7) um, so entsteht **49** (1). Dabei wurde beachtet, daß R abgeschlossen ist.

Ist M quadrierbar, so gilt $\bar{j}(M) = \underline{j}(M)$ und damit nach (7)

$$l(\overline{M}) = l(\underline{M}). \tag{8}$$

Umgekehrt folgt aus (8) die ursprüngliche Gleichung, wobei $\bar{j}(M) = l(\overline{M})$ ist. Man hat also:

Satz 16. *Für die Quadrierbarkeit von M ist notwendig, daß* (8) *gilt. Dies ist hinreichend, falls $l(\overline{M})$ endlich ist.*

b) Eine l-Nullmenge N braucht nicht j-Nullmenge zu sein (z. B. die Menge der rationalen Punkte des E_n). Ist aber neben N auch die abgeschlossene Hülle $\overline{N}$ eine l-Nullmenge, so ist N zugleich j-Nullmenge, wegen $\bar{j}(N) = l(\overline{N}) = 0$. Ist umgekehrt die l-Nullmenge N zugleich j-Nullmenge, so ist $\overline{N}$ eine l-Nullmenge, wegen $l(\overline{N}) = \bar{j}(N) = 0$. Somit gilt der

Satz 17. *Eine l-Nullmenge ist genau dann j-Nullmenge, wenn auch $\overline{N}$ eine l-Nullmenge ist.*

Hieraus folgt, da eine j-Nullmenge stets l-Nullmenge ist, *daß im Bereiche der abgeschlossenen Mengen die j-Nullmengen und die l-Nullmengen zusammenfallen.* Damit kann z. B. **49**, Satz 19 so umgeformt werden:

Satz 18. *Eine Punktmenge M des E_n ist genau dann quadrierbar, wenn ihre Begrenzung eine l-Nullmenge ist.*

c) *Entfernt man aus einer abgeschlossenen Menge F einen abzählbaren Teil A, so ändert sich $\bar{j}$ nicht.* Wegen (7) und (1) ist nämlich

$$\bar{j}(F) = l(F) = l(F - A) \leqq \bar{j}(F - A) \leqq \bar{j}(F).$$

Da der perfekte Kern F^* von F durch Abtrennen eines höchstens abzählbaren Teiles entsteht, *ist also $\bar{j}(F^*) = \bar{j}(F)$.*

Da ferner die Ableitung M' irgend einer Menge M aus $\overline{M}$ durch Abtrennen eines isolierten (und damit abzählbaren) Teiles entsteht, ist wegen **47** (4)

$$\bar{\jmath}(M') = \bar{\jmath}(\overline{M}) = \bar{\jmath}(M).$$

M und M' haben also den gleichen äußeren Inhalt[3].

d) *Die abgeschlossene Hülle $\overline{M}$ irgend einer Punktmenge M des E_n ist zugleich eine $\mathfrak{k}_\delta$-Hülle von M* (im Sinne von **36**).

Beweis. Zunächst ist $\overline{M}$ als abgeschlossene Menge ein $\mathfrak{k}$-Produkt. Ferner gilt $\overline{M} \supset M$ entsprechend **36** (4). Es bleibt also entsprechend **36** (5) zu zeigen, daß für jede $\jmath$-meßbare Menge A

$$l\,(A\,\overline{M}) = \bar{\jmath}\,(A\,M) \tag{9}$$

ist[4]. Hierzu bezeichne ich die abgeschlossenen Hüllen von A und $A\,M$ mit $\overline{A}$ bzw. $\overline{A\,M}$. Wegen $A\,M \subset \overline{A}\,\overline{M}$ ist auch $\overline{A\,M} \subset \overline{A}\,\overline{M}$. Ferner ist jeder Punkt P von $\overline{A}\,\overline{M}$, der nicht zu $\overline{A\,M}$ gehört, Begrenzungspunkt von A. Andernfalls wäre nämlich P innerer Punkt von A und zugleich Punkt oder Häufungspunkt von M; damit wäre P auch Punkt oder Häufungspunkt von $A\,M$, d. h. Punkt von $\overline{A\,M}$ entgegen der Annahme. Da nun A $\jmath$-meßbar sein soll, ist die Begrenzung von A, und damit auch jeder Teil davon, eine l-Nullmenge (Satz 18), insbesondere also $\overline{A}\,\overline{M} - \overline{A\,M}$. Weiters ist $A\,\overline{M} \subset \overline{A}\,\overline{M}$ und $\overline{A}\,\overline{M} - A\,\overline{M}$ eine l-Nullmenge als Teil der Begrenzung von A. Beachtet man noch (7), so hat man also

$$\bar{\jmath}(A\,M) = l\,(\overline{A\,M}) = l\,(\overline{A}\,\overline{M}) = l\,(A\,\overline{M}).$$

Damit ist aber (9) entstanden.

Der offene Kern $\underline{M}$ von M ist zugleich ein $\mathfrak{k}_\sigma$-Kern von M (im Sinne von **36**).

Beweis. Zunächst ist $\underline{M}$ als offene Menge eine $\mathfrak{k}$-Summe. Ferner gilt $\underline{M} \subset M$ entsprechend **36** (9). Es bleibt also entsprechend **36** (10) zu zeigen, daß für jede $\jmath$-meßbare Menge A

$$l\,(A\,\underline{M}) = \underline{\jmath}(A\,M) \tag{10}$$

ist[5]. Hierzu bezeichne ich die offenen Kerne von A und $A\,M$ mit $\underline{A}$ bzw. $\underline{A\,M}$. Sichtlich ist $\underline{A\,M} = \underline{A}\,\underline{M}$. Ferner ist $\underline{A}\,\underline{M} \subset A\,\underline{M}$ und $A\,\underline{M} - \underline{A}\,\underline{M}$

[3] Anschließend an **47**, Satz 12 wurde bemerkt, daß für jede abgeschlossene Menge F auch $\underline{\jmath}\,(F') = \underline{\jmath}\,(F^*) = \underline{\jmath}\,(F)$ ist.

[4] Falls $\bar{\jmath}\,(M)$ endlich ist, gilt (9) wegen (7) bereits nach **36**, Satz 1. Die folgende Betrachtung gilt für endliches sowie unendliches $\bar{\jmath}\,(M)$.

[5] Vgl. [4].

als Teil der Begrenzung von A eine l-Nullmenge. Beachtet man noch (7), so hat man also

$$\underline{j}(A\,M) = l\,(\underline{A\,M}) = l\,(\underline{A}\;\underline{M}) = l\,(A\;\underline{M}).$$

Damit ist aber (10) entstanden.

Insgesamt gilt also der (den Satz 15 umfassende)

Satz 19. *Die abgeschlossene Hülle einer Punktmenge M des E_n ist stets eine $\mathfrak{k}_\delta$-Hülle von M und der offene Kern stets ein $\mathfrak{k}_\sigma$-Kern.*

Da die Begrenzung $R = \overline{M} - \underline{M}$ von M zugleich eine $\mathfrak{k}_\delta$-Begrenzung von M im Sinne von **37** ist, fällt **49**, Satz 19 für Mengen M mit endlichem $\overline{j}$ unter **37**, Satz 5.

68. Vollzerlegbarkeit. *Eine jede l-meßbare Menge ist vollzerlegbar*, da dies sichtlich für den E_n gilt (s. **23**).

Sei nun M eine Punktmenge des E_n mit $\overline{l}\,(M) > \mu > 0$. Nach Satz 4 hat M einen beschränkten Teil M' mit $\overline{l}(M') > \mu$; ferner hat M' nach **23**, Satz 14 einen Teil vom äußeren Maße μ. Somit gilt der

Satz 20. *Jede Punktmenge M des E_n mit $\overline{l}(M) > \mu > 0$ besitzt einen beschränkten Teil vom äußeren Maße μ.*

Weiters gilt der

Satz 21. *Jede Menge M mit $\underline{l}(M) > \mu > 0$ besitzt einen beschränkten, abgeschlossenen Teil vom Maße μ.*

Beweis. Nach Satz 9 hat M einen beschränkten, abgeschlossenen Teil F mit $l\,(F) > \mu$. Ich überdecke F durch ein abgeschlossenes Intervall $I: a_\nu \leqq x_\nu \leqq b_\nu$ $(\nu = 1, \ldots, n)$ und bezeichne für jedes t aus $[a_1, b_1]$ den (abgeschlossenen) Teil $a_1 \leqq x_1 \leqq t$, $a_\nu \leqq x_\nu \leqq b_\nu$ $(\nu = 2, \ldots, n)$ mit I_t; es ist dann I_{a_1} eine Nullmenge und $I_{b_1} = I$. Da $l\,(I_t)$ eine auf $[a_1, b_1]$ stetige Funktion von t ist, gilt dasselbe erst recht von $f(t) = l(I_t F)$. Wegen $f\,(a_1) = 0$, $f\,(b_1) = l\,(F) > \mu$ muß also für ein passendes $t = \tau$ $f\,(\tau) = \mu$ sein. Die Menge $I_\tau\,F$ ist dann ein beschränkter, abgeschlossener Teil von M mit dem Maße μ.

Beispiel. Auf Grund von Satz 21 kann man leicht feststellen, *daß jedes n-dimensionale Intervall I einen abgeschlossenen, in I nirgendsdichten Teil vom vorgegebenen Maße μ mit $l\,(I) > \mu > 0$ besitzt.*

Hierzu bildet man zunächst eine offene, im E_n dichte Menge G nach **62**, Beisp. b) mit $\varepsilon = l\,(I) - \mu$; für diese ist also

$$l\,(G) < l\,(I) - \mu. \tag{1}$$

Ferner ist $M = I - G\,I$ nirgendsdicht in I, da G dicht in E_n und außerdem offen ist; zugleich hat man wegen (1)

$$l(M) = l(I) - l(GI) > l(I) - l(G) > \mu. \quad (2)$$

Wegen (2) besitzt M nach Satz 21 einen abgeschlossenen Teil vom Maße μ; dieser ist zugleich nirgendsdicht in I.

69. Einfachste Maßtransformationen. Eine Translation des E_n führt eine offene Menge G in eine offene Menge G' über. Dabei ist $l(G) = l(G')$. Wird nämlich G als Summe abzählbar vieler abgeschlossener Würfel W_ν dargestellt, die zu zweien nicht übereinander greifen, so ist G' die Summe der Bilder W_ν'; wegen $j(W_\nu) = j(W_\nu')$ gilt

$$l(G) = \Sigma j(W_\nu) = \Sigma j(W_\nu') = l(G').$$

Damit ergibt sich auf Grund von Satz 6, daß eine Menge M und ihr durch eine Translation entstehendes Bild M' dasselbe äußere Maß haben, ferner auf Grund des ersten Teiles von Satz 13, daß mit M auch M' l-meßbar ist; zugleich ist dann $l(M) = l(M')$. Nachdem dies feststeht, ergibt sich schließlich auf Grund von Satz 9, daß auch $\underline{l}$ erhalten bleibt. Es gilt also der folgende

Satz 22. *Bei einer Translation bleiben das Lebesgue'sche äußere und innere Maß einer Punktmenge des E_n, sowie die l-Meßbarkeit erhalten.*

Ganz ähnlich ergibt sich der

Satz 23. *Bei der Ähnlichkeit* **50** (1) *gilt für das Bild M' von M*

$$\overline{l}(M') = k^n \overline{l}(M), \quad \underline{l}(M') = k^n \underline{l}(M).$$

Ferner bleibt die l-Meßbarkeit erhalten[1].

70. Lebesgue'sches Maß in Produkträumen. Da das Lebesgue'sche Maß l_n das kleinste vollständige Maß über dem elementaren Inhalt der beschränkten Aggregate einer monotonen Gitterfolge des E_n ist, ergibt **40**, Satz 5 auf Grund der Betrachtungen am Beginne von **51** unmittelbar den

Satz 24. *Es seien l_r, l_s, l_{r+s} die Lebesgue'schen Maße bzw. im E_r, E_s, E_{r+s}. Dann ist l_{r+s} das kleinste vollständige Maß im E_{r+s} über $l_r \times l_s$.*[1]

Hiernach gilt z. B.: *Sind B, C nach Lebesgue meßbare Mengen des E_r bzw. E_s, so ist $B \times C$ eine nach Lebesgue meßbare Menge des E_{r+s} und*

$$l_{r+s}(B \times C) = l_r(B) \,.\, l_s(C).$$

Ist insbesondere C ein Intervall des E_1 von der Länge h, so wird $B \times C = Z$ ein gerader Zylinder des E_{r+1} über B mit der Höhe h. *Ist dann B l_r-meßbar, so ist Z l_{r+1}-meßbar und*

---

[1] Mittels der Sätze 15 und 23 ergibt sich neuerdings **50**, Satz 21.

[1] *H. Hahn*, **41**[1], p. 446/7.

$$l_{r+1}(Z) = l_r(B)\,h. \tag{1}$$

71. Weitere Erklärungen des Lebesgue'schen Maßes. a) Um zum Lebesgue'schen Maß l im E_n zu gelangen, kann man anstatt vom elementaren Inhalt i_0 der beschränkten Würfelaggregate für eine Basis $\mathfrak{b}$ (s. **63**) auch von dem in **54** a) erklärten Inhalt i_1 der beschränkten Intervallaggregate (d. s. die Summen von je endlich vielen halbabgeschlossenen Intervallen) ausgehen. Nach **32**, Satz 4 hat man im kleinsten vollständigen Maß über i_1 das Lebesgue'sche Maß l.[1] Ebenso führt i_1 als Funktion auf dem Körper der Intervallaggregate überhaupt zu l.

b) Man stellt die Erklärung von $\bar{l}$ voran und hebt sodann die meßbaren Mengen heraus. Das äußere Maß $\bar{l}$ einer meßbaren Menge ist dann ihr Maß l.

Die Erklärung von $\bar{l}\,(M)$ kann für jede Punktmenge M des E_n nach Satz 5 oder dessen Zusatz erfolgen[2]. Ferner kann man zu $\bar{l}\,(M)$ auch mittels Systemen aus e n d l i c h vielen Würfeln gelangen. Hierzu definiert man zunächst $\underline{j}\,(G)$ für jede offene Menge G gemäß dem letzten Teil von **47**, Satz 14; nach **67** (2) und nach Satz 6 hat man dann $\bar{l}\,(M) = \inf \underline{j}\,(G)$ für $G \supset M$ zu setzen[3].

Die Meßbarkeit von M kann entsprechend **26**, Satz 10, 14 (da das Lebesgue'sche Maß vollständig ist und die Schnitteigenschaft hat) so gekennzeichnet werden: für jede Menge L (mit endlichem $\bar{l}$) soll $\bar{l}\,(L) = \bar{l}\,(L\,M) + \bar{l}\,(L - M)$ sein[4]. An Stelle dessen kann eine jede der fünf Bedingungen **66** (1), (3) bis (6) treten, wobei in **66** (1), (3), (4) l durch $\bar{l}$ zu ersetzen ist[5]. Ist M beschränkt, so kann man gemäß **26**, Satz 9 auch so verfahren: man überdeckt M durch einen Würfel W mit der Kantenlänge s; dann muß $s^n = \bar{l}\,(M) + \bar{l}\,(W - M)$ sein. Dem entspricht die ursprüngliche Erklärung der Meßbarkeit durch L e b e s g u e (s. **64**[1]).

72. Gerade Zylinder. Es seien E_{n+1} und E_n die am Beginne von **56** angegebenen Räume, ferner Z der dort beschriebene Zylinder mit der Basis B und der Höhe h. B liegt also im E_n; ferner ist $h > 0$. — Zur Abkürzung werde $l_n = l$, $l_{n+1} = L$ gesetzt und entsprechend für das äußere und innere Maß.

[1] *H. Hahn*, **41**[1], p. 439.

[2] *C. Carathéodory*, **26**[4], p. 232.

[3] *H. Hahn*, Theorie der reellen Funktionen I, Berlin 1921, p. 455/6.

[4] *C. Carathéodory*, **26**[4], p. 274.

[5] Mittels **66** (5) ist die Meßbarkeit erklärt bei *S. Saks*, Théorie de l'intégral, Warschau 1933, p. 26. — S. ferner *H. M. Mac Neille*, Proc. Nat. Acad. Sci. USA. **24** (1938), p. 188/93.

a) *Ist B l-meßbar, so ist Z L-meßbar und*

$$L(Z) = l(B)\,h. \tag{1}$$

Dies wurde bereits bei **70** (1) festgestellt. Ich gebe dafür einen zweiten, von der Theorie des Maßes in Produkträumen unabhängigen

Beweis. Sei B zunächst offen im E_n. Dann werde B als Summe abzählbar vieler abgeschlossener Würfel dargestellt, die zu zweien nicht übereinandergreifen. Die über diesen Würfeln errichteten Zylinder von der Höhe h sind nicht übereinander greifende Intervalle des E_{n+1}, deren Vereinigung Z ist. Hiernach ist aber Z L-meßbar; ferner muß (1) gelten.

Sei ferner B irgend eine meßbare Menge des E_n. Nach Satz 13 gibt es zu einem gewählten $\varepsilon > 0$ offene Mengen G, G' des E_n, so daß

$$B + G' = G,\ l(G') < \frac{\varepsilon}{h} \tag{2}$$

ist. Die über G, G' errichteten Zylinder von der Höhe h seien C bzw. C'; sie sind, wie bereits feststeht, L-meßbar und

$$L(C) = l(G)\,h,\ L(C') = l(G')\,h. \tag{3}$$

Ferner ist nach (2) und der zweiten Gleichung (3)

$$Z + C' = C,\ L(C') < \varepsilon. \tag{4}$$

Wegen der Vollständigkeit von L ist also Z L-meßbar (s. **24**, b)).

Es bleibt noch (1) herzuleiten. Aus dem ersten Teil von (2) folgt

$$G - G' \subset B \subset G \text{ mit } G' \subset G$$

und hieraus

$$l(G) - l(G') \leqq l(B) \leqq l(G).$$

Multipliziert man dies mit h, so ergibt sich wegen der ersten Gleichung (3) und der zweiten (2)

$$L(C) - \varepsilon \leqq l(B)\,h \leqq L(C). \tag{5}$$

Weiters folgt aus der ersten Gleichung (4)

$$C - C' \subset Z \subset C \text{ mit } C' \subset C$$

und hieraus wegen der zweiten Gleichung (4)

$$L(C) - \varepsilon \leqq L(Z) \leqq L(C). \tag{6}$$

Nach (5), (6) sind $l(B)\,h$ und $L(Z)$ zugleich ∞ (falls $L(C) = \infty$) oder zugleich endlich und

$$|\,l(B)\,h - L(Z)\,| < \varepsilon.$$

Da ε beliebig klein sein kann, gilt also in jedem Falle (1).

b) *Ist B irgend eine Menge des E_n, so ist*

$$\overline{L}(Z) = \overline{l}(B)\, h. \tag{7}$$

Beweis. Sei $\overline{B}$ eine maßgleiche Hülle von B im E_n und somit

$$l(\overline{B}) = \overline{l}(B). \tag{8}$$

Der über B mit der Höhe h errichtete Zylinder C umfaßt Z und ist nach a) L-meßbar; ferner kann sein Maß mittels (1) berechnet werden. Also gilt

$$\overline{L}(Z) \leqq L(C) = l(\overline{B})\, h$$

und daher wegen (8)

$$\overline{L}(Z) \leqq \overline{l}(B)\, h. \tag{9}$$

Ist insbesondere $\overline{L}(Z) = \infty$, so folgt bereits hieraus die Gleichung (7).

Es bleibt zu zeigen, daß bei endlichem $\overline{L}(Z)$ die zu (9) entgegengesetzte Beziehung gilt. Hierzu beachte ich, daß es nach Satz 6 zu einem gewählten $\varepsilon > 0$ eine offene Obermenge G von Z gibt, so daß

$$L(G) \leqq \overline{L}(Z) + \varepsilon \tag{10}$$

ist. Nun ist Z die Vereinigung der Vertikalstrecken S_P, deren Fußpunkte die einzelnen Punkte P von B sind und deren Länge h ist. Jede Strecke S_P liegt in G und ist als Punktmenge des E_{n+1} beschränkt und abgeschlossen, hat also von der Begrenzung von G eine positive Entfernung e_P. Ist W_P der offene Würfel des E_n, dessen Mittelpunkt P und dessen Kantenlänge etwa e_P / n ist, so liegt der über W_P mit der Höhe h errichtete Zylinder Z_P ganz in G. Die Vereinigung G_1 der W_P überdeckt B und ist als offene Menge des E_n l-meßbar; zugleich liegt der über G_1 errichtete Zylinder C_1 mit der Höhe h als Vereinigung der Z_P in G. Aus $B \subset G_1$, $C_1 \subset G$ folgt nun, wenn man beachtet, daß C_1 nach a) L-meßbar und $L(C_1) = l(G_1)\, h$ ist,

$$\overline{l}(B)\, h \leqq l(G_1)\, h = L(C_1) \leqq L(G).$$

Dies zusammen mit (10) ergibt

$$\overline{l}(B)\, h \leqq \overline{L}(Z) + \varepsilon.$$

Da ε beliebig klein sein kann, ist also

$$\overline{l}(B)\, h \leqq \overline{L}(Z).$$

Es gilt also auch die zu (9) entgegengesetzte Beziehung, wie zu zeigen war.

c) *Ist B irgend eine Menge des E_n, so ist*

$$\underline{L}(Z) = \underline{l}(B)\, h. \tag{11}$$

B e w e i s. Sei $\underline{B}$ ein maßgleicher Kern von B im E_n und somit

$$l(\underline{B}) = \underline{l}(B). \tag{12}$$

Der über $\underline{B}$ mit der Höhe h errichtete Zylinder C liegt in Z und ist nach a) L-meßbar; ferner kann sein Maß mittels (1) berechnet werden. Also gilt

$$\underline{L}(Z) \geqq L(C) = l(\underline{B})\, h$$

und daher wegen (12)

$$\underline{L}(Z) \geqq \underline{l}(B)\, h. \tag{13}$$

Um zu zeigen, daß auch die zu (13) entgegengesetzte Beziehung gilt, beachte ich, daß es nach **65**, Satz 9 zu einer gewählten Zahl $q < \underline{L}(Z)$ eine abgeschlossene Teilmenge F von Z gibt, so daß

$$L(F) \geqq q \tag{14}$$

ist. Nun ist die Projektion F_1 von F auf den E_n ein im E_n abgeschlossener Teil von B, ferner der über F_1 errichtete Zylinder C_1 mit der Höhe h eine Obermenge von F. Aus $B \supset F_1$, $C_1 \supset F$ folgt, wenn man beachtet, daß C_1 nach a) L-meßbar und $L(C_1) = l(F_1)\, h$ ist,

$$\underline{l}(B)\, h \geqq l(F_1)\, h = L(C_1) \geqq L(F).$$

Dies zusammen mit (14) ergibt

$$\underline{l}(B)\, h \geqq q.$$

Da q irgend eine Zahl unterhalb $\underline{L}(Z)$ sein kann, ist also

$$\underline{l}(B)\, h \geqq \underline{L}(Z). \tag{15}$$

Aus (13), (15) entnimmt man die zu beweisende Gleichung (11).

d) Schließlich gilt die folgende Umkehrung von a): *Ist Z L-meßbar, so ist B l-meßbar.*

B e w e i s. Es genügt zu zeigen, daß der Durchschnitt von B mit einem beliebigen Würfel W eines gewählten Gitters des E_n l-meßbar ist; dabei darf man $B\,W \neq O$ annehmen. Sei C der Zylinder über W mit der Höhe h, also $Z\,C$ der Zylinder über $B\,W$ mit der Höhe h. Da $Z\,C$ L-meßbar ist, gilt $\overline{L}(Z\,C) = \underline{L}(Z\,C)$, also nach b), c) $\overline{l}(BW) = \underline{l}(B\,W)$. Dies besagt aber, da $B\,W$ beschränkt und somit $\overline{l}(B\,W)$ endlich ist, daß $B\,W$ l-meßbar ist. Damit ist die Behauptung bewiesen.

Insgesamt hat sich (analog zu **56**, Satz 2) folgendes ergeben:

Satz 25. *Es sei Z ein gerader Zylinder des E_{n+1} mit der in $y = 0$ liegenden Basis B und der Höhe h. Dann gilt*

$$\overline{l}_{n+1}(Z) = \overline{l}_n(B)\, h, \quad \underline{l}_{n+1}(Z) = \underline{l}_n(B)\, h. \tag{16}$$

Ferner ist Z genau dann l_{n+1}-meßbar, wenn B l_n-meßbar ist. Trifft dies zu, so wird also

$$l_{n+1}(Z) = l_n(B)\,h. \tag{17}$$

Wird für eine Menge M einer Hyperebene $y = c$ des E_{n+1} das *n-dimensionale äußere Maß* $\bar{l}_n(M)$, usw. analog wie $\bar{j}_n(M)$ usw. erklärt (s. Ende von **56**), so gilt wegen Satz 22 der folgende

Zusatz. *Der Satz 25 bleibt bestehen, wenn Z ein gerader Zylinder des E_{n+1} mit der Basis B und der Höhe h ist, die Basis aber in einer zu $y = 0$ parallelen Hyperebene des E_{n+1} liegt.*

Mittels (17) kann man leicht die beiden Formeln **56** (1) neuerdings gewinnen. Um die erste zu erhalten, hat man zu beachten, daß die abgeschlossene Hülle $\bar{Z}$ von Z der Zylinder über der abgeschlossenen Hülle $\bar{B}$ von B mit der Höhe h ist. Wegen **67** (7) und (17) ist somit

$$\bar{J}(Z) = L(\bar{Z}) = l(\bar{B})\,h = \bar{j}(B)\,h.$$

Bei der zweiten treten die offenen Kerne an Stelle der abgeschlossenen Hüllen.

§ 16. Nicht nach Lebesgue meßbare Mengen.

73. Existenz nicht l-meßbarer Mengen. Es soll jetzt an Beispielen gezeigt werden, *daß es im E_n beschränkte Mengen gibt, die nicht l_n-meßbar sind.*

Um solche Mengen zunächst im E_1 zu erhalten, zerlegt man nach F. Hausdorff (1914) das Intervall $[0, 1)$ in abzählbar unendlich viele getrennte Teile, die untereinander dasselbe äußere sowie dasselbe innere Maß haben. Teile dieser Art können nur zugleich meßbar sein. Dann wäre aber für den gemeinsamen Wert q ihres Maßes $q+q+\ldots = 1$, was nicht möglich ist.

Ich führe nun das Hausdorff'sche Verfahren näher aus. Es sei α eine (feste) Irrationalzahl mit $0 < \alpha < 1$ und x irgend eine Stelle aus $[0, 1)$. Man bildet die Punkte $x + \mu\,\alpha$ $(\mu = 0, \pm 1, \pm 2, \ldots)$ und verlegt sie dann durch Subtraktion der größten ganzen Zahl aus $x + \mu\alpha$ in das Intervall $[0, 1)$. Die so entstehende (abzählbare) Menge A_x liegt also auf $[0, 1)$ und besteht aus den Punkten

$$x + \mu\,\alpha + \varrho_\mu \quad\text{mit}\quad \varrho_\mu = -[x + \mu\,\alpha] \qquad (\mu = 0, \pm 1, \ldots);$$

dabei gehören zu verschiedenen μ verschiedene Punkte von A_x, da sonst α rational sein müßte. A_x entsteht auch so: Man bildet die Strecke $[0, 1)$ auf einen Kreis vom Umfange 1 dadurch ab, daß man sie auf den

Kreis wickelt und zusammenfallende Punkte einander zuordnet. Wird anschließend der ganze E_1 auf den Kreis gewickelt, so ergeben die Punkte $x + \mu\,\alpha$ gerade das Bild von A_x auf dem Kreise[1]. Durch Abwickeln in die Strecke $[0, 1)$ entsteht dann A_x selber. Die Menge A_x werde für jedes x aus $[0, 1)$ gebildet. Auf dem Kreise entsteht sichtlich ein A_x aus einem anderen durch eine passende Drehung des Kreises in sich. Haben zwei der Mengen A_x einen Punkt gemeinsam, so sind sie identisch. Durch die untereinander verschiedenen A_x wird dann $[0, 1)$ in getrennte Teile zerlegt.

Nun wird in jedem A_x ein Punkt x' gewählt (und zwar in identischen derselbe); die entstehende Auswahlmenge sei M_0. Mit dieser werden dann die (wieder auf $[0, 1)$ liegenden) Mengen M_μ $(\mu = 0, \pm 1 \ldots)$ gebildet, die bzw. aus den Punkten

$$x' + \mu\,\alpha + \varrho_{x'} \text{ mit } x' \in M_0,\ \varrho_{x'} = -[x' + \mu\,\alpha] \tag{1}$$

bestehen; dabei tritt für $\mu = 0$ das bisherige M_0 auf. Die M_μ sind getrennt und haben das Intervall $[0, 1)$ als Summe. Auf dem Kreise entsteht ein M_μ aus einem anderen durch eine passende Drehung des Kreises in sich. Insbesondere entsteht M_μ aus M_0 durch eine Drehung über den Bogen $\mu\,\alpha$ (in entsprechendem Sinne) oder auch über den Bogen $\mu\,\alpha - [\mu\,\alpha] = \alpha_\mu$; dabei ist $0 < \alpha_\mu < 1$ für $\mu \neq 0$. Dem entspricht auf $[0, 1)$, daß M_μ und M_0 „zerlegungsgleich" sind, wie man auch der Darstellung (1) von M_μ entnimmt: zerlegt man M_μ in die auf $[\alpha_\mu, 1)$ und $[0, \alpha_\mu)$ liegenden Teile M_μ', M_μ'' und M_0 in die auf $[0, 1 - \alpha_\mu)$ und $[1 - \alpha_\mu, 1)$ liegenden Teile $M_{0\mu}'$, $M_{0\mu}''$, so entsteht M_μ' aus $M_{0\mu}'$ durch eine Verschiebung um das Stück α_μ nach rechts und M_μ'' aus $M_{0\mu}''$ durch eine Verschiebung um das Stück $1 - \alpha_\mu$ nach links. Auf gleiche Weise sind irgend zwei M_μ zerlegungsgleich. Nach **11** (12) und **69**, Satz 22 gilt nun

$$\overline{l}(M_\mu) = \overline{l}(M_\mu') + \overline{l}(M_\mu'') = \overline{l}(M_{0\mu}') + \overline{l}(M_{0\mu}'') = \overline{l}(M_0) \tag{2}$$

und analog $\underline{l}(M_\mu) = \underline{l}(M_0)$. Die M_μ haben also untereinander dasselbe äußere sowie dasselbe innere Maß. Da sie getrennt sind und $[0, 1)$ zur Summe haben, folgt hieraus (wie einleitend bemerkt), *daß kein* M_μ *meßbar sein kann.*

Wegen

$$1 = \underline{l}([0, 1)) = \underline{l}(\Sigma M_\mu) \geqq \Sigma\,\underline{l}(M_\mu) \tag{3}$$

[1] Dieses besteht also aus den Ecken eines „regelmäßigen Polygons" mit unendlich vielen Seiten, das sich nicht schließt.

(s. **11** (5)) ist stets $\underline{l}(M_\mu) = 0$. Ferner muß $\overline{l}(M_\mu) = q > 0$ sein; zugleich ist $q \leqq 1$ wegen $M_\mu \subset [0, 1)$. *Es gibt also einen Teil M von* [0, 1) *und eine Zahl q mit* $0 < q \leqq 1$, *so daß* $\overline{l}(M) = q$, $\underline{l}(M) = 0$ *ist.*

Jede der ursprünglichen Mengen A_x hat die Mächtigkeit $\mathfrak{a}$ der abzählbar unendlichen Mengen, ferner die Vereinigung [0, 1) der A_x die Mächtigkeit $\mathfrak{c}$ des Kontinuums. Für die Mächtigkeit $\mathfrak{m}$ des Systems der (untereinander verschiedenen) A_x gilt also $\mathfrak{m}\,\mathfrak{a} = \mathfrak{c}$, was nur für $\mathfrak{m} = \mathfrak{c}$ sein kann. Da nun M_0 eine beliebige Auswahl aus dem System der A_x war, *gibt es* $\mathfrak{a}^{\mathfrak{c}} = 2^{\mathfrak{c}}$ *verschiedene Mengen* M_0, d. h. gleich viele wie Punktmengen des E_1 überhaupt; *dabei ist kein* M_0 *meßbar.*

Von den Mengen M_μ aus kann man leicht zu nicht meßbaren Mengen des E_2 mit analogen Eigenschaften wie die M_μ gelangen. Hierzu trägt man in das Intervall [0, 1) der x-Achse des E_2 eine beliebige der Mengen $M_\mu = M_{\mu 1}$ ($\mu = 0, \pm 1, \ldots$) ein und errichtet darüber den nach oben offenen Zylinder $M_{\mu 2}$ mit der Höhe 1. Nach **72**, Satz 25 können die $M_{\mu 2}$ nicht l_2-meßbar sein. Sie sind getrennt, ,,zerlegungsgleich" und erfüllen das Einheitsquadrat $0 \leqq x < 1$, $0 \leqq y < 1$; ferner ist nach **72**, Satz 25 $\overline{l}_2(M_{\mu 2}) = q$, $\underline{l}_2(M_{\mu 2}) = 0$ mit dem bisherigen q. Den $2^{\mathfrak{c}}$ möglichen Auswahlmengen M_{01} entsprechen ebenso viele Möglichkeiten für M_{02}. Setzt man dieses Verfahren bis zur Dimension n fort, *so gelangt man zu nicht* l_n-*meßbaren Mengen* $M_{\mu n}$ ($\mu = 0, \pm 1, \ldots$). *Diese sind getrennt, ,,zerlegungsgleich" und erfüllen den Einheitswürfel* $0 \leqq x_\nu < 1$ *des* E_n; *ferner ist* $\overline{l}_n(M_{\mu n}) = q$, $\underline{l}_n(M_{\mu n}) = 0$ *mit dem bisherigen q. Das System der für* M_{0n} *möglichen Mengen hat die Mächtigkeit* $2^{\mathfrak{c}}$; *dabei ist keine dieser Mengen* l_n-*meßbar.* Hiernach gelten jedenfalls die beiden folgenden Sätze:

Satz 1. *Das System der nicht l-meßbaren, beschränkten Punktmengen des* E_n *(und damit das der nicht l-meßbaren überhaupt) hat die Mächtigkeit* $2^{\mathfrak{c}}$.

Satz 2. *Es gibt eine Zahl q mit* $0 < q \leqq 1$ *und zugleich einen Teil M des n-dimensionalen Einheitswürfels* $0 \leqq x_\nu < 1$, *so daß gilt:* $\overline{l}(M) = q$, $\underline{l}(M) = 0$.

Beispiele für nicht l-meßbare Mengen wurden mehrfach konstruiert, das erste (dem das obige ähnlich ist) von G. Vitali (1905).[2] Wie es scheint, verwenden alle bekannt gewordenen Beispiele das Auswahlprinzip.

---

[2] Literaturangaben s. *L. Zoretti-A. Rosenthal*, **54**[6], p. 977/8. Das Beispiel *Vitali's* auch bei *E. Kamke*, Das Lebesgue'sche Integral, Leipzig-Berlin 1925, p. 63/4.

Die Existenz nicht l-meßbarer, beschränkter Punktmengen der E_n legt die folgende Aufgabe nahe: Es soll jeder beschränkten Punktmenge A des E_n eine nicht negative, endliche Zahl $\varphi(A)$ als „Maß" zugeordnet werden, so daß gilt:

a) Kongruente Mengen haben dasselbe Maß.

b) Der Einheitswürfel $0 \leqq x_\nu < 1$ $(\nu = 1, \ldots, n)$ hat das Maß 1.

c) Für je abzählbar viele getrennte Mengen A_λ, deren Summe S beschränkt ist, gilt $\varphi(S) = \Sigma\, \varphi(A_\lambda)$. [3]

Für eine solche Funktion φ müßte wegen der Zerlegungsgleichheit der $M_{\mu n}$ nach a), c) zunächst

$$\varphi(M_{\mu n}) = \varphi(M_{0n}) \qquad (\mu = 0, \pm 1, \ldots) \tag{4}$$

gelten. Ferner müßte, da die $M_{\mu n}$ getrennt sind und den Einheitswürfel als Summe haben, nach b), c) $\sum\limits_{\mu} \varphi(M_{\mu n}) = 1$ sein. Dies ist aber neben (4) nicht möglich. *Die gestellte Aufgabe*, das sog. *Maßproblem des E_n, ist also für keine Dimension n lösbar.* Es geht auf H. Lebesgue (1902) zurück und wurde in der obigen Weise durch F. Hausdorff (1914) entschieden[4].

F. Hausdorff hat (1914) das Maßproblem zum sog. *Inhaltsproblem des E_n* abgeschwächt, bei dem die Forderung c) anstatt für je abzählbar viele bloß für je endlich viele getrennte A_λ gelten soll. Er konnte zeigen, *daß auch das Inhaltsproblem für die Dimensionen $n \geqq 3$ nicht lösbar ist*[5]. *Für $n=1, 2$ jedoch ist das Inhaltsproblem lösbar*, wie St. Banach (1923) bewiesen hat[6]. Für die beschränkten linearen sowie die beschränkten ebenen Punktmengen A lassen sich also „Inhalte" $\varphi(A)$ angeben, die den Forderungen des Inhaltsproblems genügen (und zwar sowohl solche, die für die l-meßbaren Mengen A mit deren Lebesgue'schen Maß übereinstimmen, als auch solche, für die dies nicht durchwegs der Fall ist).

In **22** wurde zu den Sätzen 7 und 9 bemerkt, daß der erste nicht auf das innere und der zweite nicht auf das äußere Maß übertragen werden kann. Dies soll jetzt durch Beispiele belegt werden.

Bildet man mit den ursprünglichen Mengen M_μ des E_1 die Summen $M_{\mu+1} + \ldots + M_{\mu+r}$ $(\mu = 0, \pm 1, \ldots)$, so sind diese für jede feste natürliche Zahl r auf die bisherige Weise mit $M_1 + \ldots + M_r$ zerlegungs-

---

[3] Man sieht leicht, daß es auf dasselbe hinauskommt, wenn man in b) verlangen würde, daß etwa der Würfel $0 \leqq x_\nu \leqq 1$ das Maß 1 haben soll.

[4] Literaturangaben s. *L. Zoretti-A. Rosenthal*, **54**[6], p. 972, 978/9.

[5] *F. Hausdorff*, **9**[1], p. 469/72; Math. Ann. **75** (1914), p. 428/33.

[6] *St. Banach*, Fundam. math. **4** (1923), p. 7/33.

gleich, da sie auf dem Kreis aus $M_1 + \ldots + M_r$ durch eine jeweils passende Drehung des Kreises in sich entstehen. Hieraus folgt, daß sie alle dasselbe äußere und dasselbe innere Lebesgue'sche Maß haben (vgl. (2)). Insbesondere muß letzteres 0 sein, wie eine zu (3) analoge Abschätzung ergibt (an Stelle der einzelnen M_μ treten jetzt passende Summen von je r, die in $\ldots M_{-2}, M_{-1}, M_0, M_1, \ldots$ aufeinander folgen). Nun bilden die Mengen

$$L_\mu = M_{-\mu} + M_{-\mu+1} + \cdots + M_0 + \cdots + M_\mu \qquad (\mu = 1, 2, \ldots)$$

eine ansteigende Folge mit dem Limes $S = [0, 1)$; zugleich ist, wie eben bemerkt, stets $\underline{l}(L_\mu) = 0$. Also gilt

$$\underline{l}(S) = 1, \ \lim \underline{l}(L_\mu) = 0. \tag{5}$$

Ferner bilden die Mengen $L_\mu' = [0, 1) - L_\mu$ eine absteigende Folge mit dem Limes $D = O$; zugleich ist stets $\overline{l}(L_\mu') = 1 - \underline{l}(L_\mu') = 1$. Also gilt

$$\overline{l}(D) = 0, \ \lim \overline{l}(L_\mu') = 1. \tag{6}$$

Durch (5), (6) wird die Behauptung belegt.

74. Nicht l-meßbare Teile n-dimensionaler Punktmengen. Aus Satz 2 folgt auf Grund einer Ähnlichkeitstransformation (s. **69**, Satz 23), daß jeder Würfel des E_n mit der Kantenlänge s einen Teil M besitzt, so daß

$$\overline{l}(M) = q\, s^n, \ \underline{l}(M) = 0 \tag{1}$$

ist; dabei ist q eine passende feste Zahl aus $(0, 1]$. Allgemeiner gilt:

Satz 3. *Es gibt eine Zahl p mit $0 < p < 1$ und zugleich in jeder meßbaren Menge A des E_n von endlichem Maße einen Teil M, so daß gilt:*

$$\overline{l}(M) = p\, l(A), \ \underline{l}(M) = 0. \tag{2}$$

Beweis. Man darf $l(A) > 0$ annehmen. — Zu einem gewählten $\varepsilon > 0$ gibt es zunächst eine offene Obermenge G von A, so daß

$$l(G) < l(A) + \varepsilon \tag{3}$$

ist (**65**, Satz 6). G werde als Summe von abzählbar vielen getrennten, halbabgeschlossenen Würfeln W_μ mit der Kantenlänge s_μ dargestellt (s. **61**). Gemäß (1) enthält jeder Würfel W_μ einen Teil L_μ, so daß $\overline{l}(L_\mu) = q\, s_\mu^n$, $\underline{l}(L_\mu) = 0$ ist. Für $L = \Sigma L_\mu$ gilt dann nach **16** (2), (3)

$$\overline{l}(L) = q\, \Sigma\, s_\mu^n = q\, l(G), \ \underline{l}(L) = 0. \tag{4}$$

Nun betrachte ich den auf A liegenden Teil von L. Wegen der Meßbarkeit von A ist $\overline{l}(L) = \overline{l}(L A) + \overline{l}(L - A)$, also wegen $L \subset G$, (3), (4), $A \subset G$ bzw.

$$\bar{l}(LA) \geqq \bar{l}(L) - l(G-A) > \bar{l}(L) - \varepsilon = q\, l(G) - \varepsilon \geqq q\, l(A) - \varepsilon. \quad (5)$$

Ist ferner p eine gewählte Zahl aus $(0, q)$, so kann das ε so angenommen werden, daß $q\, l(A) - \varepsilon > p\, l(A)$ ist; dies sei von Anfang an geschehen. Dann wird nach (5) $\bar{l}(LA) > p\, l(A)$. Beachtet man jetzt **68**, Satz 20, so folgt, daß LA (und damit A) einen Teil M besitzt, für den die erste Gleichung (2) mit dem eingeführten p gilt; daneben gilt wegen $M \subset L$ nach (4) auch die zweite. Damit ist Satz 3 bewiesen.

Mittels des Satzes 3 ergibt sich: *Ein Würfel W des E_n mit der Kantenlänge 1 kann stets in zwei getrennte Teile W', W'' mit $\underline{l}(W') = 0$, $\underline{l}(W'') = 0$* zerlegt werden.

B e w e i s. Nach Satz 3 hat W einen Teil M_1, so daß

$$\bar{l}(M_1) = p\, l(W) = p, \quad \underline{l}(M_1) = 0.$$

Mit einer auf W gelegenen maßgleichen Hülle A_1 von M_1 wird

$$l(W - A_1) = l(W) - \bar{l}(M_1) = 1 - p. \quad (6)$$

$W - A_1$ hat nach Satz 3 einen Teil M_2, so daß

$$\bar{l}(M_2) = p\, l(W - A_1) = p(1-p), \quad \underline{l}(M_2) = 0. \quad (7)$$

Mit einer auf $W - A_1$ gelegenen maßgleichen Hülle A_2 von M_2 wird wegen (6), (7)

$$l[W - (A_1 + A_2)] = l(W - A_1) - \bar{l}(M_2) = (1-p)^2.$$

$W - (A_1 + A_2)$ hat nach Satz 3 einen Teil M_3, so daß

$$\bar{l}(M_3) = p\, l[W - (A_1 + A_2)] = p(1-p)^2, \quad \underline{l}(M_3) = 0.$$

Fährt man wie bisher fort, so entsteht eine Folge von Teilen M_μ von W, so daß

$$\bar{l}(M_\mu) = p(1-p)^{\mu-1}, \quad \underline{l}(M_\mu) = 0$$

ist; zugleich entsteht eine Folge getrennter, meßbarer A_μ, welche die M_μ überdecken. Für $W' = \Sigma M_\mu$ ist dann nach **16** (2), (3)

$$\bar{l}(W') = p \sum_1^\infty (1-p)^{\mu-1} = 1, \quad \underline{l}(W') = 0;$$

ferner gilt für $W'' = W - W'$

$$\underline{l}(W'') = l(W) - \bar{l}(W') = 0.$$

Die gebildeten Teile W', W'' von W haben also die verlangten Eigenschaften. — Außerdem haben W' und W'' den Würfel W als maßgleiche Hülle.

Wird nun der E_n aus den (halbabgeschlossenen) Würfeln W_μ eines Gitters von der Weite 1 aufgebaut, dann jeder Würfel W_μ in zwei getrennte Teile W_μ', W_μ'' mit $\underline{l} = 0$ zerlegt, so hat man (nach **16** (3)) in $E_n' = \Sigma W_\mu'$, $E_n'' = \Sigma W_\mu''$ eine Zerlegung des E_n in zwei getrennte Teile vom inneren Maße 0.[1] Für eine beliebige Menge M sind dann $M' = M E_n'$, $M'' = M E_n''$ zwei derartige Teile. Es gilt also der

Satz 4. *Jede Menge M des E_n kann in zwei fremde Teile M', M'' zerlegt werden, so daß gilt:*

$$\underline{l}(M') = 0, \quad \underline{l}(M'') = 0. \tag{8}$$

Hieraus folgt schließlich der

Satz 5. *Jede Menge M des E_n mit $\overline{l}(M) > 0$ besitzt einen Teil, der nicht l-meßbar ist*[2].

Dies gilt jedenfalls, wenn M nicht meßbar ist. Ist M meßbar, so zerfällt M in zwei fremde Teile M', M'', für die (8) gilt. Von diesen kann keiner meßbar sein. Denn wäre etwa M' meßbar, so auch M'', und damit $\underline{l}(M') + \underline{l}(M'') = l(M) > 0$, im Widerspruch zu (8).

§ 17. Der Überdeckungssatz von Vitali.

75. Vitali-Überdeckungen. Es sei M eine nicht leere Punktmenge des E_n. Unter einer *Vitali-Überdeckung* $\mathfrak{B}$ *von* M werde ein System von abgeschlossenen Würfeln verstanden derart, daß jeder Punkt von M auf einem Würfel aus $\mathfrak{B}$ mit beliebig kleinem Durchmesser liegt. Eine Vitali-Überdeckung von M entsteht z. B., indem man zu jedem Punkt von M eine Folge ihn enthaltender, abgeschlossener Würfel bildet, deren Kantenlängen gegen 0 streben. Sichtlich ist eine Vitali-Überdeckung $\mathfrak{B}$ von M auch eine Vitali-Überdeckung eines jeden Teiles von M. Ferner bilden die auf einer gewählten Umgebung von M liegenden Würfel aus $\mathfrak{B}$ ebenfalls eine Vitali-Überdeckung von M.

Satz 1. (*Überdeckungssatz von Vitali*)[1]. *Sei M irgend eine nicht leere Punktmenge des E_n und $\mathfrak{B}$ eine Vitali-Überdeckung von M. Dann gibt es abzählbar viele getrennte Würfel W_ϱ aus $\mathfrak{B}$, deren Summe die Menge M „fast ganz"* (d. h. höchstens bis auf eine l-Nullmenge) *überdeckt.*

---

[1] Wählt man für W_μ', W_μ'' die zuvor konstruierten Teile von W_μ, so haben E_n' und E_n'' den E_n als maßgleiche Hülle.

[2] *H. Rademacher*, Monatsh. Math. Phys. **27** (1916), p. 195.

[1] Den Ausgangspunkt der Entwicklung, die zu den Sätzen dieses Paragraphen geführt hat, bildet die Abhandlung von *G. Vitali* in den Atti Accad. Torino **43** (1907/8), p. 229/36. — Der folgende Beweis von Satz 1 ist dem Wesen nach von *St. Banach*, Fundam. Math. **5** (1924), p. 130/6.

Dabei kann erreicht werden, daß die W_ϱ auf einer gewählten Umgebung von M liegen.

Daß M durch die W_ϱ fast ganz überdeckt wird, kann so ausgedrückt werden:

$$l\,(M - \Sigma\, W_\varrho) = 0, \tag{1}$$

oder auch

$$M\, \Sigma\, W_\varrho = M - N \text{ mit } l\,(N) = 0. \tag{2}$$

Beweis. Es sei M zunächst beschränkt. Ich überdecke M durch einen offenen Würfel W_0 und behalte nur jene Würfel aus $\mathfrak{B}$ bei, die auf W_0 liegen; wie bereits bemerkt, bilden auch sie eine Vitali-Überdeckung von M. Man darf annehmen, daß $\mathfrak{B}$ selber diese Überdeckung sei; die Kantenlängen der Würfel aus $\mathfrak{B}$ sind dann nach oben beschränkt.

Falls M durch endlich viele getrennte Würfel W_ϱ aus $\mathfrak{B}$ überdeckt werden kann, ist Satz 1 sicher richtig, da (1) bereits mit diesen Würfeln gilt. Es bleibt also der Fall, daß sich M nicht durch endlich viele getrennte Würfel aus $\mathfrak{B}$ überdecken läßt.

Sind jetzt für eine beliebige natürliche Zahl ϱ

$$W_1, W_2, \ldots, W_\varrho \tag{3}$$

getrennte Würfel aus $\mathfrak{B}$, so gibt es, da die Würfel (3) abgeschlossen sind und M nicht überdecken, Würfel aus $\mathfrak{B}$, die zu den Würfeln (3) fremd sind. Hiernach müssen Würfel (3) der in Rede stehenden Art für $\varrho = 1, 2, \ldots$ jedenfalls existieren. Ferner muß die obere Grenze der Kantenlängen der zu den Würfeln (3) fremden Würfel aus $\mathfrak{B}$ endlich sein, da diese in W_0 liegen. Bezeichnet man sie mit g_ϱ, so gibt es also einen zu den Würfeln (3) fremden Würfel aus $\mathfrak{B}$, dessen Kantenlänge $> g_\varrho / 2$ ist. Nun erkläre ich durch Induktion eine Folge getrennter Würfel W_1, $W_2, \ldots$ aus $\mathfrak{B}$ und zeige dann, daß für sie (1) gilt. Und zwar werde W_1 irgendwie aus $\mathfrak{B}$ gewählt; liegen ferner für irgend ein $\varrho = 1, 2, \ldots$ getrennte Würfel (3) aus $\mathfrak{B}$ vor, so sei $W_{\varrho+1}$ ein zu ihnen fremder Würfel aus $\mathfrak{B}$, dessen Kantenlänge $s_{\varrho+1} > g_\varrho / 2$ ist. Für eine solche Folge (W_ϱ) gilt dann die Gleichung (1), wie ich jetzt beweise.

Dies trifft offenbar zu, falls $\Sigma\, W_\varrho$ die Menge M überdeckt. Andernfalls ist zu zeigen, daß $N = M - \Sigma\, W_\varrho$ eine Nullmenge ist. Ich nehme an, es sei $\bar{l}(N) > 0$ und leite einen Widerspruch her.

Hierzu bilde ich zu jedem Würfel W_ϱ mit der Kantenlänge s_ϱ den konzentrischen, abgeschlossenen Würfel W_ϱ' mit der Kantenlänge $5\, s_\varrho$. Da die Reihe

$$\sum_{1}^{\infty} l(W_\varrho) \tag{4}$$

konvergiert (die W_ϱ sind ja getrennt und auf W_0 gelegen), gibt es einen Index r, so daß

$$\sum_{\varrho=r+1}^{\infty} l(W_\varrho') = 5^n \sum_{\varrho=r+1}^{\infty} l(W_\varrho) < \bar{l}(N)$$

ist. Dies ergibt, wenn man **11** (6) und **13** (2) beachtet,

$$\bar{l}(N - \sum_{\varrho=r+1}^{\infty} W_\varrho') \geqq \bar{l}(N) - \sum_{\varrho=r+1}^{\infty} l(W_\varrho') > 0.$$

Hiernach enthält N Punkte, die zu keinem W_ϱ' für $\varrho \geqq r+1$ gehören.

Sei nun P ein solcher Punkt von N. Da P nach der Definition von N auf keinem Würfel W_ϱ liegt, gibt es in $\mathfrak{V}$ einen Würfel W mit der Kantenlänge s, der P enthält und zu $W_1, \ldots, W_r$ fremd ist. W kann aber nicht zu jedem Würfel W_ϱ fremd sein, da in diesem Falle (nach der Definition von g_ϱ bzw. $s_{\varrho+1}$)

$$s \leqq g_\varrho < 2\, s_{\varrho+1} \text{ für } \varrho = 1, 2, \ldots$$

wäre und hieraus wegen der Konvergenz der Reihe (4) $s = 0$ folgen würde, was nicht der Fall ist. Sei nun W_q der erste Würfel in (W_ϱ), der mit W Punkte gemeinsam hat. Dann ist

$$s \leqq g_{q-1},\ q > r; \tag{5}$$

zugleich liegt der Punkt P (wegen $q \geqq r+1$) nicht auf W_q'. Es liegen also auf W einerseits Punkte, die zu W_q gehören, andererseits solche (z. B. P), die nicht zu W_q' gehören (Fig. 12). Somit ist, da die Kantenlänge von W_q' mit $5\, s_q$ festgelegt wurde, $s > 2\, s_q > g_{q-1}$, im Widerspruch zu (5). Die Annahme $\bar{l}(N) > 0$ ist also nicht möglich und daher N eine Nullmenge.

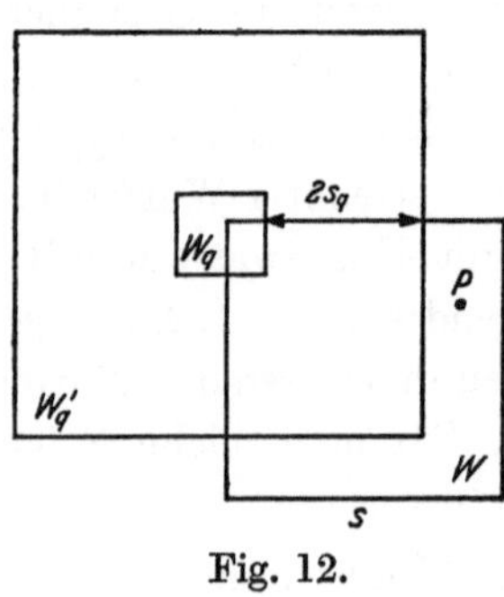

Fig. 12.

Sei weiters M nicht beschränkt. Um jetzt den Satz 1 zu beweisen, darf man $\bar{l}(M) > 0$ annehmen und dann jenen Teil von M außer Acht lassen, der auf den Hyperebenen eines gewählten Gitters Γ liegt, da er eine Nullmenge bildet. Den Rest von M zerlege ich in die Teile M_ν, die auf den Würfeln von Γ und damit auf deren offenen Kernen W_ν liegen, und beachte, daß die auf den einzelnen W_ν liegenden Würfel aus $\mathfrak{V}$, soferne

M_ν nicht leer ist, eine Vitali-Überdeckung $\mathfrak{V}_\nu$ von M_ν bilden. Nach dem bereits Gezeigten enthält jedes $\mathfrak{V}_\nu$ ein System von abzählbar vielen getrennten Würfeln, die M_ν fast ganz überdecken. Diese Systeme zusammen ergeben dann abzählbar viele getrennte Würfel aus $\mathfrak{V}$, die M fast ganz überdecken. Damit ist der erste Teil von Satz 1 bewiesen.

Der zweite gilt deswegen, weil die auf einer Umgebung von M liegenden Würfel aus $\mathfrak{V}$ für sich eine Vitali-Überdeckung von M bilden und man von vornherein sich auf diese Würfel beschränken kann.

Ich bemerke noch:

α) *Ist M meßbar, so kann* (wegen **66**, Satz 14) *für die im Satz* 1 *auftretenden W_ϱ noch erreicht werden, daß bei gewähltem $\varepsilon > 0$ gilt:*

$$l(\Sigma W_\varrho - M) < \varepsilon.$$

β) *Ist $\bar{l}(M)$ endlich, so kann* (wegen **65**, Satz 6) *für die im Satz* 1 *auftretenden W_ϱ noch erreicht werden, daß bei gewähltem $\varepsilon > 0$ gilt:*

$$l(\Sigma W_\varrho) < \bar{l}(M) + \varepsilon.$$

Mittels des Satzes 1 gewinnt man leicht den

Satz 2. *Sei M eine nicht leere Punktmenge des E_n endlichen äußeren Maßes und $\mathfrak{V}$ eine Vitali-Überdeckung von M. Dann gibt es zu jedem $\varepsilon > 0$ endlich viele getrennte Würfel $W_1, \ldots, W_r$ aus $\mathfrak{V}$, so daß zugleich gilt:*

$$\bar{l}(M \sum_1^r W_\varrho) > \bar{l}(M) - \varepsilon, \quad l(\sum_1^r W_\varrho) < \bar{l}(M) + \varepsilon. \tag{6}$$

Dabei kann erreicht werden, daß die W_ϱ auf einer gewählten Umgebung U_0 von M liegen.

Die erste Ungleichung (6) ist wegen der Meßbarkeit von $\sum_1^r W_\varrho$ nach **11** (24) gleichwertig zu

$$\bar{l}(M - \sum_1^r W_\varrho) < \varepsilon.$$

Beweis. Ich wähle eine Umgebung U' von M, so daß $l(U') < \bar{l}(M) + \varepsilon$ ist (**65**, Satz 6); für $U = U' U_0$ gilt dann

$$l(U) < \bar{l}(M) + \varepsilon, \quad U \subset U_0. \tag{7}$$

Ferner bestimme ich abzählbar viele W_ϱ auf U gemäß Satz 1; nach (2) ist dann

$$\bar{l}(M \Sigma W_\varrho) = \bar{l}(M). \tag{8}$$

Treten nur endlich viele W_ϱ auf: $W_1, \ldots, W_r$, so gelten bereits mit diesen W_ϱ nach (8) bzw. (7) die beiden Ungleichungen (6). Treten dagegen unendlich viele auf, so beachte ich, daß nach 22, Satz 7 bzw. nach (8)

$$\lim_{r \to \infty} \bar{l}\,(M \sum_1^r W_\varrho) = \bar{l}\,(M \sum_1^\infty W_\varrho) = \bar{l}(M)$$

ist. Hiernach gilt für ein passendes r die erste Ungleichung (6) und wegen (7) zugleich die zweite. Damit ist schon alles bewiesen.

76. Reguläre Überdeckungen. Die beiden Sätze in 75 gelten auch dann noch, wenn an Stelle der Vitali-Überdeckungen allgemeinere Überdeckungen der nicht leeren Punktmenge M des E_n treten.

Unter einer *regulären Überdeckung* $\mathfrak{R}$ *von* M werde jetzt ein System abgeschlossener Mengen der folgenden Art verstanden: Zu jedem Punkte $P \in M$ gibt es eine Folge von Mengen $A_\nu\,(P) \in \mathfrak{R}$ sowie eine Folge abgeschlossener Würfel $W_\nu\,(P)$, so daß

a) $P \in W_\nu\,(P)$ und $A_\nu\,(P) \subset W_\nu\,(P)$ für $\nu = 1, 2, \ldots$ ist;

b) die Durchmesser der $W_\nu\,(P)$ bei $\nu \to \infty$ gegen 0 streben;

c) $\dfrac{l\,(A_\nu\,(P))}{l\,(W_\nu\,(P))} \geqq \varphi\,(P) > 0$ für $\nu = 1, 2, \ldots$ ist.

In c) wird verlangt, daß das Verhältnis der Maße von $A_\nu\,(P)$ und $W_\nu\,(P)$ für jedes einzelne P nicht unter eine feste, positive Schranke sinken soll, wobei sich aber diese Schranke mit P ändern kann; sichtlich muß $\varphi\,(P) \leqq 1$ sein[1].

Eine reguläre Überdeckung $\mathfrak{R}$ von M ist auch eine reguläre Überdeckung eines jeden Teiles von M. Ferner bilden die auf einer gewählten Umgebung von M liegenden Mengen aus $\mathfrak{R}$ ebenfalls eine reguläre Überdeckung von M. Die Würfel $W_\nu\,(P)$ bilden eine Vitali-Überdeckung von M und dies auch dann noch, wenn man nur jene beibehält, die auf einer gewählten Umgebung von M liegen.

Eine reguläre Überdeckung von M entsteht z. B., indem man zu jedem Punkte P von M eine Folge abgeschlossener Würfel $W_\nu\,(P)$ konstruiert, die sich auf P „zusammenziehen"[2], und von jedem Würfel etwa nur die abgeschlossene „obere" Hälfte $A_\nu\,(P)$ beibehält (die also P gar nicht mehr zu enthalten braucht); für $\varphi\,(P)$ eignet sich jetzt die Konstante 1/2. Ferner ist eine Vitali-Überdeckung von M stets eine reguläre Überdeckung von M.

---

[1] Die Bezeichnung reguläre „Überdeckung" wird durch Satz 4 gerechtfertigt.

[2] Von den Gliedern einer Mengenfolge (M_ν) werde gesagt, daß sie sich *auf den Punkt P zusammenziehen,* wenn stets $P \in M_\nu$ ist und die Durchmesser $d\,(M_\nu) \to 0$ streben.

Der Satz 2 kann auf reguläre Überdeckungen erweitert werden:

Satz 3. *Sei M eine nicht leere Punktmenge des E_n endlichen äußeren Maßes und $\mathfrak{R}$ eine reguläre Überdeckung von M. Dann gibt es zu jedem $\varepsilon > 0$ endlich viele getrennte Mengen $A_1, \ldots, A_r$ aus $\mathfrak{R}$, so daß zugleich gilt:*

$$\bar{l}(M \sum_1^r A_\varrho) > \bar{l}(M) - \varepsilon, \qquad l(\sum_1^r A_\varrho) < \bar{l}(M) + \varepsilon. \tag{1}$$

Dabei kann erreicht werden, daß die A_ϱ auf einer gewählten Umgebung U_0 von M liegen.

Die erste Ungleichung (1) ist wegen der Meßbarkeit von $\sum_1^r A_\varrho$ nach **11** (24) gleichwertig zu

$$\bar{l}(M - \sum_1^r A_\varrho) < \varepsilon. \tag{2}$$

Beweis. Es gibt eine Umgebung U von M, so daß

$$l(U) < \bar{l}(M) + \varepsilon, \; U \subset U_0$$

ist (vgl. **75** (7)). Die auf U liegenden Mengen von $\mathfrak{R}$ bilden auch eine reguläre Überdeckung von M; man darf annehmen, daß $\mathfrak{R}$ selber diese Überdeckung sei. Dann gilt für irgend welche $A_1, \ldots, A_r$ aus $\mathfrak{R}$ die zweite Ungleichung (1); ferner erübrigt sich ein Beweis des Zusatzes. Es bleibt also zu zeigen, daß es getrennte $A_1, \ldots, A_r$ aus $\mathfrak{R}$ gibt, für die (2) gilt; dabei darf man $\bar{l}(M) > 0$ voraussetzen.

Ich beweise zunächst, daß sich (2) im Sonderfalle erreichen läßt, in welchem die Forderung c) bei konstantem $\varphi(P) = c$ $(0 < c \leqq 1)$ erfüllt ist.

Es gibt jetzt eine Umgebung U_1 von M, so daß

$$l(U_1) < (1 + \frac{c}{4})\, \bar{l}(M) \tag{3}$$

ist (**65**, Satz 6). Da die auf U_1 liegenden $W_\nu(P)$ eine Vitali-Überdeckung $\mathfrak{B}_1$ von M bilden, kann M nach Satz 1 durch abzählbar viele getrennte Würfel $W_1, W_2, \ldots$ aus $\mathfrak{B}_1$ fast ganz überdeckt werden; dabei enthalte W_ϱ gemäß a) die (durch W_ϱ nicht notwendig eindeutig bestimmte) Menge A_ϱ aus $\mathfrak{R}$. Die A_ϱ sind dann auch getrennt und auf U_1 gelegen; ferner ist wegen c)

$$\Sigma\, l(A_\varrho) \geqq c\, \Sigma\, l(W_\varrho) = c\, l(\Sigma\, W_\varrho) \geqq c\, \bar{l}(M).$$

Hiernach gibt es eine natürliche Zahl r_1, so daß mit $S_1 = A_1 + \ldots + A_{r_1}$ gilt:

$$l(S_1) > \frac{c}{2}\,\bar{l}(M); \tag{4}$$

daneben ist

$$M - S_1 \subset U_1 - S_1,\ S_1 \subset U_1. \tag{5}$$

Aus (5) sowie (3), (4) folgt mit $\vartheta = 1 - \frac{c}{4}$

$$\bar{l}(M - S_1) \leqq l(U_1 - S_1) = l(U_1) - l(S_1) < \vartheta\,\bar{l}(M). \tag{6}$$

Ist $\bar{l}(M - S_1) = 0$, so gilt (2), wenn man für die dort auftretenden A_ϱ die Summanden von S_1 wählt. Ist $\bar{l}(M - S_1) > 0$, so wende ich auf $M - S_1$ dasselbe Verfahren an, wie eben auf M. Es wird also eine Umgebung U_2 von $M - S_1$ bestimmt, für die entsprechend (3)

$$l(U_2) < \left(1 + \frac{c}{4}\right)\bar{l}(M - S_1) \tag{7}$$

ist; zugleich soll U_2 zu S_1 fremd sein. Dies kann erreicht werden, da S_1 abgeschlossen, also $U_1 - S_1$ offen und damit eine zu S_1 fremde Umgebung von $M - S_1$ ist, in welche U_2 verlegt werden kann. Verfährt man nun bei $M - S_1$, U_2 ebenso wie vorhin bei M, U_1 im Anschlusse an (3), so gewinnt man endlich viele getrennte Mengen $A_{r_1+1}, \ldots, A_{r_2}$ aus $\mathfrak{R}$, die auf U_2 liegen, also zu S_1 fremd sind, und für die mit $S_2 = A_{r_1+1} + \ldots + A_{r_2}$ entsprechend (6) gilt:

$$\bar{l}[(M - S_1) - S_2] < \vartheta\,\bar{l}(M - S_1).$$

Hieraus folgt dann wegen (6)

$$\bar{l}[M - (S_1 + S_2)] < \vartheta^2\,\bar{l}(M). \tag{8}$$

Ist $\bar{l}[M - (S_1 + S_2)] = 0$, so gilt (2) mit den Summanden von $S_1 + S_2$ für die A_ϱ. Andernfalls wende ich auf $M - (S_1 + S_2)$ dasselbe Verfahren an, wie eben auf $M - S_1$. Es wird also eine Umgebung U_3 von $M - (S_1 + S_2)$ bestimmt, für die (7) mit U_3 statt U_2 und $M - (S_1 + S_2)$ statt $M - S_1$ gilt; zugleich soll U_3 zu $S_1 + S_2$ fremd sein. Dies kann erreicht werden, da $S_1 + S_2$ abgeschlossen, also $U_1 - (S_1 + S_2)$ offen und damit eine zu $S_1 + S_2$ fremde Umgebung von $M - (S_1 + S_2)$ ist, in welche U_3 verlegt werden kann. Verfährt man nun bei U_3, $M - (S_1 + S_2)$ ebenso wie vorhin bei U_2, $M - S_1$ im Anschlusse an (7), so gewinnt man endlich viele getrennte Mengen $A_{r_2+1}, \ldots, A_{r_3}$ aus $\mathfrak{R}$, die auf U_3 liegen, also zu $S_1 + S_2$ fremd sind, und für die mit $S_3 = A_{r_2+1} + \ldots + A_{r_3}$ entsprechend (8) gilt:

$$\bar{l}[M - (S_1 + S_2 + S_3)] < \vartheta^3\,\bar{l}(M).$$

Ist hierin die linke Seite 0, so ist man am Ziele. Im anderen Falle kann man das Verfahren auf die bisherige Weise festsetzen. Es bricht entweder nach endlich vielen Schritten ab, wobei dann (2) gesichert ist, oder es entsteht eine Folge von getrennten Summen $S_1, S_2, \ldots$ mit jeweils endlich vielen getrennten Summanden aus $\mathfrak{R}$, so daß

$$\bar{l}\,[M - (S_1 + \ldots + S_k)] < \vartheta^k\,\bar{l}\,(M) \qquad (k = 1, 2, \ldots) \tag{9}$$

ist. Im zweiten Falle kann man aber k wegen $\vartheta < 1$ so groß annehmen, daß die rechte Seite von (9) kleiner als ε wird, womit wieder (2) gesichert ist.

Nun sieht man leicht, daß (2), oder gleichbedeutend die erste Ungleichung (1), auch bei allgemeinem $\varphi\,(P)$ erreicht werden kann. Hierzu betrachte ich die Mengen M_μ $(\mu = 1, 2, \ldots)$ der Punkte $P \in M$ mit

$$\varphi\,(P) > \frac{1}{2^\mu}; \tag{10}$$

diese bilden sichtlich eine ansteigende Folge aus Teilen von M mit $\operatorname{Lim} M_\mu = M$. Nach **22**, Satz 7 ist also $\bar{l}\,(M) = \lim \bar{l}\,(M_\mu)$ und somit für ein passendes $\mu = m$ $M_m \neq O$ und

$$\bar{l}\,(M_m) > \bar{l}\,(M) - \frac{\varepsilon}{2}. \tag{11}$$

Da $\mathfrak{R}$ auch eine reguläre Überdeckung von M_m ist und für diese wegen (10) die Forderung c) mit $\varphi\,(P) = 1/2^m$ erfüllt ist, kann nach dem bereits Bewiesenen die erste Ungleichung (1) mit M_m statt M und $\varepsilon/2$ statt ε erreicht werden: es gibt also getrennte $A_1, \ldots, A_r$ aus $\mathfrak{R}$, so daß

$$\bar{l}\,(M_m \sum_1^r A_\varrho) > \bar{l}\,(M_m) - \frac{\varepsilon}{2} \tag{12}$$

ist; daneben ist wegen $M \supset M_m$

$$\bar{l}\,(M \sum_1^r A_\varrho) \geqq \bar{l}\,(M_m \sum_1^r A_\varrho). \tag{13}$$

Aus (11), (12), (13) folgt aber, daß die jetzigen A_ϱ die erste Ungleichung (1) erfüllen. — Damit ist Satz 3 bewiesen.

Ich bemerke noch: *Ist die Menge M des Satzes* 3 *insbesondere meßbar, so gibt es getrennte, auf U_0 liegende $A_1, \ldots, A_r$ aus $\mathfrak{R}$, so daß zugleich gilt:*

$$l\,(M - \sum_1^r A_\varrho) < \varepsilon, \; l\,(\sum_1^r A_\varrho - M) < \varepsilon. \tag{14}$$

Nach Satz 3 gibt es nämlich getrennte, auf U_0 liegende $A_1, \ldots, A_r$ aus $\mathfrak{R}$, für die (1) (und damit (2)) mit $\varepsilon/2$ statt ε gilt. Für diese A_ϱ gilt dann gemäß (2) erst recht die erste Ungleichung (14); ferner gilt die zweite, da gemäß (1)

$$l(\sum_1^r A_\varrho - M) = l(\sum_1^r A_\varrho) - l(M \sum_1^r A_\varrho) < [l(M) + \frac{\varepsilon}{2}] - [l(M) - \frac{\varepsilon}{2}] = \varepsilon$$

ist.

Auch der Überdeckungssatz von Vitali kann auf reguläre Überdeckungen erweitert werden:

Satz 4. *Sei M irgend eine nicht leere Punktmenge des E_n und $\mathfrak{R}$ eine reguläre Überdeckung von M. Dann gibt es abzählbar viele getrennte Mengen A_ϱ aus $\mathfrak{R}$, deren Summe die Menge M fast ganz überdeckt.*

Dabei kann erreicht werden, daß die A_ϱ auf einer gewählten Umgebung U_0 von M liegen.

Beweis. Da man sich von vornherein auf jene Mengen aus $\mathfrak{R}$ beschränken kann, die auf U_0 liegen, ist nur der erste Teil des Satzes zu beweisen.

Es sei $\bar{l}(M)$ zunächst endlich. Nach (2) gibt es dann endlich viele getrennte Mengen aus $\mathfrak{R}$, deren Summe S_1 sei, so daß

$$\bar{l}(M - S_1) < 1$$

ist. Ist $M - S_1$ leer, so ist die Behauptung richtig. Andernfalls beachte man, daß die im Komplemente S_1' von S_1 liegenden Mengen aus $\mathfrak{R}$ eine reguläre Überdeckung $\mathfrak{R}_1$ von $M - S_1$ bilden, da $M - S_1$ ein Teil von M und S_1' eine Umgebung von $M - S_1$ ist. Nach (2) (angewendet auf $M - S_1$, $\mathfrak{R}_1$) gibt es also endlich viele getrennte Mengen aus $\mathfrak{R}_1$, deren Summe S_2 sei, so daß

$$\bar{l}[M - (S_1 + S_2)] < \frac{1}{2}$$

ist; dabei sind S_1, S_2 getrennt. Ist $M - (S_1 + S_2)$ leer, so ist die Behauptung richtig. Andernfalls gibt es im Komplemente von $S_1 + S_2$ endlich viele getrennte Mengen aus $\mathfrak{R}$, deren Summe S_3 sei, so daß

$$\bar{l}[M - (S_1 + S_2 + S_3)] < \frac{1}{3}$$

ist; dabei sind S_1, S_2, S_3 getrennt. Ist $M - (S_1 + S_2 + S_3)$ leer, so ist die Behauptung richtig. Andernfalls kann man das Verfahren auf die bisherige Weise fortsetzen. Es bricht entweder nach endlich vielen Schritten ab, wobei dann die Behauptung richtig ist, oder es entsteht eine Folge von getrennten Summen $S_1, S_2, \ldots$ mit jeweils endlich vielen getrennten Summanden aus $\mathfrak{R}$, so daß

$$\bar{l}\,[M-(S_1+\ldots+S_k)]<\frac{1}{k}\qquad(k=1,2,\ldots)\tag{15}$$

ist. Im zweiten Falle gilt für $S=S_1+S_2+\ldots$ wegen $S\supset S_1+\ldots+S_k$ nach (15)

$$\bar{l}\,(M-S)<\frac{1}{k}\ \text{für}\ k=1,2,\ldots,$$

was $\bar{l}\,(M-S)=0$ ergibt. S ist also Summe von abzählbar (unendlich) vielen getrennten Mengen aus $\mathfrak{R}$, die M fast ganz überdeckt. Damit ist die Behauptung bei endlichem $\bar{l}\,(M)$ bewiesen. Ist $\bar{l}\,(M)=\infty$, so schließt man analog wie beim Beweise von Satz 1 im Falle einer nicht beschränkten Menge M.

Die Bemerkungen α), β) zu Satz 1 können unmittelbar auf den Satz 4 übertragen werden.

Würde man bei der Erklärung der regulären Überdeckung auf die Forderung c) verzichten, so würden die Sätze 3 und 4 nicht mehr gelten, wie das folgende Beispiel zeigt[3].

Die betrachtete Menge M sei das Diskontinuum C_{14} aus **58**, ferner wie dort $C_{14}'=[0,1]-C_{14}$. In jedes der Intervalle, aus denen C_{14}' besteht, werde ein konzentrisches, abgeschlossenes Intervall von der halben Länge gelegt; damit ist ein System $\mathfrak{S}$ von abgeschlossenen Mengen des E_1 entstanden. Zu jedem Punkte $P\in C_{14}$ kann man (nach der Definition von C_{14}) eine Folge von Intervallen $A_\nu\,(P)\in\mathfrak{S}$, sowie eine Folge abgeschlossener Intervalle $W_\nu\,(P)$ bilden, so daß a), b) erfüllt ist. Da die Intervalle aus $\mathfrak{S}$ zu C_{14} fremd und $l\,(C_{14})>0$ ist (s. **62** (4)), kann aber jetzt die Ungleichung (2) mit Mengen $A_\varrho\in\mathfrak{S}$ nie erreicht werden, sobald nur ε klein genug ist. Aus demselben Grunde ist es nicht möglich, C_{14} durch abzählbar viele $A_\varrho\in\mathfrak{S}$ fast ganz zu überdecken. Beides liegt daran, daß die Länge der Intervalle $A_\nu\,(P)$ im Verhältnis zu ihrer Entfernung von P zu klein ist.

Ferner bemerke ich, *daß der Wortlaut des Satzes von Vitali nicht mehr richtig ist, wenn man die abgeschlossenen Würfel durch abgeschlossene Intervalle ersetzt.* Dies wird durch ein von St. Banach angegebenes Beispiel belegt[4].

Beispiele. 1. Sei $n\geqq 2$. Ordnet man jedem Punkte $P\in M$ eine Folge abgeschlossener Kugeln K_ν vom Radius r_ν zu, die sich auf P zusammenziehen[2], so entsteht eine reguläre Überdeckung von M. Für $W_\nu\,(P)$

[3] Die Bezeichnung „Überdeckung" wäre also jetzt unangebracht.

[4] *St. Banach*, **75**[1].

eignet sich der K_ν umgeschriebene Würfel $\overline{W}_\nu$, für $\varphi(P)$ die Konstante n^{-n}. Letzteres gilt, wenn $\underline{W}_\nu$ der eingeschriebene Würfel von K_ν ist, wegen

$$\frac{l(K_\nu)}{l(\overline{W}_\nu)} > \frac{l(\underline{W}_\nu)}{l(\overline{W}_\nu)} = \left(\frac{2\,r_\nu}{\sqrt{n}}\right)^n \cdot \frac{1}{(2\,r_\nu)^n} > n^{-n}. \tag{16}$$

2. Es sei $n \geqq 2$. Ordnet man jedem Punkte $P \in M$ eine Folge abgeschlossener, auf P sich zusammenziehender Intervalle I_ν zu, für die das Verhältnis $k_\nu : g_\nu$ der kleinsten zur größten Kantenlänge oberhalb einer nur von P abhängigen positiven Zahl $\lambda(P)$ bleibt, so entsteht eine reguläre Überdeckung von M. Für $W_\nu(P)$ eignet sich ein dem Intervalle I_ν „umgeschriebener" Würfel $\overline{W}_\nu$ und für $\varphi(P)$ die Funktion $\lambda^n(P)$, letzteres wegen

$$\frac{l(I_\nu)}{l(\overline{W}_\nu)} \geqq \frac{k_\nu^n}{g_\nu^n} > \lambda^n(P). \tag{17}$$

§ 18. Dichte einer Punktmenge.

77. Erklärung der Dichte. Es sei $\mathfrak{W}$ das System der abgeschlossenen Würfel des E_n, ferner M eine betrachtete Punktmenge. Man nennt

$$\sigma(M; W) = \frac{\overline{l}(M\,W)}{l(W)} \qquad (W \in \mathfrak{W}) \tag{1}$$

die (*äußere*) *mittlere Dichte von M in* $\mathfrak{W}$; für sie gilt sichtlich stets

$$0 \leqq \sigma(M; W) \leqq 1. \tag{2}$$

Ist A eine maßgleiche Hülle von M, so wird nach **19** (2)

$$\sigma(M; W) = \sigma(A; W); \tag{3}$$

es haben also M und eine maßgleiche Hülle von M in W dieselbe mittlere Dichte.

Sei weiters P ein Punkt des E_n (der nicht in M liegen muß), ferner W_P ein beliebiger Würfel aus $\mathfrak{W}$, der P enthält. Bildet man $\sigma(M; W_P)$ für jeden Würfel W_P, so haben diese Dichten einen „oberen" und einen „unteren limes bei $d(W_P) \to 0$", worunter die Grenzwerte der beiden folgenden für $h > 0$ erklärten, monotonen Funktionen bei $h \to 0$ gemeint sind:

$$\left.\begin{aligned} \overline{\psi}(h) &= \sup \sigma(M; W_P) \\ \underline{\psi}(h) &= \inf \sigma(M; W_P) \end{aligned}\right\} \text{ für alle } W_P \text{ mit } d(W_P) < h; \tag{4}$$

dabei ist $d(W_P)$ der Durchmesser von W_P. $\overline{\psi}$ ist wachsend und $\underline{\psi}$ fallend.

Dieser obere und untere limes heißen die *(äußere) obere* bzw. *untere Dichte von M in P*; ich bezeichne sie mit $\bar{s}(M; P)$ bzw. $\underline{s}(M; P)$. Wegen (2) ist

$$0 \leqq \underline{s}(M; P) \leqq \bar{s}(M; P) \leqq 1. \tag{5}$$

Nach der Definition von $\bar{s}(M; P)$ *gibt es eine Folge abgeschlossener Würfel W_ν, die sich auf P zusammenziehen* (s. **76**[2]), *so daß*

$$\lim_{\nu \to \infty} \sigma(M; W_\nu) = \bar{s}(M; P) \tag{6}$$

ist; analog gibt es eine zweite Folge (W_ν) mit

$$\lim_{\nu \to \infty} \sigma(M; W_\nu) = \underline{s}(M; P). \tag{7}$$

Hebt man aus den Würfeln W_P eine beliebige Folge (W_ν) mit $d(W_\nu) \to 0$ heraus, so ist stets

$$\overline{\lim_{\nu \to \infty}}\, \sigma(M; W_\nu) \leqq \bar{s}(M; P). \tag{8}$$

Da nach (6) dieser obere limes für eine passende Folge (W_ν) den Wert $\bar{s}(M; P)$ annimmt, *ist also $\bar{s}(M; P)$ auch das Maximum der in* (8) *auftretenden oberen Limiten; entsprechendes gilt für $\underline{s}(M; P)$*. Sichtlich sind $\bar{s}$, $\underline{s}$ bereits durch jenen Teil von M bestimmt, der auf irgend einer Umgebung von P liegt ($\bar{s}$, $\underline{s}$ drücken also eine ,,lokale'' Eigenschaft von M aus). Da sich nach (3) die Funktionen (4) nicht ändern, wenn man M durch eine maßgleiche Hülle A ersetzt, gilt

$$\bar{s}(M; P) = \bar{s}(A; P), \quad \underline{s}(M; P) = \underline{s}(A; P); \tag{9}$$

es haben also M und eine maßgleiche Hülle von M in P dieselbe obere sowie untere Dichte.

Ist $\bar{s}(M; P) = \underline{s}(M; P)$, so heißt dieser Wert die *(äußere) Dichte von M in P*; ich bezeichne sie mit $s(M; P)$. Wegen (5) ist

$$0 \leqq s(M; P) \leqq 1. \tag{10}$$

Daß M in P die Dichte s hat, besagt also, daß $\sigma(M; W_P)$ beliebig nahe bei s liegt, falls $d(W_P)$ hinreichend klein ist, oder auch, *daß für jede Folge abgeschlossener Würfel, die sich auf P zusammenziehen, $\lim_{\nu \to \infty} \sigma(M; W_\nu) = s$ ist.* Demgemäß heißt $s(M; P)$ der ,,limes von $\sigma(M; W_P)$ bei $d(W_P) \to 0$''. Z. B. hat M in jedem inneren Punkt die Dichte 1 und in jedem äußeren (d. i. ein innerer des Komplements) die Dichte 0. Nach (9) *existieren die Dichte von M und die einer maßgleichen Hülle von M in P nur zugleich; ferner haben sie im Falle der Existenz denselben Wert.*

Sei jetzt M insbesondere l-meßbar, ferner M' das Komplement von M. Wegen

$$l(M\,W_P) + l(M'\,W_P) = l(W_P)$$

ist

$$\sigma(M; W_P) + \sigma(M'; W_P) = 1.$$

Hieraus folgt für die Würfel W_P mit $d(W_P) < h$, wenn $\overline{\psi}(h)$ die Bedeutung (4) hat und $\underline{\psi}'(h)$ das für M' statt M gebildete $\underline{\psi}(h)$ ist,

$$\overline{\psi}(h) + \sigma(M'; W_P) \geqq 1, \quad \sigma(M; W_P) + \underline{\psi}'(h) \leqq 1$$

und hieraus $\overline{\psi}(h) + \underline{\psi}'(h) \geqq 1$, $\overline{\psi}(h) + \underline{\psi}'(h) \leqq 1$, also

$$\overline{\psi}(h) + \underline{\psi}'(h) = 1.$$

Dies ergibt bei $h \to 0$

$$\overline{s}(M; P) + \underline{s}(M'; P) = 1. \tag{11}$$

Für eine meßbare Menge M gilt also in jedem Punkte P des E_n die Gleichung (11).

Nach (10) ist die Dichte irgend einer Punktmenge M in P (falls vorhanden) höchstens 1. Dieser Wert tritt genau dann auf, wenn $\underline{s}(M; P) = 1$ ist (s. (5)); ein solcher Punkt heißt ein *Dichtepunkt von* M. Ferner ist die Dichte von M in P genau dann 0, wenn $\overline{s}(M; P) = 0$ ist; ein solcher Punkt heißt ein *Zerstreuungspunkt von* M.

Ist M insbesondere meßbar, so fallen (nach (11)) *die Zerstreuungspunkte von M mit den Dichtepunkten von M' zusammen* (*und daher die Zerstreuungspunkte von M' mit den Dichtepunkten von M*).

78. Der Dichtesatz. Anstatt zu sagen: „alle Punkte einer Menge M des E_n, ausgenommen höchstens die einer l-Nullmenge", sagt man kurz: „fast alle Punkte von M" (entsprechend „fast überall auf M" anstatt „überall auf M, ausgenommen höchstens eine Nullmenge").

Satz 1 (*Dichtesatz*). *Eine jede Punktmenge M des E_n besitzt in fast allen ihrer Punkte eine Dichte vom Werte* 1.

Oder also: Fast alle Punkte von M sind Dichtepunkte von M.

Beweis. Da die Dichtepunkte von M und die einer maßgleichen Hülle A von M zusammenfallen und $M \subset A$ ist, genügt es den Satz für A zu beweisen. Schreibt man für A wieder M, so ist jetzt M meßbar. Ferner darf man annehmen, daß M beschränkt sei, da $\overline{s}(M; P)$, $\underline{s}(M; P)$ bereits durch jenen Teil von M bestimmt sind, der auf einer beschränkten Umgebung von P liegt und M durch abzählbar viele beschränkte, offene Mengen (z. B. offene Würfel) überdeckt werden kann.

Sei also M beschränkt und meßbar. Ich bilde für eine beliebige Rationalzahl q mit $0 < q < 1$ die Menge L_q der Punkte P des E_n, für die $\underline{s}(M; P) < q$ ist. Ist L_q für jedes q leer, so ist stets $\underline{s}(M; P) = 1$ und damit die Behauptung richtig. Ist L_q für ein passendes $q = q_0$ nicht leer, so auch für alle q mit $q_0 \leqq q < 1$, und auf solche q beschränke ich mich. Wenn man zeigen kann, daß $N_q = L_q M$ stets Nullmenge ist, so muß dies auch von der Menge der Punkte $P \in M$ mit $\underline{s}(M; P) < 1$ gelten, als Vereinigung der abzählbar vielen Mengen N_q. Dann ist aber $s(M; P) = 1$ in fast allen Punkten P von M und damit Satz 1 bewiesen.

Um nun zu zeigen, daß jedes N_q Nullmenge ist, beachte ich, daß das System $\mathfrak{W}_q$ der abgeschlossenen Würfel W mit

$$\sigma(M; W) < q, \quad \text{d. i.,} \quad l(M W) < q\, l(W) \tag{1}$$

eine Vitali-Überdeckung von L_q (s. **77** (7)) und damit von N_q ist. Nach **75**, Satz 1 und der anschließenden Bemerkung β) (angewandt auf die beschränkte Menge N_q) gibt es zu jedem $\varepsilon > 0$ abzählbar viele getrennte Würfel W_ϱ aus $\mathfrak{W}_q$, so daß mit $\Sigma W_\varrho = S$ gilt:

$$\bar{l}(N_q S) = \bar{l}(N_q), \quad l(S) < \bar{l}(N_q) + \varepsilon. \tag{2}$$

Mittels (1) und der zweiten Ungleichung (2) ergibt sich

$$l(M S) = \sum_\varrho l(M W_\varrho) < q \sum_\varrho l(W_\varrho) = q\, l(S) < q\, \bar{l}(N_q) + q\, \varepsilon; \tag{3}$$

daneben gilt wegen $M \supset N_q$ und der ersten Ungleichung (2)

$$l(M S) \geqq \bar{l}(N_q S) = \bar{l}(N_q). \tag{4}$$

Aus (3), (4) folgt

$$\bar{l}(N_q) < q\, \bar{l}(N_q) + q\, \varepsilon$$

und hieraus bei $\varepsilon \to 0$

$$(1 - q)\, \bar{l}(N_q) \leqq 0.$$

Dies ist aber wegen $q < 1$ nur für $\bar{l}(N_q) = 0$ möglich. Es ist also jedes N_q Nullmenge, wie gezeigt werden sollte.

Da nach Satz 1 fast alle Punkte des Komplements M' von M Dichtepunkte von M' sind, kann im Falle einer meßbaren Menge der Satz 1 nach der Schlußbemerkung in **77** so verschärft werden:

Satz 2. *Ist M eine meßbare Punktmenge des E_n, so sind fast alle Punkte von M Dichtepunkte von M und fast alle des Komplements Zerstreuungspunkte von M.*

Da man bei der Beurteilung der Dichte irgend einer Punktmenge diese durch eine maßgleiche Hülle ersetzen darf, ergibt schließlich der Satz 2 die folgende Verschärfung von Satz 1:

Satz 3. *Eine Punktmenge M besitzt in fast allen Punkten des E_n eine Dichte. Diese hat in fast allen Punkten einer maßgleichen Hülle A von M den Wert* 1 *und in fast allen Punkten des Komplements von A den Wert* 0.

Ist z. B. M eine meßbare Punktmenge aus $[0, 1]$ mit $0 < l(M) < 1$ (wie etwa das Diskontinuum C_{14} in **58**), so hat nach Satz 2 M sowohl Dichtepunkte als auch Zerstreuungspunkte, die auf $[0, 1]$ liegen. M kann also nicht „gleichmäßig" über $[0, 1]$ verteilt sein; es muß vielmehr dort Stellen geben, in deren Nähe M sehr „punktereich", sowie solche, in deren Nähe M sehr „punktearm" ist.

Begriffsbildung und Sätze in **77** und **78** gehen im wesentlichen auf H. Lebesgue zurück[1].

79. Reguläre Vergleichssysteme. Den Erklärungen in **77** liegt das System $\mathfrak{W}$ der abgeschlossenen Würfel des E_n als „Vergleichssystem" zugrunde. Wählt man an Stelle von $\mathfrak{W}$ ein anderes Vergleichssystem, so hat man damit zu rechnen, daß andere Werte für $\bar{s}$, $\underline{s}$ auftreten.

Ich betrachte jetzt insbesondere *bezüglich* $\mathfrak{W}$ *reguläre Vergleichssysteme*. Darunter werde jedes System $\mathfrak{R}$ von meßbaren Mengen positiven Maßes der folgenden Art verstanden:

a) Zu jedem Punkte P des E_n gibt es eine Folge (A_ν) aus $\mathfrak{R}$ mit auf P sich zusammenziehenden A_ν.

b) Zu jeder solchen Folge (A_ν) gibt es eine Folge (W_ν) aus $\mathfrak{W}$ mit auf P sich zusammenziehenden W_ν, so daß von einem jeweils passenden ν an $A_\nu \subset W_\nu$, $\dfrac{l(A_\nu)}{l(W_\nu)} \geqq \varphi(P) > 0$ ist; dabei soll $\varphi(P)$ nur von P, aber nicht von der Folge (A_ν) oder von ν abhängen.

Z. B. ist das System $\mathfrak{K}$ der etwa abgeschlossenen Kugeln des E_n $(n \geqq 2)$ ein reguläres Vergleichssystem bezüglich $\mathfrak{W}$. Denn $\mathfrak{K}$ erfüllt sichtlich die Forderung a). Ist ferner (K_ν) eine beliebige Folge aus $\mathfrak{K}$ mit auf P sich zusammenziehenden K_ν, so gilt b), wenn für W_ν der der Kugel K_ν umgeschriebene Würfel und für $\varphi(P)$ die Konstante n^{-n} gewählt wird (s. **76** (16)). — Weiters bilden auch die etwa abgeschlossenen Intervalle des E_n $(n \geqq 2)$, für die das Verhältnis der kleinsten zur größten Kantenlänge oberhalb einer festen, positiven Zahl bleibt, ein bezüglich $\mathfrak{W}$ reguläres Vergleichssystem (vgl. **76**, Beisp. 2). Dagegen würden alle abgeschlossenen Intervalle kein bezüglich $\mathfrak{W}$ reguläres

---

[1] *H. Lebesgue*. Rend. Acc. Lincei Roma (5) **15**$_2$ (1906). p. 8; Ann. Ec. Norm. (3) **27** (1910), p. 405/7. — Weitere Literaturangaben s. *L. Zoretti - A. Rosenthal*, **54**^{6}, p. 988/9.

Vergleichssystem bilden, da bei einer Folge von auf P sich zusammenziehenden Intervallen, für die das Verhältnis der kleinsten zur größten Kantenlänge gegen 0 strebt, die Forderung b) nicht erfüllt ist.

Legt man den Erklärungen in **77** an Stelle von $\mathfrak{W}$ ein für $\mathfrak{W}$ reguläres Vergleichssystem $\mathfrak{R}$ zugrunde, so gelangt man zu Dichtebegriffen mit Eigenschaften, die den in **77** zusammengestellten entsprechen. Ferner gilt:

Satz 4. *Jeder Dichtepunkt (Zerstreuungspunkt) von M bezüglich $\mathfrak{W}$ ist auch Dichtepunkt (Zerstreuungspunkt) von M bezüglich $\mathfrak{R}$.*

Beweis. Da die Dichtepunkte (Zerstreuungspunkte) von M und die einer maßgleichen Hülle von M bezüglich $\mathfrak{W}$ einerseits sowie bezüglich $\mathfrak{R}$ andererseits zusammenfallen, darf man annehmen, daß M meßbar sei.

Sei P zunächst Zerstreuungspunkt von M bezüglich $\mathfrak{W}$. Man hat zu zeigen, daß für jede Folge (A_ν) aus $\mathfrak{R}$ mit auf P sich zusammenziehenden A_ν gilt:

$$\lim_{\nu\to\infty} \frac{l(M A_\nu)}{l(A_\nu)} = 0. \tag{1}$$

Für eine Folge (W_ν), die gemäß b) der Folge (A_ν) zugeordnet ist, gilt nun von einem passenden ν an:

$$\frac{l(M A_\nu)}{l(A_\nu)} \leqq \frac{l(M W_\nu)}{l(W_\nu)} \cdot \frac{l(W_\nu)}{l(A_\nu)} \leqq \frac{\sigma(M; W_\nu)}{\varphi(P)}. \tag{2}$$

Ferner ist $\lim \sigma(M; W_\nu) = 0$, da P Zerstreuungspunkt von M bezüglich $\mathfrak{W}$ ist. Damit folgt aber aus (2) bei $\nu \to \infty$ bereits die zu beweisende Gleichung (1).

Da nach der Schlußbemerkung in **77** die Dichtepunkte von M mit den Zerstreuungspunkten des Komplements M' zusammenfallen (und zwar sowohl für $\mathfrak{W}$ als auch für $\mathfrak{R}$), läuft der noch fehlende Beweis für die Dichtepunkte auf den eben geführten mit M' statt M hinaus.

Wegen des Satzes 4 *gilt der Dichtesatz sowie der Satz* 2 *für jedes bezüglich $\mathfrak{W}$ reguläre Vergleichssystem $\mathfrak{R}$ und damit auch der Satz* 3.

80. Dichte im starken Sinne. Das System $\mathfrak{J}$ aller abgeschlossenen Intervalle I des E_n ist, wie bereits bemerkt, kein bezüglich $\mathfrak{W}$ reguläres Vergleichssystem. Trotzdem kann man es den Erklärungen in **77** an Stelle von $\mathfrak{W}$ zugrundelegen und gelangt so zu Dichtebegriffen mit allen in **77** angegebenen Eigenschaften. In diesem Falle spricht man von der *Dichte im starken Sinne.* Ohne Beweis sei angeführt, daß auch jetzt der

Dichtesatz gilt: *Für fast alle Punkte P einer Menge M des E_n strebt*

$$\frac{\bar{l}(M I_P)}{l(I_P)} \to 1 \text{ bei } d\,(I_P) \to 0.$$

Damit können dann die Sätze 2 und 3 auf $\mathfrak{J}$ übertragen werden. Erklärt man ferner die regulären Vergleichssysteme $\mathfrak{R}$ bezüglich $\mathfrak{J}$ ebenso wie in **79** bezüglich $\mathfrak{W}$, so gilt sichtlich wieder der Satz 4 mit $\mathfrak{J}$ statt $\mathfrak{W}$.

Daß der Dichtesatz auch für die Dichte im starken Sinne gilt, wurde für ebene Punktmengen zuerst von St. Saks (1933) bewiesen[1].

Würde man im Falle der Ebene das System aller Rechtecke (nicht bloß das der achsenparallelen) als Vergleichssystem wählen, so würde der Dichtesatz nicht mehr gelten, und zwar selbst dann nicht, wenn man nur Rechtecke mit dem betrachteten Punkt P als Mittelpunkt zulassen würde. Dies zeigt eine von O. Nykodim (1927) konstruierte Menge. Entsprechendes gilt im E_n mit $n > 2$. [2]

IV. Transformation von Inhalt und Maß.

Es soll jetzt untersucht werden, wie sich das äußere und innere Lebesgue'sche Maß ändern, wenn M einer linearen Transformation unterworfen wird. Unter einem kann dieselbe Frage für den äußeren und inneren Jordan'schen Inhalt behandelt werden, ohne die Lebesguesche Maßtheorie heranzuziehen. Zur Vorbereitung stelle ich zunächst Hilfsmittel über lineare Abbildungen zusammen.

§ 19. Lineare Transformationen.

81. Zusammensetzung homogener linearer Transformationen aus primitiven. Ich betrachte die Transformation

$$x_\mu' = a_{\mu 1} x_1 + a_{\mu 2} x_2 + \dots + a_{\mu n} x_n \qquad (\mu = 1, 2, \dots, n). \tag{1}$$

Die Matrix von (1) werde mit $\mathfrak{A}$ bezeichnet und deren Determinante mit Δ. Es sei vorausgesetzt, daß (1) nicht singulär, d. h. $\Delta \neq 0$ ist. $\mathfrak{A}$ enthält dann quadratische Teilmatrizen $\mathfrak{A}_\mu$ $(\mu = 1, \dots, n)$ der folgenden Art: $\mathfrak{A}_\mu$

[1] *St. Saks*, **71**[5], p. 231; Theory of the integral, Warschau-New York 1937, p. 129. *F. Riesz*, Fundam. Math., **22** (1934), p. 221/25. *O. Haupt-G. Aumann*, **13**[1], p. 120/27. Hier werden auch die Vergleichssysteme charakterisiert, für welche der Dichtesatz gilt. *L. Cesari*, Ann. Pisa (2) **8** (1937), p. 301/7.

[2] *O. Nikodym*, Fundam. Math. **10** (1927), p. 167/8. *O. Haupt-G. Aumann*, **13**[1], p. 124.

ist den ersten μ-Spalten von $\mathfrak{A}$ entnommen und umfaßt für $\mu > 1$ die Matrix $\mathfrak{A}_{\mu-1}$; die Determinante Δ_μ von $\mathfrak{A}_\mu$ ist nie 0.[1] Durch eine „Umnumerierung" der x'_μ [2] und eine anschließende Änderung der Bezeichnung kann man also erreichen, daß für die Koeffizienten in (1) gilt:

$$\Delta_\mu = \begin{vmatrix} a_{11} \dots a_{1\mu} \\ \dots\dots\dots \\ a_{\mu 1} \dots a_{\mu\mu} \end{vmatrix} \neq 0 \text{ für } \mu = 1, 2, \dots, n. \tag{2}$$

Diese Normierung sei vorgenommen.

Eine homogene lineare Transformation der Form

$$\begin{cases} x_\mu' = x_\mu & (\mu = 1, \dots, m-1, m+1, \dots, n), \\ x_m' = b_{m1} x_1 + \dots + b_{mn} x_n \end{cases} \tag{3}$$

heißt *primitiv*; dabei kann $m = 1, 2, \dots, n$ sein. Die Matrix einer Abbildung (3) werde mit $\mathfrak{T}_m$ bezeichnet; ihre Determinante hat den Wert $b_{m\,m}$. Daß (3) nicht singulär ist, wird also durch $b_{m\,m} \neq 0$ ausgedrückt. — Ich zeige nun:

Satz 1. *Die nicht singuläre Transformation* (1) *in der Normierung* (2) *kann auf genau eine Weise aus n nicht singulären, primitiven Transformationen* (3) *zusammengesetzt werden, deren Matrizen der Reihe nach die Form*

$$\mathfrak{T}_1, \mathfrak{T}_2, \dots, \mathfrak{T}_n \tag{4}$$

haben. — Oder auch: Es gibt genau ein System von Matrizen (4) *mit bzw.* $b_{11} \neq 0$, $b_{22} \neq 0$, $\dots$, $b_{nn} \neq 0$, *so daß gilt:*

$$\mathfrak{A} = \mathfrak{T}_n \mathfrak{T}_{n-1} \dots \mathfrak{T}_1.^3 \tag{5}$$

Beweis. Bildet man für irgend welche Matrizen (4) sukzessive die Produkte $\mathfrak{T}_1, \mathfrak{T}_2\mathfrak{T}_1, \dots, \mathfrak{T}_n \mathfrak{T}_{n-1} \dots \mathfrak{T}_1$, so entstehen quadratische Matrizen der folgenden Form:

---

[1] S. etwa *G. Kowalewski*, Einführung in die Determinantentheorie, Berlin 1942, p. 48, Satz 18.

[2] D. i. eine homogene lineare Transformation der Form

$$x_1^* = x_{\mu_1}', \; x_2^* = x_{\mu_2}', \dots, \; x_n^* = x_{\mu_n}',$$

wobei $(\mu_1, \mu_2, \dots, \mu_n)$ eine Permutation von $(1, 2, \dots, n)$ ist. Die Determinante der Transformation ist jetzt ± 1.

[3] Das Produkt zweier n-reihigen quadratischen Matrizen $(a_{\mu\varrho})$, $(b_{\sigma\nu})$ ist eine n-reihige quadratische Matrix $(c_{\mu\nu})$ mit

$$c_{\mu\nu} = a_{\mu 1} b_{1\nu} + a_{\mu 2} b_{2\nu} + \dots + a_{\mu n} b_{n\nu}.$$

$$\mathfrak{T}_\mu \mathfrak{T}_{\mu-1} \cdots \mathfrak{T}_1 = \left(\begin{array}{ccc|ccc} \alpha_{11} & \cdots & \alpha_{1\mu} & \alpha_{1\mu+1} & \cdots & \alpha_{1n} \\ \cdots & \cdots & \cdots & \cdots & \cdots & \cdots \\ \alpha_{\mu 1} & \cdots & \alpha_{\mu\mu} & \alpha_{\mu\mu+1} & \cdots & \alpha_{\mu n} \\ \hline 0 & \cdots & 0 & 1 & 0 \cdots & 0 \\ 0 & \cdots & 0 & 0 & 1 \cdots & 0 \\ \cdots & \cdots & \cdots & \cdots & \cdots & \cdots \\ 0 & \cdots & 0 & 0 & 0 \cdots & 1 \end{array}\right);$$

dabei tritt bei jedem Schritt eine neue Zeile aus Elementen $\alpha_{\mu\nu}$ zu den bereits vorhandenen hinzu, die unverändert bleiben. Setzt man also

$$\mathfrak{T}_n \mathfrak{T}_{n-1} \cdots \mathfrak{T}_1 = (\alpha_{\mu\nu}),$$

so ist

$$\alpha_{1\nu} = b_{1\nu} \qquad (\nu = 1, \ldots, n), \tag{6}$$

ferner für $\mu = 2, 3, \ldots, n$ nach der Art der beim Übergange von $\mathfrak{T}_{\mu-1}\mathfrak{T}_{\mu-2} \cdots \mathfrak{T}_1$ zu $\mathfrak{T}_\mu \mathfrak{T}_{\mu-1} \cdots \mathfrak{T}_1$ neu auftretenden $\alpha_{\mu 1}, \alpha_{\mu 2}, \ldots, \alpha_{\mu n}$

$$\alpha_{\mu\nu} = \begin{cases} \sum\limits_{\varrho=1}^{\mu-1} \alpha_{\varrho\nu} b_{\mu\varrho} & (\nu = 1, \ldots, \mu - 1), \\ \sum\limits_{\varrho=1}^{\mu-1} \alpha_{\varrho\nu} b_{\mu\varrho} + b_{\mu\nu} & (\nu = \mu, \ldots, n). \end{cases} \tag{7}$$

Durch (7) werden die Elemente der μ-ten Zeile von $(\alpha_{\mu\nu})$ für $\mu = 2, \ldots, n$ durch die Elemente der vorangehenden Zeilen und durch $b_{\mu 1}, \ldots, b_{\mu n}$ ausgedrückt.

Nach (6), (7) gilt für die Matrizen (4) die Gleichung (5) genau dann, wenn

$$b_{1\nu} = a_{1\nu} \qquad (\nu = 1, \ldots, n) \tag{8}$$

und für $\mu = 2, \ldots, n$

$$\sum_{\varrho=1}^{\mu-1} a_{\varrho\nu} b_{\mu\varrho} = a_{\mu\nu} \qquad (\nu = 1, \ldots, \mu - 1), \tag{9}$$

$$b_{\mu\nu} = a_{\mu\nu} - \sum_{\varrho=1}^{\mu-1} a_{\varrho\nu} b_{\mu\varrho} \qquad (\nu = \mu, \ldots, n) \tag{10}$$

ist. Die $\mu - 1$ Gleichungen (9) kann man aber für $\mu = 2, \ldots, n$ eindeutig nach $b_{\mu 1}, b_{\mu 2}, \ldots, b_{\mu\mu-1}$ auflösen, da die Gleichungsdeterminante die gestürzte Determinante $\Delta_{\mu-1}$ ist (und diese nach (2) nicht verschwindet). Die $n - (\mu - 1)$ Gleichungen (10) liefern dann eindeutig für $\mu = 2, \ldots, n$ die Koeffizienten $b_{\mu\mu}, b_{\mu\mu+1}, \ldots, b_{\mu n}$. Schließlich sind die $b_{11}, b_{12}, \ldots, b_{1n}$ eindeutig durch (8) festgelegt. $\mathfrak{A}$ kann also eindeutig auf die Form (5) gebracht werden. Bildet man in (5) beiderseits die Determinante, so ergibt sich

$$\Delta = b_{nn}\, b_{n-1\,n-1} \ldots b_{11}. \tag{10'}$$

Wegen $\Delta \neq 0$ sind hiernach die $b_{\mu\mu} \neq 0$.

Damit ist Satz 1 bewiesen.

Obgleich für das Folgende entbehrlich, will ich noch die Koeffizientensysteme

$$b_{\mu 1}, b_{\mu 2}, \ldots, b_{\mu n} \qquad (\mu = 1, 2, \ldots, n) \tag{11}$$

der „erzeugenden" Transformationen von (1) berechnen. *Zunächst gibt* (8) *unmittelbar das System* (11) *für* $\mu = 1$. Ferner erhält man durch Auflösen der $n - 1$ Gleichungssysteme (9) der Reihe nach die Koeffizienten

$$\begin{array}{l} b_{21}, \\ b_{31}, b_{32}, \\ \ldots\ldots\ldots\ldots \\ b_{n1}, b_{n2}, \ldots, b_{n\,n-1}. \end{array}$$

Diese sind also:

$$b_{\mu\nu} = \frac{\Delta^{(\nu)}_{\mu-1}}{\Delta_{\mu-1}} \qquad (\mu = 2, \ldots, n;\ \nu = 1, \ldots, \mu - 1); \tag{12}$$

dabei ist $\Delta^{(\nu)}_{\mu-1}$ *die Determinante, die dadurch entsteht, daß die Elemente der* ν*-ten Zeile von* $\Delta_{\mu-1}$ *der Reihe nach durch*

$$a_{\mu 1}, a_{\mu 2}, \ldots, a_{\mu\,\mu-1} \tag{13}$$

ersetzt werden[4]. Schließlich bestimmen die $n - 1$ Gleichungssysteme (10) die noch fehlenden Koeffizienten

$$\begin{array}{r} b_{22}, b_{23}, \ldots, b_{2n}, \\ b_{33}, \ldots, b_{3n}, \\ \ldots\ldots \\ b_{nn}. \end{array} \tag{14}$$

Um sie explizit zu erhalten, hat man die Werte (12) in (10) einzusetzen; hierdurch entsteht

$$b_{\mu\nu}\,\Delta_{\mu-1} = a_{\mu\nu}\,\Delta_{\mu-1} - \sum_{\varrho=1}^{\mu-1} a_{\varrho\nu}\,\Delta^{(\varrho)}_{\mu-1} \quad (\mu = 2, \ldots, n;\ \nu = \mu, \ldots, n). \tag{15}$$

Bezeichnet man vorübergehend das algebraische Komplement der

[4] Die Cramer'sche Regel führt auf Determinanten, die durch Stürzen in $\Delta_{\mu-1}$ bzw. $\Delta^{(\nu)}_{\mu-1}$ übergehen.

Elemente $a_{\varrho\mu}$ in der letzten Spalte von Δ_μ mit $C_{\varrho\mu}$ $(\varrho = 1, \ldots, \mu)$, so wird

$$C_{\varrho\mu} = (-1)^{\mu-1-\varrho} \cdot (-1)^{\varrho+\mu} \Delta_{\mu-1}^{(\varrho)} = -\Delta_{\mu-1}^{(\varrho)} \text{ für } \varrho = 1, \ldots, \mu-1; \quad (16)$$

hierin entspricht der Faktor $(-1)^{\mu-1-\varrho}$ der Überführung der Zeile (13) von der ϱ-ten an die letzte Stelle und $(-1)^{\varrho+\mu}$ dem Übergang von der Unterdeterminante zum algebraischen Komplement. Weiters ist

$$C_{\mu\mu} = \Delta_{\mu-1}. \quad (17)$$

Mittels (16), (17) geht (15) über in

$$b_{\mu\nu} \Delta_{\mu-1} = \sum_{\varrho=1}^{\mu} a_{\varrho\nu} C_{\varrho\mu}.$$

Hierin ist die rechte Seite die Determinante

$$\Delta_{\mu\nu} = \begin{vmatrix} a_{11} & \ldots & a_{1\mu-1} & a_{1\nu} \\ \ldots & \ldots & \ldots & \ldots \\ a_{\mu 1} & \ldots & a_{\mu\mu-1} & a_{\mu\nu} \end{vmatrix}. \quad (18)$$

Die Koeffizienten (14) *sind also*

$$b_{\mu\nu} = \frac{\Delta_{\mu\nu}}{\Delta_{\mu-1}} \qquad (\mu = 2, \ldots, n; \nu = \mu, \ldots, n); \quad (19)$$

dabei ist $\Delta_{\mu\nu}$ *die Determinante* (18), *die dadurch entsteht, daß die Elemente der letzten Spalte von* Δ_μ *der Reihe nach ersetzt werden durch*

$$a_{1\nu}, a_{2\nu}, \ldots, a_{\mu\nu}.$$

Da nach (18) insbesondere $\Delta_{\mu\mu} = \Delta_\mu$ ist, *gilt* nach (8), (19)

$$b_{\mu\mu} = \frac{\Delta_\mu}{\Delta_{\mu-1}} \qquad (\mu = 1, \ldots, n);$$

dabei ist Δ_μ *für* $\mu = 1, \ldots, n$ *durch* (2) *gegeben und* $\Delta_0 = 1$ *zu setzen.*

Um von der normierten Abbildung auf die ursprüngliche zurückzugelangen, ist eine Umnumerierung vorzunehmen. Eine solche kann stets aus Umnumerierungen, die nur zwei Variable erfassen, aufgebaut werden und diese dann aus primitiven Transformationen. Z. B. entsteht

$$x_1^* = x_2,\ x_2^* = x_1,\ x_\nu^* = x_\nu \text{ für } \nu = 3, \ldots, n$$

durch Zusammensetzen der folgenden primitiven Transformationen:

$$\begin{array}{lll} x_1' = x_1 - x_2, & x_2' = x_2 & x_\nu' = x_\nu \text{ für } \nu = 3, \ldots, n, \\ x_1'' = x_1', & x_2'' = x_1' + x_2', & x_\nu'' = x_\nu' \text{ für } \nu = 3, \ldots, n, \\ x_1^* = -x_1'' + x_2'', & x_2^* = x_2'', & x_\nu^* = x_\nu'' \text{ für } \nu = 3, \ldots, n. \end{array}$$

Da man hiernach mit primitiven Transformationen, deren Determinanten den Betrag 1 haben, auskommt, gilt der

Satz 2. *Eine nicht singuläre Transformation* (1) *kann stets aus einer nach* (2) *normierten und aus endlich vielen anschließenden primitiven Transformationen, deren Determinanten den Betrag* 1 *haben, zusammengesetzt werden.*

82. Orthogonale und kongruente Transformationen. Es sollen jetzt die n-tupel $(x_1, \ldots, x_n)$ sowie $(x_1', x_2', \ldots, x_n')$ als Punkte des E_n angesehen werden. Die Transformation

$$x_\mu' = a_{\mu 1} x_1 + a_{\mu 2} x_2 + \ldots + a_{\mu n} x_n \qquad (\mu = 1, 2, \ldots, n) \qquad (1)$$

heißt *orthogonal*, wenn sie „abstandstreu" ist, d. h., wenn sie jedes Punktepaar in ein äquidistantes überführt[1]. Da bei der Abbildung (1) der Nullpunkt festbleibt, kann (1) nur dann orthogonal sein, wenn die Entfernung eines beliebigen Punktes vom Nullpunkt und die seines Bildes stets gleich sind. Es muß also stets

$$x_1'^2 + x_2'^2 + \ldots + x_n'^2 = x_1^2 + x_2^2 + \ldots + x_n^2$$

sein, d. h., es muß

$$\sum_{\mu=1}^{n} (a_{\mu 1} x_1 + \ldots + a_{\mu n} x_n)^2 = \sum_{\mu=1}^{n} x_\mu^2 \qquad (2)$$

identisch gelten. Aus (2) folgt durch Koeffizientenvergleich

$$\sum_{\mu=1}^{n} a_{\mu k}\, a_{\mu l} = \begin{cases} 1 \text{ für } k = l, \\ 0 \text{ für } k \neq l. \end{cases} \qquad (3)$$

Umgekehrt folgt aus (3) sofort, daß (1) abstandstreu ist. *Durch* (3) *sind also die orthogonalen Abbildungen gekennzeichnet.* Multipliziert man die Determinante Δ einer orthogonalen Abbildung (1) spaltenweise mit sich selbst, so entsteht wegen (3) die n-reihige Einheitsdeterminante; *es ist also* $\Delta^2 = 1$. Hiernach ist eine orthogonale Abbildung nie singulär.

Ist (1) orthogonal, so kann wegen $\Delta \neq 0$ eindeutig nach $x_1, \ldots, x_n$ aufgelöst werden. Und zwar ergibt sich x_ν sofort, indem man (1) mit $a_{\mu\nu}$ multipliziert und dann nach μ summiert; wegen (2) entsteht so

$$x_\nu = a_{1\nu} x_1' + a_{2\nu} x_2' + \ldots + a_{n\nu} x_n' \qquad (\nu = 1, 2, \ldots, n). \qquad (4)$$

Da die Abbildung (4) abstandstreu sein muß, ist sie ebenfalls orthogonal. Daher gilt für sie nach (3)

[1] Daß (1) nicht singulär sei, wird nicht verlangt, trifft aber bei einer orthogonalen Abbildung stets zu (s. u.).

$$\sum_{\nu=1}^{n} a_{k\nu}\, a_{l\nu} = \begin{cases} 1 \text{ für } k = l, \\ 0 \text{ für } k \neq l. \end{cases} \tag{5}$$

Aus (3) folgt also (5) und ebenso umgekehrt. *Die orthogonalen Abbildungen sind somit auch durch* (5) *gekennzeichnet.* Löst man eine orthogonale Abbildung (1) mittels der Cramer'schen Regel nach $x_1, \ldots, x_n$ auf, so entsteht

$$\Delta\, x_\nu = A_{1\nu}\, x_1' + A_{2\nu}\, x_2' + \ldots + A_{n\nu}\, x_n' \qquad (\nu = 1, 2, \ldots, n); \tag{6}$$

dabei ist $A_{\mu\nu}$ das algebraische Komplement von $a_{\mu\nu}$ in Δ. Der Vergleich von (4) und (6) ergibt wegen $\Delta^2 = 1$

$$A_{\mu\nu} = \begin{cases} a_{\mu\nu} \text{ für } \Delta = 1, \\ -\, a_{\mu\nu} \text{ für } \Delta = -1. \end{cases} \tag{7}$$

Zusammenfassend hat sich ergeben:

Satz 3. *Eine Transformation* (1) *ist genau dann orthogonal, wenn* (3) *oder* (5) *gilt. Für ihre Determinante* Δ *ist dann* $\Delta^2 = 1$; *zugleich haben die algebraischen Komplemente* $A_{\mu\nu}$ *der* $a_{\mu\nu}$ *in* Δ *die Darstellung* (7). *Die inverse einer orthogonalen Transformation* (1) (*die wieder orthogonal ist*) *hat die Form* (4).[2]

Eine allgemeine lineare Transformation

$$x_\mu' = a_{\mu 1}\, x_1 + a_{\mu 2}\, x_2 + \ldots + a_{\mu n}\, x_n + a_\mu \qquad (\mu = 1, 2, \ldots, n) \tag{8}$$

heißt *kongruent,* wenn sie abstandstreu ist. *Dies ist sichtlich genau dann der Fall, wenn die zugehörige homogene Transformation orthogonal ist.* Eine kongruente Abbildung kann stets aus einer orthogonalen und aus einer Translation zusammengesetzt werden. Die inverse einer kongruenten Abbildung (8) ist eine Abbildung derselben Art. Zwei Punktmengen des E_n, von denen die eine durch eine kongruente Transformation (8) in die andere übergeführt werden kann, heißen *kongruent.* Eine kongruente Transformation (8) mit $\Delta = +1$ heißt eine *Bewegung.*

§ 20. Transformation von Inhalt und Maß.

83. Inhalt und Maß bei einer primitiven Transformation. Durch eine nicht singuläre, primitive Transformation **81** (3) wird der E_n eineindeutig auf sich selbst abgebildet; dabei gehen die Parallelen zur x_m-Achse einzeln in sich über. Für $m = 1$ hat unsere Abbildung die Form

[2] Mit $(a_{\mu\nu}) = \mathfrak{A}$ lautet (3) in der üblichen Symbolik der Matrizenrechnung $\mathfrak{A}'\,\mathfrak{A} = \mathfrak{E}$. Hieraus folgt $|\mathfrak{A}'|\,|\mathfrak{A}| = |\mathfrak{E}|$, also $\Delta^2 = 1$. Ferner ist $\mathfrak{A}'\,\mathfrak{A} = \mathfrak{E}$ gleichbedeutend mit $\mathfrak{A}' = \mathfrak{A}^{-1}$ und dieses mit $\mathfrak{A}\,\mathfrak{A}' = \mathfrak{E}$. Hiernach gilt (4), (7) bzw. ist (5) für die Orthogonalität von (1) charakteristisch.

$$x_1' = b_1 x_1 + b_2 x_2 + \ldots + b_n x_n, \; x_\nu' = x_\nu \; (\nu = 2, \ldots, n) \text{ mit } b_1 \neq 0, \tag{1}$$

ferner ihre inverse

$$x_1 = \frac{1}{b_1} x_1' - \frac{b_2}{b_1} x_2' - \ldots - \frac{b_n}{b_1} x_n', \; x_\nu = x_\nu' \;\; (\nu = 2, \ldots, n). \tag{2}$$

a) Zur Vorbereitung des Folgenden zeige ich: *Das Bild W' des Würfels W: $c_\nu \leqq x_\nu \leqq c_\nu + h$ $(\nu = 1, \ldots, n)$ bei einer Transformation*
81 (3) *mit $b_{mm} \neq 0$ ist quadrierbar und*

$$j(W') = |b_{mm}| \, j(W).$$

Beweis. Es genügt $m = 1$, also die Abbildung in der Form (1) anzunehmen. Das Bild W' besteht dann nach (2) aus den Punkten $(x_1', \ldots, x_n')$ mit

$$\begin{cases} c_1 \leqq \dfrac{1}{b_1}(x_1' - b_2 x_2' - \ldots - b_n x_n') \leqq c_1 + h, \\ c_\nu \leqq x_\nu' \leqq c_\nu + h \quad (\nu = 2, \ldots, n); \end{cases} \tag{3}$$

hiernach variiert x_1' bei festem $x_2', \ldots, x_n'$ stets auf einem Intervalle von der Länge $|b_1| h$ (Fig. 13). Die Behauptung lautet jetzt: *W' ist quadrierbar und*

$$j(W') = |b_1| \, j(W). \tag{4}$$

Dies gilt zunächst für $n = 1$, da dann W, W' Strecken von der Länge h bzw. $|b_1| h$ sind.

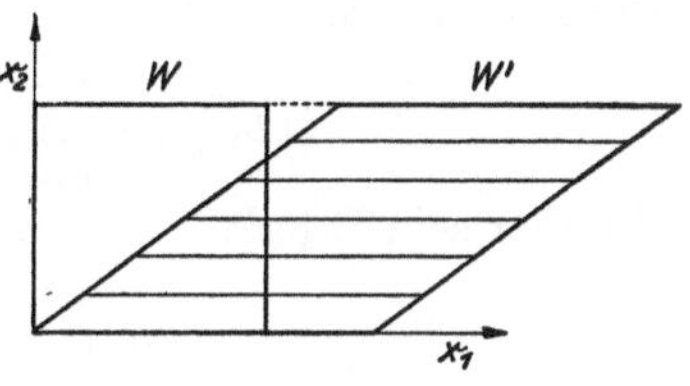

Fig. 13.

Ist $n > 1$, so zerlege ich W' in „Fächer". Diese werden aus W' durch $n - 1$ Systeme von Hyperebenen herausgeschnitten, die bzw. zu den Hyperebenen $x_2 = 0, \ldots, x_n = 0$ parallel sind. Und zwar enthalte jedes System $p + 1$ $(p \geqq 1)$ äquidistante Hyperebenen, die bzw. die Darstellung

$$x_\nu = c_\nu + k \frac{h}{p} \qquad (\nu = 2, \ldots, n; k = 0, 1, \ldots, p)$$

haben (Fig. 13). Ein einzelnes Fach besteht dann aus den Punkten $(x_1, \ldots, x_n)$ mit (vgl. (3))

$$\begin{cases} c_1 \leqq \dfrac{1}{b_1}(x_1 - b_2 x_2 - \ldots - b_n x_n) \leqq c_1 + h \\ c_\nu + (k_\nu - 1)\dfrac{h}{p} \leqq x_\nu \leqq c_\nu + k_\nu \dfrac{h}{p} \qquad (\nu = 2, \ldots, n); \end{cases} \tag{5}$$

dabei kann jedes k_ν eine beliebige der Zahlen $1, 2, \ldots, p$ sein. Die Anzahl der Fächer ist also $p^{n-1} = r$. Ist $b_1 > 0$, so kann (5) auf die folgende Form gebracht werden:

$$b_1 c_1 + \sum_{\nu=2}^{n} b_\nu [(x_\nu - c_\nu) + c_\nu] \leqq x_1 \leqq b_1 (c_1 + h) + \sum_{\nu=2}^{n} b_\nu [(x_\nu - c_\nu) + c_\nu], \tag{6}$$

$$(k_\nu - 1) \frac{h}{p} \leqq x_\nu - c_\nu \leqq k_\nu \frac{h}{p} \qquad (\nu = 2, \ldots, n). \tag{7}$$

Ist $b_1 < 0$, so tritt in (6) an Stelle von $\leqq$ beide Male $\geqq$, während (7) unverändert bleibt.

Man erhält bei $b_1 > 0$ ein das Fach (5) überdeckendes Intervall, indem man in (6) die Differenz $x_\nu - c_\nu$ $(\nu = 2, \ldots, n)$ links bzw. rechts entsprechend (7) ersetzt durch

$$(k_\nu - 1) \frac{h}{p} \text{ bzw. } k_\nu \frac{h}{p}, \text{ falls } b_\nu \geqq 0,$$

und durch

$$k_\nu \frac{h}{p} \text{ bzw. } (k_\nu - 1) \frac{h}{p}, \text{ falls } b_\nu < 0,$$

und die Ungleichungen (7) unverändert beibehält. Die Kantenlängen dieses Intervalles sind

$$(|b_1| h + \sum_{\nu=2}^{n} |b_\nu| \frac{h}{p}), \quad \frac{h}{p}, \ldots, \frac{h}{p} \tag{8}$$

und daher sein Inhalt

$$(|b_1| + \frac{1}{p} \sum_{\nu=2}^{n} |b_\nu|) \frac{j(W)}{r}. \tag{9}$$

Analog gewinnt man bei $b_1 < 0$ ein das Fach (5) überdeckendes Intervall mit dem Inhalt (9). Konstruiert man zu jedem der Fächer das zugehörige Intervall, so überdeckt die Vereinigung dieser Intervalle das Bild W'. Da jedes Intervall den Inhalt (9) hat, gilt also in beiden Fällen

$$\bar{j}(W') \leqq (|b_1| + \frac{1}{p} \sum_{\nu=2}^{n} |b_\nu|) j(W).$$

Hieraus folgt, da p beliebig groß sein kann,

$$\bar{j}(W') \leqq |b_1| j(W). \tag{10}$$

Weiters erhält man im Falle $b_1 > 0$ ein dem Fache (5) eingeschriebenes Intervall, sobald p groß genug ist, indem man in (6) die Differenz $x_\nu - c_\nu$ $(\nu = 2, \ldots, n)$ links bzw. rechts entsprechend (7) ersetzt durch

$$k_\nu \frac{h}{p} \text{ bzw. } (k_\nu - 1) \frac{h}{p}, \text{ falls } b_\nu \geqq 0,$$

$$(k_\nu - 1) \frac{h}{p} \text{ bzw. } k_\nu \frac{h}{p}, \text{ falls } b_\nu < 0,$$

und die Ungleichungen (7) unverändert beibehält. Die Kantenlängen sind jetzt

$$(|b_1| h - \sum_{\nu=2}^{n} |b_\nu| \frac{h}{p}), \frac{h}{p}, \ldots, \frac{h}{p};$$

dabei ist die Klammer positiv für alle hinreichend großen p. Verfährt man nun analog wie oben im Anschlusse an (8),[1] so gewinnt man bei $b_1 > 0$ sowie < 0

$$\underline{j}(W') \geqq |b_1| j(W). \tag{11}$$

Wegen $\underline{j}(W') \leqq \bar{j}(W')$ folgt aus (10), (11) die Behauptung.

b) *Sei M irgend eine beschränkte Punktmenge des E_n und M' ihr Bild bei einer Transformation* **81** (3) *mit $b_{mm} \neq 0$. Dann ist*

$$\bar{j}(M') = |b_{mm}| \bar{j}(M), \quad \underline{j}(M') = |b_{mm}| \underline{j}(M). \tag{12}$$

Beweis. Es genügt $m = 1$ anzunehmen, also die zugrundeliegende Abbildung in der Form (1) vorauszusetzen; die Behauptung (12) lautet dann:

$$\bar{j}(M') = |b_1| \bar{j}(M), \quad \underline{j}(M') = |b_1| \underline{j}(M). \tag{13}$$

Um die erste Gleichung (13) zu beweisen, beachte ich, daß M nach Wahl eines $\varepsilon > 0$ durch endlich viele abgeschlossene Würfel $W_1, \ldots, W_r$ so überdeckt werden kann, daß

$$\sum_{\varrho=1}^{r} j(W_\varrho) < \bar{j}(M) + \frac{\varepsilon}{|b_1|} \tag{14}$$

ist. Da zugleich M' durch die Bilder W_ϱ' der W_ϱ überdeckt wird, gilt nach a) und (14)

$$\bar{j}(M') \leqq j(\sum_{\varrho=1}^{r} W_\varrho') \leqq \sum_{\varrho=1}^{r} j(W_\varrho') = |b_1| \sum_{\varrho=1}^{r} j(W_\varrho) < |b_1| \bar{j}(M) + \varepsilon.$$

Hieraus folgt

$$\bar{j}(M') \leqq |b_1| \bar{j}(M). \tag{15}$$

Nun ist M' ebenfalls beschränkt, ferner die zu (1) inverse Transformation (2) eine Transformation von der Form (1) mit $1/b_1$ an Stelle von b_1. Legt man (2) zugrunde, so ergibt (15)

[1] Dies ist möglich, da je zwei der vorliegenden Intervalle höchstens eine Nullmenge gemeinsam haben.

$$\bar{j}(M) \leqq \frac{1}{|b_1|} \bar{j}(M'). \tag{16}$$

Aus (15), (16) folgt aber die erste Gleichung (13).

Der zweite Teil von (13) gilt zunächst, wenn $\underline{j}(M) = 0$ ist, da dann M, und damit wegen der Stetigkeit der Abbildung auch M', keine inneren Punkte besitzen. Ist $\underline{j}(M) > 0$, so verfährt man analog wie eben. An Stelle der M überdeckenden Würfel W_ϱ treten jetzt endlich viele M eingeschriebene Würfel W_ϱ, die nicht übereinandergreifen (was wegen der Stetigkeit von (1) auf die Bilder W_ϱ' der W_ϱ übergeht).

c) *Sei M wieder irgend eine beschränkte Punktmenge des E_n und M' ihr Bild bei einer Transformation* **81** (3) *mit $b_{mm} \neq 0$. Dann ist*

$$\bar{l}(M') = |b_{mm}| \bar{l}(M), \quad \underline{l}(M') = |b_{mm}| \underline{l}(M). \tag{17}$$

Beweis. Es genügt wieder die zugrundeliegende Abbildung in der Form (1) anzunehmen. Der Beweis von

$$\bar{l}(M') = |b_1| \bar{l}(M) \tag{18}$$

verläuft dann analog zum Beweise der ersten Gleichung (13). An Stelle der endlich vielen M überdeckenden Würfel W_ϱ treten jetzt abzählbar viele, an Stelle von $\bar{j}$, j bzw. $\bar{l}$, l.

Die noch verbleibende Gleichung

$$\underline{l}(M') = |b_1| \underline{l}(M) \tag{19}$$

beweist man mittels (18). Ist nämlich F ein beliebiger abgeschlossener Teil von M und F' sein Bild (das wegen der Stetigkeit von (1) wieder abgeschlossen ist), so gilt wegen der l-Meßbarkeit von F, F' nach (18)

$$\underline{l}(M') \geqq l(F') = |b_1| l(F).$$

Geht man rechts zur oberen Grenze bezüglich aller abgeschlossenen Teile F von M über, so entsteht wegen **65**, Satz 9

$$\underline{l}(M') \geqq |b_1| \underline{l}(M). \tag{20}$$

Mit der Abbildung (2) statt (1) ist nach (20)

$$\underline{l}(M) \geqq \frac{1}{|b_1|} \underline{l}(M'). \tag{21}$$

Aus (20), (21) entnimmt man (19).

d) Verzichtet man auf eine selbständige Darstellung der Inhaltstransformation (s. **84** b)), so hat man von Anfang an auf (17) zu zielen. Es genügt dann (an Stelle von (4)) zu zeigen, daß für den in a) betrachteten Würfel W und dessen bei (1) entstehenden Bild W'

$$\overline{l}(W') \leqq |b_1| \, l(W) \tag{22}$$

ist. Dies kann (von der Dimension $n = 2$ an) Wort für Wort wie der Beweis von (10) erfolgen, nur mit $\overline{l}$, l an Stelle von $\overline{j}$ bzw. j. Die Ungleichung (22) genügt bereits, um den Beweis von (15) auf das Maß zu übertragen, womit dann alles Weitere wie in c) verläuft.

84. Inhalt und Maß bei einer linearen Transformation. Wir sind nun im Besitze der Handhaben, um das Verhalten von Inhalt und Maß einer beliebigen Punktmenge M der E_n zu beurteilen, wenn M einer linearen Transformation

$$x_\mu' = a_{\mu 1} x_1 + a_{\mu 2} x_2 + \ldots + a_{\mu n} x_n + a_\mu \quad (\mu = 1, 2, \ldots, n) \tag{1}$$

unterworfen wird. Die Determinante $|a_{\mu\nu}|$ von (1) werde mit Δ bezeichnet, das Bild von M mit M'. Ist (1) singulär, d. h. $\Delta = 0$, so verlegt (1) den vollen E_n in eine Hyperebene, andernfalls wird er eineindeutig und umkehrbar stetig auf sich selbst abgebildet.

a) Ich beginne mit dem Maß. — Es sei M zunächst beschränkt. Ist (1) homogen, ferner nicht singulär und nach **81** (2) normiert, also von der Form

$$x_\mu' = a_{\mu 1} x_1 + a_{\mu 2} x_2 + \ldots + a_{\mu n} x_n \quad (\mu = 1, 2, \ldots, n) \tag{2}$$

mit $\Delta_\mu \neq 0$ $(\mu = 1, \ldots, n)$, so kann (1) nach **81**, Satz 1 aus n primitiven Abbildungen **81** (3) mit $b_{mm} \neq 0$ zusammengesetzt werden, wobei m der Reihe nach $1, 2, \ldots, n$ ist. Diese Abbildungen führen M sukzessive in beschränkte Mengen $M_1, M_2, \ldots, M_n = M'$ über; dabei ist nach **83** c)

$$\overline{l}(M_1) = |b_{11}| \, \overline{l}(M), \overline{l}(M_2) = |b_{22}| \, \overline{l}(M_1), \ldots, \overline{l}(M') = |b_{nn}| \, \overline{l}(M_{n-1}).$$

Hieraus bzw. aus **81** (10′) folgt

$$\overline{l}(M') = |b_{11}| \, |b_{22}| \ldots |b_{nn}| \, \overline{l}(M) = |\Delta| \, \overline{l}(M).$$

Verfährt man ebenso bei $\underline{l}(M)$, so hat man also insgesamt

$$\overline{l}(M') = |\Delta| \, \overline{l}(M), \qquad \underline{l}(M') = |\Delta| \, \underline{l}(M). \tag{3}$$

Wird nicht verlangt, daß die Abbildung (2) normiert sei, so kann sie aus einer normierten und aus endlich vielen anschließenden primitiven mit Determinanten vom Betrage 1 zusammengesetzt werden (**81**, Satz 2). Da bei der Normierung Δ höchstens in $-\Delta$ übergeht, gilt also wieder (3). Schließlich gilt (3) bei jeder nicht singulären allgemeinen Transformation (1), da eine solche aus einer nicht singulären Transformation (2) und einer anschließenden Translation aufgebaut werden kann (s. **69**, Satz 22).

Mittels (3) ergibt sich, daß das System der beschränkten, meßbaren Mengen bei einer nicht singulären Abbildung (1) eineindeutig in sich übergeht. Nach der Schlußbemerkung in **66** gilt dann dasselbe für das System der nicht beschränkten, meßbaren Mengen und damit für das System der meßbaren Mengen überhaupt.

Ist M nicht beschränkt und eine nicht singuläre Abbildung (1) zugrundegelegt, so gilt (3) wiederum wegen **64**, Satz 4 bzw. **64**, Satz 3 und dem bereits Bewiesenen.

Falls (1) singulär ist, so liegt M' in einer Hyperebene und ist daher eine Nullmenge.

Damit ist für das Maß das folgende abschließende Resultat gewonnen:

Satz 1. *Für das Bild M' einer beliebigen n-dimensionalen Punktmenge M bei einer (allgemeinen) linearen Transformation mit der Determinante Δ gilt:*

$$\bar{l}(M') = |\Delta|\,\bar{l}(M),\quad \underline{l}(M') = |\Delta|\,\underline{l}(M),\ \textit{falls}\ \Delta \neq 0, \tag{4}$$

$$\bar{l}(M') = \underline{l}(M') = 0,\ \textit{falls}\ \Delta = 0.$$

Bei $\Delta \neq 0$ geht das System der l-meßbaren Mengen eineindeutig in sich selbst über.

Hiernach ist eine Abbildung (1) genau dann „maßtreu", wenn $|\Delta| = 1$ ist; genau in diesem Falle ändern sich also das äußere und innere Maß sowie die Meßbarkeit einer Menge nicht. Da $|\Delta| = 1$ insbesondere für die kongruenten Abbildungen (1) zutrifft, ist eine solche Abbildung stets maßtreu. Daß das Umgekehrte nicht gilt, zeigt z. B. schon die Abbildung $x_1' = x_1 + x_2,\ x_\nu' = x_\nu\ (\nu = 2, \ldots, n)$.

b) Mittels des Satzes 1 ist es leicht den entsprechenden Satz für den Inhalt zu gewinnen.

Sei (1) nicht singulär, ferner $\overline{M}$ die abgeschlossene Hülle von M und $\overline{M}'$ deren Bild bei (1). Da $\overline{M}'$ zugleich die abgeschlossene Hülle von M' ist, gilt nach **67** (7) und nach (4)

$$\bar{j}(M') = l(\overline{M}') = |\Delta|\, l(\overline{M}) = |\Delta|\, \bar{j}(M).$$

Verfährt man entsprechend bei $\underline{j}$, so hat man also insgesamt

$$\bar{j}(M') = |\Delta|\,\bar{j}(M),\quad \underline{j}(M') = |\Delta|\,\underline{j}(M). \tag{5}$$

Hiermit ergibt sich, daß das System der beschränkten, quadrierbaren Mengen bei einer nicht singulären Abbildung (1) eineindeutig in sich übergeht; dasselbe gilt dann wegen **44**, Satz 3 auch für das System der nicht beschränkten. Ist (1) singulär, so ist M' eine j-Nullmenge. — Damit ist für den Inhalt das folgende abschließende Resultat gewonnen:

Satz 2. *Der Wortlaut von Satz 1 gilt auch dann, wenn man* $\bar{l}$, $\underline{l}$, l *bzw. durch* $\bar{j}$, $\underline{j}$, j *ersetzt.*

Hiernach sind die „inhaltstreuen" Abbildungen (1) durch $|\Delta| = 1$ gekennzeichnet. Dies trifft insbesondere für die kongruenten Abbildungen (1) zu.

c) Man kann den Satz 2 auch durch ein dem Verfahren in a) analoges beweisen, das die Lebesgue'sche Theorie nicht heranzieht.

Dem ersten Absatze in a) entsprechend stellt man zunächst fest, daß die Gleichungen (5) gelten, falls (1) nicht singulär und M beschränkt ist; die Rolle von **83** c) und **69**, Satz 22 übernimmt jetzt **83** b) bzw. **50** Satz 20. Damit ergibt sich, dem zweiten Absatze in a) entsprechend, daß das System der quadrierbaren Mengen bei einer nicht singulären Abbildung (1) eineindeutig in sich übergeht; die Rolle der Schlußbemerkung in **66** übernimmt jetzt **44**, Satz 3. Ist ferner M nicht beschränkt und (1) weiter nicht singulär, so gilt zunächst wieder die zweite Gleichung (5), wegen **46**, Satz 6 und dem bereits Festgestellten. Insbesonders gilt also $j(M') = |\Delta|\, j(M)$ auch bei nicht beschränktem, quadrierbarem M. Von hier aus erhält man dann die erste Gleichung (5) für ein nicht beschränktes M im Anschlusse an die Definition **46** (1) von $\bar{j}$. Beachtet man noch, daß eine singuläre Abbildung (1) den E_n in eine Hyperebene überführt, so hat man den Satz 2 unabhängig von der Lebesgue'schen Theorie bewiesen.

85. Meßbare Abbildungen. Die Punktmenge M des E_n sei auf die Punktmenge M' des E_m eindeutig abgebildet. Die Abbildung heiße *meßbar*, wenn das Bild eines jeden l_n-meßbaren Teiles von M ein l_m-meßbarer Teil von M' ist[1]. Z. B. ist jede nicht singuläre lineare Abbildung des E_n auf sich selbst meßbar. Es gilt:

Satz 3. *Für die Meßbarkeit einer eindeutigen Abbildung von M auf M' ist notwendig, daß die Abbildung „nullmengentreu" ist, d. h., daß jeder l_n-Nullmenge aus M eine l_m-Nullmenge in M' entspricht.*

Entspricht nämlich einer l_n-Nullmenge N aus M eine Menge N' in M', die nicht l_m-Nullmenge ist, so besitzt N' nach **74**, Satz 5 einen Teil, der nicht l_m-meßbar ist. Ein passendes Urbild dieses Teiles ist dann Teil von N und damit l_n-meßbar. Folglich ist die Abbildung keine meßbare.

Daß die Nullmengentreue selbst einer eineindeutigen Abbildung für die Meßbarkeit nicht hinreicht, zeigt das folgende

[1] *H. Rademacher*, **74**[2], p. 183.

Beispiel. Das Intervall $I = [0, 1)$ des E_1 werde gemäß **74**, Satz 5 in zwei fremde, nicht l_1-meßbare Teile M_1, M_2 zerlegt. Durch

$$x' = x \text{ für } x \in M_1, \quad x' = x + 1 \text{ für } x \in M_2 \tag{1}$$

wird dann I auf eine Punktmenge I' des Intervalles $[0, 2)$ eineindeutig abgebildet. Dabei kann I' nicht l_1-meßbar sein, da es sonst auch $I' I = M_1$ wäre; die Abbildung (1) von I auf I' ist also nicht meßbar. Trotzdem ist sie nullmengentreu: das Bild einer Nullmenge aus I besteht ja aus zwei Teilen, deren jeder eine Nullmenge ist[2].

Dagegen gilt:

Satz 4. *Die Nullmengentreue ist für die Meßbarkeit einer eindeutigen Abbildung von M auf M' hinreichend, falls die Abbildung stetig ist.*

Beweis. Sei also die Abbildung von M auf M' eindeutig, stetig und nullmengentreu. Ein l_n-meßbarer Teil A von M hat nach **65**, Satz 11 die Darstellung $A = N + \Sigma F_\nu$, wobei N eine l_n-Nullmenge und die abzählbar vielen F_ν beschränkt und abgeschlossen im E_n sind. Nach Voraussetzung ist das Bild N' von N eine l_m-Nullmenge; ferner ist das Bild F_ν' von F_ν jeweils abgeschlossen im E_m.[3] Da das Bild A' von A die Darstellung $A' = N' + \Sigma F_\nu'$ hat, ist also A' l_m-meßbar. Damit ist Satz 4 bewiesen.

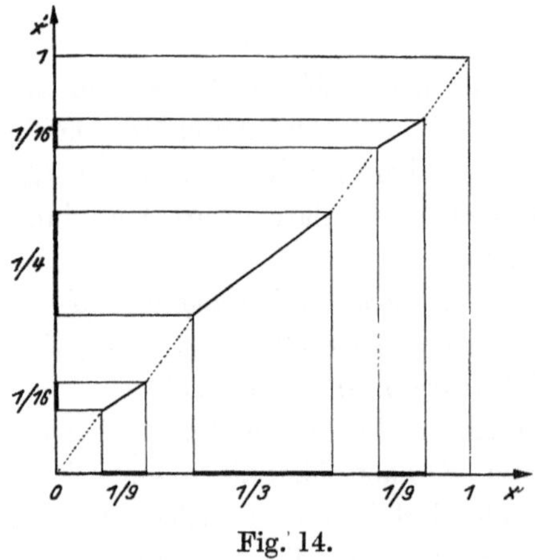

Fig. 14.

Daß eine eineindeutige, stetige Abbildung von M auf M' nicht meßbar zu sein braucht, zeigt das folgende Beispiel. Es seien M, M' die Intervalle $0 \leqq x \leqq 1$ bzw. $0 \leqq x' \leqq 1$, ferner C_{13} auf $0 \leqq x \leqq 1$ und C_{14} auf $0 \leqq x' \leqq 1$ die in **58** konstruierten Diskontinuen. Jedes bei der Konstruktion von C_{13} gelöschte Intervall werde linear auf das gleichliegende, bei der Konstruktion von C_{14} gelöschte Intervall bezogen, nachdem den Intervallen noch ihre Endpunkte zugegeben sind (Fig. 14); ferner sollen die Häufungspunkte entsprechender Endpunkte

[2] *H. Rademacher*, **74**², p. 197. — Durch eine naheliegende Erweiterung der Abbildung (1) kann man zu einer eineindeutigen, nullmengentreuen, jedoch nicht meßbaren Abbildung von $[0, 2)$ auf sich selbst gelangen. Jetzt sind also

einander zugeordnet werden. Auf diese Weise entsteht offenbar eine eineindeutige, stetige Abbildung von $0 \leqq x \leqq 1$ auf $0 \leqq x' \leqq 1$. Diese Abbildung ist aber nicht meßbar, da sie nicht nullmengentreu ist: es geht ja C_{13} mit $l(C_{13}) = 0$ in C_{14} mit $l(C_{14}) = \frac{1}{2}$ über (s. **62** (4)).

C. Carathéodory hat eine eineindeutige, stetige Abbildung von $0 \leqq x \leqq 1$ auf $0 \leqq x' \leqq 1$ angegeben, bei der das x-Intervall nach Ausschluß einer Nullmenge in eine Nullmenge des x'-Intervalles (und ebenso umgekehrt) übergeführt wird. Auch diese Abbildung kann nicht meßbar sein[4].

§ 21. Inhalt und Maß elementarer Gebilde.

Die folgenden Berechnungen von Inhalt und Maß verlaufen meist in der Weise, daß das betrachtete Gebilde durch eine lineare Transformation aus einem Gebilde mit bekanntem Inhalt oder Maß hergeleitet und dann **84**, Satz 2 bzw. 1 angewendet wird.

86. Zylinder. Es seien E_{n+1} und E_n die am Anfang von **56** beschriebenen Räume. Durch eine nicht leere Punktmenge B des E_n und einen Vektor $\mathfrak{a}$ des E_{n+1} ist ein *Zylinder* Z *des* E_{n+1} bestimmt; dabei soll die y-Komponente h von $\mathfrak{a}$ positiv sein. Z ist die Vereinigung der abgeschlossenen Strecken, die sich ergeben, indem man $\mathfrak{a}$ von den einzelnen Punkten von B abträgt. Falls $\mathfrak{a}$ parallel zur y-Achse ist, ist Z ein gerader Zylinder im Sinne von **56**, sonst ein *schiefer*. B ist die (*untere*) *Basis von* Z, der Ort B' der Endpunkte der konstruierten Strecken die *obere*, ferner h die *Höhe*.

Der Vektor $\mathfrak{a} = (a_1, \ldots, a_n, h)$ entsteht aus dem Vektor $(0, \ldots, 0, h)$, indem man den E_{n+1} der linearen Transformation

$$x_1' = x_1 + \frac{a_1}{h} y, \ldots, x_n' = x_n + \frac{a_n}{h} y, \; y' = y \tag{1}$$

unterwirft, deren Determinante $\Delta = 1$ ist. Da hierbei B in sich übergeht, führt (1) den geraden Zylinder mit der Basis B und der Höhe h in den Zylinder Z über. Die Sätze 2 bzw. 1 in **84** ergeben nun, *daß* **56**, *Satz* 2 *sowie* **72**, *Satz* 25 *auch dann gelten, wenn* Z *ein Zylinder im jetzigen Sinne ist.*

Definitionsbereich sowie Bildbereich der Abbildung meßbar (l. c. p. 197/8).

[3] Ist eine beschränkte, abgeschlossene Menge des E_n eindeutig und stetig auf eine Menge des E_m abgebildet, so ist diese ebenfalls beschränkt und abgeschlossen.

[4] *C. Carathéodory*, **26**[4], p. 355/9. — Literaturangaben zu dieser Nummer s. *L. Zoretti - A. Rosenthal*, **54**[6], p. 981/2.

Diese Sätze können noch auf „Zylinder allgemeiner Lage" ausgedehnt werden, d. h. auf Gebilde des E_{n+1}, die zu einem Zylinder Z kongruent sind.

87. Parallelotope. Ein *Parallelotop T des E_n* ist durch einen Punkt $P_0 = (x_{01}, \ldots, x_{0n})$ und n linear unabhängige Vektoren $\mathfrak{a}_\nu = (a_{\nu 1}, \ldots, a_{\nu n})$ bestimmt; es besteht aus den Endpunkten der von P_0 abgetragenen Vektoren

$$\mathfrak{a} = \lambda_1 \mathfrak{a}_1 + \lambda_2 \mathfrak{a}_2 + \cdots + \lambda_n \mathfrak{a}_n \text{ mit } 0 \leqq \lambda_\nu \leqq 1. \tag{1}$$

Ein Parallelotop des E_1 ist eine Strecke, des E_2 ein Parallelogramm und des E_3 ein Parallelflach einschließlich der jeweiligen Begrenzung. Das Parallelotop T_1, das durch den Koordinatenanfang O und die Vektoren

$$\mathfrak{e}_1 (1, 0, \ldots, 0), \mathfrak{e}_2 = (0, 1, \ldots, 0), \ldots, \mathfrak{e}_n = (0, 0, \ldots, 1)$$

bestimmt ist, besteht nach (1) aus den Endpunkten der von O abgetragenen Vektoren

$$\mathfrak{e} = \lambda_1 \mathfrak{e}_1 + \lambda_2 \mathfrak{e}_2 + \cdots + \lambda_n \mathfrak{e}_n \text{ mit } 0 \leqq \lambda_\nu \leqq 1. \tag{2}$$

Da der Endpunkt eines jeden von O abgetragenen Vektors $\mathfrak{e}$ die Koordinaten $x_\nu = \lambda_\nu$ hat, stimmt T_1 mit dem Würfel $0 \leqq x_\nu \leqq 1$ $(\nu = 1, \ldots, n)$ überein. T_1 ist also quadrierbar und $\jmath(T_1) = 1$. Nun gibt es genau eine lineare Abbildung des E_n auf sich selbst, die O in P_0 und $\mathfrak{e}_\nu$ in $\mathfrak{a}_\nu$ für $\nu = 1, \ldots, n$ überführt, nämlich

$$x_\varrho' = a_{1\varrho} x_1 + a_{2\varrho} x_2 + \cdots + a_{n\varrho} x_n + x_{0\varrho} \qquad (\varrho = 1, \ldots, n); \tag{3}$$

wegen der linearen Unabhängigkeit der $\mathfrak{a}_\nu$ ist (3) nicht singulär. Zugleich geht ein nach (2) gebildeter Vektor $\mathfrak{e}$ in den mit denselben λ_ν gebildeten Vektor $\mathfrak{a}$ über und daher T_1 in T. Somit ergibt **84**, Satz 2, *daß T quadrierbar ist*[1], *ferner* wegen $\jmath(T_1) = 1$

$$\jmath(T) = |\Delta| \quad mit \quad \Delta = \begin{vmatrix} a_{11} \, a_{12} \, \ldots \, a_{1n} \\ a_{21} \, a_{22} \, \ldots \, a_{2n} \\ \cdots\cdots\cdots \\ a_{n1} \, a_{n2} \, \ldots \, a_{nn} \end{vmatrix}. \tag{4}$$

Ist noch $(x_{\nu 1}, \ldots, x_{\nu n})$ der Endpunkt des von P_0 abgetragenen Vektors $\mathfrak{a}_\nu$, so wird

[1] Dies folgt natürlich auch daraus, daß die Begrenzung von T auf passenden Hyperebenen liegt.

$$\varDelta = \begin{vmatrix} x_{11}-x_{01} & \dots & x_{1n}-x_{0n} \\ \dots & \dots & \dots \\ x_{n1}-x_{01} & \dots & x_{nn}-x_{0n} \end{vmatrix} = \begin{vmatrix} 1 & x_{01} & \dots & x_{0n} \\ 0 & x_{11}-x_{01} & \dots & x_{1n}-x_{0n} \\ \dots & \dots & \dots & \dots \\ 0 & x_{n1}-x_{01} & \dots & x_{nn}-x_{0n} \end{vmatrix}$$

oder

$$\varDelta = \begin{vmatrix} 1 & x_{01} & x_{02} & \dots & x_{0n} \\ 1 & x_{11} & x_{12} & \dots & x_{1n} \\ \dots & \dots & \dots & \dots & \dots \\ 1 & x_{n1} & x_{n2} & \dots & x_{nn} \end{vmatrix}. \qquad (5)$$

88. Kegel. Es seien E_{n+1} und E_n wieder die in **56** angegebenen Räume. Ein *Kegel K des* E_{n+1} ist durch eine nicht leere Punktmenge B des E_n und einen nicht im E_n liegenden Punkt P des E_{n+1} bestimmt; dabei soll P „oberhalb" des E_n liegen, d. h., seine y-Koordinate $h > 0$ sein. K ist dann die Vereinigung der abgeschlossenen Verbindungsstrecken der einzelnen Punkte von B mit P. B ist die *Basis von K*, P der *Scheitel* und h die *Höhe.*

Zur Abkürzung setze ich $j_n = j$, $j_{n+1} = J$ und entsprechend für den äußeren und inneren Inhalt.

a) Die Basis B von K sei zunächst ein abgeschlossener Würfel des E_n mit dem Mittelpunkt P_1, ferner liege der Scheitel P in der Normalen auf den E_n in P_1. Ein solcher Kegel heißt eine *gerade Pyramide mit würfelförmiger Basis.* Da die Begrenzung von K aus Teilen von Hyperebenen des E_{n+1} besteht, ist K J-meßbar. Es soll $J(K)$ berechnet werden.

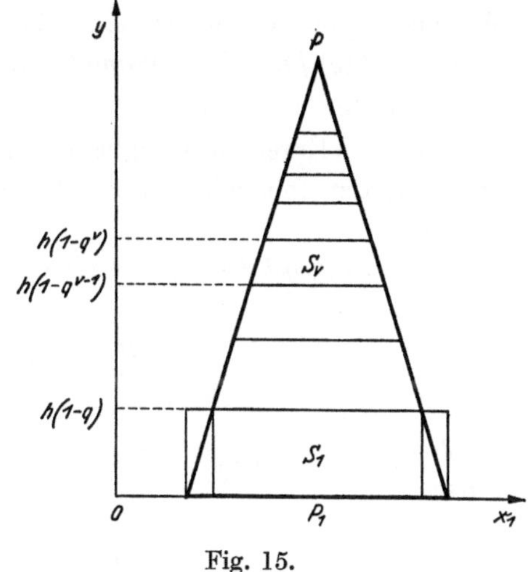

Fig. 15.

Hierzu wähle ich eine Zahl q mit $0 < q < 1$ und zerlege K unter Ausschluß von P mittels der Hyperebenen

$$y = h\,(1 - q^\nu) \quad (\nu = 0, 1, 2, \dots) \qquad (1)$$

in „übereinander liegende", abgeschlossene „Stumpfe" S_1, $S_2, \dots$ (Fig. 15); diese sind ebenfalls J-meßbar und greifen nicht übereinander. Die Längen der Lote von P auf die Hyperebenen (1) sind der Reihe nach $h, hq, hq^2, \ldots$. Da hiernach S_ν aus S_1 durch eine Ähnlichkeit des E_{n+1} mit dem Zentrum P und dem Ähnlichkeitsverhältnis $1 : q^{\nu-1}$ entsteht, ergibt **50**, Satz 21

$$J(S_\nu) = q^{(\nu-1)(n+1)} J(S_1).$$

Also ist

$$J(K) = \sum_{\nu=1}^{\infty} J(S_\nu) = \frac{J(S_1)}{1 - q^{n+1}}. \tag{2}$$

Sei noch B_1 die Projektion des Schnittes der Hyperebene $y = h(1 - q)$ mit K auf den E_n. Da B_1 aus B durch eine Ähnlichkeit des E_n mit dem Zentrum P_1 und dem Verhältnis $1 : q$ entsteht, ist $j(B_1) = q^n j(B)$. Nun liegt S_1 zwischen den geraden Zylindern mit der Basis B_1 bzw. B und der gemeinsamen Höhe $h(1 - q)$. Also ist

$$q^n j(B) h (1 - q) \leqq J(S_1) \leqq j(B) h (1 - q)$$

und daher nach (2)

$$q^n \frac{j(B) h (1 - q)}{1 - q^{n+1}} \leqq J(K) \leqq \frac{j(B) h (1 - q)}{1 - q^{n+1}}.$$

Hieraus folgt bei $q \to 1$

$$J(K) = \frac{j(B) h}{n + 1}. \tag{3}$$

Weiters ergibt sich mittels einer Transformation von der Form **86** (1) sofort, *daß* (3) *für jede „Pyramide" K mit würfelförmiger Basis B und der Höhe h gilt*[1].

b) Das letzte Ergebnis ermöglicht es, für einen Kegel K im ursprünglichen Sinne den folgenden Satz völlig analog wie den Satz 25 in **72** zu beweisen.

Es sei K ein Kegel des E_{n+1} mit der im E_n liegenden Basis B und der Höhe h. Dann ist

$$\bar{l}_{n+1}(K) = \frac{\bar{l}_n(B) h}{n + 1}, \quad \underline{l}_{n+1}(K) = \frac{\underline{l}_n(B) h}{n + 1}.$$

K ist genau dann l_{n+1}-meßbar, wenn B l_n-meßbar ist. In diesem Falle wird also

$$l_{n+1}(K) = \frac{l_n(B) h}{n + 1}. \tag{4}$$

---

[1] Jetzt braucht also die Normale auf den E_n in P_1 nicht mehr durch P zu gehen.

Bei der Übertragung des Beweises von **72**, Satz 25 hat in den Formeln an Stelle von h durchwegs $h/n+1$ zu treten und an Stelle der einzelnen Zylinder mit der Höhe h die entsprechenden Kegel mit dem Scheitel P; ferner ist die in **72** c) auftretende Projektion in y-Richtung auf den E_n durch eine Projektion aus P auf den E_n zu ersetzen.

c) *Weiters gilt* (vgl. **56**, Satz 2)

$$\bar{\jmath}_{n+1}(K) = \frac{\bar{\jmath}_n(B)\,h}{n+1}, \quad \underline{\jmath}_{n+1}(K) = \frac{\underline{\jmath}_n(B)\,h}{n+1}. \tag{5}$$

Ferner ist K genau dann $\jmath_{n+1}$-meßbar, wenn B $\jmath_n$-meßbar ist.

Die Formeln (5) gewinnt man mittels (4) analog wie die Formeln **56** (1) mittels **72** (17) (s. das Ende von **72**).

Der zweite Teil der Behauptung ergibt sich, falls $\bar{\jmath}(B)$ endlich ist, sofort mittels (5). Sei also $\bar{\jmath}(B) = \infty$. Um zunächst zu zeigen, daß auch jetzt aus der J-Meßbarkeit von K die $\jmath$-Meßbarkeit von B folgt, wähle ich im E_n ein Gitter Γ^* und errichte über jedem Gitterwürfel $W_\nu{}^*$ die Pyramide Q_ν mit dem Scheitel P; diese ist J-meßbar. Ferner werde $B\,W_\nu{}^* = B_\nu$, $K\,Q_\nu = K_\nu$ gesetzt, so daß also K_ν der Kegel über B_ν mit dem Scheitel P, bzw. leer ist. Ist nun K, und damit die K_ν, J-meßbar, so sind nach dem bereits Festgestellten die B_ν $\jmath$-meßbar und damit nach **44**, Satz 3 auch B selber. Ist umgekehrt B, und damit die B_ν, $\jmath$-meßbar, so sind nach dem bereits Festgestellten die K_ν J-meßbar. Um von hier aus auf die J-Meßbarkeit von K schließen zu können, werde das Gitter Γ^* von vornherein mit der Weite h angenommen; ferner werde über jedem Würfel $W_\nu{}^*$ der nach oben offene Würfel W_ν des E_{n+1} errichtet (dessen Kantenlänge also h ist). Man hat dann zu zeigen, daß $W_\nu K = W_\nu \sum_1^\infty K_\mu$ für jedes ν J-meßbar ist (s. **44**, Satz 3). Dies gelingt mittels **49**, Satz 17. Ich zerlege den betrachteten Würfel $W_\nu = W$ (der von unendlich vielen Kegeln K_μ getroffen werden kann) mittels der Hyperebenen $y = (1 - 1/\varrho)\,h$ $(\varrho = 1, 2, \ldots)$ in übereinander liegende „Schichten" $A_1, A_2, \ldots$; diese Schichten sind getrennt und samt ihrer Vereinigung W J-meßbar. Die in den einzelnen A_ϱ liegenden Teile $A_\varrho K$ von K sind J-meßbar, da jedes A_ϱ nur von höchstens e n d l i c h vielen Kegeln K_μ getroffen wird; ferner ist $W\,K = \sum A_\varrho K$, und $\bar{J}(W\,K)$ endlich. Wendet man jetzt **49**, Satz 17 mit $M = W\,K$ an, so ergibt sich die J-Meßbarkeit von $W\,K$. Damit ist auch der zweite Teil von c) bewiesen.

Ist B beschränkt, so ist es leicht, die Formeln (5) mittels **53**, Satz 4 zu gewinnen (und zwar ohne vom zweiten Teil der Behauptung in c) Gebrauch zu machen). Man wählt im E_n eine Folge von B überdeckenden Zellensystemen $\mathfrak{Z}_1^*, \mathfrak{Z}_2^*, \ldots$ aus abgeschlossenen Würfeln mit $d(\mathfrak{Z}_\nu^*) \to 0$. Die Vereinigung aller Würfel von $\mathfrak{Z}_\nu^*$ werde mit $\overline{A}_\nu^*$ bezeichnet und die Vereinigung jener, die auf B liegen (bzw. die leere Menge), mit $\underline{A}_\nu^*$. Sodann wird über jedem Würfel aus $\mathfrak{Z}_\nu^*$ die Pyramide mit dem Scheitel P errichtet und diese Pyramiden mittels der Hyperebenen $y = \varrho \cdot h/\nu$ ($\varrho = 0, 1, \ldots, \nu$) in ν Stumpfe zerlegt (deren letzter eine Pyramide ist). Auf diese Weise ist im E_{n+1} eine Folge von K überdeckenden Zellensystemen $\mathfrak{Z}_1, \mathfrak{Z}_2, \ldots$ mit $d(\mathfrak{Z}_\nu) \to 0$ entstanden. Bezeichnet man die Vereinigung aller Stumpfe von $\mathfrak{Z}_\nu$ mit $\overline{A}_\nu$ und die Vereinigung jener, die auf K liegen (bzw. die leere Menge), mit $\underline{A}_\nu$, so ergibt sich mittels **53**, Satz 4 sowie mittels (3)

$$\overline{J}(K) = \lim_{\nu\to\infty} J(\overline{A}_\nu) = \lim_{\nu\to\infty} \frac{j(\overline{A}_\nu^*)\,h}{n+1} = \frac{\overline{j}(B)\,h}{n+1}$$

und entsprechend für $\underline{J}(K)$.

Die Sätze in b) *und* c) *können noch auf „Kegel allgemeiner Lage" ausgedehnt werden*, d. h. auf Gebilde des E_{n+1}, die zu einem Kegel im bisherigen Sinne kongruent sind.

89. Simplexe. Ein *Simplex* S_n *des* E_n ist durch einen Punkt $P_0 = (x_{01}, \ldots, x_{0n})$ und n linear unabhängige Vektoren $\mathfrak{a}_\nu = (a_{\nu 1}, \ldots, a_{\nu n})$ bestimmt; es besteht aus den Endpunkten der von P_0 abgetragenen Vektoren

$$\mathfrak{a} = \lambda_1 \mathfrak{a}_1 + \ldots + \lambda_n \mathfrak{a}_n \text{ mit } \lambda_\nu \geqq 0,\ \lambda_1 + \ldots + \lambda_n \leqq 1. \tag{1}$$

Ein Simplex des E_1 ist eine Strecke, des E_2 ein Dreieck und des E_3 ein Tetraeder einschließlich der Begrenzung. Das Simplex T_n, das durch den Anfangspunkt O und die Einheitsvektoren $\mathfrak{e}_1, \ldots, \mathfrak{e}_n$ der Koordinatenachsen bestimmt ist, besteht nach (1) aus den Endpunkten der von O abgetragenen Vektoren

$$\mathfrak{e} = \lambda_1 \mathfrak{e}_1 + \ldots + \lambda_n \mathfrak{e}_n \text{ mit } \lambda_\nu \geqq 0,\ \lambda_1 + \ldots + \lambda_n \leqq 1,$$

oder, da diese Endpunkte die Koordinaten $\lambda_1, \ldots, \lambda_n$ haben, aus den Punkten $(x_1, \ldots, x_n)$ mit

$$x_1 \geqq 0, \ldots, x_n \geqq 0,\ x_1 + \ldots + x_n \leqq 1. \tag{2}$$

Hiernach liegt die Begrenzung von T_n in den Hyperebenen $x_\nu = 0$, $x_1 + \ldots + x_n = 1$, weshalb T_n jedenfalls j_n-meßbar ist. Insbesondere ist, falls $n \geqq 2$, der in der Hyperebene $x_n = 0$ liegende Teil der Begrenzung von T_n nach (2) das Simplex T_{n-1} des $x_1, \ldots, x_{n-1}$-Raumes; es besteht aus den Punkten $(x_1, \ldots, x_{n-1})$ mit

$$x_1 \geqq 0, \ldots, x_{n-1} \geqq 0, \; x_1 + \ldots + x_{n-1} \leqq 1.$$

Nach dem bereits Festgestellten ist T_{n-1} $\jmath_{n-1}$-meßbar. Ferner erhält man T_n, indem man die einzelnen Punkte von T_{n-1} mit dem Punkt 1 der x_n-Achse durch Strecken verbindet. T_n ist also ein Kegel des E_n mit T_{n-1} als Basis und der Höhe 1. Nach 88 c) ist also

$$\jmath_n(T_n) = \frac{1}{n} \jmath_{n-1}(T_{n-1}) \quad \text{für } n \geqq 2$$

und daher wegen $\jmath_1(T_1) = 1$

$$\jmath_n(T_n) = \frac{1}{n!} \quad \text{für } n \geqq 1. \tag{3}$$

Da nun T_n bei der mit den Komponenten unserer Vektoren $\mathfrak{a}_\nu$ geschriebenen Abbildung 87 (3) in S_n übergeht, ergibt 84, Satz 2, *daß S_n $\jmath_n$-meßbar ist, ferner* wegen (3)

$$\jmath_n(S_n) = \frac{1}{n!} \, |\, \Delta \,|;$$

dabei ist Δ die in 87 (4) *angegebene Determinante.* Ist noch $P_\nu = (x_{\nu 1}, \ldots, x_{\nu n})$ der Endpunkt des von P_0 abgetragenen Vektors $\mathfrak{a}_\nu$, so kann Δ auf die Form 87 (5) gebracht werden[1].

90. Ellipsoide. Das Gebilde des E_n, das aus den Punkten $(x_1, \ldots, x_n)$ mit

$$\frac{x_1^2}{a_1^2} + \frac{x_2^2}{a_2^2} + \ldots + \frac{x_n^2}{a_n^2} \leqq 1 \tag{1}$$

bei konstanten, positiven a_ν besteht, heißt ein *n-dimensionales Ellipsoid* und ebenso jedes dazu kongruente Gebilde. Für $a_1 = a_2 = \ldots = a_n$ liegt eine n-dimensionale Kugel vor. Da (1) aus der Einheitskugel $x_1^2 + x_2^2 + \ldots + x_n^2 \leqq 1$ durch die Transformation $x_\nu' = a_\nu x_\nu$ $(\nu = 1, \ldots, n)$ entsteht und die Kugel quadrierbar ist, *ist das Ellipsoid* (1) *quadrierbar und sein Inhalt gleich*

$$a_1 a_2 \ldots a_n v_n(1);$$

dabei ist $v_n(1)$ der Inhalt der n-dimensionalen Einheitskugel (57 (11)).

[1] Anschließend an (1) stellt man leicht fest, daß das Simplex mit den obigen Ecken $P_0, P_1, \ldots, P_n$ aus den Punkten $(x_1, \ldots, x_n)$ besteht, für die bei nicht negativen $\lambda_0, \lambda_1, \ldots, \lambda_n$ gilt:

$$x_\varrho = \lambda_0 x_{0\varrho} + \lambda_1 x_{1\varrho} + \ldots + \lambda_n x_{n\varrho} \text{ mit } \lambda_0 + \lambda_1 + \ldots + \lambda_n = 1.$$

V. Theorie des äußeren Maßes.

§ 22. Äußere und innere Maße.

Nach dem Vorgange von C. Carathéodory[1] werden jetzt axiomatisch erklärte „äußere Maße" betrachtet, ferner ihre Theorie mit der Theorie der Maße im Sinne von **16** verbunden. Weiters werden axiomatisch erklärte „innere Maße" untersucht und ihre Theorie bis zu der von A. Rosenthal angegebenen Charakterisierung der inneren Maße Charatéodory's ausgebaut.

91. Allgemeine äußere Maße. Eine eindeutige, reelle Mengenfunktion $\mu^*(M)$ heiße ein (*allgemeines*) *äußeres Maß*, wenn sie die im Folgenden angegebenen Forderungen A_1 bis A_4 erfüllt.

A_1. *Der Definitionsbereich* $\mathfrak{L}$ *von* μ^* *ist ein* σ-*Körper.*

Eine Menge $M \in \mathfrak{L}$ heiße (*für* μ^*) *meßbar*, wenn für sie bei beliebigem $L \in \mathfrak{L}$ gilt:

$$\mu^*(L) = \mu^*(L\,M) + \mu^*(L - M). \tag{1}$$

Ist M meßbar, so werde auch $\mu^*(M) = \mu(M)$ gesetzt.

Enthält $\mathfrak{L}$ eine größte Menge R, so ist mit M auch $R - M$ meßbar, da (1) in sich übergeht, wenn man M durch $R - M$ ersetzt.

Satz 1. μ^* *erfülle* A_1. *Ist* A *meßbar für* μ^*, *so gilt für jedes* $M \in \mathfrak{L}$ (vgl. **11** (26))

$$\mu^*(A + M) + \mu^*(A\,M) = \mu(A) + \mu^*(M). \tag{2}$$

Sind insbesondere A, M *fremd, so gilt* (vgl. **11** (18))

$$\mu^*(A + M) = \mu(A) + \mu^*(M). \tag{3}$$

Beweis. Wegen der Meßbarkeit von A ist nach (1) mit $A+M$ statt L und A statt M

$$\mu^*(A + M) = \mu(A) + \mu^*(M - A). \tag{4}$$

Addiert man beiderseits $\mu^*(A\,M)$ und beachtet man

$$\mu^*(M) = \mu^*(M\,A) + \mu^*(M - A),$$

so entsteht (2). — Sind A, M fremd, so deckt sich bereits (4) mit (3).

Weiters sei $\mathfrak{K}$ das (eventuell leere) System der für μ^* meßbaren Mengen. Bildet man (soferne $\mathfrak{K}$ nicht leer ist) $\mu(A)$ für jedes $A \in \mathfrak{K}$, so entsteht eine Mengenfunktion μ auf $\mathfrak{K}$. Es gilt:

[1] *C. Carathéodory*, Nachr. Ges. Wiss. Göttingen, 1914, p. 404/20; ferner 26[4], Kap. V, VI.

Satz 2. *Erfüllt* μ^* *die Forderung* A_1, *so ist* $\mathfrak{K}$ *ein Mengenkörper. Ferner ist die Funktion* μ *auf* $\mathfrak{K}$ *additiv.*

Beweis. Ich zeige zunächst, daß $\mathfrak{K}$ ein Mengenkörper ist. — Seien also A, B zwei für μ^* meßbare Mengen. Dann gilt dies auch von $A + B$, d. h., bei beliebigem $L \in \mathfrak{L}$ ist

$$\mu^*(L) = \mu^*[L(A + B)] + \mu^*[L - (A + B)]. \tag{5}$$

Wegen der Meßbarkeit von A kann nämlich das erste Glied rechts nach (1) mit $L(A + B)$ statt L und A statt M so umgeformt werden:

$$\mu^*[L(A + B)] = \mu^*[L(A + B).A] + \mu^*[L(A + B) - A] =$$
$$= \mu^*(LA) + \mu^*(LB - A).$$

Damit geht die rechte Seite von (5) über in

$$\mu^*(LA) + \mu^*[(L - A)B] + \mu^*[(L - A) - B]. \tag{6}$$

Hierin haben die beiden letzten Glieder zusammen, wegen der Meßbarkeit von B, nach (1) den Wert $\mu^*(L - A)$, also der ganze Ausdruck (6) wegen der Meßbarkeit von A den Wert $\mu^*(L)$. Damit ist (5) bewiesen.

Ist noch $A \subset B$, so ist auch $B - A$ für μ^* meßbar, d. h., bei beliebigem $L \in \mathfrak{L}$ gilt

$$\mu^*(L) = \mu^*[L(B - A)] + \mu^*[L - (B - A)]. \tag{7}$$

Wegen der Meßbarkeit von A kann nämlich das zweite Glied rechts nach (1) mit $L - (B - A) = (L - B) + LA$ statt L und A statt M (wenn man $A \subset B$ beachtet) so umgeformt werden:

$$\mu^*[L - (B - A)] = \mu^*(LA) + \mu^*(L - B).$$

Damit geht die rechte Seite von (7) über in

$$\mu^*(LB - A) + \mu^*(LB \,.\, A) + \mu^*(L - B). \tag{8}$$

Hierin haben die beiden ersten Glieder zusammen wegen der Meßbarkeit von A den Wert $\mu^*(LB)$ und somit der ganze Ausdruck (8) wegen der Meßbarkeit von B den Wert $\mu^*(L)$. Damit ist (7) bewiesen[2].

$\mathfrak{K}$ ist also ein Körper. Daß μ auf $\mathfrak{K}$ additiv ist, entnimmt man aus (3). Damit ist der Beweis beendet.

A_2. *Es ist* $\mu^*(O) = 0$.

Man stellt sofort fest, daß jetzt die leere Menge für μ^* meßbar ist, ferner, falls $\mathfrak{L}$ eine größte Menge R enthält, auch R. Jedenfalls existiert nun eine für μ^* meßbare Menge (zumindest O).

---

[2] Enthält $\mathfrak{L}$ eine größte Menge R, so folgt die Meßbarkeit von $B - A$ sofort aus $B - A = R - [(R - B) + A]$. Mit B ist ja $R - B$ meßbar, also nach dem bereits Bewiesenen auch $(R - B) + A$, und damit $R - [(R - B) + A]$.

A_3. *Aus* $L \subset M$ $(L, M \in \mathfrak{L})$ *folgt stets* $\mu^*(L) \leqq \mu^*(M)$.

Aus A_2, A_3 folgt, *daß stets* $\mu^*(M) \geqq 0$ *ist.*

Damit ergibt Satz 2 unmittelbar den

Satz 3. *Erfüllt* μ^* *die Forderungen* A_1, A_2, A_3, *so ist* μ *eine Inhaltsfunktion* (*im Sinne von* 8).

Demgemäß heiße jetzt μ der *zu* μ^* *gehörige Inhalt.* Man bleibt also mit der in 8 eingeführten Sprechweise in Übereinstimmung, wenn man anstatt „für μ^* meßbar" einfach „μ-meßbar" sagt.

Satz 4. μ^* *erfülle* A_1, A_2, A_3. *Gehören die Teile einer jeden für* μ^* *meßbaren Menge zu* $\mathfrak{L}$,[3] *so ist der zu* μ^* *gehörige Inhalt* μ *vollständig* (*in* $\mathfrak{C}$).

Beweis. Man hat zu zeigen, daß jede Menge M μ-meßbar ist, für die es zu jedem $\varepsilon > 0$ μ-meßbare Mengen $\underline{A}$, $\overline{A}$ gibt, so daß

$$\underline{A} \subset M \subset \overline{A}, \quad \mu(\overline{A} - \underline{A}) < \varepsilon$$

ist. Da eine Menge M, für welche dies gilt, nach Voraussetzung jedenfalls zu $\mathfrak{L}$ gehört, hat man also zu beweisen, daß M die Gleichung (1) bei beliebigem $L \in \mathfrak{L}$ erfüllt.

Dies geschieht analog zum zweiten Teile des Beweises von **26**, Satz 11. An Stelle von $\bar{i}$, i tritt einfach μ^*, μ; die Rolle von **11**.(18) übernimmt die obige Gleichung (3).[4]

A_4. *Für je abzählbar viele Mengen* M_ν *aus* $\mathfrak{L}$ *mit der Summe* S *ist*

$$\mu^*(S) \leqq \Sigma\, \mu^*(M_\nu). \tag{9}$$

Damit sind die Axiome für das (allgemeine) äußere Maß aufgezählt. Da (1) wegen A_4 stets gilt, wenn $\mu^*(L) = \infty$ ist, *sind die für ein äußeres Maß* μ^* *meßbaren Mengen auch jene Mengen* $M \in \mathfrak{L}$, *für die* (1) *bei beliebigem* $L \in \mathfrak{L}$ *mit endlichem* $\mu^*(L)$ *erfüllt ist.*

Z. B. ist die Außenfunktion $\overline{m}$ eines Maßes m (im Sinne von **16**) stets ein äußeres Maß im Sinne der Axiome A_1 bis A_4 (s. insbesondere **16** (1)[5]; ferner ist jede m-meßbare Menge zugleich für $\overline{m}$ meßbar nach **26**, Satz 10[6]. Weiters gehören die von C. Carathéodory eingeführten „äußeren Maße" hierher[7], auch in der verallgemeinerten Form bei H. Hahn[8].

---

[3] Dies trifft jedenfalls zu, wenn $\mathfrak{L}$ aus allen Teilen einer festen Menge R besteht.

[4] Die Sätze 1 bis 4 gelten bereits, wenn A_1 dahin abgeschwächt wird, daß $\mathfrak{L}$ ein Körper überhaupt ist. Zur Theorie auf dieser Basis s. *K. Mayrhofer*, **18**[3].

[5] Das Umgekehrte gilt dagegen nicht (s. **92**, vorletzter Absatz).

[6] Das Umgekehrte braucht nicht zu gelten; s. **26**, Satz 11, 12, ferner **18**, Beisp. 2. Bei diesem Beispiele ist jede nicht m-meßbare Menge noch für $\overline{m}$ meßbar.

[7] *C. Carathéodory*, **26**[4], p. 238/9.

[8] *H. Hahn*, **71**[3], p. 424.

Satz 5. *Der zu einem äußeren Maße μ^* auf $\mathfrak{L}$ gehörige Inhalt μ auf $\mathfrak{K}$ ist stets eine Maßfunktion (im Sinne von* **16**).

Demgemäß heiße jetzt μ das *zu μ^* gehörige Maß* und $\mathfrak{K}$ der *Maßkörper von μ^*.*

Beweis. Da nach Satz 3 μ eine Inhaltsfunktion ist, bleibt noch zu zeigen, daß neben jeder Folge (A_ν) aus $\mathfrak{K}$ auch deren Summe S zu $\mathfrak{K}$ gehört, d. h., daß bei beliebigem $L \in \mathfrak{L}$ mit endlichem μ^*

$$\mu^*(L) = \mu^*(L\,S) + \mu^*(L - S) \tag{10}$$

gilt, ferner, daß μ volladditiv ist.

a) Ich beweise zunächst (10). Hierzu werde $A_1 + \ldots + A_\nu = S_\nu$ gesetzt, ferner $A_\nu\, L = L_\nu$ bei irgend einem $L \in \mathfrak{L}$; da $\mathfrak{K}$ ein Körper ist, sind die S_ν meßbar. Weiters darf man annehmen, daß die A_ν getrennt sind: andernfalls hat man sie nur der Reihe nach durch die meßbaren Mengen $S_1, S_2 - S_1, S_3 - S_2, \ldots$ zu ersetzen (s. **1** (14)). Für die zugehörigen L_ν ist dann

$$\mu^*(L_1 + \ldots + L_n) = \mu^*(L_1) + \ldots + \mu^*(L_n) \quad (n = 1, 2, \ldots), \tag{11}$$

wie man durch Induktion beweist. Die Gleichung (11) gilt für $n = 1$. Es werde angenommen, sie gelte für irgend ein $n \geqq 1$. Wegen der Meßbarkeit von A_{n+1} ist nach (1) mit $L_1 + \ldots + L_{n+1}$ statt L und A_{n+1} statt M

$$\mu^*(L_1 + \ldots + L_{n+1}) = \mu^*(L_{n+1}) + \mu^*(L_1 + \ldots + L_n),$$

woraus wegen der Induktionsvoraussetzung wieder (11), jedoch mit $n + 1$ statt n, folgt.

Um nun (10) zu beweisen, beachte ich

$$\mu^*(L) = \mu^*(L\,S_\nu) + \mu^*(L - S_\nu) \qquad (\nu = 1, 2, \ldots) \tag{12}$$

und untersuche den limes der rechten Seite bei $\nu \to \infty$.

Für jedes $L \in \mathfrak{L}$ ist

$$\lim \mu^*(L\,S_\nu) = \mu^*(L\,S). \tag{13}$$

Da nämlich die $\mu^*(L\,S_\nu)$ wegen A_3 eine ansteigende Zahlenfolge bilden, existiert der limes in (13); ferner ist wieder wegen A_3

$$\lim \mu^*(L\,S_\nu) \leqq \mu^*(L\,S). \tag{14}$$

Daneben gilt wegen A_4 und (11)

$$\mu^*(L\,S) \leqq \Sigma\, \mu^*(L_\nu) = \lim \mu^*(L_1 + \ldots + L_\nu) = \lim \mu^*(L\,S_\nu).$$

Dies zusammen mit (14) ergibt (13).

Ferner gilt für jedes $L \in \mathfrak{L}$ mit endlichem μ^*

$$\lim \mu^* (L - S_\nu) = \mu^* (L - S). \tag{15}$$

Zunächst ist nämlich wegen A_3

$$\lim \mu^* (L - S_\nu) \geqq \mu^* (L - S). \tag{16}$$

Um die entgegengesetzte Beziehung zu erhalten, beachte ich

$$L - S_\nu = [(L - S) + L\,S] - S_\nu = (L - S) + (L\,S - S_\nu).$$

Dies ergibt nach A_4

$$\mu^* (L - S_\nu) \leqq \mu^* (L - S) + \mu^* (L\,S - S_\nu). \tag{17}$$

Hierin strebt das zweite Glied rechts bei $\nu \to \infty$ gegen 0. Bildet man nämlich (1) mit LS statt L und S_ν statt M, so entsteht

$$\mu^* (L\,S) = \mu^* (L\,S_\nu) + \mu^* (L\,S - S_\nu).$$

Hieraus folgt, da $\mu^* (L)$ und damit $\mu^* (L\,S)$ endlich ist, wegen (13) $\lim \mu^* (L\,S - S_\nu) = 0$. Also ergibt (17) bei $\nu \to \infty$

$$\lim \mu^* (L - S_\nu) \leqq \mu^* (L - S). \tag{18}$$

Aus (16), (18) entnimmt man (15).

Wegen (13), (15) geht schließlich (12) für ein beliebiges $L \in \mathfrak{L}$ mit endlichem μ^* bei $\nu \to \infty$ in die zu beweisende Gleichung (10) über.

b) μ ist volladditiv. Für jede Folge getrennter $A_\nu \in \mathfrak{K}$ gilt nämlich nach (13) mit $L = S$ bzw. wegen der Additivität von μ

$$\mu (S) = \lim \mu (S_\nu) = \lim [\mu (A_1) + \ldots + \mu (A_\nu)] = \Sigma\, \mu (A_\nu).$$

Damit ist der Satz 5 bewiesen.

Satz 6. *Für ein äußeres Maß μ^* ist eine Menge $M \in \mathfrak{L}$ genau dann μ-Nullmenge, wenn $\mu^* (M) = 0$ ist* (vgl. **26**, Satz 7).

Beweis. Da die Bedingung sichtlich notwendig ist, bleibt nur zu zeigen, daß aus $\mu^* (M) = 0$ die Meßbarkeit von M folgt.

Nach A_4 gilt für jedes $L \in \mathfrak{L}$

$$\mu^* (L) \leqq \mu^* (L\,M) + \mu^* (L - M). \tag{19}$$

Ferner ist nach A_2 und A_3

$$\mu^* (L\,M) = 0, \quad \mu^* (L) \geqq \mu^* (L - M)$$

und daher

$$\mu^* (L) \geqq \mu^* (L\,M) + \mu^* (L - M). \tag{20}$$

Aus (19), (20) folgt, daß M die Gleichung (1) bei beliebigem $L \in \mathfrak{L}$ erfüllt, d. h., meßbar (und damit μ-Nullmenge) ist.

Wegen des Satzes 6 *ist jeder zu $\mathfrak{L}$ gehörige Teil einer μ-Nullmenge ebenfalls eine μ-Nullmenge. Gehören also die Teile einer jeden μ-Nullmenge zu $\mathfrak{L}$, so ist μ ein in $\mathfrak{C}$ vollständiges Maß*, nach **25**, Satz 4 (vgl. Satz 4).

Ferner gewinnt man mittels des Satzes 6 sofort den

Satz 7. *Hat eine Menge M von endlichem äußeren Maße μ^* einen μ-meßbaren Teil A derart, daß $\mu^*(M) = \mu(A)$ ist, so ist M selber meßbar.*

Nach (3) ist nämlich $\mu^*(M) = \mu(A) + \mu^*(M - A)$ und somit $\mu^*(M - A) = 0$. Nach Satz 6 ist also $M - A$ meßbar und daher auch $A + (M - A) = M$.

Ist der Definitionsbereich eines äußeren Maßes μ^* nicht geschlossen, so kann μ^* stets zu einem äußeren Maße mit einem geschlossenen Definitionsbereich unter Erhaltung der Meßbarkeit erweitert werden. Genauer gilt der

Satz 8. *Es sei μ^* ein äußeres Maß auf einem nicht geschlossenen σ-Körper $\mathfrak{L}$, ferner $\mathfrak{L}'$ ein nach* **6** *konstruierter, geschlossener Körper über $\mathfrak{L}$ (der nach* **7** *ebenfalls ein σ-Körper ist).*

Setzt man für jedes $M \in \mathfrak{L}'$

$$\mu'(M) = \sup \mu^*(C) \text{ für alle } C \in \mathfrak{L} \text{ mit } C \subset M, \tag{21}$$

so ist μ' ein äußeres Maß auf $\mathfrak{L}'$, das auf $\mathfrak{L}$ mit μ^* übereinstimmt. Ferner fallen die für μ' meßbaren Mengen aus $\mathfrak{L}$ mit den für μ^* meßbaren zusammen.

B e w e i s. Zunächst gilt auf $\mathfrak{L}$ $\mu' = \mu^*$ wegen (21) und der Monotonie von μ^*.

Ferner ist μ' auf $\mathfrak{L}'$ ein äußeres Maß. μ' erfüllt sichtlich die Forderungen A_1, A_2, A_3. Es gilt aber auch A_4, d. h., für $S = \Sigma M_\nu$ mit $M_\nu \in \mathfrak{L}'$ ist stets

$$\mu'(S) \leqq \Sigma \mu'(M_\nu). \tag{22}$$

Ist nämlich $\mu'(S)$ endlich, so gibt es nach (21) zu jedem $\varepsilon > 0$ ein $C \in \mathfrak{L}$ derart, daß

$$C \subset S, \ \mu'(S) < \mu^*(C) + \varepsilon \tag{23}$$

ist; zugleich ist

$$C = C S = \Sigma C M_\nu. \tag{24}$$

Dabei gehören alle $C M_\nu$ zu $\mathfrak{L}$. Dies gilt zunächst für $M_\nu \in \mathfrak{L}$; andernfalls gehört nach der Konstruktion von $\mathfrak{L}'$ $R - M_\nu$[9] zu $\mathfrak{L}$ und damit $C M_\nu = C - (R - M_\nu)$. Also hat man nach (24) und A_4 für μ^*, bzw. nach A_3 für μ'

$$\mu^*(C) \leqq \Sigma \mu^*(C M_\nu) = \Sigma \mu'(C M_\nu) \leqq \Sigma \mu'(M_\nu). \tag{25}$$

Nimmt man (23) hinzu, so folgt

$$\mu'(S) < \Sigma \mu'(M_\nu) + \varepsilon,$$

[9] R ist die größte Menge von $\mathfrak{L}'$.

was bei $\varepsilon \to 0$ in (22) übergeht.

Ist $\mu'(S) = \infty$, so gibt es nach (21) zu jeder Zahl g ein $C \in \mathfrak{L}$, so daß

$$C \subset S, \quad \mu^*(C) > g \tag{26}$$

ist. Da wieder (24) gilt und alle $C M_\nu$ zu $\mathfrak{L}$ gehören, bleibt (25) bestehen. Nimmt man (26) hinzu, so folgt

$$\Sigma \mu'(M_\nu) > g,$$

was auf $\Sigma \mu'(M_\nu) = \infty$ führt. Es gilt somit wieder (22).

μ' ist also ein äußeres Maß. Da jede für μ' meßbare Menge aus $\mathfrak{L}$ erst recht für μ^* meßbar ist, bleibt noch zu zeigen, daß umgekehrt jede für μ^* meßbare Menge A auch für μ' meßbar ist, d. h., daß für jedes $L \in \mathfrak{L}'$ mit endlichem $\mu'(L)$ gilt:

$$\mu'(L) = \mu'(L A) + \mu'(L - A). \tag{27}$$

Nun ist zunächst nach A_4 für μ'

$$\mu'(L) \leqq \mu'(L A) + \mu'(L - A). \tag{28}$$

Um die umgekehrte Beziehung zu erhalten, beachte ich, daß $L A$ zu $\mathfrak{L}$ gehört (s. o.), ferner, daß es nach (21) ein $C \in \mathfrak{L}$ gibt, so daß

$$C \subset L - A, \quad \mu^*(C) > \mu'(L - A) - \varepsilon \tag{29}$$

ist. Hiernach ist $L = L A + (L - A) \supset L A + C$, also

$$\mu'(L) \geqq \mu^*(L A + C). \tag{30}$$

Wegen der Meßbarkeit von A für μ^* ergibt (1) mit $L A + C$ statt L und A statt M, wenn man $A C = O$ beachtet (s. (29)),

$$\mu^*(L A + C) = \mu^*(L A) + \mu^*(C). \tag{31}$$

Aus (30), (31) und (29) folgt

$$\mu'(L) > \mu'(L A) + \mu'(L - A) - \varepsilon,$$

was bei $\varepsilon \to 0$

$$\mu'(L) \geqq \mu'(L A) + \mu'(L - A) \tag{32}$$

ergibt. Aus (28), (32) entnimmt man (27).

Damit ist der Satz 8 bewiesen[10].

92. Gewöhnliche äußere Maße. Es sei μ^* auf $\mathfrak{L}$ ein äußeres Maß, ferner μ das zugehörige Maß. μ^* heiße ein *gewöhnliches äußeres Maß*, wenn gilt:

A_5. *μ^* stimmt mit der Außenfunktion $\overline{\mu}$ von μ überein.*

[10] Man zeigt leicht, daß neben den für μ^* meßbaren Mengen A nur noch deren Komplemente $R - A$ für μ' meßbar sind.

Diese Forderung ist aus den beiden folgenden zusammengesetzt:

A_5'. *$\mathfrak{L}$ besteht aus den Teilen der einzelnen für μ^* meßbaren Mengen.*

A_5''. *Für jedes $M \in \mathfrak{L}$ ist $\mu^*(M) = \inf \mu(A)$, wenn A alle für μ^* meßbaren Obermengen von M durchläuft.*

Insbesondere gehören die „regulären äußeren Maße" Carathéodory's hierher[1].

Ein gewöhnliches äußeres Maß ist also stets die Außenfunktion eines passenden Maßes. Hierzu gilt die folgende Umkehrung:

Die Außenfunktion $\overline{m}$ eines Maßes m ist stets ein gewöhnliches äußeres Maß.

Beweis. Wie in **91** bemerkt, erfüllt $\overline{m}$ die Postulate A_1 bis A_4. Da ferner der Definitionsbereich $\mathfrak{L}$ von $\overline{m}$ aus den Teilen der einzelnen m-meßbaren Mengen besteht und diese nach **26**, Satz 10 für $\overline{m}$ meßbar sind, muß $\mathfrak{L}$ auch aus den Teilen der einzelnen für $\overline{m}$ meßbaren Mengen bestehen; $\overline{m}$ erfüllt also A_5'. Ist μ das zu $\overline{m}$ (als äußeres Maß) gehörige Maß (das also eine Erweiterung von m ist) und $\overline{\mu}$ seine Außenfunktion, so bleibt gemäß A_5'' zu zeigen:

$$\overline{m}(M) = \overline{\mu}(M) \text{ für jedes } M \in \mathfrak{L}. \tag{1}$$

Nun ist für jedes $M \in \mathfrak{L}$

$$\overline{\mu}(M) = \inf \mu(A), \tag{2}$$

wenn A die μ-meßbaren Obermengen von M durchläuft; ferner ist $\mu(A) = \overline{m}(A) \geqq \overline{m}(M)$. Also gilt

$$\overline{\mu}(M) \geqq \overline{m}(M). \tag{3}$$

Weiters ist

$$\overline{m}(M) = \inf m(A), \tag{4}$$

wenn A die m-meßbaren Obermengen von M durchläuft. Da nach **26**, Satz 10 jede m-meßbare Menge auch μ-meßbar ist, ergibt (2), (4)

$$\overline{\mu}(M) \leqq \overline{m}(M). \tag{5}$$

Aus (3), (5) folgt die zu beweisende Gleichung (1).

Insgesamt gilt somit der

Satz 9. *Die gewöhnlichen äußeren Maße fallen mit den Außenfunktionen der Maße (im Sinne von **16**) zusammen.*

Über die Art des Maßes, das zu einem gewöhnlichen äußeren Maß gehört, besagt der

Satz 10. *Das zu einem gewöhnlichen äußeren Maße μ^* gehörige Maß μ ist stets vollständig und besitzt die Schnitteigenschaft* (s. **18**).

[1] *C. Carathéodory*, **26**[4], p. 258; *H. Hahn*, **71**[3], p. 433.

Umgekehrt ist jedes vollständige Maß m mit der Schnitteigenschaft das zu einem gewöhnlichen äußeren Maße μ^* gehörige Maß (wobei dann $\mu^* = \overline{m}$ sein muß).

Die gewöhnlichen äußeren Maße fallen also bereits mit den Außenfunktionen der vollständigen Maße mit der Schnitteigenschaft zusammen.

Beweis. Wegen $\mu^* = \overline{\mu}$ und der Definition **91** (1) der für μ^* meßbaren Mengen muß μ nach **26**, Satz 11, 12 vollständig sein und die Schnitteigenschaft haben (s. auch Satz 4).

Umgekehrt ist nach Satz 9 die Außenfunktion $\overline{m}$ von m ein gewöhnliches äußeres Maß. Da m vollständig ist und die Schnitteigenschaft hat, fallen die m-meßbaren Mengen und die für $\overline{m}$ meßbaren zusammen, nach **26**, Satz 10, 14. Also ist m das zu $\overline{m}$ gehörige Maß. Damit ist auch der zweite Teil von Satz 10 bewiesen.

Da ein endliches Maß stets die Schnitteigenschaft hat, *ist jedes vollständige, endliche Maß das zu seiner Außenfunktion gehörige Maß.*

Ferner hat man in den Außenfunktionen der vollständigen Maße mit der Schnitteigenschaft bereits die Außenfunktionen aller Maße überhaupt, nach Satz 9 und dem letzten Teil von Satz 10.

Durch den Satz 10 ist die Theorie der gewöhnlichen äußeren Maße in die der Maße (im Sinne von **16**) eingebaut.

Z. B. ist für ein gewöhnliches äußeres Maß μ^* der Satz 6 eine unmittelbare Folge von **26**, Satz 7. Ferner ergibt **26**, Satz 14 ohne weiters den

Satz 11. *Ist μ^* auf $\mathfrak{L}$ ein gewöhnliches äußeres Maß, ferner $\underline{\mu}$ die Innenfunktion des zu μ^* gehörigen Maßes μ, so ist eine Menge $M \in \mathfrak{L}$ bereits dann für μ^* meßbar, wenn*

$$\mu^*(L) = \mu^*(L\,M) + \mu^*(L - M), \tag{6}$$

oder auch

$$\underline{\mu}(L) = \underline{\mu}(L\,M) + \underline{\mu}(L - M)$$

für alle μ-meßbaren Mengen L endlichen Maßes gilt.

Der erste Teil dieses Satzes kann so erweitert werden:

Satz 12. *Ist μ^* auf $\mathfrak{L}$ die Außenfunktion irgend eines Maßes m* (vgl. Satz 9), *so ist eine Menge $M \in \mathfrak{L}$ bereits dann für μ^* meßbar, wenn* (6) *für alle m-meßbaren L (endlichen Maßes) gilt.*

Beweis. Aus der Giltigkeit von (6) für jedes m-meßbare L endlichen Maßes folgt die Giltigkeit von (6) für jedes $L \in \mathfrak{L}$. Andernfalls gäbe es wegen A_4 ein $L \in \mathfrak{L}$, so daß

$$\mu^*(L) < \mu^*(L\,M) + \mu^*(L - M)$$

ist. Wegen $\mu^* = \overline{m}$ gäbe es dann nach der Definition von $\overline{m}$ eine m-meßbare Obermenge A von L endlichen Maßes, so daß auch

$$\mu^*(A) < \mu^*(L M) + \mu^*(L - M)$$

ist, also erst recht

$$\mu^*(A) < \mu^*(A M) + \mu^*(A - M),$$

im Widerspruch zu (6) für $L = A$. Damit ist der Satz bewiesen.

Satz 13. *Ein gewöhnliches äußeres Maß μ^* mit einem nicht geschlossenen Definitionsbereich $\mathfrak{L}$ kann stets zu einem gewöhnlichen äußeren Maße μ' mit einem geschlossenen Definitionsbereich so erweitert werden, daß die für μ' meßbaren Mengen aus $\mathfrak{L}$ mit den für μ^* meßbaren zusammenfallen.*

Eine solche Erweiterung ist es bereits, wenn für jede Menge M des Grundbereiches, die nicht zu $\mathfrak{L}$ gehört, $\mu'(M) = \infty$ und für jede Menge $M \in \mathfrak{L}$ $\mu'(M) = \mu^*(M)$ gesetzt wird.

Dies ergibt sich sofort, wenn man beachtet, daß eine neue Menge nie Teil einer alten ist (da nach A_5' mit einem $M \in \mathfrak{L}$ auch jeder Teil von M zu $\mathfrak{L}$ gehört).

Bildet man zu einem Maße m die Außenfunktion $\overline{m}$, dann das zu $\overline{m}$ gehörige Maß μ, so ist nach Satz 9 und 10 ein vollständiges Maß mit der Schnitteigenschaft entstanden; zugleich ist μ eine Erweiterung von m. Dieses Verfahren heiße der *V-Prozeß*. Das entstehende Maß μ braucht nicht das kleinste vollständige Maß über m zu sein, da es vollständige Maße ohne die Schnitteigenschaft gibt (s. **18**, Beisp. 2). Dagegen gilt der

Satz 14. *Hat das Maß m die Zerlegungseigenschaft, so liefert der V-Prozeß das kleinste vollständige Maß l über m.*

Da nämlich die Zerlegungseigenschaft von m auf l übergeht (**27**, Satz 1 und **29**, Satz 5), besitzt l jedenfalls die Schnitteigenschaft (s. **18**). Da l außerdem vollständig ist, ist das l zu seiner Außenfunktion $\overline{l}$ gehörige Maß (Satz 10). Wegen $\overline{l} = \overline{m}$ (**27**, Satz 2) entsteht somit l, indem man auf m den V-Prozeß anwendet.

Z. B. kommt man auf diese Weise vom Borel'schen zum Lebesgueschen Maß.

Das Postulat A_5 ist von den Postulaten A_1 bis A_4 unabhängig, da man äußere Maße angeben kann, die A_5 nicht erfüllen. *Ein (allgemeines) äußeres Maß braucht also durchaus nicht die Außenfunktion eines Maßes zu sein* (vgl. Satz 9). Ein äußeres Maß μ^* dieser Art erhält man bereits, indem man die Außenfunktion $\overline{m}$ des Maßes m in **18**, Beisp. 1 bildet (s. **18** (3), (4)) und $\mu^*(M) = \overline{m}(M)$ für $M \neq A_2$, $\mu^*(A_2) = 1/2$ setzt[2].

[2] Siehe *K. Mayrhofer*, **18**[3], p. 20/1. Ein weiteres Beispiel ist die Funktion $\nu_5 A$ bei *C. Carathéodory*, **26**[4], p. 363.

Dagegen ist A_3 eine unmittelbare Folge von A_5. Ist $L \subset M$, so sind ja $\mu^*(L)$, $\mu^*(M)$ nach A_5'' die unteren Grenzen zweier Zahlenklassen, von denen die erste die zweite umfaßt, und somit $\mu^*(L) \leqq \mu^*(M)$.

93. Innere Maße. Unter einem (*allgemeinen*) *inneren Maß* wird man in Analogie zu den äußeren Maßen eine Mengenfunktion $\mu_*(M)$ verstehen, welche die folgenden Forderungen B_1 bis B_4 erfüllt.

B_1. *Der Definitionsbereich $\mathfrak{L}$ von μ_* ist ein σ-Körper.*

Wie bei den äußeren Maßen heiße eine Menge $M \in \mathfrak{L}$ (*für μ_**) *meßbar*, wenn bei beliebigem $L \in \mathfrak{L}$ gilt:

$$\mu_*(L) = \mu_*(L M) + \mu_*(L - M). \tag{1}$$

Ist M meßbar, so werde auch $\mu_*(M) = \mu(M)$ gesetzt.

B_2. *Es ist $\mu_*(O) = 0$.*

B_3. *Aus $L \subset M$ ($L, M \in \mathfrak{L}$) folgt stets $\mu_*(L) \leqq \mu_*(M)$.*

Da sich diese drei Forderungen mit A_1, A_2, A_3 decken und auch die Meßbarkeit wie bei den äußeren Maßen definiert ist, kann man die Ausführungen in **91** bis einschließlich Satz 4 auf μ_* übertragen:

Erfüllt μ_* die Postulate B_1, B_2, B_3, so ist stets $\mu_* \geqq 0$. Ferner ist das System $\mathfrak{K}$ der für μ_* meßbaren Mengen ein Körper und $\mu(A)$ als Funktion auf $\mathfrak{K}$ ein Inhalt; μ hat man jetzt als den *zu μ_* gehörigen Inhalt* zu bezeichnen. *Liegen noch die Teile einer jeden für μ_* meßbaren Menge in $\mathfrak{L}$, so ist μ vollständig.*

B_4. *Für je abzählbar viele getrennte Mengen $M_\nu \in \mathfrak{L}$ mit der Summe S ist $\mu_*(S) \geqq \Sigma\, \mu_*(M_\nu)$.*

An Stelle von B_4 kann auch die folgende schwächere Forderung treten:

B_4'. *Für je zwei getrennte Mengen L, M aus $\mathfrak{L}$ ist*

$$\mu_*(L + M) \geqq \mu_*(L) + \mu_*(M).$$

Mittels B_3, B_4' kann man nämlich bereits auf B_4 schließen (vgl. den Beweis von **11** (5)).

Z. B. ist die Innenfunktion eines jeden Maßes ein inneres Maß, und allgemeiner die Innenfunktion eines jeden Inhalts, soferne ihr Definitionsbereich ein σ-Körper ist, wie dies etwa beim Jordan'schen inneren Inhalt zutrifft[1].

Die inneren Maße zeigen vielfach ein Verhalten, das durchaus nicht dem der äußeren analog ist. Hierher gehört schon die obige Feststellung

[1] Das Umgekehrte gilt dagegen nicht (s. Satz 15 in Verbindung mit dem Beispiele im Absatz nach B_5'').

über B_4, deren Analogon für A_4 nicht gilt, wie etwa der Jordan'sche äußere Inhalt zeigt (s. das Beispiel in **15**[4]). Ferner ist es jetzt ein Unterschied, ob (1) für alle $L \in \mathfrak{L}$ oder nur für die mit endlichem μ_* gelten soll[2]. Weiters kann der Satz 5 auf innere Maße nicht übertragen werden. Dies sieht man, wenn man für μ_* den Jordan'schen inneren Inhalt des E_n wählt: da der Jordan'sche Inhalt j_n vollständig ist und die Schnitteigenschaft hat, besteht jetzt der Körper $\mathfrak{K}$ der für μ_* meßbaren Mengen aus allen quadrierbaren Mengen (nach **26**, Satz 10, 14); der zu μ_* gehörige Inhalt μ ist also j_n selber und somit kein Maß.

Ein inneres Maß μ_* auf $\mathfrak{L}$ mit μ als zugehörigem Inhalt heiße ein *gewöhnliches inneres Maß*, wenn gilt:

B_5. *μ_* stimmt mit der Innenfunktion $\underline{\mu}$ von μ überein.*

Diese Forderung ist aus den beiden folgenden zusammengesetzt:

B_5'. *$\mathfrak{L}$ besteht aus den Teilen der einzelnen für μ_* meßbaren Mengen.*

B_5''. *Für jedes $M \in \mathfrak{L}$ ist $\mu_*(M) = \sup \mu(A)$, wenn A alle für μ^* meßbaren Teile von M durchläuft.*

Das Postulat B_5 ist von den Postulaten B_1 bis B_4 unabhängig, da man innere Maße angeben kann, die B_5 nicht erfüllen. *Ein inneres Maß braucht also kein gewöhnliches inneres Maß zu sein.* Ein inneres Maß μ_* dieser Art erhält man, indem man die Innenfunktion $\underline{m}$ des Maßes m in **18**, Beisp. 1 bildet (s. **18** (3), (5)) und $\mu_*(M) = \underline{m}(\overline{M})$ für $M \neq A_2$, $\mu_*(A_2) = 1/2$ setzt[3].

Dagegen folgen B_3 und B_4 aus B_1, B_2, B_5. Zunächst ist nämlich B_3 eine unmittelbare Folge von B_5, wie man analog zur entsprechenden Aussage über A_3 am Ende von **92** sieht. Ferner ergeben B_1, B_2, B_3, daß die zu μ_* gehörige Funktion μ ein Inhalt ist (s. Satz 3), und B_5, daß μ_* die Innenfunktion von μ ist. Damit gilt aber B_4.

Analog zu den Sätzen 9, 10 beweist man die beiden folgenden Sätze:

Satz 15. *Die gewöhnlichen inneren Maße fallen mit den Innenfunktionen der additiven Inhalte zusammen, bei denen die Teile der meßbaren Mengen einen σ-Körper bilden.*

---

[2] Nennt man eine Menge $M \in \mathfrak{L}$ *schwach-meßbar*, wenn für sie (1) bei beliebigem L mit e n d l i c h e m μ_* gilt, so stellt man an Hand des Beweises von Satz 2 leicht fest, *daß die schwach-meßbaren Mengen noch einen Körper $\mathfrak{K}'$ bilden; μ_* braucht aber als Funktion auf $\mathfrak{K}'$ nicht mehr additiv zu sein.*

Wählt man z. B. für μ_* die Innenfunktion $\underline{m}$ des Maßes m in **18**, Beisp. 2, so wird $\mathfrak{K}' = \mathfrak{L}$, wie man nachpr ft. Dagegen müssen die für μ_* meßbaren Mengen mit den m-meßbaren zusammenfallen, nach **26**, Satz 10, 15, da m vollständig ist und die Teileigenschaft hat. Ferner ist μ_* als Funktion auf $\mathfrak{K}'$ nicht additiv, wegen $\underline{m}(A_2 + A_3) = \infty$, $\underline{m}(A_2) + \underline{m}(A_3) = 0$.

[3] Siehe *K. Mayrhofer*, **18**[3], p. 32/3.

Insbesondere ist die Innenfunktion eines Maßes stets ein gewöhnliches inneres Maß.

Satz 16. *Der zu einem gewöhnlichen inneren Maße μ_* gehörige Inhalt μ ist stets vollständig und besitzt die Teileigenschaft* (s. 18). *Ferner bilden die Teile der μ-meßbaren Mengen einen σ-Körper.*

Umgekehrt ist jeder vollständige Inhalt i mit der Teileigenschaft, bei dem die Teile der i-meßbaren Mengen einen σ-Körper bilden, der zu einem gewöhnlichen inneren Maße μ_* gehörige Inhalt (wobei dann $\mu_* = \underline{i}$ sein muß).

Insbesondere gilt dies für die vollständigen Maße mit der Teileigenschaft[4].

Weiters soll nur noch die Frage behandelt werden, wann eine Mengenfunktion die Innenfunktion des zu einem gewöhnlichen äußeren Maße gehörigen Maßes ist. Da die Innenfunktion eines Maßes nach Satz 15 stets ein gewöhnliches inneres Maß ist, genügt es dabei, die Mengenfunktionen auf gewöhnliche innere Maße zu beschränken.

Es sei μ^* auf $\mathfrak{L}$ ein gewöhnliches äußeres Maß und μ das zugehörige Maß. Die Innenfunktion $\underline{\mu}$ von μ hat $\mathfrak{L}$ als Definitionsbereich und ist ein gewöhnliches inneres Maß nach Satz 15. Da μ vollständig ist und die Schnitteigenschaft (Satz 10), also erst recht die Teileigenschaft hat, ist μ auch der zu $\underline{\mu}$ gehörige Inhalt nach Satz 16. Falls also ein gewöhnliches inneres *Maß* μ_* die Innenfunktion des zu einem gewöhnlichen äußeren Maße μ^* gehörigen Maßes ist, muß der zu μ_* gehörige Inhalt μ ein Maß mit der Schnitteigenschaft sein; zugleich wird $\mu^* = \overline{\mu}$. Ist umgekehrt der zu einem gewöhnlichen inneren Maß μ_* gehörige Inhalt μ ein Maß mit der Schnitteigenschaft, so ist μ, da μ auch vollständig ist (Satz 16), das zu einem gewöhnlichen äußeren Maße μ^* gehörige Maß (Satz 10), also μ_* die Innenfunktion des zu μ^* gehörigen Maßes. Damit hat man den

Satz 17. *Ein gewöhnliches inneres Maß μ_* ist genau dann die Innenfunktion des zu einem gewöhnlichen äußeren Maße μ^* gehörigen Maßes, wenn der zu μ_* gehörige Inhalt μ ein Maß ist, das die Schnitteigenschaft besitzt.*

Trifft dies zu, so muß $\mu^* = \overline{\mu}$ sein; ferner fallen die für μ_* und für μ^* meßbaren Mengen zusammen.

Die Bedingung für μ in Satz 17 kann noch umgeformt werden.

Zunächst ist der Inhalt μ genau dann ein Maß, wenn gilt:

---

[4] Im Beweise von Satz 16 tritt **26**, Satz 15 an die Stelle von **26**, Satz 14 im Beweise von Satz 10.

α) *Mit je abzählbar vielen getrennten, für μ_* meßbaren A_ν ist auch deren Summe S für μ_* meßbar und $\mu_*(S) = \Sigma \mu_*(A_\nu)$.*

Weiters hat μ genau dann die Schnitteigenschaft, wenn gilt:

β) *Eine jede Menge M aus dem Definitionsbereiche $\mathfrak{L}$ von μ_*, für die (1) bei beliebigem $L \in \mathfrak{L}$ mit* e n d l i c h e m *μ_* gilt, ist für μ_* meßbar*[5].

Hieraus folgt nämlich wegen $\mu_* = \underline{\mu}$ die Schnitteigenschaft von μ, nach **26**, Satz 13. Umgekehrt ergibt die Schnitteigenschaft von μ wegen $\mu_* = \underline{\mu}$ und der Vollständigkeit von μ die Bedingung β) nach **26**, Satz 14.

Sichtlich kann β) so umschrieben werden:

β′) *Zu je zwei Mengen L, M aus $\mathfrak{L}$ mit*

$$\mu_*(L) = \infty,\ \mu_*(L) \neq \mu_*(L\,M) + \mu_*(L - M)$$

gibt es ein $L_0 \in \mathfrak{L}$ mit endlichem μ_*, so daß gilt:

$$\mu_*(L_0) \neq \mu_*(L_0\,M) + \mu_*(L_0 - M).$$

Die Bedingung für μ in Satz 17 kann also durch α), β) (oder β′)) ersetzt werden. Da die Innenfunktion eines Maßes stets ein gewöhnliches inneres Maß ist (Satz 15) und ein solches bereits durch B_1, B_2, B_5 gekennzeichnet ist, ergibt jetzt der Satz 17 den

Satz 18. *Eine Mengenfunktion μ_* auf $\mathfrak{L}$ ist genau dann die Innenfunktion des zu einem gewöhnlichen äußeren Maße gehörigen Maßes, wenn μ_* die Forderungen B_1, B_2, B_5, sowie α), β) (oder β′) erfüllt.*

Dabei heißt M für μ_* meßbar, wenn (1) bei beliebigem $L \in \mathfrak{L}$ gilt[6].

94. Äußere Maße in metrischen Räumen. Ich betrachte jetzt allgemeine äußere Maße, deren Definitionsbereich das System $\mathfrak{E}$ aller Mengen eines metrischen Raumes E ist. Aus diesen Maßen sollen jene herausgehoben werden, für die jede (in E) offene, oder gleichbedeutend, jede (in E) abgeschlossene Menge meßbar ist.

Sei also μ^* ein äußeres Maß auf $\mathfrak{E}$. *Ist dann eine jede abgeschlossene Menge für μ^* meßbar, so gilt für je zwei Mengen L, M aus $\mathfrak{E}$, deren Entfernung $e(L, M) > 0$ ist,*

$$\mu^*(L + M) = \mu^*(L) + \mu^*(M). \tag{1}$$

[5] Man kann dafür auch sagen: die für μ_* meßbaren und die für μ_* schwach-meßbaren Mengen (s. [2]) fallen zusammen.

[6] Die Forderungen in Satz 18 sind gleichwertig mit der folgenden: μ_* *ist als Funktion auf dem System der für μ^* schwach-meßbaren Mengen* (s. [2]) *ein Maß m und $\mu_* = \underline{m}$.* Dies ist zunächst eine Folge der Bedingungen in Satz 18. Umgekehrt folgen hieraus diese Bedingungen mittels **26**, Satz 11, 13 und des obigen Satzes 16. Siehe hierzu *K. Mayrhofer*, **18**[3], 13.

Wegen der Meßbarkeit der abgeschlossenen Hülle $\overline{L}$ von L sowie wegen $\overline{L}M = O$ hat man nämlich:

$$\mu^*(L+M) = \mu^*[(L+M)\overline{L}] + \mu^*[(L+M)-\overline{L}] = \mu^*(L) + \mu^*(M). \quad (2)$$

Umgekehrt: *Gilt für je zwei Mengen L, M aus $\mathfrak{E}$ mit $e(L, M) > 0$ die Gleichung* (1), *so ist jede abgeschlossene Menge für μ^* meßbar.*

Beweis. Sei F eine beliebige abgeschlossene Menge. Man hat zu zeigen, daß für jedes L mit endlichem μ^* gilt:

$$\mu^*(L) = \mu^*(LF) + \mu^*(L - F); \quad (3)$$

dabei darf man $F \neq O$ und $\neq E$ annehmen.

Ich zerlege das Komplement $E - F$ in die fremden Teile M_1', M_2', ..., M_ν', ..., die aus den Punkten P bestehen, für die bzw. gilt:

$$e(P, F) \geqq 1, \ \frac{1}{2} \leqq e(P, F) < 1, \ldots, \frac{1}{\nu} \leqq e(P, F) < \frac{1}{\nu-1}, \ldots;$$

da F abgeschlossen ist, hat jeder Punkt $P \in E - F$ eine positive Entfernung von F und kommt daher in genau eines der M_ν' zu liegen. Es ist also $E - F = \Sigma M_\nu'$ und daher

$$L - F = L(E - F) = \Sigma M_\nu \text{ mit } M_\nu = L M_\nu'. \quad (4)$$

Weiters ist, wie ich zeigen werde,

$$\mu^*(L - F) = \lim_{n \to \infty} \mu^*(M_1 + \ldots + M_n).^1 \quad (5)$$

Wegen $M_1 + \ldots + M_n \subset L - F$ ist zunächst

$$\lim_{n \to \infty} \mu^*(M_1 + \ldots + M_n) \leqq \mu^*(L - F).$$

Daneben gilt nach (4) und A_4

$$\mu^*(L - F) \leqq \mu^*(M_1 + \ldots + M_n) + \mu^*\left(\sum_{n+1}^{\infty} M_\nu\right).$$

Wenn man also zeigen kann, daß

$$\lim_{n \to \infty} \mu^*\left(\sum_{n+1}^{\infty} M_\nu\right) = 0 \quad (6)$$

ist, so ist (5) bewiesen. Hierzu beachte ich, daß

$$e(M_1 + \ldots + M_\nu, M_{\nu+2}) > 0 \qquad (\nu = 1, 2, \ldots) \quad (7)$$

ist (soferne $M_1 + \ldots + M_\nu$ sowie $M_{\nu+2}$ nicht leer sind). Andernfalls gäbe es Punkte P', P'' aus $M_1 + \ldots + M_\nu$ bzw. $M_{\nu+2}$ mit $e(P', P'') < 1/\nu(\nu+1)$. Ferner gibt es (nach der Definition von $M_{\nu+2}$) einen

[1] Ist μ^* ein gewöhnliches äußeres Maß und damit die Außenfunktion eines Maßes, so muß (5) bereits nach **22,** Satz 7 gelten.

Punkt $Q \in F$ mit $e(P'', Q) < 1/(\nu+1)$. Nach der Dreiecksungleichung wäre also

$$e(P', Q) \leqq e(P', P'') + e(P'', Q) < \frac{1}{\nu(\nu+1)} + \frac{1}{\nu+1} = \frac{1}{\nu},$$

im Widerspruch dazu, daß (nach der Definition von $M_1, \ldots, M_\nu$) $e(P', Q) \geqq 1/\nu$ ist. Es gilt also (7). Mittels (1), (7) beweist man sofort durch Induktion:

$$\mu^*(M_1) + \mu^*(M_3) + \ldots + \mu^*(M_{2\nu-1}) = \mu^*(M_1 + M_3 + \ldots + M_{2\nu-1}).$$

Da hierin die rechte Seite wegen (4) höchstens den Wert $\mu^*(L - F)$ hat und dieser endlich ist (da ja $\mu^*(L)$ endlich sein soll), ist die Reihe $\mu^*(M_1) + \mu^*(M_3) + \ldots$ eigentlich konvergent und dasselbe muß von $\mu^*(M_2) + \mu^*(M_4) + \ldots$ gelten. Damit ist auch $\Sigma\, \mu^*(M_\nu)$ eigentlich konvergent und daher

$$\lim_{n\to\infty} \sum_{n+1}^{\infty} \mu^*(M_\nu) = 0.$$

Hieraus folgt aber mittels A_4 die Gleichung (6). Damit ist (5) bewiesen.

Da nun die Mengen LF und $M_1 + \ldots + M_n$ eine positive Entfernung haben und beide in L liegen, ist bzw.

$$\mu^*(LF) + \mu^*(M_1 + \ldots + M_n) = \mu^*(LF + M_1 + \ldots + M_n) \leqq \mu^*(L);$$

dies ergibt bei $n \to \infty$ wegen (5) $\mu^*(LF) + \mu^*(L - F) \leqq \mu^*(L)$. Daneben gilt nach A_4 auch die entgegengesetzte Ungleichung und somit (3).

Insgesamt wurde gezeigt:

Satz 19. *Es sei μ^* ein allgemeines äußeres Maß, dessen Definitionsbereich das System $\mathfrak{E}$ aller Mengen eines metrischen Raumes E ist. Die in E offenen (oder gleichbedeutend, die in E abgeschlossenen) Mengen sind genau dann für μ^* meßbar, wenn gilt:*

A_6. Für je zwei Mengen L, M aus $\mathfrak{E}$ mit einer positiven Entfernung ist

$$\mu^*(L + M) = \mu^*(L) + \mu^*(M). \tag{8}$$

Erfüllt μ^* die Forderung A_6 (so daß also die abgeschlossenen Mengen für μ^* meßbar sind), so gilt die Gleichung (8) auch dann noch, wenn L, M fremd sind und M im Komplement der abgeschlossenen Hülle $\overline{L}$ von L liegt. Wegen der Meßbarkeit von $\overline{L}$ besteht ja wieder (2).

Unter denselben Annahmen über μ^*, L, M gilt für die Innenfunktion $\underline{\mu}$ des zu μ^* gehörigen Maßes μ:

$$\underline{\mu}(L + M) = \underline{\mu}(L) + \underline{\mu}(M).$$

Dies ergibt sich mittels **11** (13), wenn man beachtet, daß die Mengen

L, M durch die fremden μ-meßbaren Mengen $\overline{L}$ bzw. $E - \overline{L}$ überdeckt werden.

Da die für μ^* meßbaren Mengen einen σ-Körper bilden, sind mit den offenen Mengen auch die Mengen aus dem kleinsten σ-Körper über dem System der offenen Mengen meßbar. Da dieser σ-Körper das Borel'sche System von E ist (s. Anhang, 3^1 und Satz 11), hat man den

Satz 20. *Erfüllt das allgemeine äußere Maß μ^* die Forderung A_6, so sind die Borel'schen Mengen von E für μ^* meßbar.*

Ist der metrische Raum E insbesondere der Euklid'sche E_n, so ist die Meßbarkeit der offenen Mengen (und damit A_6) äquivalent zur Meßbarkeit der offenen Intervalle, da jede offene Menge als Summe von abzählbar vielen solchen Intervallen dargestellt werden kann und die meßbaren Mengen einen σ-Körper bilden.

Ein gewöhnliches äußeres Maß μ^*, dessen Definitionsbereich aus allen Punktmengen des E_n besteht und für das A_6 gilt, wurde von C. Carathéodory ein *reguläres äußeres Maß* genannt[2].

Anschließend an Satz 17 oder 18 kann man sofort die Innenfunktionen der zu den regulären äußeren Maßen gehörigen Maße charakterisieren[3]. — Eine Mengenfunktion μ_* auf $\mathfrak{L}$ ist zunächst genau dann die Innenfunktion des Maßes μ eines gewöhnlichen äußeren Maßes μ^*, das für alle Punktmengen des E_n erklärt ist, wenn μ_* die Forderungen von Satz 18 erfüllt, nachdem B_1 ersetzt ist durch

B_1'. *Der Definitionsbereich $\mathfrak{L}$ von μ_* besteht aus allen Punktmengen des E_n.*

Da dann die für μ^* und für μ_* meßbaren Mengen zusammenfallen (s. Satz 17), erfüllt ferner μ^* wegen Satz 19 genau dann A_6, wenn noch gilt:

γ) *Die offenen Mengen (oder gleichbedeutend die offenen Intervalle) des E_n sind für μ_* meßbar.*

Insgesamt gilt also der folgende von *A. Rosenthal* herrührende

Satz 21.[4] *Eine Mengenfunktion μ_* auf $\mathfrak{L}$ ist genau dann die Innenfunktion des zu einem regulären äußeren Maße gehörigen Maßes, wenn μ_* die Forderungen B_1', B_2, B_5, sowie α), β) (oder β')), γ) erfüllt*[5].

---

[2] *C. Carathéodory*, **26**[4], p. 258.

[3] Diese Innenfunktionen sind die „*inneren Maße*" in der Theorie Carathéodory's. **26**[4], p. 258.

[4] *A. Rosenthal*, Nachr. Ges. Wiss. Göttingen 1916, p. 305/21; insbes. p. 320 ($\overline{A}$).

[5] Da unter den Bedingungen von Satz 18 die für μ_* meßbaren und die für μ_* schwach-meßbaren Mengen zusammenfallen (s. **93**[5]), kann in Satz 21 an Stelle

Für ein allgemeines äußeres Maß in einem metrischen Raume E, das A_6 erfüllt, sind nach Satz 20 die G_δ- sowie die F_σ-Mengen meßbar. Verlangt man noch, daß es zu jedem $M \in \mathfrak{E}$ ein G_δ gibt, so daß

$$G_\delta \supset M, \quad \mu(G_\delta) = \mu^*(M) \tag{9}$$

ist, so erfüllt μ^* jedenfalls A_5. Ist ferner $\mu^*(M)$ endlich, so folgt aus (9) nach **19**, Satz 1, daß G_δ eine maßgleiche Hülle von M (bezüglich μ) ist.

Außerdem kann man unter den jetzigen Annahmen über μ^* zeigen[6]: Jede Menge aus $\mathfrak{E}$ mit endlichem $\underline{\mu}$ besitzt einen maßgleichen Kern, der eine F_σ-Menge ist. Hat μ noch die Zerlegungseigenschaft (d. h., ist E darstellbar als Summe abzählbar vieler meßbaren Mengen mit endlichem μ), so besitzt jede Menge aus $\mathfrak{E}$ eine maßgleiche Hülle, die ein G_δ, sowie einen maßgleichen Kern, der ein F_σ ist.

Beispiel. Für jede Punktmenge M des E_n sei

$$\mu^*(M) = \inf \Sigma\, j_n(J_\nu),$$

wobei $\{J_\nu\}$ alle Systeme aus abzählbar vielen etwa offenen Intervallen zu durchlaufen hat, deren Summe M überdeckt. Nach dem Zusatz zu **65**, Satz 5 ist μ^* das Lebesgue'sche äußere Maß im E_n. Als Außenfunktion des Lebesgue'schen Maßes l ist μ^* ein gewöhnliches äußeres Maß (Satz 9). Da l vollständig ist und die Schnitteigenschaft hat, fällt das zu μ^* gehörige Maß μ mit l zusammen (Satz 10; s. auch **71** b)). Da die offenen Mengen des E_n l-meßbar sind, erfüllt μ^* auch A_6 (Satz 19)[7]. *μ^* ist somit ein reguläres äußeres Maß.* Weiters gibt es zu jedem M ein überdeckendes G_δ, so daß (9) gilt (**65**, Satz 7), ferner ein G_δ, das maßgleiche Hülle, und ein F_σ, das maßgleicher Kern von M ist (**65**, Satz 7, 10).

---

von γ) auch die folgende Forderung treten: *Die offenen Mengen (oder gleichbedeutend die offenen Intervalle) des E_n sind für μ_* schwach-meßbar.*

Die inneren Maße in der Theorie Carathéodory's (s. [3]) *sind also auch so gekennzeichnet: sie erfüllen B_1', ferner die in* **93**[6] *und die eben genannte Bedingung.* Diese Charakterisierung verwendet nur die für μ_* schwach-meßbaren Mengen. Sie ist ebenfalls von *A. Rosenthal*[4], p. 315 (A).

Dagegen darf in Satz 21 die Bedingung γ) nicht durch die zu A_6 analoge mit μ_* statt μ^* ersetzt werden, wie die Funktion μA bei *Carathéodory*, **26**[4], p. 365/6, zeigt.

[6] Siehe *H. Hahn*, **71**[3], p. 444/8. Die in Rede stehenden äußeren Maße werden hier „*Inhaltsfunktionen*" genannt.

[7] A_6 muß auch nach **11** (12) gelten, da die abgeschlossenen Hüllen von L, M getrennt und l-meßbar sind.

§ 23. Die Außenfunktion der $\mathfrak{k}_\sigma$-Erweiterung eines volladditiven Inhaltes als äußeres Maß.

95. Das zu einem volladditiven Inhalt gehörige äußere Maß. Bei irgend einem Grundbereich E sei jetzt i auf $\mathfrak{k}$ ein volladditiver Inhalt, r seine $\mathfrak{k}_\sigma$-Erweiterung und $\bar{r}$ auf $\mathfrak{L}$ deren Außenfunktion (s. **30**).

Man stellt sofort fest, daß $\bar{r}$ die Axiome A_1, A_2, A_3 des äußeren Maßes erfüllt. Ferner gilt A_4: für je abzählbar viele Mengen M_ν aus $\mathfrak{L}$ mit der Summe S ist

$$\bar{r}(S) \leqq \Sigma\, \bar{r}(M_\nu). \tag{1}$$

Nach der Definition **30** (13) von $\bar{r}$ gibt es nämlich zu jedem $\varepsilon > 0$ $\mathfrak{k}$-Summen Q_ν, so daß

$$Q_\nu \supset M_\nu,\ r(Q_\nu) \leqq \bar{r}(M_\nu) + \frac{\varepsilon}{2^\nu} \tag{2}$$

ist; zugleich ist $Q = \Sigma\, Q_\nu$ eine $\mathfrak{k}$-Summe, die S überdeckt. Nach A_3 für $\bar{r}$ und nach **30** (14) ist also

$$\bar{r}(S) \leqq \bar{r}(Q) = r(Q), \tag{3}$$

ferner nach **30** d) und nach (2)

$$r(Q) \leqq \Sigma\, r(Q_\nu) \leqq \Sigma\, \bar{r}(M_\nu) + \varepsilon. \tag{4}$$

Aus (3), (4) folgt aber (1) bei $\varepsilon \to 0$.

$\bar{r}$ ist also ein äußeres Maß.

Ferner ist jede $\mathfrak{k}$-Summe für $\bar{r}$ meßbar.

Beweis. Es genügt zu zeigen, daß jedes $A \in \mathfrak{k}$ für $\bar{r}$ meßbar ist, da die meßbaren Mengen einen σ-Körper bilden (**91**, Satz 5); bei beliebigem $L \in \mathfrak{L}$ soll also sein: $\bar{r}(L) = \bar{r}(L\,A) + \bar{r}(L - A)$. Dies trifft aber wegen A_4 für $\bar{r}$ bereits zu, wenn

$$\bar{r}(L) \geqq \bar{r}(L\,A) + \bar{r}(L - A) \tag{5}$$

ist. Um (5) zu beweisen, überdecke ich ein betrachtetes L durch eine beliebige $\mathfrak{k}$-Summe Q. Da A und $Q - A$ fremde $\mathfrak{k}$-Summen sind, wird nach **30** b)

$$r(Q) = r(Q\,A) + r(Q - A).$$

Hieraus folgt nach **30** (13) wegen $Q\,A \supset L\,A,\quad Q - A \supset L - A$:

$$r(Q) \geqq \bar{r}(L\,A) + \bar{r}(L - A).$$

Geht man links zur unteren Grenze über, so entsteht die zu beweisende Ungleichung (5).

Der σ-Körper der für $\bar{r}$ meßbaren Mengen werde mit $\mathfrak{K}$ bezeichnet, ferner $\bar{r}(M) = \mu(M)$ gesetzt, falls $M \in \mathfrak{K}$; μ auf $\mathfrak{K}$ ist also das zu $\bar{r}$ gehörige Maß.

Weiters erfüllt $\bar{r}$ das Axiom A_5.

Beweis. Da die $\mathfrak{k}$-Summen, wie eben gezeigt, meßbar sind und jede meßbare Menge in einer $\mathfrak{k}$-Summe liegt, besteht $\mathfrak{L}$ auch aus den Teilen der einzelnen für $\bar{r}$ meßbaren Mengen, d. h., $\bar{r}$ erfüllt A_5'.

Ferner gilt A_5'', d. h., es ist

$$\bar{r}(M) = \bar{\mu}(M) \text{ für jedes } M \in \mathfrak{L}, \tag{6}$$

wenn $\bar{\mu}$ die Außenfunktion von μ bedeutet. Dies beweist man analog zu **92** (1): die Rolle von m, $\bar{m}$ übernimmt jetzt r bzw. $\bar{r}$ und die von **26**, Satz 10 die obige Feststellung, daß die $\mathfrak{k}$-Summen für $\bar{r}$ meßbar sind. Für jedes $M \in \mathfrak{L}$ ist nämlich

$$\bar{\mu}(M) = \inf \mu(A) \qquad (A \in \mathfrak{K},\ A \supset M); \tag{7}$$

ferner ist $\mu(A) = \bar{r}(A) \geqq \bar{r}(M)$. Also gilt

$$\bar{\mu}(M) \geqq \bar{r}(M). \tag{8}$$

Weiters ist

$$\bar{r}(M) = \inf r(Q) \qquad (Q \in \mathfrak{k}_\sigma,\ Q \supset M). \tag{9}$$

Da jede $\mathfrak{k}$-Summe für $\bar{r}$ meßbar, also $\mathfrak{k}_\sigma \subset \mathfrak{K}$ ist, ergibt (7), (9)

$$\bar{\mu}(M) \leqq \bar{r}(M). \tag{10}$$

Aus (8), (10) folgt die zu beweisende Gleichung (6).

Insgesamt hat sich folgendes ergeben:

Satz 1. *Die Außenfunktion $\bar{r}$ der $\mathfrak{k}_\sigma$-Erweiterung r eines volladditiven Inhalts i auf $\mathfrak{k}$ ist ein gewöhnliches äußeres Maß.*

Jede $\mathfrak{k}$-Summe ist für $\bar{r}$ meßbar[1].

Demgemäß heiße $\bar{r}$ auch das *zu i gehörige äußere Maß.*

Ist i insbesondere ein Maß m, so wird $r = m$ und $\bar{r}$ die Außenfunktion $\bar{m}$ von m; in diesem Sonderfalle gilt der erste Teil von Satz 1 bereits nach **92**, Satz 9.

Umgekehrt ist ein gewöhnliches äußeres Maß μ^* stets eine Funktion $\bar{r}$; μ^* ist ja nach A_5 die Außenfunktion eines Maßes und dieses sein eigenes r. *Man hat also in den Funktionen $\bar{r}$ genau die gewöhnlichen äußeren Maße* (vgl. **92**, Satz 9).

Schließlich kann **92**, Satz 12 so verallgemeinert werden:

[1] Vgl. die allgemeineren Betrachtungen bei *C. Carathéodory*, **1**3³, p. 51/4.

Satz 2. *Ist μ^* auf $\mathfrak{L}$ das zu einem volladditiven Inhalt i auf $\mathfrak{k}$ gehörige äußere Maß, so ist eine Menge $M \in \mathfrak{L}$ bereits dann für μ^* meßbar, wenn*

$$\mu^*(L) = \mu^*(L\,M) + \mu^*(L - M)$$

für alle $\mathfrak{k}$-Summen L mit endlichem μ^* gilt.

Der Beweis erfolgt analog zum Beweise von **92**, Satz 12: Die Rolle der m-meßbaren Mengen übernehmen jetzt die $\mathfrak{k}$-Summen.

96. Erweiterung eines volladditiven Inhalts zu einem vollständigen Maß. Es ist nun leicht, die beiden folgenden Sätze von H. Hahn zu gewinnen[1].

Nach Satz 1 und **92**, Satz 10 ist das zu $\bar{r}$ gehörige Maß μ ein vollständiges Maß mit der Schnitteigenschaft. Bildet man also zu einem volladditiven Inhalt i die $\mathfrak{k}_\sigma$-Erweiterung r, dann deren Außenfunktion $\bar{r}$ und schließlich das zu $\bar{r}$ gehörige Maß μ, so entsteht ein vollständiges Maß mit der Schnitteigenschaft; zugleich ist μ eine Erweiterung von r (s. Satz 1 und **30** (14)) und damit von i (s. **30** (5)). Dieses Verfahren werde wieder der *V-Prozeß* genannt; er stimmt mit dem in **92** beschriebenen V-Prozeß überein, falls i ein Maß ist. Es gilt also der

Satz 3. *Führt man an einem volladditiven Inhalt i den V-Prozeß aus, so entsteht ein vollständiges Maß über i mit der Schnitteigenschaft.*

Dieses Maß braucht aber nicht das kleinste vollständige Maß über i zu sein, wie schon **18**, Beisp. 2 zeigt.

Das kleinste vollständige Maß l über i existiert sicher, falls i die Zerlegungseigenschaft hat (**32**, Satz 3). Da dann l ebenfalls die Zerlegungseigenschaft und damit die Schnitteigenschaft hat, ist l das zur Außenfunktion $\bar{l}$ von l gehörige Maß (**92**, Satz 10). Da ferner nach **34** (1) $\bar{l} = \bar{r}$ ist, muß $l = \mu$ sein. Es hat sich also folgendes ergeben:

Satz 4. *Hat der volladditive Inhalt i die Zerlegungseigenschaft, so liefert der V-Prozeß das kleinste vollständige Maß über i.*

Dieser Satz umfaßt den Satz 14 in **92**.

Wendet man den V-Prozeß z. B. auf den elementaren Inhalt der Würfelaggregate einer monotonen Gitterfolge des E_n an, so entsteht nach Satz 4 das n-dimensionale Lebesgue'sche Maß (s. **63**).

---

[1] *H. Hahn*, **41**[3], § 2 XVIII, XXIII. *H. Hahn-A. Rosenthal*, Set functions, Albuquerque, New Mexico 1948, p. 74ff.

VI. Verbände und Somenfunktionen.

Geht man die Ausführungen in Kapitel I und V durch, so fällt auf, daß im überwiegenden Teil die Eigenschaft einer Menge, aus Elementen zu bestehen, gar nicht eingeht, sondern daß nur Relationen zwischen Mengen als Ganzes sowie Operationen mit ihnen nach bestimmten formalen Regeln verwendet werden. Dies legt es nahe, Systeme von Elementen zu betrachten, für die eine „Ordnungsrelation" sowie Operationen erklärt sind, so daß mit diesen Elementen in einem gewissen Ausmaße wie mit Mengen gerechnet werden kann. Solche Systeme heißen „Verbände" und die Elemente, aus denen ein Verband besteht, „Somen". Die Somen sind also Träger von formalen Eigenschaften der Mengen. Je nach der Art des Verbandes, dem sie angehören, kann mit ihnen in wechselndem Ausmaße wie mit Mengen operiert werden.

Ordnet man jedem Soma eines Verbandes eine reelle Zahl zu, so entsteht eine *Somenfunktion*. Es wird sich ergeben, daß die meisten Betrachtungen über die Mengenfunktionen in den Kapiteln I und V ohne weiteres auf Somenfunktionen übertragen werden können*.

§ 24. Boole'sche Verbände.

97. Teilweise geordnete Mengen. Eine Menge heißt *teilweise* (oder *partiell*) *geordnet*, wenn für einzelne Elementepaare (A, B) eine Beziehung „*A ist Teil von B*" (Ordnungsrelation), in Zeichen $A \subset B$ oder $B \supset A$, so gegeben ist, daß gilt:

α) *es ist stets* $A \subset A$;

β) *aus* $A \subset B$, $B \subset C$ *folgt stets* $A \subset C$;

γ) *aus* $A \subset B$, $B \subset A$ *folgt stets* $A = B$.[1]

Z. B. ist jedes Mengensystem mit der Teilbeziehung der Mengen als Ordnungsrelation teilweise geordnet. Ferner ist eine jede Teilmenge

* Literatur: *O. Ore*, Ann. Math. (2) **36** (1935), p. 406ff.; *M. H. Stone*, Amer. J. Math. **57** (1935), p. 703/32 und Trans. Amer. Math. Soc. **40** (1936), p. 37/111; *C. Carathéodory*, **13**³, ferner ibid. p. 175/83; *J. Ridder*, Acta Math. **73** (1941), p. 131/73.

E. Foradori, Grundgedanken der Teiltheorie, Leipzig 1937; *V. Glivenko*, Théorie générale des structures, Act. sci. Paris 1938; *H. Hermes - G. Köthe*, Theorie der Verbände, Enz. d. Math. Wiss. I (2. Aufl.) I 13, p. 4ff.

[1] Für andere Zwecke als hier wird eine Menge „teilweise geordnet" genannt, wenn bloß α), β) gilt.

einer teilweise geordneten Menge wieder teilweise geordnet. Teilweise geordnete Mengen werden (entsprechend den Mengensystemen) mit Frakturbuchstaben bezeichnet, ihre Elemente (entsprechend den Mengen) mit großen lateinischen und auch die Sprechweise bei Mengen auf diese Elemente übertragen.

Zwei Aussagen über Elemente einer teilweise geordneten Menge heißen (*zueinander*) *dual*, wenn die eine dadurch in die andere übergeht, daß $X \subset Y$ durchwegs durch $Y \subset X$ ersetzt wird, oder also dadurch, daß die Zeichen $\subset$ und $\supset$ untereinander vertauscht werden.

Für eine teilweise geordnete Menge $\mathfrak{S}$ sind die folgenden Erklärungen möglich.

a) Es sei $\mathfrak{M}$ eine Menge oder ein Komplex von Elementen A_α aus $\mathfrak{S}$. Ein Element von $\mathfrak{S}$, das alle A_α umfaßt und zugleich Teil eines jeden alle A_α umfassenden Elementes C von $\mathfrak{S}$ ist, heißt *Summe* oder *Vereinigung von* $\mathfrak{M}$. Falls es ein solches Element gibt, kann es nach γ) nur ein einziges geben. Es wird mit ΣA_α bezeichnet und ist so charakterisiert:

$$\begin{cases} A_\alpha \subset \Sigma A_\alpha \text{ für jedes } \alpha; \\ \text{aus } A_\alpha \subset C \text{ für jedes } \alpha \text{ folgt stets } \Sigma A_\alpha \subset C. \end{cases} \tag{1}$$

ΣA_α ist also das „kleinste" Element von $\mathfrak{S}$, das alle A_α umfaßt. Ist $\mathfrak{M}$ insbesondere eine endliche oder unendliche Folge von Elementen A_ν aus $\mathfrak{S}$, so werden für ihre Summe dieselben Symbole wie für die Summe einer Mengenfolge verwendet; z. B. bedeutet $A + B$ die Summe des Paares (A, B). Dies ist zulässig, da für Mengensysteme sowie Mengenkomplexe innerhalb des Systems $\mathfrak{E}$ aller Mengen eines Grundbereiches bei der gewöhnlichen Teilbeziehung als Ordnungsrelation die eben erklärte Addition mit der gewöhnlichen Addition der Mengen zusammenfällt.

Sichtlich ist $A + A + \ldots = A$, und zwar für endlich sowie unendlich viele Summanden A aus $\mathfrak{S}$. Ferner kann die Summe einer endlichen Folge stets als Summe einer unendlichen geschrieben werden, z. B. $A + B = A + B + A + A + \ldots$.

b) Es habe $\mathfrak{M}$ dieselbe Bedeutung wie in a). Ein Element von $\mathfrak{S}$, das gemeinsamer Teil aller A_α ist und zugleich jeden gemeinsamen Teil C aller A_α umfaßt, heißt *Produkt* oder *Durchschnitt von* $\mathfrak{M}$. Falls es ein solches Element gibt, kann es (wieder nach γ)) nur ein einziges geben. Es wird mit ΠA_α bezeichnet und ist so charakterisiert:

$$\begin{cases} \Pi A_\alpha \subset A_\alpha \text{ für jedes } \alpha; \\ \text{aus } C \subset A_\alpha \text{ für jedes } \alpha \text{ folgt stets } C \subset \Pi A_\alpha. \end{cases} \tag{2}$$

ΠA_α ist also das „größte" Element von $\mathfrak{S}$, das in allen A_α liegt. Für das Produkt einer endlichen oder unendlichen Folge (A_ν) aus $\mathfrak{S}$ werden die für Mengen üblichen Symbole verwendet; z. B. bedeutet $A\,B$ das Produkt des Paares (A, B). Dies ist aus dem analogen Grunde wie bei der Summe zulässig.

Entsprechend zur Summe ist $AA \ldots = A$, und zwar für endlich sowie unendlich viele Faktoren. Ferner ist z. B. $AB = AB\,AA \ldots$.

Die Erklärungen von ΣA_α und ΠA_α sind zueinander dual.

c) Ein Element von $\mathfrak{S}$, das Teil eines jeden Elementes von $\mathfrak{S}$ ist, heißt *leeres Element.* Falls es ein solches Element gibt, kann es nur ein einziges geben; es werde mit O bezeichnet. O ist also das kleinste Element von $\mathfrak{S}$. Ferner folgt aus $A \subset O$ stets $A = O$.

d) Falls es ein Element von $\mathfrak{S}$ gibt, das jedes Element von $\mathfrak{S}$ als Teil enthält, kann es nur ein einziges geben; es werde mit E bezeichnet. E ist also das größte Element von $\mathfrak{S}$. Ferner folgt aus $A \supset E$ stets $A = E$.

Die Erklärungen von O und E sind zueinander dual.

Eine teilweise geordnete Menge $\mathfrak{S}$ heißt ein *Verband*, wenn für jedes Elementepaar aus $\mathfrak{S}$ die Summe und das Produkt existieren. Ein Verband heißt ein *σ-Verband* (oder ein *vollkommener Verband*), wenn für jede Elementefolge aus $\mathfrak{S}$ die Summe existiert, und ein *δ-Verband*, wenn das Produkt existiert.

Die Elemente eines Verbandes heißen *Somen*[2].

98. Boole'sche Verbände. Eine teilweise geordnete Menge $\mathfrak{S}$ heißt ein *Boole'scher Verband* oder kurz eine *Struktur*[1], wenn sie die folgenden Forderungen I bis V erfüllt. Die Forderungen I, II bewirken, daß $\mathfrak{S}$ ein Verband ist, weshalb die Elemente von $\mathfrak{S}$ als Somen angesprochen werden können.

I. *Für jedes Somenpaar (A, B) aus $\mathfrak{S}$ existiert die Summe $A + B$.*

a) Ist $A \subset B$, so gilt wegen $B \subset B$ nach **97** (1) $A + B \subset B$; daneben ist (wieder nach **97** (1)) $B \subset A + B$. Nach **97** γ) hat man also $A + B = B$. Umgekehrt folgt aus dieser Gleichung $A \subset B$. Damit ist folgendes gezeigt:

A ist genau dann Teil von B, wenn $A + B = B$ ist.

b) *Es gilt:* $A + B = B + A$, $(A + B) + C = A + (B + C)$.

---

[2] Der Ausdruck „Soma" wurde von *Carathéodory* zur Bezeichnung der Elemente eines Boole'schen σ-Verbandes (s. **99**) eingeführt (**13**[3], p. 29).

[1] Der Ausdruck „Struktur" mit allgemeinerer Bedeutung ist von *Ore* (p. 217 *).

In der ersten Formel sind nämlich beide Seiten das (eindeutig bestimmte) kleinste Soma von $\mathfrak{S}$, das A und B umfaßt, und in der zweiten das kleinste Soma, das A, B und C umfaßt.

c) Mit den Summen der Somenpaare existieren auch die Summen der endlichen Somenfolgen; für diese Summen gilt wieder das kommutative und assoziative Gesetz. Zugleich kann man die Summe einer jeden endlichen Somenmenge sowie einer endlichen Doppelfolge von Somen bilden.

II. *Für jedes Somenpaar* (A, B) *aus* $\mathfrak{S}$ *existiert das Produkt* AB.

Wegen der Dualität der Erklärungen von $A + B$ und AB gelten die zu I a), b), c) dualen Aussagen.

a) *B ist genau dann Teil von A, wenn $AB = B$ ist.*

b) *Es gilt* $AB = BA$, $(AB)\,C = A\,(BC)$.

c) Den n-gliedrigen Somensummen stehen die n-gliedrigen Somenprodukte dual gegenüber.

Zu jeder Aussage über Summen und Produkte von je endlich vielen Somen aus $\mathfrak{S}$ auf Grund von I, II allein gilt die duale. Diese entsteht, indem man die Zeichen $\subset$ und $\supset$, ferner Summe und Produkt untereinander vertauscht.

III. *Es existiert das leere Soma O.*

a) Wegen $O \subset A$ *ist* $A + O = A$, $A \,.\, O = O$ nach I a) bzw. II a).

Zwei Somen A, B heißen (*zueinander*) *fremd*, in Zeichen $A \circ B$, falls O der einzige gemeinsame Teil von A, B ist; dies ist gleichbedeutend mit $AB = O$. Insbesondere ist stets $O \circ A$. — Allgemeiner kann man jetzt von Mengen aus $\mathfrak{S}$ sprechen, deren Elemente *getrennt* (*disjunkt*) sind.

b) *Aus* $A \subset B$, $A \circ B$ *folgt* $A = O$.

Hiernach folgt z. B. aus $AA = O$ stets $A = O$.

c) *Aus* $C \subset A$, $D \subset B$, $A \circ B$ *folgt* $C \circ D$. — Dies ergibt für $D = B$ den (häufig zu benützenden)

Satz 1. *Ist* $C \subset A$ *und* $A \circ B$, *so ist auch* $C \circ B$.

Während aus $B \circ A_1 + A_2$ nach Satz 1 $B \circ A_1$, $B \circ A_2$ folgt, braucht das Umgekehrte nicht zu gelten, wird aber nun postuliert:

IV. *Aus* $B \circ A_1$, $B \circ A_2$ *folgt stets* $B \circ A_1 + A_2$. [2]

[2] Das System der offenen Intervalle des E_1 einschließlich der leeren Menge mit der Teilbeziehung der Mengen als Ordnungsrelation ist teilweise geordnet und erfüllt I, II, III jedoch nicht IV. Dagegen erfüllt das System der offenen Mengen I bis IV, jedoch nicht V.

Übrigens kann IV in der folgenden distributiven Form ausgesprochen werden: Es ist $(A_1 + A_2)\,B = A_1\,B + A_2\,B$, falls $A_1\,B = A_2\,B = O$.

Man beweist sofort durch Induktion, daß IV auf endlich viele A_ν ausgedehnt werden kann.

V. *Zu jedem Somenpaar* (A, B) *aus* $\mathfrak{S}$ *mit* $B \subset A$ *gibt es (mindestens) ein zu* B *fremdes Soma* X, *so daß* $B + X = A$ *ist.*

Es wird sich gleich ergeben, daß es nur ein einziges solches X gibt. Der Beweis hierfür stützt sich auf den

Satz 2. *Ist* $C \subset A + B$ *und* $C \circ B$, *so ist* $C \subset A$.

Beweis. Es gibt zunächst Somen C_1, C_2, so daß gilt:

$$C = C_1 + C_2,\ C_1 \subset A,\ C_2 \circ A. \tag{1}$$

Setzt man nämlich $AC = C_1$, so ist bereits $C_1 \subset A$. Ferner gibt es wegen $C_1 \subset C$ nach V ein zu C_1 fremdes Soma C_2, so daß $C_1 + C_2 = C$ ist. Dabei muß $C_2 \circ A$ sein: wegen $C_2 \subset C$ ist ja $C_2 C = C_2$ (s. II a)) und daher

$$C_2 A = (C_2 C) A = C_2 (C A) = C_2 C_1 = O.$$

Die aufgewiesenen Somen C_1, C_2 erfüllen also (1).

Es seien nun C_1, C_2 Somen, für die (1) gilt. Da $C_2 \subset C$ und nach Voraussetzung $C \circ B$ ist, ist auch $C_2 \circ B$ (Satz 1); ferner ist nach (1) $C_2 \circ A$. Nach IV ist also $C_2 \circ A + B$. Daneben ist $C_2 \subset A + B$ wegen $C_2 \subset C$ und der Voraussetzung $C \subset A + B$. Beides zusammen ergibt dann $C_2 = O$ (s. III, b)). Also ist nach (1) und III a) $C = C_1 + O =$ $= C_1 \subset A$, w.z.z.w.

Satz 3. *Es gibt genau ein Soma* $X = C$, *das die Forderung* V *erfüllt.*

Ist nämlich $X = C'$ ein zweites, so hat man

$$B + C = B + C' \text{ mit } C \circ B,\ C' \circ B.$$

Hiernach ist $C \subset B + C'$, $C \circ B$, also nach Satz 2 $C \subset C'$. Da sich ebenso $C' \subset C$ ergibt, hat man insgesamt $C = C'$.

Das im Falle $B \subset A$ durch $B + X = A$ eindeutig festgelegte Soma X heißt die *Differenz von* (A, B); diese wird mit $A - B$ bezeichnet. $A - B$ *ist also so charakterisiert:*

$$B + (A - B) = A \textit{ mit } A - B \circ B, \textit{ falls } B \subset A.^{3} \tag{2}$$

Diese Charakterisierung der Differenz *ergibt* $A - O = A$, $A - A = O$. *Ferner:*

$$(A + B) - B = A \textit{ für } B \circ A,^{4} \tag{3}$$

---

[3] Aus $A - B = C$, $B \subset A$ folgt somit (durch beiderseitige Addition von B) $A = C + B$.

[4] Aus $A + B = C$, $B \circ A$ folgt somit (durch beiderseitige Subtraktion von B) $A = C - B$.

$$A - (A - B) = B \text{ für } B \subset A. \tag{3'}$$

Es seien nun A, B irgend zwei Somen aus $\mathfrak{S}$. Wegen $AB \subset A$ kann man $A - AB$ bilden. Diese Differenz heiße auch die *Differenz von* (A, B) und werde mit $A - B$ bezeichnet. *$A - B$ ist also* (nach (2)) *durch*

$$AB + (A - B) = A \text{ mit } A - B \circ AB$$

charakterisiert und hat für $B \subset A$ die ursprüngliche Bedeutung.

Über $A - B \circ AB$ hinaus ist sogar $A - B \circ B$. Wegen $A - B \subset A$ ist ja $A - B = (A - B)\,A$ und daher

$$(A - B)\,B = [(A - B)\,A]\,B = (A - B)\,(AB) = O.$$

Die Differenz $A - B$ ist also in jedem Falle durch

$$A = AB + (A - B) \text{ mit } A - B \circ B \tag{4}$$

gekennzeichnet. Durch (4) *wird A in einen in B liegenden und einen zu B fremden Teil zerlegt, wobei diese Teile notwendig zueinander fremd sind* (s. Satz 1).

Liegt umgekehrt eine solche Zerlegung von A vor:

$$A = A_1 + A_2 \text{ mit } A_1 \subset B,\ A_2 \circ B \tag{5}$$

(*was $A_1 \circ A_2$ nach sich zieht*), *so muß $A_1 = AB$, $A_2 = A - B$ sein.*

Nach (5) ist nämlich $A_1 \subset A$, $A_1 \subset B$, also $A_1 \subset AB$; ferner ist $AB \subset A$, $AB \circ A_2$, also $AB \subset A_1$ (nach (5) und Satz 2). Damit hat man $A_1 = AB$. Dies zusammen mit (5) ergibt ferner $A - B = A - AB = A - A_1 = A_2$.[4]

Satz 4. *$A - B$ ist der größte zu B fremde Teil von A, d. h., es gilt:*

$$A - B \subset A,\ A - B \circ B; \text{ aus } C \subset A,\ C \circ B \text{ folgt } C \subset A - B. \tag{6}$$

Den ersten und zweiten Teil von (6) entnimmt man unmittelbar aus (4); der letzte ergibt sich mittels (4) und Satz 2, wenn man beachtet, daß mit $C \circ B$ auch $C \circ AB$ ist.

Weiters gilt: α) *A ist genau dann Teil von B, wenn $A - B = O$ ist.*

Aus $A \subset B$ folgt nämlich $A - B \subset B$; dies zusammen mit $A - B \circ B$ ergibt $A - B = O$. Trifft dies umgekehrt zu, so ist nach (4) $A = AB$ oder $A \subset B$.

β) *A und B sind genau dann fremd, wenn $A - B = A$ ist.*

Dies entnimmt man aus (4).

Die Gleichungen (2), (3), (3') können noch auf beliebige Somen A, B verallgemeinert werden. *Und zwar gilt stets*

$$(A - B) + B = A + B, \tag{7}$$

$$(A + B) - B = A - B, \tag{8}$$

$$A - (A - B) = AB. \tag{9}$$

(7) entsteht, indem man in (4) beiderseits B addiert; (8) entsteht, indem man in (7) beiderseits B subtrahiert[4]; (9) entsteht, indem man in (4) beiderseits $A - B$ subtrahiert[4].

Durch (7) wird $A + B$ in eine Summe mit getrennten Summanden übergeführt. Dasselbe leistet

$$\sum_1^n A_\nu = A_1 + \sum_{\nu=2}^n (A_\nu - A_\nu^*) \text{ mit } A_\nu^* = A_1 + \ldots + A_{\nu-1} \quad (2 \leqq \nu \leqq n) \tag{10}$$

für eine Summe aus endlich vielen Summanden. Die Giltigkeit von (10) beweist man mittels (7) sofort durch Induktion. Ferner ist $A_\nu - A_\nu^*$ fremd zu A_ν^* und daher auch zu $A_1, \ldots, A_{\nu-1}$; damit ist aber jeder Summand der rechten Seite des ersten Teiles von (10) fremd zu jedem vorangehenden.

Vertauscht man in (4) A und B und addiert die entstandene Gleichung zu (4), so kommt

$$A + B = AB + (A - B) + (B - A). \tag{11}$$

Hierin sind die Summanden rechts getrennt: zunächst ist $AB \circ A - B$, $AB \circ B - A$; ferner folgt aus $A - B \circ B$, $B - A \subset B$, daß $A - B \circ B - A$ ist.

Jeder Mengenkörper ist eine Struktur mit den Mengen, aus denen er besteht, als Somen und der Teilbeziehung der Mengen als Ordnungsrelation. Dabei fallen die Operationen mit den Elementen des Körpers als Mengen und als Somen zusammen; die leere Menge ist zugleich das leere Soma.

99. Boole'sche σ-Verbände. Ein Boole'scher Verband $\mathfrak{S}$ heißt ein *Boole'scher σ-Verband* oder kurz eine *σ-Struktur*, wenn an Stelle von I, IV die beiden stärkeren Forderungen I', IV' treten:

I'. *Für jede unendliche Somenfolge (A_ν) aus $\mathfrak{S}$ existiert ΣA_ν.*[1]

IV'. *Aus $B \circ A_\nu$ $(\nu = 1, 2, \ldots)$ folgt stets $B \circ \Sigma A_\nu$.*[1]

Liegt eine σ-Struktur $\mathfrak{S}$ vor, so ergibt die Definition **97** (1) der Summe ohne weiteres, *daß für ΣA_ν das kommutative und das assoziative Gesetz gilt*: man darf die Reihenfolge der Summanden ändern, ferner je endlich viele durch eine Klammer zusammenfassen. Weiters existiert die Summe einer jeden abzählbaren Somenmenge aus $\mathfrak{S}$, sowie die einer jeden Doppelfolge $(A_{\mu\nu})$; letztere stimmt überein mit der Summe irgend einer linearen Umordnung von $(A_{\mu\nu})$.

---

[1] Es kommt auf dasselbe hinaus, ob man dies für endliche und unendliche Folgen (A_ν) oder bloß für unendliche verlangt.

Für $\Sigma A_{\mu\nu}$ *gilt die Umordnungsregel* **1** (3), da jetzt jeder der drei Teile von **1** (3) das kleinste Soma aus $\mathfrak{S}$ ist, das alle $A_{\mu\nu}$ umfaßt. Damit gilt die erste Gleichung **1** (5) sowie **1** (6) auch für Somen A_ν, B_ν aus $\mathfrak{S}$. Mittels dieser Gleichungen kann **98** (10) auf die Summe einer unendlichen Folge (A_ν) aus $\mathfrak{S}$ übertragen werden: man hat in **98** (10) nur beiderseits nach n zu summieren. Für je abzählbar viele A_ν aus $\mathfrak{S}$ gilt also **1** (12); damit gilt dann auch **1** (13) und **1** (14) für Somen $A_\nu \in \mathfrak{S}$.

Falls ein Mengenkörper neben jeder Mengenfolge deren Summe enthält, so enthält er auch deren Produkt (s. **7**). Dem entspricht der

Satz 5. *Für jede unendliche Somenfolge* (A_ν) *aus einer* σ*-Struktur existiert* ΠA_ν.

Jeder Boole'sche σ-Verband ist also zugleich ein δ-Verband.

B e w e i s. Setzt man $A_1 A_2 \ldots A_\nu = P_\nu$, $A_1 - P_\nu = D_\nu$, so ist wegen $P_\nu \subset A_1$

$$A_1 = P_\nu + D_\nu \qquad (\nu = 1, 2, \ldots). \tag{1}$$

Setzt man ferner $\Sigma D_\nu = D$, so ist wegen $D_\nu \subset A_1$ auch $D \subset A_1$. Mit $P = A_1 - D$ ist also

$$A_1 = P + D. \tag{2}$$

Ich behaupte

$$P = \Pi A_\nu. \tag{3}$$

P hat nämlich die beiden Eigenschaften, durch die nach **97** (2) ΠA_ν gekennzeichnet ist. Zunächst ist $P \subset A_\nu$ $(\nu = 1, 2, \ldots)$. Es ist ja $P \subset A_1$, ferner $P \circ D_\nu$ wegen $D_\nu \subset D$, $D \circ P$, also nach (1) und Satz 2 $P \subset P_\nu$ und damit erst recht $P \subset A_\nu$. Weiters folgt aus $C \subset A_\nu$ $(\nu = 1, 2, \ldots)$, daß $C \subset P$ ist. Wegen $C \subset A_\mu$ $(\mu = 1, \ldots, \nu)$ ist nämlich $C \subset P_\nu$ und damit $C \circ D_\nu$ $(\nu = 1, 2, \ldots)$; nach IV' ist dann $C \circ \Sigma D_\nu = D$. Dies zusammen mit $C \subset A_1$ ergibt nach (2) und Satz 2 $C \subset P$. Damit ist (3) und zugleich Satz 5 bewiesen.

Die Gleichung (2) kann man auch für eine endliche Folge (A_ν) bilden und entsprechend den eben geführten Beweis von (3) lesen; dabei genügt es an Stelle einer σ-Struktur eine Struktur überhaupt zugrunde zu legen. Die Gleichungen (2), (3) besagen also:

Es gilt

$$A_1 = \Pi A_\nu + \Sigma (A_1 - P_\nu) \text{ mit } P_\nu = A_1 A_2 \ldots A_\nu \tag{4}$$

und zwar für endlich viele A_ν *im Falle irgend einer Struktur und für abzählbar viele im Falle einer* σ*-Struktur* (vgl. **2** (27)).

Nachdem die Existenz von ΠA_ν für jede Folge (A_ν) aus einer σ-Struktur $\mathfrak{S}$ feststeht, ergibt die Dualität von Summe und Produkt, daß **1** (4), die zweite Gleichung **1** (5) sowie **1** (7) auch für Somen aus $\mathfrak{S}$ gelten.

Jeder σ-Körper ist eine σ-Struktur mit den Mengen, aus denen er besteht, als Somen und der Teilbeziehung der Mengen als Ordnungsrelation; die Operationen mit den Körperelementen als Mengen und als Somen fallen zusammen.

100. Rechenregeln für Somen. Nach dem Bisherigen gelten die Regeln in **1** auch für Somen einer Struktur $\mathfrak{S}$; soferne Summen und Produkte aus unendlich vielen Gliedern auftreten, muß $\mathfrak{S}$ eine σ-Struktur sein. Ausgenommen bleiben die Formeln über Komplementärmengen am Ende von **1**. Es soll jetzt gezeigt werden, daß das Gleiche für die Regeln in **2** gilt. Da alle diese Regeln bereits für Mengen innerhalb eines Mengenkörpers bzw. eines σ-Körpers gelten, wird also unser Ergebnis das folgende sein:

In einem Boole'schen Verband darf man ebenso rechnen wie in einem Mengenkörper, in einem Boole'schen σ-Verband ebenso wie in einem σ-Körper.

a) *Monotoniegesetze. Aus $A_\nu \subset B_\nu$ folgt $\Sigma A_\nu \subset \Sigma B_\nu$ sowie $\Pi A_\nu \subset \Pi B_\nu$ und zwar für endlich viele A_ν, B_ν im Falle irgend einer Struktur und für abzählbar viele im Falle einer σ-Struktur.*

Wegen $A_\nu \subset B_\nu$, $B_\nu \subset \Sigma B_\nu$ ist nämlich $A_\nu \subset \Sigma B_\nu$ und damit $\Sigma A_\nu \subset \Sigma B_\nu$. Der Beweis des zweiten Teiles der Behauptung verläuft dual.

Insbesondere folgt aus $A \subset B$ stets $A + C \subset B + C$ sowie $AC \subset BC$.

Aus $A \subset B$ folgt $A - C \subset B - C$ sowie $C - A \supset C - B$.

$A - C$ ist Teil von A, also wegen $A \subset B$ auch von B, der zu C fremd ist. Nach Satz 4 muß dann $A - C \subset B - C$ sein. — Ähnlich beweist man den zweiten Teil der Behauptung: $C - B$ ist Teil von C, der zu B, also wegen $A \subset B$ auch zu A fremd ist. Nach Satz 4 ist dann $C - B \subset C - A$.

b) *Distributivgesetze der Multiplikation und der Addition. Es gilt*

$$(\Sigma A_\nu)\, C = \Sigma A_\nu C \tag{1}$$

und zwar für endlich viele A_ν im Falle irgend einer Struktur und für abzählbar viele im Falle einer σ-Struktur.

Beweis. Wegen $A_\nu \subset \Sigma A_\nu$ ist nach a) $A_\nu C \subset (\Sigma A_\nu)\, C$ und daher auch

$$\Sigma A_\nu C \subset (\Sigma A_\nu)\, C. \tag{2}$$

Die umgekehrte Beziehung erhält man so: Nach **98** (4) und der ersten Gleichung **1** (5) in Somen ist

$$\Sigma A_\nu = \Sigma (A_\nu - C) + \Sigma A_\nu C. \tag{3}$$

Wegen $A_\nu - C \circ C$ ist nach IV bzw. IV′ $\Sigma (A_\nu - C) \circ C$ und damit auch $\Sigma (A_\nu - C) \circ C \Sigma A_\nu$; andererseits ist $C \Sigma A_\nu \subset \Sigma A_\nu$. Insgesamt ist also $C \Sigma A_\nu$ Teil der linken Seite von (3) und fremd zum ersten Ausdruck der rechten. Hieraus folgt nach Satz 2

$$(\Sigma A_\nu) C \subset \Sigma A_\nu C. \tag{4}$$

Aus (2), (4) entnimmt man (1).

Damit können die an **2** (1) und **2** (2) angeschlossenen Regeln auf Somen übertragen werden.

Im Hinblicke auf den Beweis von (7) werde nun **2** (9) auf Somen irgend einer Struktur übertragen. *Es gilt also*

$$A (B - C) = AB - AC = AB - C. \tag{5}$$

Aus $(B - C) + C = B + C$ (s. **98** (7)) folgt nämlich nach (1) $A (B - C) + AC = A B + A C$; dabei sind die beiden Summanden links fremd (s. **98** III. c)). Hieraus entnimmt man bereits den ersten Teil von (5) (s. **98** (8) und **98** β)). Der zweite ist eine unmittelbare Folge der Definition der allgemeinen Differenz.

Aus (5) folgt wegen $A - B \subset A$ (vgl. **2** (9))

$$(A - B) (A - C) = (A - B) - C. \tag{6}$$

Nun zeige ich: *Es gilt*

$$\Pi A_\nu + C = \Pi (A_\nu + C) \tag{7}$$

und zwar für endlich viele A_ν im Falle irgend einer Struktur und für abzählbar viele im Falle einer σ-Struktur.

Beweis[1]. (7) gilt zunächst für Produkte aus zwei Faktoren wegen

$$(A_1 + C) (A_2 + C) = A_1 A_2 + [(A_1 + A_2) C + C] = A_1 A_2 + C.$$

Die Giltigkeit für n Faktoren beweist man sofort durch Induktion.

Es bleibt noch der Fall unendlich vieler Faktoren bei einer σ-Struktur. Jetzt bilde ich für die Folge (A_ν) die im Beweise von Satz 5 eingeführten Somen P_ν, D_ν, P, D, ferner für die Folge $(A_\nu + C)$ die P_ν, P entsprechenden Somen P_ν', P'. Es ist dann

$$A_1 = P + D, \tag{8}$$

[1] Der Beweis von (1) kann vorderhand nicht ohne weiteres dualisiert werden.

$$D_\nu \circ P_\nu,\ D = \Sigma D_\nu. \tag{9}$$

Aus (8) folgt durch Addition von C (s. **98** (7))

$$A_1 + C = P + [(D - C) + C] = (P + C) + (D - C). \tag{10}$$

Ferner ist nach dem bereits Bewiesenen

$$P_\nu + C = P_\nu'. \tag{11}$$

Zu zeigen hat man $$P + C = P'. \tag{12}$$

Zunächst gilt $$P' \subset P + C. \tag{13}$$

Wegen $P' \subset P_\nu'$ und (11) ist nämlich $P' \subset P_\nu + C$; daneben gilt $D_\nu - C \circ P_\nu$ (s. (9)), $D_\nu - C \circ C$ und somit nach IV $D_\nu - C \circ P_\nu + C$. Beides zusammen ergibt $P' \circ D_\nu - C$ oder $P'(D_\nu - D_\nu C) = O$ oder wegen (5) $P' D_\nu = P' D_\nu C$. Summiert man nach ν, so entsteht wegen (1) und der zweiten Beziehung (9) $P' D = P' D C$ oder $P'(D - DC) = O$ oder $P' \circ D - C$; zugleich ist $P' \subset A_1 + C$. Also folgt aus (10) mittels des Satzes 2 die Beziehung (13).

Ferner erhält man $$P + C \subset P' \tag{14}$$

so: aus $P \subset A_\nu$ folgt $P + C \subset A_\nu + C$ $(\nu = 1, 2 \ldots)$ und hieraus (14). Nach (13) (14), gilt aber (12).

Damit können die an **2** (5) und **2** (6) angeschlossenen Regeln auf Somen übertragen werden.

Insbesondere gilt im bisherigen Ausmaße (s. **2** (4) bzw. **2** (8))

$$\Sigma A_\nu B_\nu \supset \Sigma A_\nu \,.\, \Pi B_\nu, \tag{15}$$

$$\Pi (A_\nu + B_\nu) \subset \Pi A_\nu + \Sigma B_\nu. \tag{16}$$

Zur Fortsetzung des Aufbaues hätte es bereits genügt, daß man (7) (und damit (16)) im Falle irgend einer Struktur nur für endlich viele Glieder wie bisher beweist und anschließend (16) im Falle einer σ-Struktur für unendlich viele; die Erweiterung von (7) auf abzählbar viele A_ν kann dann später mühelos erfolgen (s. **101**, **102**, **103**).

Für unendlich viele A_ν, B_ν wäre jetzt (16) so zu beweisen: Setzt man $\prod\limits_1^\infty (A_\nu + B_\nu) = P$, $\sum\limits_1^\infty B_\nu = S$, so gilt

$$P \subset \prod_1^n (A_\nu + B_\nu) \subset \prod_1^n (A_\nu + S) = \prod_1^n A_\nu + S \quad (n = 1, 2, \ldots). \tag{17}$$

Hieraus folgt (etwa nach Satz 2) $P - S \subset \prod\limits_1^n A_\nu$ $(n = 1, 2, \ldots)$ und hieraus $P - S \subset \prod\limits_1^\infty A_\nu$ (s. **1** (7)). Damit hat man

$$P = P\,S + (P - S) \subset S + \prod_1^\infty A_\nu, \quad \text{w.z.z.w.}$$

c) *Distributivgesetze der Subtraktion. Für endlich viele Somen irgend einer Struktur bzw. für abzählbar viele einer σ-Struktur gilt zunächst* **2** (12). Aus $A_\nu = A_\nu\,C + (A_\nu - C)$ folgt nämlich mittels (1)

$$\Sigma\,A_\nu = (\Sigma\,A_\nu)\,C + \Sigma\,(A_\nu - C).$$

Hierin ist das erste Glied rechts zum zweiten fremd nach IV bzw. IV′. Bringt man es auf die andere Seite, so entsteht bereits **2** (12).

Weiters gilt **2** (15). Mit $\Sigma\,A_\nu = S$ hat man nämlich nach (5)

$$\Pi\,A_\nu - C = (\Pi\,A_\nu)\,(S - C) = \Pi\,[A_\nu\,(S - C)] = \Pi\,(A_\nu - C).$$

Damit gilt dann alles in **2** c) auch für Somen.

d) *Restregeln.* Als Ausgangspunkt für die Übertragung der Regeln in **2** d) auf Somen kann die folgende Identität dienen, deren Richtigkeit für irgend eine Struktur man sofort feststellt:

$$(R - A_1) + (R - A_2) + (A_1 + A_2) = R \qquad (A_1 \subset R,\ A_2 \subset R).$$

Wird $A_1 + A_2$ nach **98** (11) ausgedrückt, so folgt hieraus

$$[(R - A_1) + (A_2 - A_1)] + [(R - A_2) + (A_1 - A_2)] + A_1\,A_2 = R. \tag{18}$$

Hierin ist $A_2 - A_1$ ein zu A_1 fremder Teil von R und daher nach Satz 4 Teil von $R - A_1$. Also ist die erste eckige Klammer in (18) einfach $R - A_1$, analog die zweite $R - A_2$ und somit (18) selber

$$(R - A_1) + (R - A_2) + A_1\,A_2 = R. \tag{19}$$

Von hier aus beweist man durch Induktion, daß im Falle irgend einer Struktur

$$\Sigma\,(R - A_\nu) + \Pi\,A_\nu = R \qquad (A_\nu \subset R) \tag{20}$$

für endlich viele A_ν gilt; dabei sind die beiden Ausdrücke links nach IV zueinander fremd.[2]

Im Falle einer σ-Struktur gilt (20) für abzählbar viele A_ν. Bildet man nämlich **99** (4) statt für $A_1, A_2, A_3, \ldots$ für $R, A_1, A_2, \ldots$, so kommt

$$\sum_\nu\,(R - \prod_1^\nu A_\mu) + \prod_\nu A_\nu = R \qquad (A_\nu \subset R). \tag{21}$$

---

[2] Mit $S_n = \sum_1^n (R - A_\nu)$, $P_n = \prod_1^n A_\nu$ $(n = 1, 2, \ldots)$ ist zunächst $S_1 + P_1 = R$. Nimmt man an, daß für irgend ein n $S_n + P_n = R$ sei, so folgt mittels (19) $S_{n+1} + P_{n+1} = S_n + (R - A_{n+1}) + P_{n+1} = (R - P_n) + (R - A_{n+1}) + P_{n+1} =$ $= (R - P_{n+1}) + P_{n+1} = R.$

Da (20) für endlich viele A_ν bereits bewiesen ist, darf in (21) die Klammer links durch $\sum_1^\nu (R - A_\mu)$ ersetzt werden, wodurch wieder (20) entsteht (s. **1** (6)), aber für abzählbar viele A_ν; dabei sind die beiden Ausdrücke links nach IV' zueinander fremd.

Sind jetzt A und $B_1, B_2, \ldots$ irgend welche Somen der betrachteten Struktur, so kann man (20) mit $R = A$ und $A_\nu = A\,B_\nu$ bilden. Bringt man noch das Produkt auf die andere Seite, so gelangt man zu $A - \Pi (A\,B_\nu) = \Sigma (A - A\,B_\nu)$ oder

$$A - \Pi\,B_\nu = \Sigma (A - B_\nu). \tag{22}$$

Ersetzt man ferner in (22) B_ν durch $A - B_\nu$ und beachtet man **98** (9), so gelangt man leicht zu

$$A - \Sigma\,B_\nu = \Pi (A - B_\nu). \tag{23}$$

Damit sind die Restregeln **2** (18) *und* **2** (19) *auf Somen irgend einer bzw. einer σ-Struktur übertragen.*

e) *Klammerregeln. Die Regeln* **2** (22) *und* **2** (23) *können auf Somen irgend einer Struktur übertragen werden.* Die Regel **2** (22) ergibt sich für Somen auf Grund des Bisherigen ebenso wie für Mengen; sie rechtfertigt auch jetzt die Schreibweise **2** (24). Ferner erhält man **2** (23) für Somen dem Wesen nach wie bei den Mengen. Es ist zunächst

$$A - (B - C) = A - B\,(A - C),$$

wie man durch Ausrechnen der rechten Seite verifiziert. Formt man rechts nach (22) und sodann nach **98** (9) um, so kommt

$$A - (B - C) = (A - B) + [A - (A - C)] = (A - B) + AC.$$

f) Die *Produktumformungen* **2** (26) bis (29) können für Somen einer Struktur bzw. einer σ-Struktur ebenso wie für Mengen begründet werden. Übrigens gilt **2** (27) bereits nach **99** (4) auch für Somen.

g) Die Operation $A \dot{+} B$ wird für Somen ebenso wie für Mengen erklärt. Damit gilt dann alles in **2** g) Gesagte auch für Somen einer Struktur, ausgenommen die Gleichung (32).

101. Geschlossene Boole'sche Verbände. Eine Struktur heißt *geschlossen*, wenn für sie gilt:

VI. *Es existiert ein größtes Soma E.*

Z. B. kann jeder geschlossene Mengenkörper als geschlossene Struktur angesehen werden.

Greift man aus einer Struktur $\mathfrak{S}$ jene Somen heraus, die Teile eines gewählten Somas $R \in \mathfrak{S}$ sind, und behält man für die herausgenommenen

Somen die ursprüngliche Ordnungsrelation bei, so entsteht eine geschlossene Struktur mit R als größtem Soma und im übrigen den Strukturrelationen von $\mathfrak{S}$. Ist $\mathfrak{S}$ insbesondere eine σ-Struktur, so gilt dies auch von der Teilstruktur.

In einer geschlossenen Struktur stehen sich O und E dual gegenüber. Ferner entsprechen den Paaren fremder Somen, also den Paaren A, B mit $AB = O$, die Paare *sich ergänzender Somen*, d. h., die Paare A, B mit $A + B = E$.

Weiters zeige ich: *Für eine geschlossene Struktur $\mathfrak{S}$ gilt zu jedem der Postulate* I *bis* VI *auch die duale Aussage. Ist $\mathfrak{S}$ insbesondere eine σ-Struktur, so gelten überdies die zu* I′, IV′ *dualen Aussagen.*

Beweis. Da I und II, ferner III und VI bereits zueinander dual sind, ist im Falle einer Struktur überhaupt nur zu zeigen, daß die zu IV und V dualen Aussagen gelten.

Die zu IV duale Aussage lautet: *Aus $A_1 + B = E$, $A_2 + B = E$ folgt stets $A_1 A_2 + B = E$.* Dies beweist man sofort mittels **100** (7).

Die zu V duale Aussage ist: *Zu jedem Somenpaar (A, B) aus $\mathfrak{S}$ mit $B \supset A$ gibt es (mindestens) ein B ergänzendes Soma X, so daß $B X = A$ ist.* Dies trifft in der Tat für $X = A + (E - B)$ zu.

Ist $\mathfrak{S}$ eine σ-Struktur, so gilt zunächst die zu I′ duale Aussage wegen Satz 5. Die zu IV′ duale lautet: *Aus $A_\nu + B = E$ $(\nu = 1, 2, \ldots)$ folgt stets $\Pi A_\nu + B = E$.* Dies beweist man sofort mittels **100** (16): $E = \Pi (A_\nu + B) \subset \Pi A_\nu + B \subset E$.[1]

Damit ist das folgende *Dualitätsprinzip* gewonnen:

Satz 6. *Für eine geschlossene Struktur gilt zu jeder Aussage auf Grund des jeweiligen Strukturbegriffes auch die duale.*

Der Beweis von Satz 6 wurde so geführt, daß die Regel **100** (7) für unendlich viele A_ν nirgends eingeht. Vielmehr kann man diese Regel für unendlich viele A_ν aus irgend einer (also nicht notwendig geschlossenen) σ-Struktur sofort mittels des Dualitätsprinzips gewinnen. Die Teilsomen von $R = \Sigma A_\nu + C$ bilden nämlich eine geschlossene σ-Struktur mit den ursprünglichen Strukturrelationen, welche die Somen A_ν sowie C enthält. Da nun in dieser Struktur die Giltigkeit von **100** (1) für unendlich viele A_ν feststeht, muß auch die duale Formel **100** (7) im gleichen Ausmaße gelten.

---

[1] Auf Grund von **100** (7) für unendlich viele A_ν ist die Richtigkeit der Aussage unmittelbar ersichtlich. Dagegen geht in den zweiten Beweis von **100** (16) die Gleichung **100** (7) nur für endlich viele A_ν ein (s. **100** (17)).

Sei $\mathfrak{S}$ wieder eine geschlossene Struktur. Der zu Satz 3 duale Satz besagt, *daß es zu jedem Somenpaar* (A, B) *aus* $\mathfrak{S}$ *mit* $B \supset A$ *genau ein* B *ergänzendes* X *gibt, das die Gleichung* $B\,X = A$ *erfüllt* (nämlich $X = A + (E - B)$). Dieses Soma heißt der *Quotient von* (A, B) und wird mit $A : B$ bezeichnet[2]. $A : B$ ist also im Falle $B \supset A$ das duale Gegenstück zu $A - B$ im Falle $B \subset A$. Der Differenz $A - B = A - AB$ bei irgend einem B entspricht der Quotient $A : (A+B)$, den man wieder mit $A : B$ bezeichnen kann, da dies im Falle $B \supset A$ der ursprüngliche Quotient ist; allgemein ist also $A : B = A + [E - (A + B)]$.

Man nennt $A' = E - A$ das *Komplement von* A (*bezüglich* E); A' ist das größte zu A fremde Soma (s. Satz 4). Da A' durch $A + A' = E$, $AA' = O$ gekennzeichnet ist (s. **98** (2)), entspricht das Komplement A' von A in der Dualität sich selbst; A' ist also auch das kleinste A ergänzende Soma.

Nach **98** (3′) ist $(A')' = A$. Weiters gilt nach **100** a) die Aussage **1** (16) auch jetzt. Die Formeln **100** (23) und **100** (22) nehmen mit $A = E$, $B_\nu = A_\nu$ die Gestalt **2** (20) bzw. **2** (21) an, werden also zueinander dual; damit gilt insbesondere **1** (17) für unsere Somen. Ferner bleibt die erste Gleichung **1** (18) wegen **100** (5) bestehen[3] und damit auch der übrige Teil von **1** (18) sowie **1** (19), **1** (20) und **2** (32).

Die Regeln in **1** *und* **2** *für die Komplemente von Mengen (bezüglich* E*) gelten also auch für die Komplemente von Somen einer geschlossenen Struktur; soferne unendlich viele Summanden oder Faktoren auftreten, muß die Struktur wie immer eine* σ*-Struktur sein.*

102. Somenfolgen. Es liege eine σ-Struktur $\mathfrak{S}$ zugrunde, der die Somen entnommen seien. Für eine Somenfolge (A_ν) kann man die Somen

$$V_\nu = A_\nu + A_{\nu+1} + \ldots,\; D_\nu = A_\nu\, A_{\nu+1} \ldots \quad (\nu = 1, 2, \ldots)\,. \tag{1}$$

bilden; für diese gilt

$$V_\nu \supset V_{\nu+1},\quad D_\nu \subset D_{\nu+1}, \tag{2}$$

$$D_\mu \subset V_\nu \qquad (\mu, \nu = 1, 2, \ldots). \tag{3}$$

Damit kann man den *oberen* und *unteren Limes von* (A_ν) entsprechend **3** (1), (2) so definieren:

$$\overline{\operatorname*{Lim}_{\nu}}\, A_\nu = \overline{A} = \prod_1^\infty V_\nu,\quad \underline{\operatorname*{Lim}_{\nu}}\, A_\nu = \underline{A} = \sum_1^\infty D_\nu.$$

---

[2] Vgl. *G. Bergmann*, Monatsh. für Math. u. Physik **36** (1929), p. 269/84.

[3] Dies sieht man auch so: $A\,B'$ ist der größte Teil von A, der zugleich Teil von B', d. h., fremd zu B ist, also $A - B$ (Satz 4).

Diese beiden Erklärungen sind zueinander dual. Wegen (3) ist $D_\mu \subset \bar{A}$ für jedes μ und daher $\underline{A} \subset \bar{A}$. Man sieht sofort, *daß eine „endliche Änderung" von* (A_ν) *die beiden Limiten nicht beeinflußt; ferner, daß für jede Teilfolge* (C_ν) *von* (A_ν) *gilt:*

$$\underline{A} \subset \underline{C} \subset \overline{C} \subset \bar{A}. \tag{4}$$

Satz 7. *Für die Folgen* (A_ν), (B_ν) *aus* $\mathfrak{S}$ *werde die Folge der Summen* $A_\nu + B_\nu = S_\nu$ *und die der Produkte* $A_\nu B_\nu = P_\nu$ *gebildet. Dann gilt*

$$\underline{A} + \underline{B} \subset \underline{S} \subset \bar{A} + \underline{B}^{1} \subset \bar{S} \subset \bar{A} + \bar{B}, \tag{5}$$

$$\bar{A}\,\bar{B} \supset \bar{P} \supset \underline{A}\,\bar{B}^{1} \supset \underline{P} \supset \underline{A}\,\underline{B}.^{2} \tag{6}$$

Die Aussagen (5), (6) sind zueinander dual.

Beweis. Um (5) zu beweisen, setze ich:

$V_\nu' = A_\nu + A_{\nu+1} + \cdots$, $V_\nu'' = B_\nu + B_{\nu+1} + \cdots$, $V_\nu = S_\nu + S_{\nu+1} + \cdots$,
$D_\nu' = A_\nu A_{\nu+1} \cdots$, $D_\nu'' = B_\nu B_{\nu+1} \cdots$, $D_\nu = S_\nu S_{\nu+1} \cdots$
mit

$$V_\nu = V_\nu' + V_\nu''. \tag{7}$$

1. $\underline{A} + \underline{B} \subset \underline{S}$. Wegen $A_\mu \subset S_\mu$ ist $D_\nu' \subset D_\nu$, analog $D_\nu'' \subset D_\nu$, also $D_\nu' + D_\nu'' \subset D_\nu$. Somit gilt mit Summen von $\nu = 1$ bis ∞

$$\underline{A} + \underline{B} = \Sigma D_\nu' + \Sigma D_\nu'' = \Sigma (D_\nu' + D_\nu'') \subset \Sigma D_\nu = \underline{S}.$$

2. $\underline{S} \subset \bar{A} + \underline{B}$. Wegen **100** (16) ist mit μ von ν bis ∞

$$D_\nu = \Pi (A_\mu + B_\mu) \subset \Sigma A_\mu + \Pi B_\mu = V_\nu' + D_\nu''. \tag{8}$$

Ferner gilt wegen (2), (8), **100** (16) und wieder (2) der Reihe nach

$$D_\nu = \prod_\nu^\infty D_\mu \subset \prod_\nu^\infty (V_\mu' + D_\mu'') \subset \prod_\nu^\infty V_\mu' + \sum_\nu^\infty D_\mu'' = \prod_1^\infty V_\mu' + \sum_1^\infty D_\mu''.$$

Es ist also $D_\nu \subset \bar{A} + \underline{B}$ $(\nu = 1, 2, \ldots)$ und daher $\underline{S} = \sum_1^\infty D_\nu \subset \bar{A} + \underline{B}$.

3. $\bar{A} + \underline{B} \subset \bar{S}$. Wegen $A_\mu \subset S_\mu$ ist $V_\nu' \subset V_\nu$; analog ist $V_\nu'' \subset V_\nu$ und daher nach (3) $D_\mu'' \subset V_\nu$. Also gilt $V_\nu' + D_\mu'' \subset V_\nu$ für jedes μ und jedes ν. Hieraus folgt (indem man links bei festem ν nach μ summiert) $V_\nu' + \sum_1^\infty D_\mu'' \subset V_\nu$. Dies zusammen mit $\prod_1^\infty V_\mu' \subset V_\nu'$ ergibt

$\prod_1^\infty V_\mu' + \sum_1^\infty D_\mu'' \subset V_\nu$ $(\nu = 1, 2, \ldots)$, also auch $\subset \prod_1^\infty V_\nu$, w. z. z. w.

---

[1] Die Rolle von A, B kann hier vertauscht werden.

[2] Für Mengenfolgen kann $\bar{S} = \bar{A} + \bar{B}$, $\underline{P} = \underline{A}\,\underline{B}$ bewiesen werden. Siehe etwa *H. Hahn*, 2³, p. 18 (7.3), (7.4).

4. $\overline{S} \subset \overline{A} + \overline{B}$. Mittels (2), (7), **100** (16) und wieder (2) ergibt sich der Reihe nach für $\mu = 1, 2, \ldots$:

$$\prod_1^\infty V_\nu = \prod_\mu^\infty V_\nu = \prod_\mu^\infty (V_\nu' + V_\nu'') \subset \sum_\mu^\infty V_\nu' + \prod_\mu^\infty V_\nu'' = V_\mu' + \prod_1^\infty V_\nu''.$$

Hieraus folgt mittels **100** (16)

$$\prod_1^\infty V_\nu \subset \prod_{\mu=1}^\infty \Bigl(V_\mu' + \prod_1^\infty V_\nu''\Bigr) \subset \prod_1^\infty V_\mu' + \prod_1^\infty V_\nu'',\text{[3] w.z.z.w.}$$

Damit ist (5) bewiesen. Der Beweis von (6) kann dual geführt werden. Ferner folgt (6) unmittelbar aus (5), indem man das Dualitätsprinzip auf die geschlossene σ-Struktur anwendet, die aus den Teilsomen von $R = \Sigma\,(A_\nu + B_\nu)$ besteht.

Satz 8. *Es sei* $\mathfrak{S}$ *geschlossen, ferner* X' *das Komplement von* X. *Dann gilt für jede Folge* (A_ν) *aus* $\mathfrak{S}$

$$\overline{\operatorname*{Lim}_\nu} A_\nu' = (\underline{\operatorname*{Lim}_\nu} A_\nu)', \quad \underline{\operatorname*{Lim}_\nu} A_\nu' = (\overline{\operatorname*{Lim}_\nu} A_\nu)'. \tag{9}$$

Es genügt die erste Gleichung (9) zu beweisen, da die zweite zu ihr dual ist. In der Tat ist mit $D_\nu = A_\nu A_{\nu+1} \ldots$ nach **2** (21) $A_\nu' + A_{\nu+1}' + \ldots = D_\nu'$, also nach **2** (20)

$$\overline{\mathrm{Lim}}\, A_\nu' = \prod_1^\infty D_\nu' = \Bigl(\sum_1^\infty D_\nu\Bigr)' = (\underline{\mathrm{Lim}}\, A_\nu)'.$$

Nun betrachte ich neben zwei Somenfolgen (A_ν), (B_ν) aus $\mathfrak{S}$ die Folge der Differenzen $C_\nu = A_\nu - B_\nu$; dabei braucht $\mathfrak{S}$ nicht mehr geschlossen zu sein. Die Teilsomen von $R = \Sigma\,(A_\nu + B_\nu)$ bilden jedoch eine geschlossene σ-Struktur $\mathfrak{S}_R$ mit R als größtem Soma, in der die Folgen (A_ν), (B_ν) liegen. Setzt man $R - X = X'$ für $X \in \mathfrak{S}_R$, so wird $C_\nu = A_\nu B_\nu'$ nach **1** (18). Wendet man nun den ersten Teil von (6) auf die Folge $(A_\nu B_\nu')$ an, so entsteht $\overline{A}\,\overline{\mathrm{Lim}}\, B_\nu' \supset \overline{C}$, also wegen (9) $\overline{A}\,\underline{B}' \supset \overline{C}$ oder $\overline{A} - \underline{B} \supset \overline{C}$. Auf ähnliche Weise erhält man den übrigen Teil von

Satz 9. *Für die Folgen* (A_ν), (B_ν) *aus* $\mathfrak{S}$ *werde die Folge der Differenzen* $A_\nu - B_\nu = C_\nu$ *gebildet. Dann gilt*

$$\overline{A} - \underline{B} \supset \overline{C} \supset \genfrac{}{}{0pt}{}{\underline{A} - \underline{B}^{4}}{\overline{A} - \overline{B}} \supset \underline{C} \supset \underline{A} - \overline{B}. \tag{10}$$

Die Konvergenz einer Somenfolge aus $\mathfrak{S}$ kann ebenso wie die Konvergenz einer Mengenfolge erklärt werden. Die Somenfolge (A_ν) heißt also *konvergent*, wenn $\overline{A} = \underline{A}$ ist und dieses Soma ihr *Limes*, in Zeichen

---

[3] Der zweite Schritt könnte auch mittels **100** (7) anstatt **100** (16) erfolgen. Dann käme an letzter Stelle = statt $\subset$.

[4] $\underline{A}\,\overline{B}$ in (6) führt auf $\underline{A} - \underline{B}$ und $\overline{A}\,\underline{B}$ (s. [1]) auf $\overline{A} - \overline{B}$.

$\operatorname{Lim}_{\nu} A_\nu$. Ist (A_ν) konvergent, so konvergiert nach (4) auch jede Teilfolge (C_ν); ferner ist stets $\operatorname{Lim} C_\nu = \operatorname{Lim} A_\nu$.

Liegen zwei konvergente Somenfolgen (A_ν), (B_ν) aus $\mathfrak{S}$ mit den Limiten A, B vor, so ergibt (5), (6), (10) unmittelbar, daß auch jetzt die Regeln **3** (3) bis (7) gelten. *Man darf also mit konvergenten Somenfolgen einer σ-Struktur ebenso rechnen wie mit konvergenten Mengenfolgen. Schließlich gelten die abschließenden Betrachtungen in* **3** *über monotone Mengenfolgen Wort für Wort auch für monotone Somenfolgen.*

Mittels der Limessätze kann man von der Regel **100** (7) für endlich viele A_ν sofort zu dieser Regel für unendlich viele gelangen: man hat nur auf beiden Seiten den Limes nach n zu bilden und **3** (5) sowie **3** (11) zu beachten.

103. Erweiterung von Boole'schen Verbänden. Eine Struktur, insbesondere eine σ-Struktur, braucht nicht geschlossen zu sein[1]. Es gilt jedoch der folgende

Satz 10. *Eine nicht geschlossene Struktur $\mathfrak{S}$ kann durch Hinzunahme neuer Elemente und passende Festsetzung der Ordnung stets so erweitert werden, daß eine geschlossene Struktur $\mathfrak{S}'$ entsteht und zugleich die Strukturrelationen zwischen den Somen aus $\mathfrak{S}$ erhalten bleiben.*

Ist $\mathfrak{S}$ insbesondere eine σ-Struktur, so kann man erreichen, daß auch $\mathfrak{S}'$ eine solche wird.

Als Erweiterung ist beide Male die folgende geeignet: Man ordnet jedem Soma $X \in \mathfrak{S}$ ein neues, durch eine Marke von X unterschiedenes Element X' zu und erklärt im erweiterten System $\mathfrak{S}'$ eine „Teilbeziehung" so: es sei in $\mathfrak{S}'$ $A \subset B$, $A \subset B'$, $A' \subset B'$, falls in $\mathfrak{S}$ bzw. $A \subset B$, $A \circ B$, $B \subset A$ ist; $A' \subset B$ soll nicht vorkommen[2].

B e w e i s. Man prüft sofort nach, daß mit dieser Teilbeziehung als Ordnungsrelation das System $\mathfrak{S}'$ teilweise geordnet ist. Z. B. folgt aus $A \subset B'$, $B' \subset C'$, d. h., aus $A \circ B$, $C \subset B$, daß $A \circ C$ oder also $A \subset C'$ ist. Ferner bedeutet $A \subset B$ in $\mathfrak{S}$ und in $\mathfrak{S}'$ dasselbe. Das leere Soma O von $\mathfrak{S}$ ist zugleich das leere Soma von $\mathfrak{S}'$, da neben $O \subset A$ auch $O \subset A'$ wegen $O \circ A$ gilt. Ferner ist O' das größte Soma von $\mathfrak{S}'$. Für $\mathfrak{S}'$ gilt also III, VI. Ich zeige, daß $\mathfrak{S}'$ auch die übrigen Strukturpostulate erfüllt.

[1] Z. B. das System der abzählbaren Punktmengen einer Geraden einschließlich der leeren Menge mit der Teilbeziehung der Mengen als Ordnungsrelation.

[2] Diese Erklärung wird sofort durchsichtig, wenn man $\mathfrak{S}$ als System der beschränkten Punktmengen etwa einer Ebene E deutet und $X' = E - X$ setzt. — Vgl. auch die Konstruktion eines geschlossenen Körpers über einem nicht geschlossenen in **6**.

Zugleich wird unmittelbar ersichtlich sein, daß $A + B$, AB, $A - B$ in $\mathfrak{S}$ und in $\mathfrak{S}'$ dasselbe ist.

Zunächst existiert für jedes Somenpaar aus $\mathfrak{S}'$ die Summe und das Produkt. Und zwar ist

$$A + B \text{ die Summe von } (A, B) \text{ in } \mathfrak{S},$$

$$A' + B = B + A' = (A - B)', \quad A' + B' = (AB)',^{3} \tag{1}$$

wobei $A - B$ bzw. AB die Differenz bzw. das Produkt von (A, B) in $\mathfrak{S}$ ist. In entsprechendem Sinne ist

$$AB \text{ das Produkt von } (A, B) \text{ in } \mathfrak{S},$$

$$AB' = B' A = A - B, \quad A' B' = (A + B)'.^{4} \tag{2}$$

Um z. B. $A' + B = (A - B)'$ zu beweisen hat man (nach **97** (1)) festzustellen, daß in $\mathfrak{S}'$ gilt:

$$A' \subset (A - B)', B \subset (A - B)'; \text{ aus } A' \subset C', B \subset C' \text{ folgt } (A - B)' \subset C',^{5}$$

d. h. in $\mathfrak{S}$:

$$A - B \subset A, \ B \circ A - B; \text{ aus } C \subset A, \ B \circ C \text{ folgt } C \subset A - B.$$

Dies trifft in der Tat zu, letzteres nach Satz 4. Ähnlich verfährt man in den übrigen Fällen.

Weiters erfüllt $\mathfrak{S}'$ die Forderung IV. Dabei sind vier Fälle zu unterscheiden:

$$A_1 B = A_2 B = O, \quad A_1 B' = A_2 B' = O,$$

$$A_1' B = A_2 B = O, \quad A_1' B = A_2' B = O.^{6}$$

Im dritten Falle z. B. kann die Annahme nach (2) auf die Form $B - A_1 = A_2 B = O$ gebracht werden. Damit wird aber nach (1), (2) und **2** (23)

$$(A_1' + A_2) B = (A_1 - A_2)' B = B - (A_1 - A_2) = (B - A_1) + B A_2 = O.$$

Ähnlich kann man im zweiten und vierten Falle vorgehen, während der erste auf IV für $\mathfrak{S}$ hinauskommt.

Schließlich existiert für jedes Somenpaar aus $\mathfrak{S}'$ die Differenz, soferne der Subtrahend ein Teil des Minuenden ist. Und zwar ist (in entsprechendem Sinne wie bei Summe und Produkt)

$$A - B \text{ mit } B \subset A \text{ die Differenz von } (A, B) \text{ in } \mathfrak{S},$$

---

[3] Vgl. **1** (19) bzw. **1** (17).

[4] Vgl. **1** (18) bzw. **1** (17).

[5] Die Annahme $A' \subset C$, $B \subset C$ ist nicht möglich.

[6] Die beiden noch fehlenden Fälle: $A_1' B' = A_2 B' = O$ und $A_1' B' = A_2' B' = O$ scheiden aus. $A_1' B' = O$ würde ja $(A + B)' = O$ bedeuten, was nicht sein kann, da ein neues Soma nie gleich einem alten ist.

$A' - B = (A + B)'$ mit $B \subset A'$, $A' - B' = B - A$ mit $B' \subset A'$.[7] (3)

Um z. B. die erste Gleichung (3) zu beweisen, hat man festzustellen, daß in $\mathfrak{S}'$ gilt: $B + (A + B)' = A'$, $B(A + B)' = O$, falls $B \circ A$ ist. Beides trifft aber nach (1), (2) tatsächlich zu.

$\mathfrak{S}'$ hat also die im ersten Teil von Satz 10 verlangten Eigenschaften. Nach (3) ist $O' - A = (O + A)' = A'$, d. h., A' ist in $\mathfrak{S}'$ das Komplement von A bezüglich O'.

Es folgt der Beweis des zweiten Teiles von Satz 10. Sei also $\mathfrak{S}$ eine σ-Struktur und $\mathfrak{S}'$ wie eben gebildet. Vorübergehend sollen α_ν, α, β Somen aus $\mathfrak{S}'$ bedeuten, unabhängig davon, ob diese zu $\mathfrak{S}$ gehören oder nicht. Es ist dann folgendes zu zeigen:

a) Jede unendliche Folge (α_ν) besitzt in $\mathfrak{S}'$ eine Summe; diese stimmt für $\alpha_\nu = A_\nu$ mit der Summe von (A_ν) in $\mathfrak{S}$ überein.

b) Aus $\beta \circ \alpha_\nu$ $(\nu = 1, 2, \ldots)$ folgt $\beta \circ \Sigma\, \alpha_\nu$.

Daß dann das Produkt einer unendlichen Folge (A_ν) in $\mathfrak{S}$ zugleich das Produkt in $\mathfrak{S}'$ ist, gilt einfach deshalb, weil nie $C' \subset A_\nu$ ist, oder auch nach **99** (4).

a) Ich unterscheide zwei Fälle: 1. alle α_ν gehören zu $\mathfrak{S}$; 2. mindestens ein α_ν gehört nicht zu $\mathfrak{S}$.

Im ersten Falle hat (α_ν) die Form

$$(\alpha_\nu) = (A_1, A_2, \ldots). \tag{4}$$

Man stellt an Hand von **97** (1) sofort fest, daß $\Sigma\, A_\nu$ als Summe in $\mathfrak{S}$ auch die Summe von (A_ν) in $\mathfrak{S}'$ ist.

Im zweiten Falle sei α_n das erste nicht zu $\mathfrak{S}$ gehörige Glied von (α_ν); es ist also jetzt

$$(\alpha_\nu) = (A_1, \ldots, A_{n-1}, A_n', \ldots), \tag{5}$$

wobei die auf A_n' folgenden Glieder zu $\mathfrak{S}$ gehören können oder nicht. Man darf $n = 1$ annehmen: hat nämlich die Folge $(A_n', \ldots)$ in $\mathfrak{S}'$ eine Summe α, so hat die Folge (5) in $\mathfrak{S}'$ die Summe $A_1 + \ldots + A_{n-1} + \alpha$. Es ist dann $\alpha_1 + \ldots + \alpha_\nu$ für jedes ν ein neues Soma S_ν' (s. etwa (1)); ferner besitzen die zugehörigen alten Somen S_ν in der σ-Struktur $\mathfrak{S}$ ein Produkt P. Man kann zeigen, daß P' die Summe von (α_ν) in $\mathfrak{S}'$ ist.

Wegen $P \subset S_\nu$ ist nämlich $S_\nu' \subset P'$, also wegen $\alpha_\nu \subseteq S_\nu'$ auch $\alpha_\nu \subset P'$ $(\nu = 1, 2, \ldots)$. Ist ferner $\alpha_\nu \subset C'$ $(\nu = 1, 2, \ldots)$[8], so ist auch $S_\nu' \subset C'$,

[7] Vgl. **1** (19) bzw. **1** (20). — Der noch fehlende Fall $A - B'$ scheidet aus, da nie $B' \subset A$ ist.

[8] Die Annahme $\alpha_\nu \subset C$ $(\nu = 1, 2, \ldots)$ ist wegen $\alpha_1 = A_1'$ nicht möglich.

d. h., $C \subset S_\nu$; damit ist $C \subset P$ oder also $P' \subset C'$. Beides zusammen besagt, daß P' die Summe von (α_ν) in $\mathfrak{S}'$ ist.

b) Sei $\beta \circ \alpha_\nu$ $(\nu = 1, 2, \ldots)$. Man hat $\beta \circ \Sigma\, \alpha_\nu$ zu beweisen. Ich unterscheide die beiden gleichen Fälle wie in a).

Im ersten Falle hat (α_ν) die Form (4). Es ist dann jede Summe $A_1 + \ldots + A_\nu = S_\nu$ ein Soma aus $\mathfrak{S}$, ebenso $\sum\limits_1^\infty A_\nu = \sum\limits_1^\infty S_\nu = S$. Gehört nun $\beta = B$ zu $\mathfrak{S}$, so folgt aus $B \circ A_\nu$ unmittelbar $B \circ S$ (da $\mathfrak{S}$ die Forderung IV′ erfüllt). Ist dagegen $\beta = B'$ ein neues Soma, so ergibt $B' \circ A_\nu$ nach IV für $\mathfrak{S}'$ zunächst $B'\, S_\nu = O$, d. h. nach (2), $S_\nu - B = O$, d. h., $S_\nu \subset B$ $(\nu = 1, 2, \ldots)$. Hieraus folgt $S \subset B$, d. h., $S - B = O$, d. h., $B'\, S = O$. Für jede Folge (α_ν) der Form (4) ist also IV′ in $\mathfrak{S}'$ erfüllt.

Im zweiten Falle hat (α_ν) die Form (5). Man kann wieder $n = 1$ annehmen: gilt nämlich $\beta \circ \sum\limits_n^\infty \alpha_\nu$, so folgt wegen $\beta \circ \alpha_1 + \ldots + \alpha_{n-1}$, daß

$$\beta \circ [(\alpha_1 + \ldots + \alpha_{n-1}) + \sum_n^\infty \alpha_\nu] \quad \text{oder} \quad \beta \circ \sum_1^\infty \alpha_\nu$$

ist, nach IV für $\mathfrak{S}'$. Wie in a) bemerkt, ist dann $\alpha_1 + \ldots + \alpha_\nu$ für jedes ν ein neues Soma S_ν'; ferner sei wie dort P das Produkt der zugehörigen alten Somen S_ν in $\mathfrak{S}$ und damit $P' = \sum\limits_1^\infty \alpha_\nu$ nach a). Für β kommt jetzt nur ein Soma B aus $\mathfrak{S}$ in Betracht, da für ein neues Soma B' nicht $B' \circ A_1'$ sein kann (s. [6]). Nun ist $B\, S_\nu' = O$, d. h., $B - S_\nu = O$, d. h., $B\, S_\nu = B$ $(\nu = 1, 2, \ldots)$. Hieraus folgt $BP = B$, d. h., $B - P = O$, d. h., $BP' = O$. Es ist also IV′ auch für jede Folge (α_ν) der Form (5) in $\mathfrak{S}'$ erfüllt.

Damit ist Satz 10 nach dem Verfahren von Ridder (p. 217 *, Satz 22 und 46) in allen Teilen bewiesen.

Aus den Sätzen 6 und 10 entnimmt man unmittelbar das folgende *allgemeine Dualitätsprinzip*:

Satz 11. *Für eine beliebige Struktur $\mathfrak{S}$ gilt zu jeder Aussage auf Grund des jeweiligen Strukturbegriffes auch die duale, sofern die dualen Begriffe bei $\mathfrak{S}$ auftreten.*

Z. B. kann im Falle einer σ-Struktur die Regel **100** (1) für abzählbar viele A_ν nach Satz 11 ohne weiteres dualisiert werden.

104. Somensysteme. Den Mengensystemen eines Grundbereiches kann man Somensysteme einer σ-Struktur $\mathfrak{S}$ an die Seite stellen. Ebenso wie bei den Mengen kann man σ- und δ-*Systeme von Somen* aus $\mathfrak{S}$ erklären, ferner *Somenringe* und *Somenkörper*, insbesondere σ-*Körper*. Mit der Teilbeziehung von $\mathfrak{S}$ ist dann jeder Ring ein Verband, jeder σ- oder δ-Ring ein σ- bzw. δ-Verband, ferner jeder Körper eine Struktur und jeder σ-Körper eine σ-Struktur; andererseits ist $\mathfrak{S}$ selber ein (nicht notwendig geschlossener) σ-Körper.

Ein Somenkörper $\mathfrak{k}$ aus $\mathfrak{S}$ heißt ein *Ideal von* $\mathfrak{S}$, wenn $\mathfrak{k}$ neben jedem Soma A auch alle Teilsomen von A (aus $\mathfrak{S}$) enthält. Ist $\mathfrak{k}$ insbesondere ein σ-Körper, so spricht man von einem σ-*Ideal*[1].

Die Ausführungen in **4** bis **7**, sowie in **1**, **2** des Anhanges können ohne weiteres auf Somen aus $\mathfrak{S}$ übertragen werden. Ausgenommen bleiben die Stellen in **4** und **7**, in denen die Summe oder das Produkt eines Mengensystems auftritt, das nicht abzählbar zu sein braucht. Diese Stellen sind jedoch für den Aufbau entbehrlich; insbesondere wird die Existenz des kleinsten σ,δ-Systems sowie des kleinsten σ-Körpers über einem Somensystem $\mathfrak{M}$ aus $\mathfrak{S}$ durch die Methode im Anhange gesichert. Die Konstruktion eines geschlossenen Mengenkörpers über einem nicht geschlossenen in **6** kann auf einen nicht geschlossenen Somenkörper $\mathfrak{k} \subset \mathfrak{S}$ nur übertragen werden, wenn $\mathfrak{S}$ ein Soma R enthält, das alle Somen von $\mathfrak{k}$ umfaßt. Andernfalls hat man zunächst $\mathfrak{S}$ nach Satz 10 abzuschließen und die entstandene σ-Struktur $\mathfrak{S}'$ zugrunde zu legen; das größte Soma von $\mathfrak{S}'$ eignet sich jetzt für R. Die Bemerkung in **4** über das System $\mathfrak{N}$ der Komplementärmengen von $\mathfrak{M}$ kann natürlich nur dann übertragen werden, wenn $\mathfrak{S}$ geschlossen ist.

Ist $\mathfrak{S}$ eine Struktur schlechthin, so kann man noch Somenringe und Somenkörper aus $\mathfrak{S}$ wie bei den Mengen erklären, ferner von Idealen sprechen.

105. Boole'sche Algebren. Darunter wird Verschiedenes, wenn auch eng Verwandtes verstanden.

a) Ein Ring $\mathfrak{R}$ im Sinne der Algebra[1] mit den Elementen $A, B, \ldots$, der Addition $A \dotplus B$, der Multiplikation AB und dem Nullelement O

[1] Daß ein Somenkörper $\mathfrak{k}$ ein Ideal ist, kann auch so ausgedrückt werden: für jedes $A \in \mathfrak{k}$ und jedes $B \in \mathfrak{S}$ ist $A\,B \in \mathfrak{k}$. Damit ist die Analogie zu den Idealen der Algebra ersichtlich. Siehe etwa *B. L. van der Waerden*, Moderne Algebra I, Berlin 1937, p. 53.

[1] Ein *Ring* im Sinne der Algebra ist ein System von Elementen mit doppelter Komposition, für welches folgendes gilt: 1. Das System ist bezüglich der Addition eine kommutative Gruppe. 2. Die Multiplikation ist assoziativ und bezüglich

heißt ein *Boole'scher Ring* oder eine „Boole'sche Algebra", wenn stets gilt:

$$AA = A.\,[2] \tag{1}$$

Ist $\mathfrak{R}$ ein Boole'scher Ring, so hat man nach (1) und dem Kommutativgesetz der Addition $(A \dotplus B)(B \dotplus A) = A \dotplus B$. Multipliziert man nach den Distributivgesetzen aus, so entsteht wegen (1) $(AB \dotplus B) \dotplus$ $\dotplus (A \dotplus BA) = A \dotplus B$ oder

$$AB \dotplus BA = O. \tag{2}$$

Dies ergibt für $B = A$ wegen (1)

$$A \dotplus A = O, \tag{3}$$

d. h., jedes Element ist sein eigenes inverses (bezüglich der Addition) und somit die Differenz identisch mit der Summe. Da BA nach (2) invers zu AB ist, muß somit (wegen der Eindeutigkeit des inversen Elements)

$$AB = BA \tag{4}$$

sein. Eine Boole'sche Algebra ist also stets kommutativ.

Man überblickt sofort, *daß jede Struktur $\mathfrak{S}$ ein Boole'scher Ring ist mit den Somenoperationen $A \dotplus B$ und AB als Addition bzw. Multiplikation* (s. **2** (33) bis (36)). *Ist $\mathfrak{S}$ geschlossen, so ist das größte Soma E von $\mathfrak{S}$ das Einselement des Ringes.*

b) Der Ausdruck „Boole'sche Algebra" wird synonym mit Booleschem Verband verwendet. Wie gerade bemerkt, kann ein solcher Verband stets als ein Boole'scher Ring (im Sinne von a)) angesehen werden. *Umgekehrt kann jeder Boole'sche Ring durch geeignete Festlegung einer teilweisen Ordnung zum Boole'schen Verband gemacht werden, und zwar auf genau eine Weise, wenn das Ringprodukt AB und der Somendurchschnitt AB stets zusammenfallen sollen; zugleich ist $A \dotplus B$ im Ring und im Verband dasselbe.*

B e w e i s. Sei $\mathfrak{R}$ ein Boole'scher Ring wie in a). Man hat $A \subset B$ zu setzen, falls $AB = A$ ist (s. **98** II a)). Mit dieser Teilbeziehung ist $\mathfrak{R}$ zunächst teilweise geordnet: α) Es ist $A \subset A$, d. h., $AA = A$, wegen (1). β) Aus $A \subset B$, $B \subset C$ folgt $A \subset C$, d. h., aus $AB = A$, $BC = B$ folgt $AC = A$, wegen

---

der Addition beiderseits distributiv. — Der Ring heißt *kommutativ*, wenn die Multiplikation kommutativ ist. Genaueres siehe etwa *B. L. van der Waerden*, **104**[1], p. 35/41.

[2] Z. B. bei *C. Carathéodory*, Math. Z. **48** (1942/43), p. 10.

$$AC = A\,(BB)\,C = (AB)\,(BC) = AB = A.$$

γ) Aus $A \subset B$, $B \subset A$ folgt $A = B$, d. h., aus $AB = A$, $BA = B$ folgt $A = B$, wegen (4).

Weiters sind die Forderungen I bis V erfüllt. I. Es existiert die Vereinigung $A + B$; und zwar ist (vgl. **2** (37))

$$A + B = A \dotplus B \dotplus AB. \tag{5}$$

Bezeichnet man nämlich die rechte Seite von (5) mit S, so gilt $A \subset S$, d. h., $AS = A$, da wegen (1), (3)

$$AS = AA \dotplus AB \dotplus A\,(AB) = A \dotplus (AB \dotplus AB) = A$$

ist; analog ergibt sich $B \subset S$ (bei Beachtung von (4)). Aus $A \subset C$, $B \subset C$ folgt ferner $S \subset C$, d. h., aus $AC = A$, $BC = B$ folgt $SC = S$, wegen $SC = AC \dotplus BC \dotplus A\,(BC)$. II. Es existiert der Durchschnitt $A\,.\,B$; und zwar ist

$$A\,.\,B = AB.^{3} \tag{6}$$

Bezeichnet man nämlich die rechte Seite von (6) mit P, so gilt $P \subset A$, d. h., $PA = P$, wegen

$$PA = (AB)\,A = (AA)\,B = AB = P;$$

analog ergibt sich $P \subset B$. Aus $C \subset A$, $C \subset B$ folgt ferner $C \subset P$, d. h., aus $CA = C$, $CB = C$ folgt $CP = C$, wegen

$$CP = (CC)\,P = (CA)\,(CB) = CC = C.$$

III. Es existiert das leere Soma; und zwar ist dieses das Nullelement O von $\mathfrak{R}$. Es ist nämlich stets $O \subset A$, d. h., $OA = O$, nach den Rechenregeln eines Ringes. IV. Aus $A_1\,.\,B = O$, $A_2\,.\,B = O$ folgt $(A_1 + A_2)\,.\,B = O$ vermöge (5), (6) und den Rechenregeln eines Ringes. V. Ist $B \subset A$, so gibt es ein X, so daß $B + X = A$, $B\,.\,X = O$ ist; und zwar eignet sich (vgl. **2** (38))

$$X = A \dotplus B. \tag{7}$$

Nach (5) und wegen $BA = B$ hat man nämlich

$$B + (A \dotplus B) = B \dotplus (A \dotplus B) \dotplus B\,(A \dotplus B) =$$
$$= (B \dotplus B) \dotplus A \dotplus (B \dotplus B) = A,$$

ferner ist nach (6)

$$B\,.\,(A \dotplus B) = B\,(A \dotplus B) = BA \dotplus BB = B \dotplus B = O.$$

---

[3] Ein Somendurchschnitt wird jetzt mit $A.B$ bezeichnet, ein Ringprodukt wie bisher mit $A\,B$.

Damit ist gezeigt, daß $\mathfrak{R}$ in der gewählten Ordnungsrelation eine Struktur mit $A \,.\, B = AB$ ist; diese Ordnungsrelation ist die einzige, für die letzteres stets gilt. Ferner ist für die Strukturoperation $\underset{\cdot}{+}$ nach 2 (30) $A \underset{\cdot}{+} B = (A + B) - A \,.\, B$. Wegen $A \,.\, B \subset A + B$ kann die rechte Seite mittels der Ringoperation $\underset{\cdot}{+}$ nach (7) in der Form $(A + B) \underset{\cdot}{+} A \,.\, B$ geschrieben werden oder $(A \underset{\cdot}{+} B \underset{\cdot}{+} AB) \underset{\cdot}{+} AB = A \underset{\cdot}{+} B$. Es ist also $A \underset{\cdot}{+} B$ im Ring und in der Struktur dasselbe.

Der dargestellte Zusammenhang zwischen Ringen und Strukturen ist von Stone (p. 217*, erstes Zitat).

c) Eine „Boole'sche Algebra" ist eine teilweise geordnete Menge, für die I, II, III, VI gilt, ferner das Distributivgesetz $(A + B)\, C = AC + BC$ und die folgende Aussage: zu jedem A gibt es (mindestens) ein A', so daß $AA' = O$, $A + A' = E$ ist[4].

§ 25. Isomorphieen und Homomorphieen.

106. Isomorphe Boole'sche Verbände. Zwei Strukturen $\mathfrak{S}$, $\mathfrak{S}'$ heißen (*zueinander*) *isomorph*, wenn $\mathfrak{S}$ eineindeutig auf $\mathfrak{S}'$ so abgebildet werden kann, daß die Teilbeziehung in beiderlei Richtung erhalten bleibt; jede solche Abbildung von $\mathfrak{S}$ auf $\mathfrak{S}'$ heißt eine *Isomorphie*. Bei einer Isomorphie bleiben alle Strukturrelationen erhalten; insbesondere kann eine σ-Struktur oder eine geschlossene Struktur nur zu einer ebensolchen isomorph sein.

Da ein Mengenkörper mit der Teilbeziehung der Mengen als Ordnungsrelation eine Struktur ist, wird man fragen, ob es zu jeder Struktur einen isomorphen Mengenkörper gibt. Daß dies selbst für die geschlossenen σ-Strukturen nicht der Fall ist, zeigt das folgende Beispiel[1]. *Die Strukturen, insbesondere die geschlossenen σ-Strukturen, werden also durch die Mengenkörper nicht erschöpft, und zwar auch dann nicht, wenn man von der Natur der Somen absieht.*

Es sei $\mathfrak{S}_n$ das System der offenen Punktmengen des E_n, die keine „inneren" Begrenzungspunkte besitzen[2]. Die Vereinigung zweier Mengen

[4] Diese Forderungen sind nicht unabhängig. Siehe *A. Tarski*, Fund. Math. **24** (1935), p. 177/98; *H. M. Mac Neille*, Trans. Amer. Math. Soc. **42** (1937), p. 416/60.

[1] Vgl. *C. Carathéodory*, **13**[3], p. 42/4. Ferner *A. Tarski*, C. R. Varsovie **30** (1937), p. 151/81; *F. Wecken*, Math. Z. **45** (1939), p. 377/404 (insbes. Satz 3).

[2] Unter einem *inneren Begrenzungspunkt* einer offenen Menge G des E_n ist ein Begrenzungspunkt von G gemeint, der eine Umgebung besitzt, die nur aus Punkten oder Begrenzungspunkten von G besteht, d. h., keine inneren Punkte des Komplements von G enthält. Fügt man die inneren Begrenzungspunkte

aus $\mathfrak{S}_n$ ist wieder offen, kann jedoch innere Begrenzungspunkte haben. $\mathfrak{S}_n$ ist also kein Mengenkörper. Trotzdem ist $\mathfrak{S}_n$ mit der Teilbeziehung der Mengen als Ordnungsrelation eine geschlossene σ-Struktur, wie man nachprüft. Die Summe einer Somenfolge (A_ν) aus $\mathfrak{S}_n$ ist jetzt nicht die Vereinigung V von (A_ν) als Mengenfolge, sondern V vermehrt um die inneren Begrenzungspunkte von V; das Produkt der Somenfolge (A_ν) ist der offene Kern des Durchschnittes von (A_ν) als Mengenfolge; das leere Soma von $\mathfrak{S}_n$ ist die leere Menge des E_n; ferner ist die Differenz eines Somenpaares (A, B) der offene Kern der Differenz von (A, B) als Mengenpaar. Insbesondere besteht $\mathfrak{S}_1$ aus jenen offenen Mengen des E_1, die sich als Vereinigung abzählbar vieler offener Intervalle darstellen lassen, deren abgeschlossene Hüllen getrennt sind; dabei sind die (offenen) Halbgeraden, der volle E_1 und die leere Menge als Intervalle zu zählen. Man kann nun zeigen, *daß es keinen Mengenkörper gibt (was immer auch der Grundbereich sei), zu dem $\mathfrak{S}_n$ isomorph ist.*

Es genügt $\mathfrak{S}_1 = \mathfrak{S}$ zu betrachten. — Ich nehme an, es gäbe einen Körper $\mathfrak{K}'$, auf den $\mathfrak{S}$ isomorph abgebildet werden kann. Da $\mathfrak{S}$ eine geschlossene σ-Struktur ist, muß $\mathfrak{K}'$ ein geschlossener σ-Körper sein. Ferner muß eine betrachtete Isomorphie von $\mathfrak{S}$ auf $\mathfrak{K}'$ das größte Soma E_1 von $\mathfrak{S}$ in die größte Menge R' von $\mathfrak{K}'$ überführen; außerdem kann R' nicht leer sein. Zu jedem Punkt P des E_1 werde nun eine Folge $\mathfrak{J}_P$ offener Intervalle mit P als Mittelpunkt konstruiert, deren Länge gegen 0 strebt. Das Produkt einer Folge $\mathfrak{J}_P$ als Somenfolge ist dann das leere Soma von $\mathfrak{S}$ und daher sein Bild in $\mathfrak{K}'$ die leere Menge. Ein gewählter Punkt Q aus R' kann also nicht zur Bildmenge eines jeden Somas aus $\mathfrak{J}_P$ gehören. Daher gibt es für jeden Punkt P des E_1 in $\mathfrak{J}_P$ ein Intervall I_P, dessen Bild in $\mathfrak{K}'$ den Punkt Q nicht enthält. Ferner ist nach dem Überdeckungssatze von Lindelöf der E_1 die Vereinigung von abzählbar vielen I_P und damit das Soma E_1 deren Summe als Somen. Hiernach kann aber R' als Bild des Soma E_1 den Punkt Q nicht enthalten, im Widerspruch damit, daß R' nicht leer ist (also in R' ein Punkt Q gewählt werden kann).

Die Giltigkeit des folgenden Satzes ist unmittelbar ersichtlich.

---

zu G hinzu, so entsteht eine offene Menge G' ohne innere Begrenzungspunkte; und zwar ist G' der offene Kern der abgeschlossenen Hülle von G.

Eine offene Menge ohne innere Begrenzungspunkte ist dadurch gekennzeichnet, daß sie dieselbe Begrenzung hat wie ihre abgeschlossene Hülle, oder also mit dem offenen Kern ihrer abgeschlossenen Hülle zusammenfällt.

Satz 1. *Kann eine teilweise geordnete Menge $\mathfrak{S}$ auf eine Struktur $\mathfrak{S}'$ so eineindeutig abgebildet werden, daß die Teilbeziehung in beiderlei Richtung erhalten bleibt, so muß $\mathfrak{S}$ eine (zu $\mathfrak{S}'$ isomorphe) Struktur sein.*

107. Homomorphe Boole'sche Verbände. Eine eindeutige (aber nicht notwendig eineindeutige) Abbildung der Struktur $\mathfrak{S}$ auf die Struktur $\mathfrak{S}'$ führe das beliebige Soma $X \in \mathfrak{S}$ in das Soma $X' \in \mathfrak{S}'$ über. Die Abbildung heißt eine *Homomorphie,* wenn für jedes Somenpaar (A, B) aus $\mathfrak{S}$ gilt:

$$(A + B)' = A' \dotplus B', \tag{1}$$

$$(AB)' = A'\, B'. \tag{2}$$

Existiert eine Homomorphie von $\mathfrak{S}$ auf $\mathfrak{S}'$, so heißt $\mathfrak{S}'$ *homomorph zu* $\mathfrak{S}$. Für eine Homomorphie $\mathfrak{S} \to \mathfrak{S}'$ gelten die folgenden einfachen Sätze:

a) *Aus $A \subset B$ folgt stets $A' \subset B'$.*

Mit $A \subset B$ ist $A + B = B$, also nach (1) $A' + B' = (A + B)' = B'$, also $A' \subset B'$.

b) *Das Bild O' des leeren Soma O von $\mathfrak{S}$ ist das leere Soma von $\mathfrak{S}'$.*

Es ist ja O das kleinste Soma von $\mathfrak{S}$ und daher sein Bild nach a) das kleinste, d. i. das leere Soma von $\mathfrak{S}'$.

c) *Aus $A \circ B$ folgt $A' \circ B'$.*

Aus $AB = O$ folgt nach (2) $A'\, B' = (AB)' = O'$; dabei ist O' nach b) das leere Soma von $\mathfrak{S}'$.

d) *Es ist* $(A - B)' = A' - B'$.

Aus $(A - B) + AB = A$ folgt $(A - B)' + A'\, B' = A'$ (s. (1), (2)). In der letzten Gleichung sind die beiden Summanden links fremd, da dies für die erste Gleichung gilt (s. c)). Also ist $(A - B)' = A' - A'\, B' = A' - B'$.

Bei der Homomorphie $\mathfrak{S} \to \mathfrak{S}'$ entspricht jedem Bildsoma A' eine Klasse $\mathfrak{A}$ von Urbildern (die insbesondere A enthält und durch A völlig bestimmt ist); diese Klassen sind getrennt und bilden eine Klasseneinteilung Σ von $\mathfrak{S}$. Es ist leicht einen Einblick in den Bau der einzelnen Klassen zu erhalten.

Zunächst ist die zu O' gehörige Klasse $\mathfrak{O}$ ein Somenkörper, da das Bild von Summe und Differenz zweier Somen aus $\mathfrak{O}$ nach (1) bzw. d) stets O' ist; ferner enthält $\mathfrak{O}$ neben jedem Soma auch alle seine Teile nach a). U, V, W, U_0 etc. sollen im Folgenden stets Somen aus $\mathfrak{O}$ bedeuten. Weiters ergibt sich mittels (1), (2) sofort, daß jede Klasse $\mathfrak{A}$ ein Somenring ist. — Insgesamt gilt also der

Satz 2. *Jede Klasse aus Σ ist ein Somenring, die Klasse $\mathfrak{D}$ insbesondere ein Ideal von $\mathfrak{S}$.*

Für zwei Somen A, B mit demselben Bilde (also aus derselben Klasse des Systems Σ) ist $(A - B)' = A' - B' = O'$ oder

$$A - B = V \text{ bei passendem } V \in \mathfrak{D} \tag{3}$$

und analog

$$B - A = U \text{ bei passendem } U \in \mathfrak{D}; \tag{4}$$

dabei gilt·

$$U \circ A, U \subset B; \quad V \circ B, V \subset A. \tag{5}$$

Aus (3) bzw. (4) folgt

$$A = AB + V, \; B = AB + U \tag{6}$$

und hieraus, indem man beiderseits U bzw. V addiert (Fig. 16),

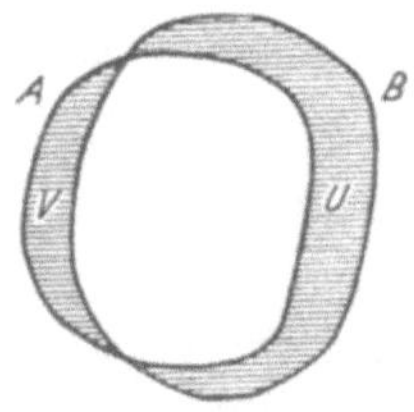

$$A + U = B + V \qquad (U \in \mathfrak{D}, V \in \mathfrak{D}). \tag{7}$$

Fig. 16.

Addiert man ferner (3), (4), so entsteht nach **2** (31), wenn $U + V = W$ gesetzt wird,

$$A \dotplus B = W \qquad (W \in \mathfrak{D}). \tag{8}$$

Besteht umgekehrt zwischen zwei Somen A, B aus $\mathfrak{S}$ eine Gleichung der Form (7) mit irgend welchen U, V aus $\mathfrak{D}$, so ist $A' = B'$. Ebenso folgt aus (8) für irgend ein $W \in \mathfrak{D}$, daß $A' = B'$ ist. Multipliziert man nämlich (8) beiderseits mit A bzw. B, so kann man zunächst auf (6) mit $V = A\,W$, $U = B\,W$ schließen[1] und dann über (7) auf $A' = B'$.

Zusammenfassend hat sich folgendes ergeben:

Satz 3. *Zwei Somen A, B aus $\mathfrak{S}$ gehören genau dann zur selben Klasse von Σ, wenn es Somen U, V aus $\mathfrak{D}$ gibt, so daß* (7) *gilt. Oder auch, wenn es ein Soma $W \in \mathfrak{D}$ gibt, so daß* (8) *gilt.*

Falls A, B in derselben Klasse liegen, kann man stets erreichen, daß neben (7) *noch* (5) *gilt.*

Aus dem zweiten Teil dieses Satzes entnimmt man, wenn man beachtet, daß aus (5) $U \circ V$ folgt: Jedes Soma B, welches in derselben Klasse wie das Soma A liegt, hat die Form

$$B = (A - V) + U \qquad (U \in \mathfrak{D}, \; V \in \mathfrak{D}) \tag{9}$$

mit $V \subset A$, $U \circ A$.

Umgekehrt gehört jedes Soma B von der Form (9) bei irgend welchen U, V aus $\mathfrak{D}$ zur selben Klasse wie A (nach (1) und d)).

[1] U, V sind als Teile von W Somen aus $\mathfrak{D}$.

Mittels (9) ergibt sich unmittelbar: Besteht $\mathfrak{D}$ bloß aus dem leeren Soma, so ist die Homomorphie $\mathfrak{S} \rightarrow \mathfrak{S}'$ eineindeutig[2].

Weiters soll die gegenseitige Beziehung zweier Klassen $\mathfrak{A}$, $\mathfrak{B}$ aus Σ untersucht werden; $\mathfrak{A}$ gehöre zu A' und $\mathfrak{B}$ zu B'.

α) Es sei $A' \subset B'$. Dann ist für $A \in \mathfrak{A}$, $B \in \mathfrak{B}$ stets

$$(A - B)' = A' - B' = O',$$

also $A - B = U$ mit $U \in \mathfrak{D}$. Hieraus folgt:

$$A + B = B + U, \tag{10}$$

$$A\,B = A - U. \tag{11}$$

Nach (10) ist $A + B = B_1$ ein Soma aus $\mathfrak{B}$, ferner ist $A \subset B_1$; nach (11) ist $A\,B = A_1$ ein Soma aus $\mathfrak{A}$, ferner ist $A_1 \subset B$. Also gilt der

Satz 4. *Ist $A' \subset B'$, so gibt es zu jedem Urbild A von A' ein Urbild B_1 von B' mit $A \subset B_1$, ferner zu jedem Urbild B von B' ein Urbild A_1 von A' mit $A_1 \subset B$.*

β) Es sei $A'\,B' = O'$. Jetzt ist stets $(A\,B)' = O'$, d. h., $A\,B = U$. *Ist also $A' \circ B'$, so gehört der Durchschnitt zweier Urbilder von A', B' stets zu $\mathfrak{D}$.*

γ) Im verbleibenden Falle ist $A'\,B' \neq O'$ und $\neq A'$. *Jetzt gehört weder der Durchschnitt zweier Urbilder A, B je zu $\mathfrak{D}$ noch ist je $A \subset B$.*

Aus a) und Satz 4 folgt unmittelbar: *Eine eineindeutige Homomorphie ist stets eine Isomorphie.*

Das System Σ der Klassen, in die $\mathfrak{S}$ vermöge der Homomorphie $\mathfrak{S} \rightarrow \mathfrak{S}'$ zerfällt, kann dadurch teilweise geordnet werden, daß man die Teilbeziehung von $\mathfrak{S}'$ auf Σ überträgt: es soll also genau dann $\mathfrak{A} \subset \mathfrak{B}$ sein, wenn $A' \subset B'$ ist. Nach Satz 1 wird hierdurch Σ zur Struktur, ferner die Zuordnung $\mathfrak{A} \rightarrow A'$ eine Isomorphie.

Wegen des Satzes 4 bzw. a) ist genau dann $\mathfrak{A} \subset \mathfrak{B}$, wenn es Somen A, B aus $\mathfrak{A}$ bzw. $\mathfrak{B}$ gibt, so daß $A \subset B$ ist. Da ferner $\mathfrak{A} \rightarrow A'$ eine Isomorphie ist, muß $\mathfrak{D}$ das leere Soma von Σ sein. Weiters sind $\mathfrak{A} + \mathfrak{B}$, $\mathfrak{A}\,\mathfrak{B}$, $\mathfrak{A} - \mathfrak{B}$[3] bzw. die zu $A' + B'$, $A'\,B'$, $A' - B'$ gehörigen Klassen; diese werden nach (1), (2), d) der Reihe nach durch $A + B$, AB, $A - B$ repräsentiert, wenn A, B irgend zwei Somen aus $\mathfrak{A}$ bzw. $\mathfrak{B}$ sind. Hiernach bedeutet $\mathfrak{A} \circ \mathfrak{B}$, daß $A\,B = U$ bei passendem $U \in \mathfrak{D}$ ist.

Aus dem Bisherigen entnimmt man den

---

[2] Es wird sich gleich ergeben, daß jetzt $\mathfrak{S} \rightarrow \mathfrak{S}'$ eine Isomorphie ist.

[3] $\mathfrak{A} + \mathfrak{B}$ ist die Summe von $\mathfrak{A}$, $\mathfrak{B}$ als Somen der Struktur Σ (und nicht als Mengen). Analog in den übrigen Fällen.

Satz 5. *Eine vorgelegte Homomorphie $\mathfrak{S} \to \mathfrak{S}'$ irgend zweier Strukturen kann bis auf eine Isomorphie in der folgenden Weise aufgebaut werden:*

Man bestimmt die Klasse $\mathfrak{O}$ der Somen aus $\mathfrak{S}$, die auf das leere Soma von $\mathfrak{S}'$ abgebildet werden; diese Klasse erweist sich als ein Ideal. Dann wird $\mathfrak{S}$ nach Satz 3 in getrennte Klassen $\mathfrak{A}$, $\mathfrak{B}$, ... zerlegt und für das entstandene System Σ eine Teilbeziehung erklärt; und zwar soll $\mathfrak{A} \subset \mathfrak{B}$ genau dann gelten, wenn es Somen A, B aus $\mathfrak{A}$ bzw. $\mathfrak{B}$ mit $A \subset B$ gibt. Hierdurch wird Σ zur Struktur. Ordnet man schließlich jedem Soma aus $\mathfrak{S}$ jene Klasse aus Σ zu, in der es liegt, so hat man die gegebene Homomorphie, wenn man von einer Isomorphie $\Sigma \to \mathfrak{S}'$ absieht.

Für σ-Strukturen $\mathfrak{S}, \mathfrak{S}'$ kann man eine *σ-Homomorphie* (oder *vollkommene Homomorphie*) erklären, indem man an Stelle von (1) verlangt, daß für jede Somenfolge (A_ν) aus $\mathfrak{S}$

$$(\Sigma A_\nu)' = \Sigma A_\nu' \tag{12}$$

sein soll, die Forderung (2) jedoch unverändert beibehält[4]. Nach 2 (26) *gilt dann bereits*

$$(\Pi A_\nu)' = \Pi A_\nu'. \tag{13}$$

Satz 2 kann jetzt dahin verschärft werden, *daß jede Klasse des Systems Σ ein σ-Ring ist, die Klasse $\mathfrak{O}$ insbesondere ein σ-Ideal.* Ferner ist Σ selber bei der bisherigen Teilbeziehung eine σ-Struktur (nach Satz 1). — Neben Satz 5 gilt also der folgende

Satz 6. *Sind $\mathfrak{S}, \mathfrak{S}'$ σ-Strukturen und $\mathfrak{S} \to \mathfrak{S}'$ eine σ-Homomorphie, so erweist sich $\mathfrak{O}$ als σ-Ideal. Ferner wird das System Σ durch die bisherige Teilbeziehung zur σ-Struktur.*

Ich bemerke noch: Bei einer Homomorphie $\mathfrak{S} \to \mathfrak{S}'$ geht ein Ring sowie ein Körper aus $\mathfrak{S}$ stets in einen Ring bzw. einen Körper aus $\mathfrak{S}'$ über (nach (1), (2) bzw. (1), d)). Enthält ein Somensystem aus $\mathfrak{S}$ ein größtes Soma, so gilt dies auch vom Bildsystem (nach a)). Ist $\mathfrak{S} \to \mathfrak{S}'$ insbesondere eine σ-Homomorphie (was in sich schließt, daß $\mathfrak{S}, \mathfrak{S}'$ σ-Strukturen sind), so gilt das Entsprechende auch für σ-Systeme, δ-Systeme und σ-Körper aus $\mathfrak{S}$ (nach (12) bzw. (13) bzw. (12), d)).

Weiters gehe bei der Homomorphie $\mathfrak{S} \to \mathfrak{S}'$ das Somensystem $\mathfrak{M}$ aus $\mathfrak{S}$ in das System $\mathfrak{M}'$ aus $\mathfrak{S}'$ über. *Dann ist das Bild $\mathfrak{R}'$ des kleinsten Ringes $\mathfrak{R}$ über $\mathfrak{M}$ der kleinste Ring über $\mathfrak{M}'$.* Zunächst ist nämlich $\mathfrak{R}'$ ein Ring über $\mathfrak{M}'$. Ferner muß irgend ein in $\mathfrak{S}'$ liegender Ring $\mathfrak{R}^*$ über $\mathfrak{M}'$ den Ring $\mathfrak{R}'$ umfassen. Andernfalls wäre nämlich der Durchschnitt

[4] Eine andere Charakterisierung der σ-Homomorphieen siehe *K. Mayrhofer*, Akad. Anzeiger Wien 1949, p. 293/97.

$\mathfrak{R}'\mathfrak{R}^* = \mathfrak{R}_0'$ ein Ring über $\mathfrak{M}'$, der echter Teil von $\mathfrak{R}'$ ist; zugleich wäre dann der in $\mathfrak{R}$ gelegene Teil $\mathfrak{R}_0$ des Urbildes von $\mathfrak{R}_0'$ ein echter Teil von $\mathfrak{R}$, der $\mathfrak{M}$ umfaßt. Hieraus folgt, da $\mathfrak{R}$ der kleinste Ring über $\mathfrak{M}$ ist, daß $\mathfrak{R}_0$ kein Ring sein kann; es gäbe also in $\mathfrak{R}_0$ zwei Somen, deren Summe oder Produkt im Komplement von $\mathfrak{R}_0$ bezüglich $\mathfrak{R}$ liegt. Das Bild der Summe bzw. des Produktes dieser Somen müßte dann im Komplement von $\mathfrak{R}_0'$ bezüglich $\mathfrak{R}'$ liegen, ferner auch in $\mathfrak{R}_0'$ selber (wegen der Homomorphie und da $\mathfrak{R}_0'$ ein Ring ist), was nicht sein kann. Damit ist die Behauptung bewiesen[5]. Analog sieht man, *daß der kleinste Körper über $\mathfrak{M}$ in den kleinsten Körper über $\mathfrak{M}'$ übergeht.*

Ferner führt eine σ-Homomorphie $\mathfrak{S} \to \mathfrak{S}'$ das kleinste σ- bzw. δ-System über $\mathfrak{M}$ in das kleinste σ- bzw. δ-System über $\mathfrak{M}'$ über. Es ist also

$$(\mathfrak{M}_\sigma)' = (\mathfrak{M}')_\sigma, \quad (\mathfrak{M}_\delta)' = (\mathfrak{M}')_\delta, \quad (\mathfrak{M}_{\sigma\delta})' = (\mathfrak{M}')_{\sigma\delta}, \ldots^{6}. \tag{14}$$

Weiters wird der kleinste σ-Körper über $\mathfrak{M}$ zum kleinsten σ-Körper über $\mathfrak{M}'$.

Kann die Struktur $\mathfrak{S}$ auf eine Teilmenge $\mathfrak{T}'$ der Struktur $\mathfrak{S}'$ eindeutig abgebildet werden, so daß (1), (2) gilt, so ist $\mathfrak{T}'$ in der Ordnungsrelation von $\mathfrak{S}'$ eine Struktur, in welcher die Addition und die Multiplikation dasselbe Soma wie in $\mathfrak{S}'$ ergeben. Dies prüft man an Hand der Strukturaxiome I bis V im Hinblicke auf a) bis d) sofort nach. Sind $\mathfrak{S}$, $\mathfrak{S}'$ σ-Strukturen und gilt für die Abbildung (12), (2), so ist auch $\mathfrak{T}'$ eine σ-Struktur.

108. Konstruktion der Homomorphieen eines Boole'schen Verbandes. Nach Satz 5 ist jede Homomorphie einer Struktur $\mathfrak{S}$ bis auf eine Isomorphie eine eindeutige Abbildung der Somen von $\mathfrak{S}$ auf gewisse Somenklassen aus $\mathfrak{S}$ in einer passenden Ordnungsrelation. In diesem Sinne sollen nun alle Homomorphieen von $\mathfrak{S}$ bestimmt werden.

Gemäß Satz 5 hat man zunächst ein Ideal $\mathfrak{O}$ aus $\mathfrak{S}$ zu wählen, und dann zu jedem Soma $A \in \mathfrak{S}$ die Klasse $\mathfrak{A}$ der Somen $B \in \mathfrak{S}$ zu bilden, für die gilt:

$$A + U = B + V \text{ mit } U, V \text{ aus } \mathfrak{O}. \tag{1}$$

a) *Die Klassen $\mathfrak{A}$ bilden für jede Wahl von $\mathfrak{O}$ eine Klasseneinteilung von $\mathfrak{S}$.* Sie heißen die *Restklassen von $\mathfrak{S}$ nach $\mathfrak{O}$.*

---

[5] Man hätte auch die Bauart des kleinsten Ringes über einem Somensystem (s. **5**) heranziehen können. Das angewendete Verfahren kann aber unmittelbar auf die anschließenden Fälle übertragen werden.

[6] Überdies sieht man unmittelbar, daß das Borel'sche System α-ter Ordnung sowie das volle Borel'sche System über $\mathfrak{M}$ (s. Anhang **1**) in das entsprechende System über $\mathfrak{M}'$ übergeht.

Beweis. Man hat zu zeigen, daß die zu einem Soma $A_0 \in \mathfrak{A}$ gehörige Klasse $\mathfrak{A}_0$ stets mit $\mathfrak{A}$ zusammenfällt.

Wegen $A_0 \in \mathfrak{A}$ ist nach (1)

$$A + U_0 = A_0 + V_0 \text{ bei passenden } U_0, V_0 \text{ aus } \mathfrak{D}. \tag{2}$$

Bildet man nun (1) für ein beliebiges $B \in \mathfrak{A}$ und addiert dann beiderseits U_0, so entsteht wegen (2)

$$A_0 + (V_0 + U) = B + (V + U_0).$$

Dies besagt, da $V_0 + U$, $V + U_0$ Somen aus $\mathfrak{D}$ sind, daß $B \in \mathfrak{A}_0$ ist. Analog sieht man, daß jedes Soma aus $\mathfrak{A}_0$ zu $\mathfrak{A}$ gehört. Es ist also $\mathfrak{A}_0 = \mathfrak{A}$.

Insbesondere ist die zum leeren Soma O gehörige Restklasse das gewählte Ideal $\mathfrak{D}$, nach (1).

b) *Eine Restklasse* $\mathfrak{A}$ *ist stets ein Somenring.*

Für irgend zwei Somen A, B aus $\mathfrak{A}$ gilt (1). Wird beiderseits A addiert bzw. mit A multipliziert, so ergibt sich ohne weiteres die Behauptung.

Weiters hat man nach Satz 5 $\mathfrak{A} \subset \mathfrak{B}$ zu setzen, wenn es ein $A \in \mathfrak{A}$ und ein $B \in \mathfrak{B}$ mit $A \subset B$ gibt.

c) *Ist* $\mathfrak{A} \subset \mathfrak{B}$, *so gibt es zu jedem* $A \in \mathfrak{A}$ *ein* $B_1 \in \mathfrak{B}$ *mit* $A \subset B_1$, *ferner zu jedem* $B \in \mathfrak{B}$ *ein* $A_1 \in \mathfrak{A}$ *mit* $A_1 \subset B$.

Beweis. Nach Voraussetzung gibt es Somen A_0, B_0 aus $\mathfrak{A}$ bzw. $\mathfrak{B}$ mit $A_0 \subset B_0$. — Für ein gewähltes $A \in \mathfrak{A}$ ist $A_0 + U = A + V$ bei passenden U, V aus $\mathfrak{D}$. Addiert man beiderseits B_0 und beachtet man $A_0 + B_0 = B_0$, so entsteht $B_0 + U = (A + B_0) + V$. Also ist $A + B_0 = B_1$ ein Soma aus $\mathfrak{B}$ mit $A \subset B_1$.

Ferner ist für ein gewähltes $B \in \mathfrak{B}$ $B_0 + U = B + V$ bei neuerdings passenden U, V aus $\mathfrak{D}$. Multipliziert man beiderseits mit A_0 und beachtet man $A_0 B_0 = A_0$, so entsteht $A_0 + A_0 U = A_0 B + A_0 V$. Da $A_0 U$, $A_0 V$ als Teile von U, V Somen aus $\mathfrak{D}$ sind, ist also $A_0 B = A_1$ ein Soma aus $\mathfrak{A}$ mit $A_1 \subset B$. Damit ist die Behauptung bewiesen.

d) *Das System* Σ *unserer Restklassen ist in der erklärten Teilbeziehung teilweise geordnet.*

Beweis. Zunächst ist stets $\mathfrak{A} \subset \mathfrak{A}$. Ferner ergibt sich mittels c) sofort, daß aus $\mathfrak{A} \subset \mathfrak{B}$, $\mathfrak{B} \subset \mathfrak{C}$ stets $\mathfrak{A} \subset \mathfrak{C}$ folgt. Es bleibt also noch festzustellen, daß aus $\mathfrak{A} \subset \mathfrak{B}$, $\mathfrak{B} \subset \mathfrak{A}$ stets $\mathfrak{A} = \mathfrak{B}$ folgt.

Wegen $\mathfrak{A} \subset \mathfrak{B}$ gibt es Somen A, B aus $\mathfrak{A}$ bzw. $\mathfrak{B}$ mit $A \subset B$, ferner wegen $\mathfrak{B} \subset \mathfrak{A}$ Somen A_1, B_1 aus $\mathfrak{A}$ bzw. $\mathfrak{B}$ mit $B_1 \subset A_1$. Nun ist $A + U = A_1 + V$, $B + U_1 = B_1 + V_1$ bei passenden $U, \ldots, V_1$ aus $\mathfrak{D}$. Addiert man diese Gleichungen, so entsteht $B + (U + U_1) =$

$= A_1 + (V + V_1)$. Dies besagt aber, daß A_1 zu $\mathfrak{B}$ gehört, was nur für $\mathfrak{A} = \mathfrak{B}$ sein kann (da Σ eine Klasseneinteilung von $\mathfrak{S}$ ist).

Man setzt $\Sigma = \mathfrak{S}/\mathfrak{O}$. — Nun beweise ich den

Satz 7. *Das System Σ der Restklassen einer Struktur $\mathfrak{S}$ nach einem Ideal $\mathfrak{O}$ aus $\mathfrak{S}$ ist in der erklärten Teilbeziehung ebenfalls eine Struktur.*

In ihr wird $\mathfrak{A} + \mathfrak{B}$, $\mathfrak{A}\,\mathfrak{B}$, $\mathfrak{A} - \mathfrak{B}$ bzw. durch $A + B$, AB, $A - B$ repräsentiert, wenn A, B gewählte Repräsentanten von $\mathfrak{A}$ bzw. $\mathfrak{B}$ sind. Ferner ist $\mathfrak{O}$ das leere Soma von Σ.

Beweis. I. Für je zwei Restklassen $\mathfrak{A}$, $\mathfrak{B}$ existiert $\mathfrak{A} + \mathfrak{B}$ und wird durch $A + B = T$ repräsentiert.

Bezeichnet man nämlich die durch T repräsentierte Restklasse mit $\mathfrak{T}$, so ist zunächst wegen $A \subset T$, $B \subset T$ auch $\mathfrak{A} \subset \mathfrak{T}$, $\mathfrak{B} \subset \mathfrak{T}$. — Sei ferner $\mathfrak{A} \subset \mathfrak{C}$, $\mathfrak{B} \subset \mathfrak{C}$. Dann gibt es nach c) Somen C_1, C_2 aus $\mathfrak{C}$, so daß $A \subset C_1$, $B \subset C_2$ und damit $T \subset C_1 + C_2$ ist. Wegen b) ist aber $C_1 + C_2$ ein Soma aus $\mathfrak{C}$, also $\mathfrak{T} \subset \mathfrak{C}$. Damit ist I bewiesen.

II. Es existiert $\mathfrak{A}\mathfrak{B}$ und wird durch AB repräsentiert. Dies wird analog wie I bewiesen.

III. Die Klasse $\mathfrak{O}$ ist das leere Soma von Σ wegen $O \subset A$ für jedes $A \in \mathfrak{S}$.

IV. Aus $\mathfrak{A}_1\mathfrak{B} = \mathfrak{O}$, $\mathfrak{A}_2\,\mathfrak{B} = \mathfrak{O}$ folgt stets $(\mathfrak{A}_1 + \mathfrak{A}_2)\,\mathfrak{B} = \mathfrak{O}$.

Nach II besagt die Voraussetzung: für gewählte A_1, A_2, B aus bzw. $\mathfrak{A}_1$, $\mathfrak{A}_2$, $\mathfrak{B}$ ist $A_1 B = U_1$, $A_2 B = U_2$ bei passenden U_1, U_2 aus $\mathfrak{O}$. Hieraus folgt $(A_1 + A_2) B = U_1 + U_2$ oder nach I, II $(\mathfrak{A}_1 + \mathfrak{A}_2)\,\mathfrak{B} = \mathfrak{O}$.

V. Zu jedem Paare $(\mathfrak{A}, \mathfrak{B})$ mit $\mathfrak{B} \subset \mathfrak{A}$ gibt es eine zu $\mathfrak{B}$ fremde Restklasse $\mathfrak{X}$, so daß $\mathfrak{B} + \mathfrak{X} = \mathfrak{A}$ ist.

Es gibt nämlich Repräsentanten A, B von $\mathfrak{A}$ bzw. $\mathfrak{B}$ mit $B \subset A$. Die Differenz $D = A - B$ repräsentiert dann eine Klasse $\mathfrak{D}$, für die wegen $B + D = A$ nach I $\mathfrak{B} + \mathfrak{D} = \mathfrak{A}$ ist.

Für irgend zwei Klassen $\mathfrak{A}$, $\mathfrak{B}$ ist $\mathfrak{A} - \mathfrak{B} = \mathfrak{A} - \mathfrak{A}\,\mathfrak{B}$. Diese Differenz wird bei irgend welchen $A \in \mathfrak{A}$, $B \in \mathfrak{B}$ durch $A - AB$, d. i. $A - B$ repräsentiert.

Damit ist der Satz **7** bewiesen.

e) *Ordnet man jedem Soma $A \in \mathfrak{S}$ die Restklasse $\mathfrak{A}$ zu, in der es liegt, so entsteht eine Homomorphie von $\mathfrak{S}$ auf Σ* (und zwar für jede Wahl von $\mathfrak{O}$).

In dieser Abbildung entspricht ja nach Satz 7 der Summe und dem Produkt zweier Somen aus $\mathfrak{S}$ die Summe bzw. das Produkt der zugehörigen Klassen (s. **107** (1), (2)).

Da es, von Isomorphieen abgesehen, nach Satz 5 keine anderen Homomorphieen von $\mathfrak{S}$ als die eben angeführten gibt, gilt also der folgende

Satz 8. *Ein Ideal $\mathfrak{O}$ aus einer Struktur $\mathfrak{S}$ bestimmt stets eine Homomorphie von $\mathfrak{S}$.*

Diese entsteht, indem man nach Satz 7 die Struktur $\Sigma = \mathfrak{S}/\mathfrak{O}$ konstruiert und dann jedem Soma aus $\mathfrak{S}$ jene Klasse aus Σ zuordnet, in der es liegt.

Auf diese Weise erhält man bis auf Isomorphieen alle Homomorphieen von $\mathfrak{S}$.

Um alle σ-Homomorphieen einer σ-Struktur bis auf Isomorphieen zu erhalten, hat man $\mathfrak{O}$ als σ-Ideal anzunehmen und im übrigen wie bisher zu verfahren (s. Satz 6).

An Stelle von b) tritt jetzt:

b′) *Eine Restklasse $\mathfrak{A}$ ist stets ein σ-Ring.*

Beweis. $\mathfrak{A}$ ist zunächst ein Ring überhaupt, nach b). Ist ferner $\mathfrak{A}$ durch A aufgewiesen und (B_ν) eine Somenfolge aus $\mathfrak{A}$, so gilt nach (1) $A + U_\nu = B_\nu + V_\nu$ mit passenden U_ν, V_ν aus $\mathfrak{O}$. Hieraus folgt

$$A + \Sigma\, U_\nu = \Sigma\, B_\nu + \Sigma\, V_\nu \text{ mit } \Sigma\, U_\nu,\ \Sigma\, V_\nu \text{ aus } \mathfrak{O}.$$

Dies besagt, daß $\Sigma\, B_\nu$ zu $\mathfrak{A}$ gehört. Damit ist aber $\mathfrak{A}$ ein σ-Ring.

Ferner tritt an Stelle von Satz 7 der

Satz 9. *Das System Σ der Restklassen einer σ-Struktur $\mathfrak{S}$ nach einem σ-Ideal $\mathfrak{O}$ aus $\mathfrak{S}$ ist in der bisherigen Teilbeziehung eine σ-Struktur.*

In ihr wird $\Sigma\,\mathfrak{A}_\nu$, $\Pi\,\mathfrak{A}_\nu$ für jede Folge $(\mathfrak{A}_\nu)$ durch $\Sigma\, A_\nu$ bzw. $\Pi\, A_\nu$ repräsentiert bei irgend einem $A_\nu \in \mathfrak{A}_\nu$. Bezüglich $\mathfrak{A}—\mathfrak{B}$ und $\mathfrak{O}$ gilt dasselbe wie in Satz 7.

Beweis. An Stelle von I, IV im Beweise von Satz 7 hat man zu zeigen:

I′. Für jede Folge $(\mathfrak{A}_\nu)$ existiert $\Sigma\,\mathfrak{A}_\nu$ und wird durch $\Sigma\, A_\nu = T$ repräsentiert.

IV′. Aus $\mathfrak{A}_\nu\,\mathfrak{B} = \mathfrak{O}$ $(\nu = 1, 2, \ldots)$ folgt stets $(\Sigma\,\mathfrak{A}_\nu)\,\mathfrak{B} = \mathfrak{O}$.

Beides wird analog wie I bzw. IV bei Satz 7 bewiesen. Σ ist also eine σ-Struktur. In einer solchen existiert dann $\Pi\,\mathfrak{A}_\nu$; ferner ist $\Pi\, A_\nu$ ein Repräsentant, wie man mittels **2** (26) sofort feststellt.

Schließlich tritt an Stelle von e):

e′) *Die in* e) *beschriebene Homomorphie ist jetzt eine σ-Homomorphie.*

Dies ergibt sich analog wie e) (s. **107** (12), (2)).

Da alle σ-Homomorphieen von $\mathfrak{S}$ bis auf Isomorphieen von der eben angeführten Art sind, gilt also neben Satz 8 noch der folgende

Satz 10. *Ist $\mathfrak{S}$ eine σ-Struktur und $\mathfrak{O}$ ein σ-Ideal aus $\mathfrak{S}$, so liefert das Verfahren von Satz 8 stets eine σ-Homomorphie von $\mathfrak{S}$.*

Auf diese Weise erhält man bis auf Isomorphieen alle σ-Homomorphieen von $\mathfrak{S}$.[1]

§ 26. Somenfunktionen.

Unseren Betrachtungen werde jetzt eine σ-Struktur $\mathfrak{C}$ zugrundegelegt, auf die sich alle Somenrelationen und Operationen beziehen sollen, soferne nicht anders gesagt wird; diese Struktur übernimmt die Rolle des Grundbereiches der Mengensysteme in den vorangehenden Kapiteln. An Stelle der Mengenfunktionen treten nun Somenfunktionen auf Somenmengen aus $\mathfrak{C}$.

109. Inhalte und Maße als Somenfunktionen. Eine Somenfunktion i heiße ein *Inhalt,* wenn sie die Forderungen 8 I, II, III erfüllt, jedoch so, daß $\mathfrak{k}$ ein Somenkörper aus $\mathfrak{C}$ ist. Die Somen $M \in \mathfrak{C}$, die Teile von Somen aus $\mathfrak{k}$ sind, bilden einen Körper $\mathfrak{L}$; auf diesem können die *Außen-* und *Innenfunktion,* $\bar{i}$ bzw. $\underline{i}$, *von* i gemäß **10** (1) bzw. **10** (2) erklärt werden. Damit läßt sich der ganze § 2 auf Inhalte im jetzigen Sinne übertragen[1]. Weiters werden die *volladditiven Inhalte* sowie die *Maße* gemäß **13** bzw. **16** eingeführt, womit dann auch § 3 und § 4 in Somen gelesen werden kann. Bei **16**, Satz 8 ist zu beachten, daß $\mathfrak{C}$ nötigenfalls durch die zugehörige geschlossene Struktur zu ersetzen ist (**103**, Satz 10; vgl. auch **104**). Der Inhalt i heiße *vollständig in* $\mathfrak{C}$, wenn jedes Soma aus $\mathfrak{C}$ i-meßbar ist, das zwischen zwei i-meßbaren Somen mit beliebig inhaltskleiner Differenz eingeschlossen werden kann (s. **24** VII). Von hier aus kann alles in den §§ 5 bis 8 auf Somen erweitert werden. Der das I. Kapitel abschließende § 9 bleibt jedoch ausgenommen, da hier der Mengencharakter und außerdem Punktfunktionen wesentlich eingehen[2].

Weiters kann das ganze V. Kapitel unmittelbar auf Somen aus $\mathfrak{C}$ übertragen werden, ausgenommen die Nummer **94**, der ein metrischer Raum zugrunde liegt. Bei **91**, Satz 8 ist $\mathfrak{C}$ nötigenfalls erst abzuschließen.

110. Inhalts- und Maßreduktion. Es sei jetzt i auf dem Körper $\mathfrak{k}$ aus $\mathfrak{C}$ ein volladditiver Inhalt mit der Zerlegungseigenschaft. Man kann dann

---

[1] *C. Carathéodory,* Ann. di Pisa (2) **8** (1939), p. 105/30.

[1] Einzelne Fußnoten geben die Schlüsse bei Somen ausführlich an.

[2] Siehe hierzu *C. Carathéodory,* **108**[1]; *A. Bischof,* Schriften Math. Inst. Berlin **5** (1941), H. 4; *D. A. Kappos,* Math. Ann. **120** (1947/49), p. 42/74.

in $\mathfrak{E}$ das kleinste Maß m auf $\mathfrak{k}'$ und das kleinste vollständige Maß l auf $\mathfrak{K}'$ über i bilden. Der Nullkörper $\mathfrak{O}$ von l ist ein σ-Ideal (bezüglich $\mathfrak{E}$), da er aus den Teilen der einzelnen Somen des Nullkörpers von m besteht (**29**, Satz 7 und **33**, Satz 5). Zerlegt man $\mathfrak{E}$ in Restklassen nach $\mathfrak{O}$, so bilden diese gemäß **108**, Satz 9 (mit $\mathfrak{S} = \mathfrak{E}$) eine σ-Struktur $\mathfrak{E}/\mathfrak{O} = \Sigma$ mit $\mathfrak{O}$ als leerem Soma; in Σ kann man also ebenfalls Inhalte und Maße betrachten. Wird ferner jedem Soma aus $\mathfrak{E}$ die Restklasse zugeordnet, in der es liegt, so entsteht eine σ-Homomorphie $\mathfrak{E} \rightarrow \Sigma$ (**108**, Satz 10). Diese führt $\mathfrak{k}$ in einen Körper $\varkappa$ aus Σ über und $\mathfrak{k}'$ in den kleinsten σ-Körper $\varkappa'$ über $\varkappa$ (s. **107**), ferner $\mathfrak{K}'$ in einen σ-Körper K'. Dabei gilt

$$K' = \varkappa'. \tag{1}$$

Da nämlich jedes Soma $B \in \mathfrak{K}'$ in der Form $B = A + U$ mit $A \in \mathfrak{k}'$, $U \in \mathfrak{O}$ dargestellt werden kann (s. **29**, Satz 6), gehört B zur selben Restklasse wie A (nach der Charakterisierung dieser Klassen durch **108** (1)). Dies besagt aber, daß A und B bei der Homomorphie $\mathfrak{E} \rightarrow \Sigma$ dasselbe Bild besitzen (eben jene Restklasse). Folglich gilt (1).

Das Maß l hat für alle Somen von $\mathfrak{K}'$, die in einer betrachteten Restklasse $\mathfrak{A}$ aus K' liegen, einen und denselben Wert (s. **108** (1)), der mit $l_0(\mathfrak{A})$ bezeichnet werde. Variiert $\mathfrak{A}$ auf K', so tritt eine nicht negative Somenfunktion l_0 mit dem σ-Körper K' als Definitionsbereich auf, die nur für das leere Soma $\mathfrak{O}$ von Σ verschwindet. Ferner ist l_0 volladditiv. Sind nämlich $\mathfrak{A}_1, \mathfrak{A}_2, \ldots$ abzählbar viele (in Σ) getrennte Somen aus K' und $A_1, A_2, \ldots$ in $\mathfrak{K}'$ liegende Urbilder, so gehören zunächst alle (in $\mathfrak{E}$ gebildeten) Produkte $A_\mu A_\nu$ ($\mu \neq \nu$) zu $\mathfrak{O}$ nach **107** β), d. h., es ist $l(A_\mu A_\nu) = 0$ für $\mu \neq \nu$; ferner ist ΣA_ν ein in $\mathfrak{K}'$ liegendes Urbild von $\Sigma \mathfrak{A}_\nu$. Man hat also

$$l_0(\Sigma \mathfrak{A}_\nu) = l(\Sigma A_\nu) = \Sigma l(A_\nu) = \Sigma l_0(\mathfrak{A}_\nu).$$

Insgesamt ist somit l_0 auf K' ein Maß, das nur für $\mathfrak{O}$ verschwindet. Verfährt man bei m und bei i analog wie bei l, so erhält man zwei Somenfunktionen m_0 bzw. i_0 mit den Definitionsbereichen $\varkappa'$ bzw. $\varkappa$;[1] diese stimmen sichtlich mit l_0 als Funktion auf $\varkappa'$ bzw. $\varkappa$ überein. Wegen (1) sind dann l_0 und m_0 identisch. Ferner muß i_0 ein volladditiver Inhalt sein, der $\mathfrak{O}$ als einziges Nullsoma hat. Weiters stellt man sofort fest, daß die Zerlegungseigenschaft von i auf i_0 übergeht. i_0 heiße der *reduzierte Inhalt von i*, analog $l_0 = m_0$ das *reduzierte Maß von l* bzw. m.

[1] Alle Somen von $\mathfrak{k}'$ bzw. $\mathfrak{k}$, die in derselben Restklasse liegen, haben zunächst dasselbe l und damit dasselbe m bzw. i.

Da $\varkappa'$ der kleinste σ-Körper über $\varkappa$ und m_0 ein Maß auf $\varkappa'$ über i_0 ist, muß m_0 das kleinste Maß über i_0 (in Σ) sein (s. **33**, Satz 5). Der Definitionsbereich des kleinsten vollständigen Maßes über i_0 (in Σ) entsteht, indem man zu den einzelnen Somen aus $\varkappa'$ die Teile der m_0-Nullsomen addiert (**29**, Satz 6, 7; **33**, Satz 5). Da nun m_0 nur das leere Soma $\mathfrak{O}$ als Nullsoma besitzt, fällt jener Definitionsbereich mit $\varkappa'$ zusammen. Damit muß das kleinste vollständige Maß über i_0 mit $m_0 = l_0$ identisch sein, da es auf $\varkappa'$ nur ein Maß über i_0 gibt. Zusammenfassend wurde also folgendes gezeigt:

Satz 1. *Durch Reduktion von i, m, l entsteht ein volladditiver Inhalt i_0 mit der Zerlegungseigenschaft, ferner zwei Maße m_0, l_0; dabei ist $m_0 = l_0$. Dieses Maß ist das kleinste und zugleich das kleinste vollständige Maß über i_0 in $\Sigma = \mathfrak{E}/\mathfrak{O}$. Sowohl i_0 als auch $m_0 = l_0$ haben nur $\mathfrak{O}$ als Nullsoma. Dabei ist $\mathfrak{O}$ der Nullkörper von l.*

Die Homomorphie $\mathfrak{E} \to \Sigma$ führt den Definitionsbereich von l maßtreu in den von l_0 über.

Nach **35** (5) ist noch $K' = \varkappa' = \varkappa_{\sigma\delta}$. Ist insbesondere $\mathfrak{k}$ und damit auch $\varkappa$ geschlossen, so hat man überdies $\varkappa_{\sigma\delta} = \varkappa_{\delta\sigma}$ nach **35** (6).

111. Reduktion eines äußeren Maßes. Auf der σ-Struktur $\mathfrak{E}$ sei jetzt ein äußeres Maß μ^* im Sinne der Axiome **91** A_1 bis A_4 gegeben; μ sei das zugehörige Maß (**91**, Satz 5), ferner $\mathfrak{O}$ der Nullkörper von μ. Nach **91**, Satz 6 besteht $\mathfrak{O}$ aus jenen Somen $A \in \mathfrak{E}$, für die $\mu^*(A) = 0$ ist und ist somit ein σ-Ideal (bezüglich $\mathfrak{E}$). Dieses bestimmt wie bisher eine σ-Struktur $\mathfrak{E}/\mathfrak{O} = \Sigma$ und zugleich eine Homomorphie $\mathfrak{E} \to \Sigma$.

μ^* hat für alle Somen von $\mathfrak{E}$, die in einer betrachteten Restklasse $\mathfrak{A}$ liegen, nach **108** (1) und **91**, Satz 1 einen und denselben Wert, der mit $\mu_0^*(\mathfrak{A})$ bezeichnet werde. Variiert $\mathfrak{A}$ auf Σ, so entsteht eine Somenfunktion μ_0^*, die nur für das leere Soma $\mathfrak{O}$ von Σ verschwindet. *Diese Funktion ist ebenfalls ein äußeres Maß im Sinne der Axiome* **91** A_1 bis A_4. μ_0^* erfüllt nämlich zunächst A_1, A_2. Ist ferner $\mathfrak{A} \subset \mathfrak{B}$ ($\mathfrak{A}, \mathfrak{B} \in \Sigma$), so gibt es Repräsentanten A, B von $\mathfrak{A}$ bzw. $\mathfrak{B}$ mit $A \subset B$, nach der Definition der Ordnungsrelation in Σ. Hieraus folgt, daß A_3 von μ^* auf μ_0^* übergeht. Schließlich wird $\Sigma \mathfrak{A}_\nu$ ($\mathfrak{A}_\nu \in \Sigma$) durch ΣA_ν repräsentiert, wenn $A_1, A_2, .$ Repräsentanten von $\mathfrak{A}_1, \mathfrak{A}_2, \ldots$ sind. Also geht auch A_4 von μ^* auf μ_0^* über. μ_0^* heiße das *reduzierte äußere Maß von μ^**.

Weiters führt die Homomorphie $\mathfrak{E} \to \Sigma$ den Maßkörper von μ^* in den Maßkörper von μ_0^* über. Ist nämlich A für μ^* meßbar, so gilt für jedes $L \in \mathfrak{E}$

$$\mu^* (L) = \mu^* (L A) + \mu^* (L - A). \tag{1}$$

Hieraus folgt für die Bilder $\mathfrak{A}$, $\mathfrak{L}$ von A bzw. L (weil $L A$ und $L - A$ die Bilder $\mathfrak{L}\mathfrak{A}$ bzw. $\mathfrak{L} - \mathfrak{A}$ haben)

$$\mu_0^* (\mathfrak{L}) = \mu_0^* (\mathfrak{L}\mathfrak{A}) + \mu_0^* (\mathfrak{L} - \mathfrak{A}). \tag{2}$$

Da hierin $\mathfrak{L}$ ein beliebiges Soma aus Σ sein kann, ist also $\mathfrak{A}$ für μ_0^* meßbar. Ist A nicht für μ^* meßbar, so gilt (1) bei passendem L mit $<$ statt $=$. Da dies auf (2) übergeht, ist jetzt $\mathfrak{A}$ nicht für μ_0^* meßbar. Damit ist die Behauptung bewiesen. — Zusammenfassend hat man also den

Satz 2. *Durch Reduktion des äußeren Maßes μ^* auf $\mathfrak{E}$ entsteht ein äußeres Maß μ_0^* auf $\Sigma = \mathfrak{E}/\mathfrak{O}$, das nur $\mathfrak{O}$ als Nullsoma hat; dabei ist $\mathfrak{O}$ der Nullkörper von μ^* (oder also von μ).*

Die Homomorphie $\mathfrak{E} \to \Sigma$ ist maßtreu und führt den Maßkörper von μ^* in den von μ_0^* über.

Anhang.

Borel'sche Mengen.

Dieser Anhang ist eine in sich geschlossene Darstellung der wichtigeren Eigenschaften der „Borel'schen Mengen". Dazu kommt noch eine Konstruktion von quadrierbaren Mengen des E_1, die nicht nach Borel meßbar sind. Es ist jetzt unerläßlich, einige Kenntnis der transfiniten Zahlen vorauszusetzen.

1. Die Borel'schen Mengen über einem Mengensystem. Es sei $\mathfrak{M}$ ein System von Mengen des Grundbereiches E. Die aus $\mathfrak{M}$ durch den σ- bzw. δ-Prozeß entstehenden Systeme $\mathfrak{M}_\sigma$ bzw. $\mathfrak{M}_\delta$ (§ 1 4) sollen jetzt auch mit $\mathfrak{M}^1$ bzw. $\mathfrak{M}_1$ bezeichnet werden. $\mathfrak{M}^1$, $\mathfrak{M}_1$ sind das kleinste σ- bzw. δ-System über $\mathfrak{M}$; ferner besagt $\mathfrak{M}^1 = \mathfrak{M}$ bzw. $\mathfrak{M}_1 = \mathfrak{M}$, daß $\mathfrak{M}$ ein σ- bzw. ein δ-System ist (§ 1 4). Hiernach gilt

$$(\mathfrak{M}^1)^1 = \mathfrak{M}^1, \quad (\mathfrak{M}_1)_1 = \mathfrak{M}_1. \tag{1}$$

Aus $\mathfrak{L} \subset \mathfrak{M}^1$ folgt $\mathfrak{L} + \mathfrak{M} \subset \mathfrak{M}^1$ und hieraus wegen (1)

$$(\mathfrak{L} + \mathfrak{M})^1 \subset (\mathfrak{M}^1)^1 = \mathfrak{M}^1;$$

daneben ist $(\mathfrak{L} + \mathfrak{M})^1 \supset \mathfrak{M}^1$. Entsprechend für $\mathfrak{M}_1$. *Es ist also*

$$(\mathfrak{L} + \mathfrak{M})^1 = \mathfrak{M}^1, \text{ falls } \mathfrak{L} \subset \mathfrak{M}^1; \quad (\mathfrak{L} + \mathfrak{M})_1 = \mathfrak{M}_1, \text{ falls } \mathfrak{L} \subset \mathfrak{M}_1. \tag{2}$$

Wir fragen nach dem kleinsten σ, δ-System über dem betrachteten System $\mathfrak{M}$. Dieses muß zunächst $\mathfrak{M}^1$, $\mathfrak{M}_1$ umfassen oder gleichbedeutend $\mathfrak{M}^1 + \mathfrak{M}_1$; ferner

$$\mathfrak{M}^2 = (\mathfrak{M}^1 + \mathfrak{M}_1)^1, \ \mathfrak{M}_2 = (\mathfrak{M}^1 + \mathfrak{M}_1)_1$$

oder also $\mathfrak{M}^2 + \mathfrak{M}_2$; ferner

$$\mathfrak{M}^3 = (\mathfrak{M}^2 + \mathfrak{M}_2)^1, \ \mathfrak{M}_3 = (\mathfrak{M}^2 + \mathfrak{M}_2)_1$$

oder $\mathfrak{M}^3 + \mathfrak{M}_3$; usw. Die Systeme $\mathfrak{M}^\nu + \mathfrak{M}_\nu$ ($\nu = 1, 2, \ldots$) bilden eine ansteigende Folge; man kann daher $\mathfrak{M}^n$, $\mathfrak{M}_n$ für jede natürliche Zahl $n > 1$ auch so erklären:

$$\mathfrak{M}^n = \Big(\sum_{\nu=1}^{n-1} (\mathfrak{M}^\nu + \mathfrak{M}_\nu)\Big)^1, \ \mathfrak{M}_n = \Big(\sum_{\nu=1}^{n-1} (\mathfrak{M}^\nu + \mathfrak{M}_\nu)\Big)_1.$$

Weiters muß das gesuchte System die Systeme

$$\mathfrak{M}^\omega = \Big(\sum_{\nu=1}^{\infty} (\mathfrak{M}^\nu + \mathfrak{M}_\nu)\Big)^1, \ \mathfrak{M}_\omega = \Big(\sum_{\nu=1}^{\infty} (\mathfrak{M}^\nu + \mathfrak{M}_\nu)\Big)_1$$

enthalten oder gleichbedeutend $\mathfrak{M}^\omega + \mathfrak{M}_\omega$;[1] ferner

$$\mathfrak{M}^{\omega+1} = (\mathfrak{M}^\omega + \mathfrak{M}_\omega)^1, \ \mathfrak{M}_{\omega+1} = (\mathfrak{M}^\omega + \mathfrak{M}_\omega)_1$$

oder also $\mathfrak{M}^{\omega+1} + \mathfrak{M}_{\omega+1}$; usw. Bei jedem Schritt entsteht ein System $\mathfrak{M}^\alpha + \mathfrak{M}_\alpha$, das die bereits vorhandenen umfaßt.

Diese Überlegung veranlaßt uns für jede Ordinalzahl $\alpha \neq 0$ der ersten und zweiten Zahlklasse Mengensysteme $\mathfrak{M}^\alpha$, $\mathfrak{M}_\alpha$ zu betrachten, die in der folgenden Weise durch transfinite Induktion erklärt sind: Es sei $\mathfrak{M}^1 = \mathfrak{M}_\sigma$, $\mathfrak{M}_1 = \mathfrak{M}_\delta$; ferner sei für $1 < \alpha < \omega_1$ [1]

$$\mathfrak{M}^\alpha = \Big(\sum_{\eta<\alpha} (\mathfrak{M}^\eta + \mathfrak{M}_\eta)\Big)^1, \ \mathfrak{M}_\alpha = \Big(\sum_{\eta<\alpha} (\mathfrak{M}^\eta + \mathfrak{M}_\eta)\Big)_1. \qquad (3)$$

Für $\alpha = 1, 2, 3, \ldots; \ \omega, \omega + 1, \ldots$ sind dies die eben betrachteten Systeme. *Ferner ist $\mathfrak{M}^\alpha$ stets ein σ- und $\mathfrak{M}_\alpha$ stets ein δ-System,* also (in Erweiterung von (1))

$$(\mathfrak{M}^\alpha)^1 = \mathfrak{M}^\alpha, \ (\mathfrak{M}_\alpha)_1 = \mathfrak{M}_\alpha \qquad (1 \leqq \alpha < \omega_1).$$

Aus (3) *entnimmt man*

$$\mathfrak{M}^\eta + \mathfrak{M}_\eta \subset \mathfrak{M}^\alpha, \ \mathfrak{M}^\eta + \mathfrak{M}_\eta \subset \mathfrak{M}_\alpha \ \textit{für} \ 1 \leqq \eta < \alpha. \qquad (4)$$

Hiernach reduziert sich die Summe in (3) für die isolierte Zahl $\alpha + 1$ statt α auf $\mathfrak{M}^\alpha + \mathfrak{M}_\alpha$, also (3) selber auf

$$\mathfrak{M}^{\alpha+1} = (\mathfrak{M}^\alpha + \mathfrak{M}_\alpha)^1, \mathfrak{M}_{\alpha+1} = (\mathfrak{M}^\alpha + \mathfrak{M}_\alpha)_1 \qquad (1 \leqq \alpha < \omega_1). \qquad (5)$$

---

[1] ω ist die Anfangszahl der zweiten Zahlklasse, das weiter unten auftretende ω_1 die der dritten.

Ist α Grenzzahl, so gibt es zu jedem $\eta < \alpha$ ein η' mit $\eta < \eta' < \alpha$. Wegen (4) reduziert sich daher die in (3) auftretende Summe, falls α Grenzzahl ist, auf

$$\sum_{\eta<\alpha} (\mathfrak{M}^\eta + \mathfrak{M}_\eta) = \sum_{\eta<\alpha} \mathfrak{M}^\eta = \sum_{\eta<\alpha} \mathfrak{M}_\eta. \tag{6}$$

Wegen $\mathfrak{M} \subset \mathfrak{M}_1$ ist $\mathfrak{M}^1 \subset (\mathfrak{M}_1)^1$ und analog $\mathfrak{M}_1 \subset (\mathfrak{M}^1)_1$; entsprechend ist $\mathfrak{M}^\alpha \subset (\mathfrak{M}_\alpha)^1$, $\mathfrak{M}_\alpha \subset (\mathfrak{M}^\alpha)_1$ für $\alpha > 1$ nach (3), (4). *Damit ergibt* (2)

$$(\mathfrak{M}^\alpha + \mathfrak{M}_\alpha)^1 = (\mathfrak{M}_\alpha)^1, (\mathfrak{M}^\alpha + \mathfrak{M}_\alpha)_1 = (\mathfrak{M}^\alpha)_1 \quad (1 \leqq \alpha < \omega_1). \tag{7}$$

Aus (5), (7) *entnimmt man*

$$\mathfrak{M}^{\alpha+1} = (\mathfrak{M}_\alpha)^1, \mathfrak{M}_{\alpha+1} = (\mathfrak{M}^\alpha)_1 \qquad (1 \leqq \alpha < \omega_1). \tag{8}$$

Die Mengen aus $\mathfrak{M}^\alpha + \mathfrak{M}_\alpha$ heißen die *Borel'schen Mengen α-ter Ordnung über* $\mathfrak{M}$; ferner das System $\mathfrak{M}_B$ aller Borel'schen Mengen über $\mathfrak{M}$ das *Borel'sche System über* $\mathfrak{M}$. Es ist also (vgl. die Herleitung von (6))

$$\mathfrak{M}_B = \sum_{\eta<\omega_1} (\mathfrak{M}^\eta + \mathfrak{M}_\eta) = \sum_{\eta<\omega_1} \mathfrak{M}^\eta = \sum_{\eta<\omega_1} \mathfrak{M}_\eta. \tag{9}$$

Satz 1. *Das Borel'sche System $\mathfrak{M}_B$ über $\mathfrak{M}$ ist das kleinste σ, δ-System über $\mathfrak{M}$.*

Beweis. Zunächst ist $\mathfrak{M} \subset \mathfrak{M}_B$. — $\mathfrak{M}_B$ ist ein σ, δ-System, d. h., für jede Folge (A_ν) aus $\mathfrak{M}_B$ gehören ΣA_ν und ΠA_ν zu $\mathfrak{M}_B$. Nach (9) ist nämlich $A_\nu \subset \mathfrak{M}^{\eta_\nu}$ bei passendem $\eta_\nu < \omega_1$. Zur Folge (η_ν) gibt es ein $\alpha < \omega_1$, so daß stets $\eta_\nu < \alpha$ ist[2]. Nach (4) ist $A_\nu \subset \mathfrak{M}^\alpha$, $A_\nu \subset \mathfrak{M}_\alpha$ $(\nu = 1, 2, \ldots)$, also, da $\mathfrak{M}^\alpha$ ein σ- und $\mathfrak{M}_\alpha$ ein δ-System ist, auch

$$\Sigma A_\nu \subset \mathfrak{M}^\alpha \subset \mathfrak{M}_B,\ \Pi A_\nu \subset \mathfrak{M}_\alpha \subset \mathfrak{M}_B.$$

$\mathfrak{M}_B$ ist das kleinste σ,δ-System über $\mathfrak{M}$, d. h., ist $\mathfrak{L}$ irgend ein σ,δ-System über $\mathfrak{M}$, so ist $\mathfrak{M}_B \subset \mathfrak{L}$, oder nach (9)

$$\mathfrak{M}^\alpha \subset \mathfrak{L},\ \mathfrak{M}_\alpha \subset \mathfrak{L} \text{ für } 1 \leqq \alpha < \omega_1. \tag{10}$$

Der Beweis von (10) erfolgt durch transfinite Induktion. Zunächst gilt (10) für $\alpha = 1$: aus $\mathfrak{M} \subset \mathfrak{L}$ folgt $\mathfrak{M}^1 \subset \mathfrak{L}^1 = \mathfrak{L}$, $\mathfrak{M}_1 \subset \mathfrak{L}_1 = \mathfrak{L}$. Sei ferner $\mathfrak{M}^\eta \subset \mathfrak{L}, \mathfrak{M}_\eta \subset \mathfrak{L}$ für alle $\eta < \alpha$. Dann ist auch $\sum_{\eta<\alpha} (\mathfrak{M}^\eta + \mathfrak{M}_\eta) \subset \mathfrak{L}$, also nach (3) $\mathfrak{M}^\alpha \subset \mathfrak{L}^1 = \mathfrak{L}$, $\mathfrak{M}_\alpha \subset \mathfrak{L}_1 = \mathfrak{L}$. Damit ist der Beweis beendet.

Satz 2. *Es sei $\mathfrak{M}$ ein Ring. Dann sind auch die Systeme $\mathfrak{M}^\alpha$, $\mathfrak{M}_\alpha$ $(1 \leqq \alpha < \omega_1)$ Ringe.*

Beweis. Dieser erfolgt durch transfinite Induktion. Die Behauptung gilt zunächst für $\alpha = 1$ nach § 1 5. Es werde angenommen, $\mathfrak{M}^\eta$, $\mathfrak{M}_\eta$

---

[2] Siehe etwa *H. Hahn*, § 1 2[3], p. 44, Satz 8.4.1.

seien Ringe für jedes $\eta < \alpha$. Ist dann α eine isolierte Zahl, so besteht nach (8) die Darstellung $\mathfrak{M}^\alpha = (\mathfrak{M}_{\alpha-1})^1$. Da $\mathfrak{M}_{\alpha-1}$ nach Annahme ein Ring ist, ist also auch $\mathfrak{M}^\alpha$ ein Ring. Analog schließt man bei $\mathfrak{M}_\alpha$. Sei ferner α Grenzzahl. Jetzt zeige ich, daß die Summe in (3) oder, was wegen (6) dasselbe ist, $\mathfrak{L} = \sum_{\eta<\alpha} \mathfrak{M}^\eta$ ein Ring ist; wegen $\mathfrak{M}^\alpha = \mathfrak{L}^1$, $\mathfrak{M}_\alpha = \mathfrak{L}$ sind dann auch $\mathfrak{M}^\alpha$, $\mathfrak{M}_\alpha$ Ringe. Mit $A, B \in \mathfrak{L}$ soll also auch $A + B$, $AB \in \mathfrak{L}$ sein. Nun gibt es ein $\eta_1 < \alpha$ und ein $\eta_2 < \alpha$, so daß $A \in \mathfrak{M}^{\eta_1}$, $B \in \mathfrak{M}^{\eta_2}$ ist. Setzt man $\eta = \max(\eta_1, \eta_2)$, so ist wegen (4) erst recht $A \in \mathfrak{M}^\eta$, $B \in \mathfrak{M}^\eta$, und daher, da $\mathfrak{M}^\eta$ nach Annahme ein Ring ist, auch $A + B \in \mathfrak{M}^\eta$, $AB \in \mathfrak{M}^\eta$. Damit ist $A + B$, $AB \in \mathfrak{L}$, wie zu zeigen war.

Aus dem zweiten Teil dieses Beweises entnimmt man den folgenden

Zusatz. *Ist $\mathfrak{M}$ ein Ring und α eine Grenzzahl, so ist das System* (6) *ein Ring.*

Ein Mengensystem heißt ein *λ-System*, wenn es neben jeder konvergenten Mengenfolge auch deren Limes enthält. *Insbesondere ist jedes σ,δ-System zugleich ein λ-System* (nach § 1 3 (1) oder (2)).

Ist ein Ring $\mathfrak{R}$ Teil eines λ-Systems $\mathfrak{L}$, so ist auch $\mathfrak{R}^1 \subset \mathfrak{L}$, $\mathfrak{R}_1 \subset \mathfrak{L}$. Ersteres gilt deswegen, weil jede Menge $A \in \mathfrak{R}^1$ die Darstellung

$$A = \sum_{\nu=1}^{\infty} A_\nu = \operatorname*{Lim}_{\nu} (A_1 + \ldots + A_\nu) \text{ mit } A_\nu \in \mathfrak{R}$$

zuläßt (§ 1 3 (10)).

Das Borel'sche System $\mathfrak{M}_B$ ist als σ,δ-System zugleich ein λ-System über $\mathfrak{M}$. Darüber hinaus gilt der

Satz 3. *Es sei $\mathfrak{M}$ ein Ring. Dann ist das Borel'sche System $\mathfrak{M}_B$ das kleinste λ-System über $\mathfrak{M}$.*

B e w e i s. Die Behauptung besagt: ist $\mathfrak{L}$ irgend ein λ-System über $\mathfrak{M}$, so ist $\mathfrak{M}_B \subset \mathfrak{L}$, oder wegen (9), $\mathfrak{M}^\alpha \subset \mathfrak{L}$, $\mathfrak{M}_\alpha \subset \mathfrak{L}$ für $1 \leqq \alpha < \omega_1$. Dies wird durch Induktion bewiesen. Da $\mathfrak{M}$ ein in $\mathfrak{L}$ liegender Ring ist, gilt zunächst nach dem obigen $\mathfrak{M}^1 \subset \mathfrak{L}$, $\mathfrak{M}_1 \subset \mathfrak{L}$. Sei ferner $\mathfrak{M}^\eta \subset \mathfrak{L}$, $\mathfrak{M}_\eta \subset \mathfrak{L}$ für jedes $\eta < \alpha$. Ist dann α eine isolierte Zahl, so gilt nach (8) $\mathfrak{M}^\alpha = (\mathfrak{M}_{\alpha-1})^1$. Da $\mathfrak{M}_{\alpha-1}$ nach Satz 2 ein Ring ist und nach Annahme $\mathfrak{M}_{\alpha-1} \subset \mathfrak{L}$ sein soll, ist auch $\mathfrak{M}^\alpha \subset \mathfrak{L}$. Analog ergibt sich $\mathfrak{M}_\alpha \subset \mathfrak{L}$. Ist α eine Grenzzahl, so beachte ich, daß in der Darstellung (3) von $\mathfrak{M}^\alpha$ die Summe ein Ring ist (nach dem Zusatz zu Satz 2) und daß dieser nach Annahme in $\mathfrak{L}$ liegt. Hieraus folgt wieder $\mathfrak{M}^\alpha \subset \mathfrak{L}$. Analog ergibt sich $\mathfrak{M}_\alpha \subset \mathfrak{L}$. Damit ist der Beweis beendet.

2. Erweiterung eines Mengensystems zum kleinsten σ-Körper. Das Borel'sche System $\mathfrak{M}_B$ kann bereits aus den Mengen der Durchschnitte

$\mathfrak{M}^\alpha \mathfrak{M}_\alpha = \mathfrak{M}^\alpha_\alpha$ aufgebaut werden. Wegen **1** (4) ist sichtlich

$$\mathfrak{M}^\eta + \mathfrak{M}_\eta \subset \mathfrak{M}^\alpha_\alpha, \ \mathfrak{M}^\eta_\eta \subset \mathfrak{M}^\alpha_\alpha \quad \text{für } 1 \leqq \eta < \alpha. \tag{1}$$

Mittels der ersten dieser Ungleichungen ergibt sich für jede Grenzzahl $\alpha \leqq \omega_1$ (vgl. die Herleitung von (6))

$$\sum_{\eta<\alpha} (\mathfrak{M}^\eta + \mathfrak{M}_\eta) = \sum_{\eta<\alpha} \mathfrak{M}^\eta_\eta, \tag{2}$$

also insbesonders für $\alpha = \omega_1$

$$\mathfrak{M}_B = \sum_{\eta<\omega_1} \mathfrak{M}^\eta_\eta. \tag{3}$$

Für spätere Zwecke stelle ich einige Formeln über die Systeme $\mathfrak{M}^\alpha_\alpha$ hier zusammen.

Es ist

$$(\mathfrak{M}^\alpha_\alpha)^1 = \mathfrak{M}^\alpha, \ (\mathfrak{M}^\alpha_\alpha)_1 = \mathfrak{M}_\alpha \qquad (1 \leqq \alpha < \omega_1). \tag{4}$$

Dies gilt zunächst für $\alpha = 1$. Aus $\mathfrak{M} \subset \mathfrak{M}^1_1$ folgt $\mathfrak{M}^1 \subset (\mathfrak{M}^1_1)^1$ und aus $\mathfrak{M}^1_1 \subset \mathfrak{M}^1$ folgt $(\mathfrak{M}^1_1)^1 \subset (\mathfrak{M}^1)^1 = \mathfrak{M}^1$. Also ist $(\mathfrak{M}^1_1)^1 = \mathfrak{M}^1$ und analog $(\mathfrak{M}^1_1)_1 = \mathfrak{M}_1$.

Für $\alpha > 1$ ergibt **1** (3)

$$\mathfrak{M}^\alpha_\alpha = \mathfrak{M}^\alpha \mathfrak{M}_\alpha = (\sum_{\eta<\alpha} (\mathfrak{M}^\eta + \mathfrak{M}_\eta))^1_1.$$

Hieraus folgt nach dem bereits Bewiesenen und nach **1** (3)

$$(\mathfrak{M}^\alpha_\alpha)^1 = [(\sum_{\eta<\alpha} (\mathfrak{M}^\eta + \mathfrak{M}_\eta))^1_1]^1 = (\sum_{\eta<\alpha} (\mathfrak{M}^\eta + \mathfrak{M}_\eta))^1 = \mathfrak{M}^\alpha.$$

Im zweiten Falle schließt man analog.

Weiters ist

$$\mathfrak{M}^{\alpha+1}_{\alpha+1} = (\mathfrak{M}^\alpha_\alpha)^2_2 \qquad (1 \leqq \alpha < \omega_1). \tag{5}$$

Nach **1** (8), der zweiten Gleichung (4) und wieder **1** (8) ist nämlich

$$\mathfrak{M}^{\alpha+1} = (\mathfrak{M}_\alpha)^1 = ((\mathfrak{M}^\alpha_\alpha)_1)^1 = (\mathfrak{M}^\alpha_\alpha)^2 \tag{6}$$

und analog

$$\mathfrak{M}_{\alpha+1} = (\mathfrak{M}^\alpha_\alpha)_2. \tag{7}$$

Multiplikation von (6), (7) ergibt (5).[1]

Für eine Grenzzahl $\alpha < \omega_1$ ist

$$\mathfrak{M}^\alpha_\alpha = (\sum_{\eta<\alpha} \mathfrak{M}^\eta_\eta)^1_1. \tag{8}$$

Dies ergibt sich, indem man $\mathfrak{M}^\alpha \mathfrak{M}_\alpha$ nach **1** (3) ausdrückt und dann mit (2) eingeht.

Ferner gilt: a) *Ist $\mathfrak{M}$ ein Ring, so ist auch jedes System $\mathfrak{M}^\alpha_\alpha$ $(1 \leqq \alpha < \omega_1)$ ein Ring.*

---

[1] Dagegen ist $(\mathfrak{M}^\alpha_\alpha)^1_1 = \mathfrak{M}^\alpha_\alpha$ nach (4).

Nach Satz 2 sind ja mit $\mathfrak{M}$ auch $\mathfrak{M}^a$, $\mathfrak{M}_a$ Ringe und damit ihr Durchschnitt.

b) *Ist $\mathfrak{M}$ ein Körper, so auch $\mathfrak{M}_1^1$.*

Beweis. Zunächst ist $\mathfrak{M}_1^1$ ein Ring (nach a)). Es bleibt also zu zeigen: ist $A \in \mathfrak{M}_1^1$, $B \in \mathfrak{M}_1^1$, so ist $A - B \in \mathfrak{M}_1^1$. Da A, B zu $\mathfrak{M}^1, \mathfrak{M}_1$ zugleich gehören, gibt es Folgen (A_μ'), (A_μ''), (B_ν'), (B_ν'') aus $\mathfrak{M}$, so daß

$$A = \sum_\mu A_\mu' = \prod_\mu A_\mu'', \quad B = \prod_\nu B_\nu' = \sum_\nu B_\nu''. \tag{9}$$

Damit wird nach § 1 2 (19), (12) bzw. § 1 2 (18), (15)

$$A - B = \sum_\mu A_\mu' - \prod_\nu B_\nu' = \sum_{\mu,\nu} (A_\mu' - B_\nu'), \tag{10}$$

$$A - B = \prod_\mu A_\mu'' - \sum_\nu B_\nu'' = \prod_{\mu,\nu} (A_\mu'' - B_\nu''). \tag{11}$$

Da $\mathfrak{M}$ ein Körper sein soll, gehören die $A_\mu' - B_\nu'$ sowie die $A_\mu'' - B_\nu''$ zu $\mathfrak{M}$, also $A - B$ nach (10) zu $\mathfrak{M}^1$, nach (11) zu $\mathfrak{M}_1$ und damit zum Durchschnitt $\mathfrak{M}_1^1$.

c) *Ist $\mathfrak{M}$ ein Körper, so auch $\mathfrak{M}_2^2$.*

Beweis. Zunächst ist $\mathfrak{M}_2^2$ ein Ring. Es bleibt also zu zeigen: ist $A \in \mathfrak{M}_2^2$, $B \in \mathfrak{M}_2^2$, so ist auch $A - B \in \mathfrak{M}_2^2$. Nach **1** (8) ist

$$\mathfrak{M}_2^2 = \mathfrak{M}^2 \mathfrak{M}_2 = (\mathfrak{M}_1)^1 . (\mathfrak{M}^1)_1.$$

Daher gibt es Folgen (A_μ'), (B_ν'') aus $\mathfrak{M}_1$ und (A_μ''), (B_ν') aus $\mathfrak{M}^1$, mit denen A, B die Darstellungen (9) haben; zugleich gilt dann (10), (11). Weiters haben die A_μ', B_ν'' als Mengen von $\mathfrak{M}_1$ und die A_μ'', B_ν' als Mengen von $\mathfrak{M}^1$ eine Darstellung der Form

$$A_\mu' = \prod_\varkappa \bar{A}_{\mu\varkappa}', \quad B_\nu'' = \prod_\lambda \bar{B}_{\nu\lambda}'', \quad A_\mu'' = \sum_\varkappa \bar{A}_{\mu\varkappa}'', \quad B_\nu' = \sum_\lambda \bar{B}_{\nu\lambda}'$$

mit Gliedern $\bar{A}$, $\bar{B}$ aus $\mathfrak{M}$. Damit ergibt sich für die in (10), (11) rechts auftretenden Differenzen (vgl. (11) bzw. (10))

$$A_\mu' - B_\nu' = \prod_{\varkappa,\lambda} (\bar{A}_{\mu\varkappa}' - \bar{B}_{\nu\lambda}'), \quad A_\mu'' - B_\nu'' = \sum_{\varkappa,\lambda} (\bar{A}_{\mu\varkappa}'' - \bar{B}_{\nu\lambda}'').$$

Da $\mathfrak{M}$ ein Körper sein soll, gehören die jetzigen Differenzen rechts zu $\mathfrak{M}$ und damit die $A_\mu' - B_\nu'$ zu $\mathfrak{M}_1$, die $A_\mu'' - B_\nu''$ zu $\mathfrak{M}^1$, also $A - B$ nach (10) zu $(\mathfrak{M}_1)^1 = \mathfrak{M}^2$, nach (11) zu $(\mathfrak{M}^1)_1 = \mathfrak{M}_2$ und daher zu $\mathfrak{M}_2^2$. Dies war aber zu zeigen.

Satz 4. *Es sei $\mathfrak{M}$ ein Körper. Dann ist auch jedes System $\mathfrak{M}_a^a$ $(1 \leqq a < \omega_1)$ ein Körper.*

Beweis. Dieser erfolgt durch Induktion. Die Behauptung gilt zunächst für $\alpha = 1$ nach b). Es werde angenommen, $\mathfrak{M}_\eta^\eta$ sei ein Körper für jedes $\eta < \alpha$. Ist dann α eine isolierte Zahl, so gilt nach (5) $\mathfrak{M}_\alpha^\alpha = (\mathfrak{M}_{\alpha-1}^{\alpha-1})_2^2$. Da $\mathfrak{M}_{\alpha-1}^{\alpha-1}$ nach Annahme ein Körper ist, ist nach c) auch $\mathfrak{M}_\alpha^\alpha$ ein Körper. Sei ferner α Grenzzahl. Nach (8) und b) genügt es zu beweisen, daß $\mathfrak{L} = \sum_{\eta<\alpha} \mathfrak{M}_\eta^\eta$ ein Körper ist. Da nach (2) und dem Zusatz zu Satz 2 $\mathfrak{L}$ ein Ring ist, hat man hierzu nur zu zeigen, daß mit $A \in \mathfrak{L}$, $B \in \mathfrak{L}$ auch $A - B \in \mathfrak{L}$ ist. Nun gibt es ein $\eta_1 < \alpha$ und ein $\eta_2 < \alpha$, so daß

$$A \in \mathfrak{M}_{\eta_1}^{\eta_1}, \quad B \in \mathfrak{M}_{\eta_2}^{\eta_2}$$

ist; mit $\eta = \max(\eta_1, \eta_2)$ gilt dann wegen (1):

$$A \in \mathfrak{M}_\eta^\eta, \quad B \in \mathfrak{M}_\eta^\eta.$$

Da nun $\mathfrak{M}_\eta^\eta$ nach Annahme ein Körper ist, ist auch $A - B \in \mathfrak{M}_\eta^\eta$ und damit $A - B \in \mathfrak{L}$. Dies war aber noch zu zeigen.

Satz 5. *Das Borel'sche System $\mathfrak{M}_B$ über einem Körper $\mathfrak{M}$ ist der kleinste σ-Körper über $\mathfrak{M}$.*

Beweis. $\mathfrak{M}_B$ ist zunächst ein σ-Ring über $\mathfrak{M}$ (nach Satz 1). Um also zu sehen, daß $\mathfrak{M}$ ein σ-Körper ist, hat man nur zu zeigen, daß mit $A, B \in \mathfrak{M}_B$ auch $A - B \in \mathfrak{M}_B$ ist. Wegen (3) gibt es nun ein $\eta < \omega_1$, so daß $A \in \mathfrak{M}_\eta^\eta$, $B \in \mathfrak{M}_\eta^\eta$ ist (vgl. den letzten Teil des Beweises von Satz 4). Da $\mathfrak{M}_\eta^\eta$ nach Satz 4 ein Körper ist, ist $A - B \in \mathfrak{M}_\eta^\eta$ und damit $A - B \in \mathfrak{M}_B$. $\mathfrak{M}_B$ ist also ein σ-Körper über $\mathfrak{M}$. Da jeder σ-Körper zugleich ein δ-Körper, mithin ein σ, δ-System ist, und da $\mathfrak{M}_B$ das kleinste σ, δ-System über $\mathfrak{M}$ ist, muß $\mathfrak{M}_B$ der kleinste σ-Körper über $\mathfrak{M}$ sein.

Der kleinste σ-Körper über irgend einem Mengensystem $\mathfrak{M}$ fällt mit dem kleinsten σ-Körper über dem kleinsten Körper $\mathfrak{K}$ über $\mathfrak{M}$ (s. § 1 **6**) *zusammen, ist also das Borel'sche System $\mathfrak{K}_B$.*

3. Die Borel'schen Mengen Euklid'scher Räume[1]. Der Grundbereich E sei jetzt der n-dimensionale Euklid'sche Raum E_n. Wir betrachten nebeneinander das System $\mathfrak{F}$ der (in E_n) abgeschlossenen Mengen F, das System $\mathfrak{G}$ der offenen Mengen G und das System $\mathfrak{B} = \mathfrak{F} + \mathfrak{G}$; dabei sind die F und die G zueinander komplementär. $\mathfrak{F}$ ist ein δ-Ring, $\mathfrak{G}$ ein σ-Ring, also jedenfalls

$$\mathfrak{F}_1 = \mathfrak{F}_\delta = \mathfrak{F}, \quad \mathfrak{G}^1 = \mathfrak{G}_\sigma = \mathfrak{G}. \tag{1}$$

[1] Das Folgende gilt unverändert, wenn E irgend ein metrischer Raum ist, ausgenommen die Begründung von (2) (s. [2]), sowie der Satz 7.

Die Systeme $\mathfrak{F}^1 = \mathfrak{F}_\sigma$, $\mathfrak{G}_1 = \mathfrak{G}_\delta$ sind der kleinste σ- bzw. der kleinste δ-Ring über $\mathfrak{F}$ bzw. $\mathfrak{G}$ (§ 1 5). Eine Menge aus $\mathfrak{F}_\sigma$ (die nicht mehr abgeschlossen zu sein braucht) heißt eine F_σ-*Menge* oder kurz ein F_σ, eine Menge aus $\mathfrak{G}_\delta$ (die nicht mehr offen zu sein braucht) eine G_δ-*Menge* oder ein G_δ. Da die F und die G zueinander komplementär sind, gilt dies auch von den F_σ und G_δ (§ 1 4, p. 10). Z. B. ist die Menge der rationalen Punkte des E_n (wie jede abzählbare Menge) ein F_σ und damit die der irrationalen ein G_δ. *Jedes G ist* (als Summe einer Folge abgeschlossener Würfel bzw. als leere Menge (s. § 14 **61** [1])) *ein F_σ*; dem entspricht für die Komplemente, *daß jedes F ein G_δ ist*:

$$\mathfrak{G} \subset \mathfrak{F}_\sigma = \mathfrak{F}^1, \quad \mathfrak{F} \subset \mathfrak{G}_\delta = \mathfrak{G}_1.^2 \tag{2}$$

Der Durchschnitt D einer abgeschlossenen Menge F und einer offenen Menge G ist ein F_σ und ein G_δ zugleich: da F, G zu $\mathfrak{F}_\sigma$ gehören und $\mathfrak{F}_\sigma$ ein Ring ist, ist D ein F_σ; analog sieht man, daß D ein G_δ ist. Damit ist auch die Differenz zweier abgeschlossenen sowie zweier offenen Mengen (als Durchschnitt einer abgeschlossenen und einer offenen Menge) zugleich ein F_σ und ein G_δ.

Es sollen nun die Borel'schen Mengen über $\mathfrak{F}$, $\mathfrak{G}$ und $\mathfrak{B}$ betrachtet werden. Dabei bedeute z. B. $\mathfrak{F}_{\sigma\delta\sigma}$ das System, das aus $\mathfrak{F}$ entsteht, indem man sukzessive den σ-, δ-, σ-Prozeß ausführt.

Wegen **1** (8) sowie (1) ist

$$\begin{cases} \mathfrak{F}^1 = \mathfrak{F}_\sigma, \ \mathfrak{F}_2 = (\mathfrak{F}^1)_1 = \mathfrak{F}_{\sigma\delta}, \ \mathfrak{F}^3 = (\mathfrak{F}_2)^1 = \mathfrak{F}_{\sigma\delta\sigma}, \ \ldots, \\ \mathfrak{F}_1 = \mathfrak{F}, \ \mathfrak{F}^2 = \mathfrak{F}^1 = \mathfrak{F}_\sigma, \ \mathfrak{F}_3 = \mathfrak{F}_2 = \mathfrak{F}_{\sigma\delta}, \ \ldots; \end{cases} \tag{3}$$

$$\begin{cases} \mathfrak{G}_1 = \mathfrak{G}_\delta, \ \mathfrak{G}^2 = (\mathfrak{G}_1)^1 = \mathfrak{G}_{\delta\sigma}, \ \mathfrak{G}_3 = (\mathfrak{G}^2)_1 = \mathfrak{G}_{\delta\sigma\delta}, \ \ldots, \\ \mathfrak{G}^1 = \mathfrak{G}, \ \mathfrak{G}_2 = \mathfrak{G}_1 = \mathfrak{G}_\delta, \ \mathfrak{G}^3 = \mathfrak{G}^2 = \mathfrak{G}_{\delta\sigma}, \ \ldots. \end{cases} \tag{4}$$

Weiters ist nach **1** (2), den obigen Ungleichungen (2), sowie **1** (8)

$$\begin{cases} \mathfrak{B}^1 = (\mathfrak{F} + \mathfrak{G})^1 = \mathfrak{F}^1 = \mathfrak{F}_\sigma, \ \mathfrak{B}_2 = \mathfrak{F}_2 = \mathfrak{F}_{\sigma\delta}, \ \mathfrak{B}^3 = \mathfrak{F}^3 = \mathfrak{F}_{\sigma\delta\sigma}, \ \ldots, \\ \mathfrak{B}_1 = (\mathfrak{F} + \mathfrak{G})_1 = \mathfrak{G}_1 = \mathfrak{G}_\delta, \ \mathfrak{B}^2 = \mathfrak{G}^2 = \mathfrak{G}_{\delta\sigma}, \ \mathfrak{B}_3 = \mathfrak{G}_3 = \mathfrak{G}_{\delta\sigma\delta}, \ \ldots. \end{cases} \tag{5}$$

Aus (3), (4), (5) entnimmt man:

$$\begin{cases} \mathfrak{F}^1 + \mathfrak{F}_1 = \mathfrak{F}_\sigma, & \mathfrak{G}^1 + \mathfrak{G}_1 = \mathfrak{G}_\delta, & \mathfrak{B}^1 + \mathfrak{B}_1 = \mathfrak{F}_\sigma + \mathfrak{G}_\delta, \\ \mathfrak{F}^2 + \mathfrak{F}_2 = \mathfrak{F}_{\sigma\delta}, & \mathfrak{G}^2 + \mathfrak{G}_2 = \mathfrak{G}_{\delta\sigma}, & \mathfrak{B}^2 + \mathfrak{B}_2 = \mathfrak{F}_{\sigma\delta} + \mathfrak{G}_{\delta\sigma}, \\ \mathfrak{F}^3 + \mathfrak{F}_3 = \mathfrak{F}_{\sigma\delta\sigma}, & \mathfrak{G}^3 + \mathfrak{G}_3 = \mathfrak{G}_{\delta\sigma\delta}, & \mathfrak{B}^3 + \mathfrak{B}_3 = \mathfrak{F}_{\sigma\delta\sigma} + \mathfrak{G}_{\delta\sigma\delta}, \\ \ldots & \ldots & \ldots \end{cases} \tag{6}$$

[2] Ist E ein metrischer Raum, so zeigt man zunächst, daß jedes F ein G_δ ist. Hierzu wählt man positive r_ν ($\nu = 1, 2 \ldots$) mit $r_\nu \to 0$ und bildet für jedes ν das System der offenen Kugeln mit den einzelnen Punkten von F als Mittelpunkt und r_ν als Radius. Die Summe dieser Kugeln ist eine offene Menge G_ν und sichtlich $F = \Pi G_\nu$. Jedes F ist also ein G_δ und damit jedes G ein F_σ. Die Ungleichungen (2) gelten also auch jetzt.

Damit ist ein Überblick über die Borel'schen Mengen endlicher Ordnung über $\mathfrak{F}$, $\mathfrak{G}$ und $\mathfrak{B}$ gewonnen.

Aus (5) entnimmt man: *Für* $l = 1, 2, \ldots$ *ist*

$$\mathfrak{B}^{2l-1} = \mathfrak{F}^{2l-1},\ \mathfrak{B}^{2l} = \mathfrak{G}^{2l};\ \mathfrak{B}_{2l-1} = \mathfrak{G}_{2l-1},\ \mathfrak{B}_{2l} = \mathfrak{F}_{2l}. \tag{7}$$

Da ferner wegen (2)

$$\mathfrak{G}_\delta \subset \mathfrak{F}_{\sigma\delta},\ \mathfrak{G}_{\delta\sigma} \subset \mathfrak{F}_{\sigma\delta\sigma}, \ldots;\ \mathfrak{F}_\sigma \subset \mathfrak{G}_{\delta\sigma},\ \mathfrak{F}_{\sigma\delta} \subset \mathfrak{G}_{\delta\sigma\delta}, \ldots$$

ist, folgt aus (6)

$$\sum_{\eta<\omega} (\mathfrak{B}^\eta + \mathfrak{B}_\eta) = \sum_{\eta<\omega} (\mathfrak{F}^\eta + \mathfrak{F}_\eta) = \sum_{\eta<\omega} (\mathfrak{G}^\eta + \mathfrak{G}_\eta)$$

und hieraus nach **1** (3)

$$\mathfrak{B}^\omega = \mathfrak{F}^\omega = \mathfrak{G}^\omega,\ \mathfrak{B}_\omega = \mathfrak{F}_\omega = \mathfrak{G}_\omega. \tag{8}$$

Weiters zeigt man durch transfinite Induktion: *Es ist*

$$\mathfrak{B}^\alpha = \mathfrak{F}^\alpha = \mathfrak{G}^\alpha,\ \mathfrak{B}_\alpha = \mathfrak{F}_\alpha = \mathfrak{G}_\alpha \ \textit{für}\ \omega \leqq \alpha < \omega_1. \tag{9}$$

Die Behauptung (9) gilt nach (8) für $\alpha = \omega$. Es werde angenommen, sie gelte für jedes η mit $\omega \leqq \eta < \alpha$. Dann ist nach **1** (3) wegen **1** (4) z. B.

$$\mathfrak{B}^\alpha = (\sum_{\omega\leqq\eta<\alpha} (\mathfrak{B}^\eta + \mathfrak{B}_\eta))^1 = (\sum_{\omega\leqq\eta<\alpha} (\mathfrak{F}^\eta + \mathfrak{F}_\eta))^1 = \mathfrak{F}^\alpha.$$

Nach (3), (4) *gilt noch für* $l = 1, 2, \ldots$

$$\mathfrak{F}^{2l} = \mathfrak{F}^{2l-1},\ \mathfrak{F}_{2l+1} = \mathfrak{F}_{2l};\ \mathfrak{G}_{2l} = \mathfrak{G}_{2l-1},\ \mathfrak{G}^{2l+1} = \mathfrak{G}^{2l}. \tag{10}$$

Die Formeln (7), (9), (10) ermöglichen es, die $\mathfrak{B}^\alpha$, $\mathfrak{B}_\alpha$ durch die $\mathfrak{F}^\alpha$, $\mathfrak{F}_\alpha$, $\mathfrak{G}^\alpha$, $\mathfrak{G}_\alpha$ auszudrücken und umgekehrt (unter Ausschluß von $\mathfrak{F}_1 = \mathfrak{F}$, $\mathfrak{G}^1 = \mathfrak{G}$).

Wegen (9) *fallen die Borel'schen Systeme über* $\mathfrak{F}$, $\mathfrak{G}$ *und* $\mathfrak{B}$ *zusammen*:

$$\mathfrak{F}_B = \mathfrak{G}_B = \mathfrak{B}_B. \tag{11}$$

Die Mengen aus $\mathfrak{B}_B$ heißen die *Borel'schen Mengen des* E_n schlechthin und $\mathfrak{B}_B$ das *Borel'sche System des* E_n, ferner die Mengen aus $\mathfrak{B}^\alpha + \mathfrak{B}_\alpha$ die *Borel'schen Mengen* α*-ter Ordnung des* E_n.

Nach (6) sind also die F_σ und G_δ die Borel'schen Mengen 1. O., die „$F_{\sigma\delta}$" und „$G_{\delta\sigma}$" die Borel'schen Mengen 2. O., usw. Faßt man alle Borel'schen Mengen endlicher Ordnung in eine Klasse zusammen und führt man den σ- sowie den δ-Prozeß aus, so entstehen die Borel'schen Mengen ω-ter O. (s. **1** (3)), neuerliche Anwendung des σ- sowie des δ-Prozesses ergibt die Borel'schen Mengen $\omega + 1$-ter O. (s. **1** (5)), usw.

Ferner beweist man durch transfinite Induktion:

Satz 6. $\mathfrak{B}_\alpha$ *ist stets das System der Komplemente der Mengen aus* $\mathfrak{B}^\alpha$.

Dies gilt zunächst für $\alpha = 1$, da $\mathfrak{F}_\sigma$ und $\mathfrak{G}_\delta$ komplementäre Systeme sind. Nimmt man an, die Behauptung gelte für jedes $\eta < \alpha$, so fällt das System $\sum_{\eta<\alpha} (\mathfrak{B}^\eta + \mathfrak{B}_\eta)$ mit dem komplementären System zusammen. Daher sind auch die durch den σ- bzw. δ-Prozeß daraus entstehenden Systeme $\mathfrak{B}^\alpha$ bzw. $\mathfrak{B}_\alpha$ zueinander komplementär (§ 1 **4**, p. 10).

Da das System $\mathfrak{F}$ der abgeschlossenen Mengen des E_n die Mächtigkeit $\aleph$ des Kontinuums hat, gibt es $\aleph^{\aleph_0} = \aleph$ viele Folgen aus abgeschlossenen Mengen. Demnach hat auch $\mathfrak{F}_\sigma$ die Mächtigkeit $\aleph$, ferner $\mathfrak{G}_\delta$, sowie $\mathfrak{B}^1 + \mathfrak{B}_1$. Von hier aus beweist man durch transfinite Induktion, daß jedes System $\mathfrak{B}^\alpha + \mathfrak{B}_\alpha$ die Mächtigkeit $\aleph$ hat; dabei ist zu beachten, daß jede Ordinalzahl $\alpha < \omega_1$ ein abzählbarer Ordnungstyp ist, also die Summe in **1** (3) stets aus abzählbar vielen Gliedern besteht. Weiters hat $\mathfrak{B}_B = \sum_{\eta<\omega_1} (\mathfrak{B}^\eta + \mathfrak{B}_\eta)$ höchstens die Mächtigkeit $\aleph\,\aleph_1 \leqq \aleph\,\aleph = \aleph$ und damit genau die Mächtigkeit $\aleph$. Es gilt also der

Satz 7. *Das Borel'sche System des E_n hat die Mächtigkeit des Kontinuums.*

Die Borel'schen Mengen des E_n sind also nur ein „verschwindend kleiner" Teil aller n-dimensionalen Punktmengen.

Da die Systeme $\mathfrak{F}$, $\mathfrak{G}$ Ringe sind, sind nach **1**, Satz 2 auch $\mathfrak{F}^\alpha$, $\mathfrak{F}_\alpha$, $\mathfrak{G}^\alpha$, $\mathfrak{G}_\alpha$ Ringe und damit wegen (7), (9) auch $\mathfrak{B}^\alpha$, $\mathfrak{B}_\alpha$:

Satz 8. *Die Systeme $\mathfrak{F}^\alpha$, $\mathfrak{F}_\alpha$, $\mathfrak{G}^\alpha$, $\mathfrak{G}_\alpha$, $\mathfrak{B}^\alpha$, $\mathfrak{B}_\alpha$ $(1 \leqq \alpha < \omega_1)$ sind durchwegs Ringe.*

Das System $\mathfrak{B}_1^1 = \mathfrak{B}^1\,\mathfrak{B}_1$ besteht nach (5) aus allen Mengen, die ein F_σ und ein G_δ zugleich sind; ferner $\mathfrak{B}_2^2$ aus allen, die ein $F_{\sigma\delta}$ und $\mathfrak{G}_{\delta\sigma}$ zugleich sind; .... Weiters gilt:

Satz 9. *Jedes System $\mathfrak{B}_\alpha^\alpha$ $(1 \leqq \alpha < \omega_1)$ ist ein Körper.*

B e w e i s. Da $\mathfrak{B}_\alpha^\alpha$ wegen Satz 8 ein Ring ist, hat man zu zeigen, daß mit A, B auch $A - B$ zu $\mathfrak{B}_\alpha^\alpha$ gehört. Hierzu beachte ich: ist $C \in \mathfrak{B}_\alpha^\alpha = \mathfrak{B}^\alpha\,\mathfrak{B}_\alpha$, so ist auch $E_n - C \in \mathfrak{B}_\alpha^\alpha$, da die Systeme $\mathfrak{B}^\alpha$, $\mathfrak{B}_\alpha$ zueinander komplementär sind (Satz 6). Somit ist wegen $A - B = E_n - [(E_n - A) + B]$ (s. § 1 **1** (18)) auch $A - B \in \mathfrak{B}_\alpha^\alpha$.

Nach Satz 1 sowie (11) gilt der

Satz 10. *Das Borel'sche System $\mathfrak{B}_B$ des E_n ist das kleinste σ,δ-System sowohl über dem System $\mathfrak{F}$ der abgeschlossenen als auch über dem System $\mathfrak{G}$ der offenen Mengen des E_n.*

Ferner ist $\mathfrak{B}_B$ ein Körper. Nach **2** (3) ist nämlich $\mathfrak{B}_B = \sum_{\eta<\omega_1} \mathfrak{B}_\eta^\eta$, wobei die $\mathfrak{B}_\eta^\eta$ Körper sind (Satz 9). Von hier aus schließt man ebenso wie im Beweise von Satz 5, daß mit A, $B \in \mathfrak{B}_B$ auch $A - B \in \mathfrak{B}_B$ ist.

Dies allein ist aber wegen Satz 10 zu zeigen. Damit hat man (wieder nach Satz 10) den

Satz 11. *Das Borel'sche System $\mathfrak{B}_B$ des E_n ist der kleinste σ-Körper sowohl über dem System $\mathfrak{F}$ der abgeschlossenen als auch über dem System $\mathfrak{G}$ der offenen Mengen des E_n (sowie über $\mathfrak{B}$).*

Schließlich ergibt Satz 3 in Verbindung mit (11), da $\mathfrak{F}$, $\mathfrak{G}$ Ringe sind, den

Satz 12. *Das Borel'sche System $\mathfrak{B}_B$ des E_n ist das kleinste λ-System sowohl über $\mathfrak{F}$ als auch über $\mathfrak{G}$ (sowie über $\mathfrak{B}$).*

4. Quadrierbare, nicht nach Borel meßbare Mengen. Das Cantor'sche Diskontinuum C des Intervalles $[0, 1]$ der x-Achse besteht aus allen Punkten x, die eine triadische Darstellung der Form

$$x = \frac{a_1}{3} + \frac{a_2}{3^2} + \ldots \text{ mit } a_\nu = 0 \text{ oder } 2 \tag{1}$$

besitzen (§ 13 58[2]). Jedem Punkte (1) werde nun jene Stelle $y = f(x)$ der y-Achse zugeordnet, deren dyadische Darstellung dadurch entsteht, daß in der Darstellung (1) von x jeder Zähler 2 durch 1 und zugleich die Basis 3 durch die Basis 2 ersetzt wird:

$$y = \frac{b_1}{2} + \frac{b_2}{2^2} + \ldots \text{ mit } b_\nu = 0 \text{ oder } 1. \tag{2}$$

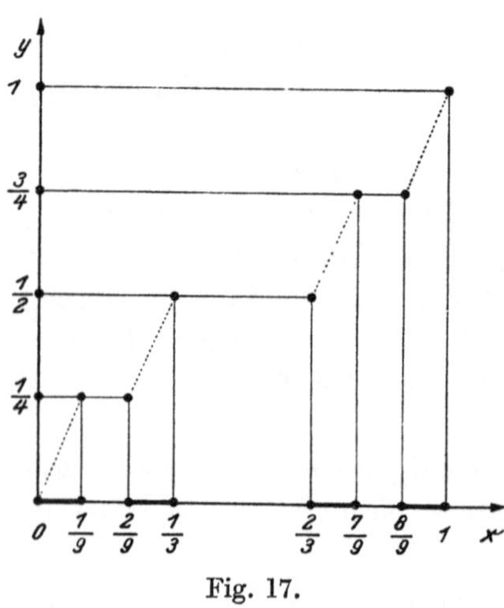

Fig. 17.

Da hierbei jeder dyadische Bruch der Form (2) auftritt, und zwar genau einmal, wird C durch die Abbildung $y = f(x)$ eindeutig auf das Intervall $I = [0, 1]$ der y-Achse abgebildet. Umgekehrt hat jeder Punkt y aus I genau ein Urbild x, ausgenommen die dyadisch rationalen aus dem Inneren von I, die zwei Urbilder haben: z. B. hat $y = 0{,}1 = 0{,}0\dot{1}$ (Basis 2) die Urbilder $x = 0{,}2$ und $x = 0{,}0\dot{2} = 0{,}1$ (Basis 3). Mit $x_1 < x_2$ ist sichtlich $f(x_1) \leq f(x_2)$. Da ferner f alle Werte von $f(0) = 0$ bis $f(1) = 1$ annimmt (also keine Sprungstelle hat), ist f stetig auf C (Fig. 17); damit ist auch die Abbildung $y = f(x)$ von C auf I

stetig. Hieraus folgt, daß das Bild eines jeden abgeschlossenen Teiles von C ein abgeschlossener Teil von I ist (s. § 20 85[3]).

Das Borel'sche System der x- sowie der y-Achse ist nach **3** (11)

$$\mathfrak{B}_B = \sum_{\eta<\omega_1} (\mathfrak{F}^\eta + \mathfrak{F}_\eta);$$

dabei ist $\mathfrak{F}$ das System der abgeschlossenen Mengen der x- bzw. y-Achse. Ich zeige durch transfinite Induktion: *Ist L eine auf C liegende Menge des Systems $\mathfrak{F}^\eta + \mathfrak{F}_\eta$ $(1 \leqq \eta < \omega_1)$ der x-Achse, so gehört das Bild M von L zum System $\mathfrak{F}^\eta + \mathfrak{F}_\eta$ der y-Achse.*

Dies gilt zunächst für $\eta = 1$. Nach **3** (6) ist nämlich $\mathfrak{F}^1 + \mathfrak{F}_1 = \mathfrak{F}_\sigma$. Ist nun L ein auf C liegendes F_σ, so muß M auch ein F_σ sein, da das Bild eines jeden abgeschlossenen Teiles von C wieder abgeschlossen ist. Ich nehme an, die Behauptung gelte für jedes $\eta < \alpha$. Eine auf C liegende Menge L aus $\mathfrak{F}^\alpha + \mathfrak{F}_\alpha$ hat nach **1** (3) die Form

$$L = \sum_1^\infty L_\nu \text{ oder } L = \prod_1^\infty L_\nu \text{ mit } L_\nu \in \mathfrak{F}^{\eta_\nu} + \mathfrak{F}_{\eta_\nu},\ \eta_\nu < \alpha.$$

Dabei ist im ersten Falle stets $L_\nu \subset C$; im zweiten darf dies angenommen werden, da man andernfalls nur L_ν durch CL_ν zu ersetzen hat, was wegen $C \in \mathfrak{F}$, also auch $C \in \mathfrak{F}^{\eta_\nu}$, $C \in \mathfrak{F}_{\eta_\nu}$, nach Satz 2 zulässig ist. Da nach Voraussetzung das Bild M_ν von L_ν zum System $\mathfrak{F}^{\eta_\nu} + \mathfrak{F}_{\eta_\nu}$ der y-Achse gehört, muß das Bild M von L (wegen $M = \sum M_\nu$ bzw. $\prod M_\nu$) zum System $\mathfrak{F}^\alpha + \mathfrak{F}_\alpha$ der y-Achse gehören. Damit ist die Behauptung bewiesen.

Jetzt kann man sofort quadrierbare Punktmengen der x-Achse bilden, die nicht nach Borel meßbar sind. Hierzu hat man nur auf dem Intervalle $I = [0, 1]$ der y-Achse eine nicht nach Lebesgue meßbare Menge M zu wählen, etwa eine der in § 16 **73** angegebenen, und dann zum Urbild L von M in unserer Abbildung $y = f(x)$ überzugehen. Da M nicht nach Borel meßbar (oder also keine Borel'sche Menge) ist, ist nach dem eben Gezeigten auch L nicht nach Borel meßbar. Dagegen ist L quadrierbar, als Teil des Cantor'schen Diskontinuums C.

Diese Konstruktion quadrierbarer, jedoch nicht nach Borel meßbarer Mengen stammt dem Wesen nach von H. Lebesgue (1905)[1].

---

[1] *H. Lebesgue*, Journ. de math. (6) **1** (1905), p. 213/6.

Namenverzeichnis.

(Die Zahlen geben die Seiten an.)

Sachverzeichnis.

(Die Zahlen geben die Seiten an.)

Moderne algebraische Geometrie. Die idealtheoretischen Grundlagen. Von Dr. Wolfgang Gröbner, o. Professor der Mathematik an der Universität Innsbruck. XII, 212 Seiten. 1949.
Steif geheftet S 78.—, DM 23.90, $ 5.70, sfr. 24.80

Integraltafel. Herausgegeben von Wolfgang Gröbner, o. Professor an der Universität Innsbruck, und Nikolaus Hofreiter, a. o. Professor an der Universität Wien. In zwei Teilen.

Erster Teil: Unbestimmte Integrale. VIII, 166 Seiten. 1949.
Steif geheftet S 81.—, DM 22.70, $ 5.40, sfr. 23.50

Zweiter Teil: Bestimmte Integrale. VI, 204 Seiten. 1950.
Steif geheftet S 108.—, DM 24.—, $ 5.80, sfr. 25.—

Lehrbuch der Funktionentheorie. Von Dr. phil. Hans Hornich, o. Professor der Mathematik an der Technischen Hochschule Graz. Mit 34 Textabbildungen. VII, 216 Seiten. 1950.
Steif geheftet S 72.—, DM 19.50, $ 4.70, sfr. 19.80
Ganzleinen S 84.—, DM 21.60, $ 5.20, sfr. 22.—

Die Welt der Vektoren. Einführung in Theorie und Anwendung der Vektoren, Tensoren und Operatoren. Von Franz Ollendorf, Dr. Ing., Dipl.-Ing., Professor der Elektrotechnik und Vorstand des Elektrotechnischen Laboratoriums, The Hebrew Technical College, Haifa (Israel). Mit 68 Textabbildungen. VIII, 470 Seiten. Lex.-8^0. 1950.
S 189.—, DM 37.50, $ 9.—, sfr. 39.—
Ganzleinen S 200.—, DM 40.—, $ 9.50, sfr. 42.—

Grundzüge der Tensorrechnung in analytischer Darstellung. Von Doktor. phil. Adalbert Duschek, o. Professor der Mathematik an der Technischen Hochschule Wien, und Dr. techn. August Hochrainer, Direktions-Assistent der Elin A. G. in Wien. In drei Teilen.

Erster Teil: Tensoralgebra. Zweite Auflage. Mit 26 Textabbildungen. VI, 129 Seiten. 1948.
Steif geheftet S 45.—, DM 9.—, $ 2.10, sfr. 9.10

Zweiter Teil: Tensoranalysis. Mit 64 Textabbildungen. VII, 338 Seiten. 1950.
Steif geheftet S 96.—, DM 24.80, $ 6.—, sfr. 26.—

Dritter Teil: Anwendungen in Physik und Technik. In Vorbereitung.

Lehrbuch der darstellenden Geometrie. Von Dr. Emil Müller †, weiland o. ö. Professor an der Technischen Hochschule in Wien, und Dr. Erwin Kruppa, o. ö. Professor an der Technischen Hochschule in Wien. Fünfte, ergänzte Auflage. Mit 375 Textabbildungen. IX, 404 Seiten. 1948.
Steif geheftet S 86.—, DM 20.—, $ 4.80, sfr. 20.90

Vorlesungen über höhere Mathematik. Von Dr. phil. Adalbert Duschek, o. Professor der Mathematik an der Technischen Hochschule Wien. In vier Bänden.

Erster Band: Integration und Differentiation der Funktionen einer Veränderlichen. Anwendungen. Numerische Methoden. Algebraische Gleichungen. Grundzüge der Wahrscheinlichkeitsrechnung. Mit 167 Textabbildungen. X, 395 Seiten. Lex.-8°. 1949.

S 99.—, DM 26.—, $ 6.20, sfr. 27.—
Ganzleinen S 110.—, DM 29.—, $ 6.90, sfr. 30.—

Zweiter Band: Unendliche Reihen. Integration und Differentiation der Funktionen von mehreren Veränderlichen. Abschluß der Wahrscheinlichkeitsrechnung. Fehlertheorie und Ausgleichsrechnung. Lineare Algebra. Tensorfelder. Mit 125 Textabbildungen. VI, 386 Seiten. Lex.-8°. 1950.

S 99.—, DM 26.—, $ 6.20, sfr. 27.—
Ganzleinen S 110.—, DM 29.—, $ 6.90, sfr. 30.—

Dritter Band: Gewöhnliche und partielle Differentialgleichungen. Variationsrechnung. Grundzüge der Funktionentheorie. Mit etwa 110 Textabbildungen. Etwa 450 Seiten. Lex.-8°. *Erscheint im Frühjahr 1953.*

Vierter Band: Randwertprobleme. Reihenentwicklungen. Integralgleichungen. Laplacetransformation. *In Vorbereitung.*

Grundlagen der höheren Geodäsie. Von Dr. phil. Friedrich Hopfner, Professor der höheren Geodäsie und sphärischen Astronomie Wien. Mit 26 Textabbildungen. VIII, 246 Seiten. 1949.

S 126.—, DM 25.—, $ 6.—, sfr. 26.10
Halbleinen S 134.—, DM 27.—, $ 6.40, sfr. 27.80

Grundlagen der Atomphysik. Eine Einführung in das Studium der Wellenmechanik und Quantenstatistik. Von Dr. phil. Hans Adolf Bauer, Professor an der Technischen Hochschule und der Universität in Wien. Vierte, umgearbeitete und bedeutend erweiterte Auflage. Mit 244 Textabbildungen. XX, 631 Seiten. 1951.

Ganzleinen S 186.—, DM 45.—, $ 10.70, sfr. 46.—

Die statistische Theorie des Atoms und ihre Anwendungen. Von Prof. Dr. Paul Gombás, Direktor des physikalischen Instituts der Universität für technische Wissenschaften in Budapest. Mit 59 Textabbildungen. VIII, 406 Seiten. 1949.

S 292.—, DM 58.50, $ 13.90, sfr. 59.80
Ganzleinen S 300.—, DM 60.—, $ 14.30, sfr. 61.50

Natur und Erkenntnis. Die Welt in der Konstruktion des heutigen Physikers. Von Arthur March, Professor für theoretische Physik an der Universität Innsbruck. Mit 18 Textabbildungen. VIII, 239 Seiten. 1948.

S 57.—, DM 12.—, $ 2.90, sfr. 12.50